Ludwig Paul Häußner

Dialog, Führung und Zusammenarbeit

Führungspädagogik als Agogik

Umschlagsgestaltung: Edgar Braun

Dialog, Führung und Zusammenarbeit

Führungspädagogik als Agogik

von
Ludwig Paul Häußner

universitätsverlag karlsruhe

Dissertation,
angenommen vom Fachbereich 1 bzw. 5 der Universität Koblenz-Landau
zur Erlangung des akademischen Grades eines Doktors der Philosophie
am 01.09.2008

Impressum

Universitätsverlag Karlsruhe
c/o Universitätsbibliothek
Straße am Forum 2
D-76131 Karlsruhe
www.uvka.de

Universitätsverlag Karlsruhe 2009
Print on Demand

ISBN: 978-3-86644-390-7

Es gibt keine soziale oder wirtschaftliche Maßnahme, die für sich selbst Bedeutung haben könnte. Alle haben nur insofern Bedeutung, als sie ihren Sinn erfüllen und dem höchsten Produktionsziel dienen, der Hervorbringung der freien Menschen.

Herbert Witzenmann (1998) *Sozialorganik*

Danksagung

An dieser Stelle möchte ich all denen, die diese Forschungsarbeit direkt oder indirekt ermöglicht haben, ein herzliches Danke schön aussprechen – namentlich zu nennen sind meine Kolleginnen und Kollegen am Interfakultativen Institut für Entrepreneurship der Universität Karlsruhe (TH), Dorothee Leon Cadenillas, Sylvia Zürker, Peter Dellbrügger und André Presse sowie die Mitarbeiterinnen der Akademie Führungspädagogik in der Leadership-Kultur-Stiftung Landau/Pfalz, Frau Dagmar Thies und Frau Traudel Feickert-Herrmann.

Mein Dank gilt auch den Gründern des Friedrich von Hardenberg Instituts in Heidelberg, den Herren Dres. Karl-Martin Dietz und Thomas Kracht.

Besonderer Dank gilt dem Gründer des befragten Unternehmens dm-drogerie markt in Karlsruhe, Herrn Prof. Götz W. Werner, sowie den – interviewten – Mitarbeiterinnen und Mitarbeitern von dm-drogerie markt wie auch Frau Helga Weiß vom dortigen Ressort Mitarbeiter.

Mein Dank an Frau Lydia Schüler für die Transkription aller Interviews.

Ein spezieller kollegialer Dank gilt Dr. Sascha Liebermann und PD Dr. Thomas Loer von der Technischen Universität Dortmund für deren kritische Anmerkungen in zwei gemeinsamen Interview-Analyse-Sitzungen, aus denen die Form der kommunikativen Validierung hervorgegangen ist.

Besonderer Dank auch den Professoren Theo Hülshoff und Bernd Dewe für ihre vielfältigen Anregungen und ihren wissenschaftlichen wie auch menschlichen Beistand sowie auch Herrn Professor Jendrik Petersen für seine Korreferententätigkeit.

Besonderer Dank an Theo Fecher, der gleichzeitig an seiner Dissertation arbeitet, für sein Research Fellowship.

Besonderer Dank gilt auch Frau Ulrike Maus von der Projektgruppe „Vergleichende Berufspädagogik“ an der Universität Karlsruhe (TH) für die Finalisierung von Satz und Layout.

Ebenso besonderer Dank gilt meinen Freunden Michael und Klaus Herbert aus der Rhön, ersterer ehemaliger Kollege in der Würth-Gruppe, letzterer immer wieder aufs Neue inspirierender „Koinonos“.

Besonderer Dank gilt auch meinen vier Kindern Franka Iris, Meta Luise, Kalman Georg und Karol Armin, die so manche Stunde auf ihren Vater verzichten mussten und die Arbeit geduldig und mit Interesse begleitet haben.

Last but not least mein ganz herzlicher Dank an meine Lebensgefährtin, Renate Monika Gomer, die mir über die ganzen Jahre dieser Forschungsarbeit liebende Dialogpartnerin mit Engelsgeduld war und ist.

Inhaltsverzeichnis

Abbildungen

Anlagen

Interviews

Eidesstattliche Versicherung

Hiermit versichere ich, Ludwig Paul Häußner, geb. am 18.06.1958 in Würzburg, dass ich die als Dissertation vorgelegte Abhandlung in keinem anderen Verfahren zur Erlangung des Doktorgrades oder als Prüfungsarbeit für eine akademische oder staatliche Prüfung eingereicht und selbständig verfasst habe.

Ich habe keine anderen als die von mir angegebenen Quellen und Hilfsmittel benutzt und die den benutzten Werken wörtlich oder inhaltlichen entnommenen Stellen kenntlich gemacht.

Ludwig Paul Häußner

Karlsruhe, den 01.09.2008

1 Einleitung

1.1 Bisherige Forschungsperspektiven

Die wissenschaftliche Beschäftigung mit Fragen über Führung und Management in Unternehmen ist rund einhundert Jahre alt und hat in dieser Zeitspanne unterschiedliche Entwicklungsstadien erfahren. In der Sozialgeschichte der Menschheit galt es schon immer das menschliche Mitsein mit anderen in Gruppen, Gemeinschaften und Gesellschaften zu organisieren.

In den Theokratien[1] des alten Orients wurde das Mitsein mit anderen aus der religiösen Offenbarung heraus gestaltet.

Im antiken Rom stechen die Organisationsformen des Staates und insbesondere des Militärs hervor. Kennzeichnend dafür ist die erforderliche große Anzahl von Menschen, die auf einen Gegner und dessen beabsichtigter Vernichtung hin zu organisieren sind.

Im Feudalismus als der Gesellschaftsform des europäischen Mittelalters bildeten Adel und Klerus die oberen Stände mit relativen Freiheiten, während der unfreie Bauernstand in Leibeigenschaft gehalten war.

Durch die Industrialisierung und die damit vertiefte Arbeitsteilung erwuchs nicht nur ein „neuer Stand" in Form der Arbeiterklasse, sondern für das Feld der Wirtschaft die Notwendigkeit für wirksame Sozialformen im Hinblick auf eine Gewinn bringende Zusammenarbeit immer größer werdender Unternehmen.

Doch wie sollten diese neuen und großen Sozialgebilde geführt werden? Durch den Liberalismus auf wirtschaftlichem Feld, verbunden mit der Möglichkeit zum Privateigentum, entstand qua des Verfügungsrechts über Sach- und Finanzkapital ein Direktionsrecht gegenüber den in Unternehmen mitwirkenden Menschen.

[1] Unter Theokratie wird jene Staatsform verstanden, bei der die Staatsgewalt allein religiös legitimiert wird, aber im Gegensatz zur Hierokratie nicht von Priestern ausgeübt zu werden braucht.

Doch wenn sich Neues realisieren will, führt man dieses Neue gerne auf Bekanntes, auf den Ausgangspunkt des Gegebenen zurück. Deshalb eine ***erste These:*** *Im Hinblick auf die bisherigen Forschungsperspektiven für die organisationale Gestaltung von Wirtschaftsunternehmen bedeutet dies einen Rückgriff auf die Strukturen und Abläufe der bisherigen Großorganisationen, wie des Militärs oder der Amtskirche.*

Als probate Lösung hat sich die Sozialform der Überordnung/Unterordnung beziehungsweise der Subordination in einer organisationalen Hierarchie herausgebildet – in Form einer Pyramide mit dem *Führer* beziehungsweise *Leiter* an der Spitze einer Organisation. Der Leiter einer Organisation wird zum Direktor, der Führer eines Militärverbandes zum Befehlshaber und der Inhaber beziehungsweise Leiter eines Unternehmens wird zum weisungsbefugten Arbeitgeber oder Top-Manager. Dies drückt sich auch bis in die baulichen Aspekte bei Organisationen aus. Wer an der Spitze eines Unternehmens und damit – implizit – oben steht, dessen Arbeitslatz ist in der Regel in der oberen Etage eines Firmengebäudes. So titelte das Wirtschaftsmagazin *brandeins* kritisch im Mai 2005 „Oben ist nicht mehr vorn". LOTTER, brandeins-Journalist, formuliert dies in seinem Beitrag „Stoffwechsel"[2] in dieser Ausgabe so: „Alle finden Hierarchien blöd. Alle wollen irgendwie Teil eines Netzwerks sein. Und alle machen sich was vor." Und der Soziologieprofessor NASSEHI[3] an der LMU in München formuliert dies in seinem Beitrag „Wollen, was wir sollen" in der gleichen Ausgabe von *brandeins* so: „Der Begriff Hierarchie hat einen schlechten Ruf. Er klingt nach Starrsinn und sinnlosen Befehlen. Und wer will das schon? Doch Führung brauchen wir weiterhin."[4]

---

[2] http://www.brandeins.de/home/inhalt_detail.asp?id=1673&MenuID=130&MagID=62&sid=su12913721535181946&umenuid=1 – Abruf: 2008_04_19

[3] http://www.brandeins.de/home/inhalt_detail.asp?id=1680&MenuID=130&MagID=62&sid=su12913721535181946&umenuid=1 – Abruf: 2008_04_19

[4] Nassehi führt in diesem Artikel die Problematik weiter aus: „Interessant ist dabei, dass diese klassische Umformung des Sollens in ein Wollen heute nicht mehr in der politischen Öffentlichkeit und selten im kulturellen Diskurs oder bei der Erziehung in Schulen und Familien stattfindet – sondern in Organisationen, in denen Max Weber, der Klassiker der Bürokratiekritik, vor einem Jahrhundert nur ‚Fachmenschen ohne Geist' vorfand. Damals galten Organisationen geradezu als jene Orte, an denen die Verheißungen der Moderne außer Kraft gesetzt waren.

Deshalb eine ***zweite These***: *Die Führungswissenschaft geht auf der stillschweigenden Ebene – also implizit – von Überordnung/Unterordnung beziehungsweise Weisungsbefugter/Weisungsempfänger aus – Führung wird implizit weiterhin hierarchisch-positional gedacht* (s. Kap. 4.2).

Für MALIK (2001)[5] als einen Vertreter der St. Galler Managementschule steht „ein wirksames Management für eine neue Zeit“ vor den Herausforderungen, die der Wandel der letzten Jahrzehnte von der Industriegesellschaft hin zu einer nachindustriellen Dienstleistungsgesellschaft mit sich bringt: „…[für] die Kopfarbeit und den Kopfarbeiter – für alle jene Menschen also, für die Wissen ihr Hauptrohstoff ist und die aus diesem Grunde in Wahrheit gar nicht in irgendeinem vernünftigen Sinne gemanagt werden können, sondern sich selbst managen müssen.“

Nach MALIK (2001, S. 388) gibt es eine Kluft zwischen den Zielen von Wissenschaft und Management, durch die sie völlig unterschiedlich seien. „Verliert man das aus den Augen, kann man weder ein guter Wissenschaftler noch ein guter Manager sein: Wissenschaft ist auf *Erkenntnis* gerichtet, Management hingegen auf *Nutzen.* Die Wissenschaft orientiert sich an *Wahrheit;* Management an *Wirksamkeit.* Die Wissenschaft strebt nach *Allgemeingültigkeit;* der Manager hat es aber mit dem *Einzelfall* zu tun. Sein Ziel ist nicht die *Gewinnung* von Erkenntnis, sondern deren *Anwendung;* nicht die *Entdeckung,* sondern deren *Applikation.* Die Theorie fragt *‚Ist es wahr?';* Management fragt: *‚Funktioniert es?'“* Hier verfällt MALIK in einen Dualismus von Erkennen und Handeln, der auch in der Philosophie im Hinblick auf den handelnden

Auch heute geht es bei der Umstellung von linearer, befehlsähnlicher Führung auf eine eher nichtlineare, indirekte Führung keineswegs darum, die Hierarchie zu beseitigen. Unternehmensziele, Tätigkeitsfelder und Zuständigkeiten werden nach wie vor von oben vorgegeben – wie sollte es auch anders sein? Nur hat sich die Form gewandelt: Die Hierarchie von heute rechnet mit Menschen und Kommunikationsformen, die die Logik des Handelns nicht aus der Hand geben, mit Menschen, die wollen, was sie sollen. Zu wollen, was man soll, setzt allerdings Hierarchien voraus, die das Sollen symbolisieren, zumindest inszenieren – auch wenn sie oft genug nicht einmal wissen, was es ist.
Deshalb meine ich, dass das Führen eine Illusion ist, eine notwendige Illusion freilich.“

[5] MALIK, F. (2001) Führen. Leisten. Leben – Wirksames Management für eine Neue Zeit, München, S. XII

Menschen gegeben ist. STEINER[6] beschäftigt sich mit dem bewussten menschlichen Handeln und stellt dabei folgende Frage: „Was heißt es, ein *Wissen* von den Gründen seines Handelns zu haben? Man hat diese Frage zu wenig berücksichtigt, weil man leider immer in zwei Teile gerissen hat, was ein untrennbares Ganzes ist: den Menschen. Den Handelnden und den Erkennenden unterschied man, und leer ausgegangen ist dabei nur der, auf den es vor allen andern Dingen ankommt: der aus Erkenntnis Handelnde."

Unterschwellig geht MALIK bei Wissenschaft – von den Naturwissenschaften aus. Als ein Vertreter einer kybernetisch-systemtheoretischen Managementwissenschaft[7] trägt er sicherlich wesentlich zum modernen Systemdenken in Bezug auf Führung und Management bei. Die in dieser Forschungsarbeit eingenommene sozialorganische Perspektive leugnet die aus Management Cybernetics und Bionics gewonnenen Ergebnisse keineswegs. Im Rahmen dieser Arbeit werden Führungswissenschaft und Führungspädagogik jedoch als Zweige der Sozial-, Kultur- und Geisteswissenschaften verstanden. Der aus *Erkenntnis Handelnde* muss sowohl um Gesetzmäßigkeiten wissen als auch im konkreten Fall die erkannte Gesetzmäßigkeit wirksam werden lassen können. Der aus Erkenntnis handelnde Mensch ist eben mehr als ein Element im systemtheoretischen Kontext. Wurde der Mensch in der mechanistischen Auffassung von Unternehmen als „Rädchen" im großen Unternehmensgetriebe gesehen, so besteht die Gefahr, dass er in Kybernetik und Systemtheorie auf ein „systemisches Element" reduziert wird. Letztlich klammern Management Cybernetics und Systemtheorie in ihrer sozio-technischen Perspektive Fragen nach Mensch und Menschsein und dessen geistiger Dimension aus; Hauptsache es funktioniert, um die WAS und WIE Fragen des Managements zu beantworten. Dabei wird zwar vom „komplexen Menschen" ausgegangen und die philosophisch-anthropologische und philosophisch-religiöse Dimension nicht explizit ausgeschlossen, aber auch nicht *wesentlich* mit einbezogen.

Doch ist das materielle Umgestalten der Natur zu für den Menschen brauchbaren Waren ohne das geistig-sinnhafte im Hinblick auf Wirtschaft und Kultur aus der Sicht

[6] STEINER, R. (1987) Die Philosophie der Freiheit, Dornach. 15. Auflage, Taschenbuchausgabe (1998), S. 21

[7] vgl. http://www.malik-mzsg.ch/mcb/htm/1079/de/mcb.htm Abruf: 2008_04_19

des Verfassers nicht ausreichend. Ökonomisches Handeln ist immer auch soziales Handeln und damit auf Zielsetzung, Wertschätzung wie auch Sinngebung angewiesen.

Diese Forschungsarbeit bewegt sich durchaus im Kontext systemtheoretisch-evolutionärer Führungs- und Organisationstheorien, zu deren Vertretern außer Malik insbesondere die Urheber des St. Galler Managementmodells, Ulrich und Krieg, sowie im weiteren Verlauf Bleicher, Gomez, Müller-Stewens und Lechner gehören. Ein anderer Vertreter systemtheoretisch-evolutionärer Ansätze in der Führungs- und Organisationslehre ist LIEVEGOED (1974)[8]. Sein langjähriger Mitarbeiter GLASL (2004)[9] bezeichnet ihr gemeinsames Theorieverständnis „zwar als *systemtheoretisch*, nicht aber als <<systemisch>>." Gemeinsam messen sie dem Evolutions- und Entwicklungsverständnis zentrale Bedeutung zu. Im Unterschied zu den Vertretern aus Natur- und Ingenieurwissenschaften, die eher von „sozialen Systemen" sprechen, bevorzugt Lievegoed von „sozialen Organismen" zu sprechen. Nach GLASL (2004, S. 41)[10] unterscheidet „Lievegoed [...] zwischen *Veränderung* (Austausch; Ortsveränderung), *Wachstum* (quantitative Zunahme – und Schrumpfung als Gegenbewegung) und *Entwicklung*. [...] Entwicklung strebt in eine Richtung, sie ist final beziehungsweise teleologisch ausgerichtet." Dabei geht es um die Sinnhaftigkeit menschlichen Tuns. So ist für den Existenzialpsychologen FRANKL (2005) der Sinn die Heimat der Seele. Für diese Arbeit bilden die grundlegenden Arbeiten von LIEVEGOED und GLASL, wie auch FRANKLs Werk eine Hintergrundfolie. Insofern ist es angebracht, Führung und Management aus sozial-, kultur- und geisteswissenschaftlicher Perspektive[11] zu beleuchten. Dabei geht es nicht nur um das individuell

---

[8] vgl. LIEVEGOED, B.J.C. (1974) Organisationen im Wandel – Die praktische Führung sozialer Systeme in der Zukunft, Bern und Stuttgart

[9] GLASL, F./LIEVEGOED, B. (2004) Dynamische Unternehmersentwicklung, Bern/Stuttgart/Wien, S. 32

[10] GLASL. F. in GLASL, F./LIEVEGOED B. (2004), S. 41

[11] Der Soziologe Thomas Loer schreibt in einer E-Mail vom 15. Dezember 2005 an den Autor: „Also: die Welt, mit der sich die Sozial-, Kultur- und Geisteswissenschaften beschäftigen, ist die sinnstrukturierte Welt, ist ***sinnhaft;*** die Naturwissenschaften beschäftigen sich demgegenüber mit der naturgesetzlich bestimmten und mit der stochastischen Welt, ihre Gegenstände sind demnach ***sinnfrei.*** Innerhalb der sinnhaften Welt nun erscheint uns ein bestimmtes Handeln gemessen an unseren – immer

Sinnhafte, sondern auch um den *sozialen, den miteinander geteilten Sinn.* Die individuellen Deutungen der Akteure, in dieser Arbeit Führungskräfte, die sie sich von ihren Wahrnehmungen, Vorstellungen und Handlungen machen, gilt es durch den Forscher zu „zerstören“, um die latent vorhandenen Sinnstrukturen erfassen zu können. Dabei geht es um die Sinn verstehende Deutung wie auch rekonstruktive Darlegung und Erläuterung von Phänomenen der sozialen Wirklichkeit in dem untersuchten Unternehmen.

1.2 Persönliches erkenntnisleitendes Interesse und handlungsleitende Fragestellungen

Die Thematik *Dialog* und *Führung* entspringt einem persönlichen Erkenntnis geleiteten Interesse des Verfassers aufgrund eigener, reflektierter Führungspraxis in Wirtschafts- und Kulturunternehmen.

Dabei stellt sich die Frage nach dem Menschen im organisationalen Kontext von Unternehmen nicht bloß als funktionales Element einer Leistungserstellung. Wird die Frage nach dem mitunternehmerischen Menschen aber vernachlässigt, verschließen sich Menschen in Leitungs- und Führungsfunktionen wertvollen Einsichten, die die Kommunikations- und Interaktionsfrage – also den Umgang mit Menschen – innerhalb eines Unternehmens neu zu bewerten vermögen.

Die Mitwirkenden im Unternehmen – ganz gleich in welcher Funktion – sind nicht als funktionales Element oder als isoliertes Subjekt zu denken, denn Menschsein ist wesentlich Koexistenz, also immer *Mitsein mit anderen* und Kooperation im *Miteinander-Füreinander-Leisten* im sozioökonomischen Kontext. Hierzu sei aus der gemeinsamen Arbeit mit ROHRHIRSCH zitiert:

„Ein Medium der transpersonalen Vermittlung ist [...] die Sprache. Dabei erhält der Dialog eine besondere Bedeutung, weil er Beweggründe, Interessen, Bedürfnisse

kulturspezifischen Maßstäben – *sinnvoll,* anderes entsprechend *sinnlos.* Das erste ist eine analytische, letztlich konstitutionstheoretisch auszuweisende Unterscheidung, das zweite eine praktische.“

und Fähigkeiten des anderen einbezieht und aufgrund der transpersonalen Vermittlung ein auf einen gemeinsamen Sinn hin ausgerichtetes Handeln ermöglicht.“[12]

Das Verhältnis von Führungskraft und Mitarbeiter ist im arbeitsvertraglichen Kontext asymmetrisch – bedingt durch das innewohnende Direktionsrecht des Unternehmers beziehungsweise dessen, der stellvertretend die Unternehmerfunktion einnimmt und ausübt.

Für ROHRHIRSCH hat sich eine Führungspersönlichkeit als Sachwalter zu verstehen, sie sei erste Dienerin der Sache und um der Sache willen da. „Der Führende weist auf die Sache und führt zusammen. So ist er auf Gemeinschaft hin Versammelnder, aber nie und niemals sie Machender. Dazu gehört eine Haltung, die aus einem entschiedenen Selbstverständnis entspringt und aus einer spirituellen Haltung heraus lebt. Einer der weiß, wie es um ihn steht und der selbst immer wieder sich auf den Weg macht, weil er weiß, dass er, um der [gemeinsamen] Sache willen, kein Überflieger sein kann und darf. Dazu bedarf es der Unterstützung durch ein adäquates Leitbild und einer dazugehörigen Unternehmenskultur, die nicht nur unternehmensweit publiziert, sondern praktiziert wird.“[13]

Hierfür galt es ein Unternehmen beziehungsweise eine Unternehmensleitung zu suchen – und zu finden, das aufgrund seiner korporierten Identität behauptet eine *Dialogische Führung* zu praktizieren.[14] Die Unternehmensleitung eines international tätigen Filialunternehmens im Drogerieeinzelhandel hat hierzu diese Forschungsaktivitäten – in Form von Interviews – ermöglicht (s. Kap. 5).

1.3 Ausgangslage und Problemstellung

Das Wirtschaftsleben ist gerade in der Zeit nach dem Zusammenbruch des Ostblocks der bestimmende Faktor für die gesellschaftliche Entwicklung geworden. Die

[12] ROHRHIRSCH, F./HÄUßNER, L. P. (2007), S. 9

[13] ROHRHIRSCH, F. (2002), S. 168

[14] vgl. DIETZ, K.-M./KRACHT, T. (2002, 2. Auflage 2007) Dialogische Führung. Grundlagen – Praxis. Fallbeispiel: dm-drogerie markt, Frankfurt/New York

Bereiche der Politik und Kultur scheinen im Gegenzug an Bedeutung zur verlieren – und dies im globalen Maßstab.

Die Welt als Globus und damit ein Wirtschaftsgebiet, rückt seit Beginn der Neuzeit zunehmend in das menschliche Bewusstsein. Insbesondere durch die rasante Entwicklung in der Verkehrs-, Kommunikations- und Informationstechnologie in der Zeit nach dem Zweiten Weltkrieg hat sich die Tendenz weg von den einzelnen nationalen Volkswirtschaften hin zu einer Weltwirtschaft mit einer weiteren Intensivierung der Arbeitsteilung immens beschleunigt. Globalisierung und Weltwirtschaft[15] sind deswegen nicht synonym zu betrachten. Kennzeichen für ein globales, arbeitsteiliges Wirtschaftsleben ist die *Gegenseitigkeit* und damit eine dynamische Auffassung von Wirtschaft überhaupt. Damit ist auch eine grundlegende Wandlung im Gange. Gegenseitigkeit im globalen, makro-, meso- und mikroökonomischen Bereich beinhaltet *Leistungsaustausch.* Leistungsaustausch bedeutet im Kontext von Unternehmen, Management und Führung, zunehmend ein Bewusstsein für den Prozess der Leistungserbringung zu entwickeln. Deshalb ***eine weitere These:*** *Konventionelle Führung mit Direktionsrecht und Subordination ist monologische Führung – und wird diesen Entwicklungstendenzen immer weniger gerecht.*

Damit ist das Problemfeld beschrieben: Dynamisches Wirtschaftsleben trifft auf veraltete Auffassungen über Führung, die einem Jahrtausende alten Hierarchiebewusstsein in Staat und Kirche entstammen – einem Denken in Überordnung und Unterorderung wie es in theokratischen, antiken und feudalistischen Organisationsformen zum Ausdruck kam.

Für das Wirtschaftsleben, den Prozess der Leistungserbringung gibt es aber kein Oben oder Unten, sondern nur die – horizontale, prozessuale – Polarität zwischen Produktion und Konsumtion. So betrachtet ist der Mensch Ursprung und Ziel allen Wirtschaftens. Daraus ergibt sich ***eine weitere These:*** *Hierarchiebewusstsein wird durch Prozessbewusstsein abzulösen sein – Anweisung und Kontrolle durch Dialog und Zutrauen. Die horizontale Perspektive ergibt sich auch im Rechtlich-Sozialen aus*

[15] VOGEL, D. (1990) Selbstbestimmung und soziale Gerechtigkeit, Schaffhausen, S. 121

den allgemeinen Menschenrechten, sie gehen von der Gleichheit aller Menschen vor dem Gesetz aus (s. Kap. 3.2 – die drei Ehrfurchten bei Goethe).

Zudem lässt sich noch ***folgende weitere These*** aufstellen: *Wenn Dialog mehr sein soll als Miteinander reden, sondern – idealerweise – ein miteinander Denken – in Form eines freien, schöpferischen Gedankenflusses sowie eine gemeinsam gewonnene Einsicht in das arbeitsteilige Zusammenwirken, dann wird damit auch ein neues Rollenverständnis für die im betrieblichen Wertschöpfungsprozess agierenden Menschen erforderlich: Der Direktor wandelt sich zum Evokator und der „Untergebene" zum wirklichen Mit-Arbeiter. Führen und geführt werden erscheinen umso mehr als wechselseitiger Prozess, in dem sich Führungskraft und Mitarbeiter zur gemeinsamen Arbeit zusammengesellen.* Solche nicht direktiven Arbeitsformen gibt es bereits in Anwaltskanzleien, Gemeinschaftspraxen von Ärzten oder Arbeitsgemeinschaften freier Architekten.

1.4 Aufbau und Ziel der Arbeit

Mensch und Wirtschaft, Mensch und Dialog, Mensch und Interaktion beziehungsweise Führung sind nahezu unbegrenzte Forschungsfelder. Aus diesem Grund soll aus jedem Bereich ein kurzer Abriss für den Zugang zum Forschungsfeld beziehungsweise -gegenstand vorgenommen werden.

Dabei soll herausgearbeitet werden, dass das Wesentliche im konkreten Fall, der Typus auch im Einzelfall, in der einzelnen Situation erscheint.

Menschsein ist immer Mitsein mit anderen und es ist eine Frage der Sozialgestaltung wie dieses Mitsein realisiert wird. Realisieren soll heißen: wahrnehmen, entdecken, verstehen und verwirklichen.

Das Miteinander-Füreinander-Leisten in der (über-)betrieblichen Arbeitsteilung ist implizites Mitsein. Insoweit ist zu fragen, wie die vorherrschende Arbeitsform in Gestalt eines Lohnarbeitsvertrags noch das passende Rechtsinstitut ist beziehungsweise überhaupt sein kann? *Direktion qua Arbeitsvertrag* und *Evokation qua Dialog* im Arbeitsprozess scheinen antipodisch zu sein. Dadurch tut sich eine grundsätzliche

Frage auf: Welchen Freiraum und Freimut[16] lassen das Arbeitsrecht und daraus resultierende Entlohnungssysteme dem Dialog?

Die grundsätzlichen Überlegungen zu Mensch und Wirtschaft (s. Kap. 2), Mensch und Dialog (s. Kap. 3), Mensch und Führung (s. Kap. 4) dienen dazu, *die erkenntnisleitende Frage herauszufiltern. An was oder wem orientieren sich in einer dialogischen Unternehmenskultur sowohl Führungskräfte als auch Mitarbeiter?*

Dies soll durch Tiefeninterviews und deren Analyse mit Hilfe der Objektiven Hermeneutik als qualitativer Forschungsmethodik geschehen. Deshalb soll die Entwicklung der Führungstheorien nur in skizzenhafter Form dargestellt werden. Damit verbunden ist die Frage, ob hierbei womöglich implizit eine monologische Führungsperspektive eingenommen wird, auf der sich der wissenschaftliche Diskurs um Führungsstile und Managementkonzepte aufbaut.

Das untersuchte Unternehmen soll kurz dargestellt und der Zugang zum Forschungsfeld beschrieben werden (s. Kap. 5).

Daraus ergibt sich die Notwendigkeit, die gewählte Forschungsmethode zu begründen (s. Kap. 6). Mittels einer dem Forschungsgegenstand angemessenen Methode soll die erlebte Führungspraxis untersucht und ausgewertet werden, um qualitative wie objektive Aussagen machen zu können.

Aus der Diskussion der Analyse erwachsen nicht nur vorläufige Ergebnisse zu Fragen der Führungstheorie wie Führungspädagogik[17], sondern auch weiterführende Forschungsfragen beziehungsweise Forschungsvorhaben (s. Kap. 7).

---

[16] LOER beschreibt Freimut wie folgt: „Freimut ist eine Haltung zur Krise, die nicht alte Handlungsmuster fortschreibt, sondern sich der Neuerung öffnet." LOER, T. (2006) *Zum Unternehmerhabitus*, S. 33

[17] Handelt es sich – provokant – gefragt hierbei womöglich sogar um einen Pleonasmus? Der Begriff Pädagogik hat seine Wurzeln im antiken Griechenland und setzt sich zusammen aus *pais* = Knabe, Kind + *agein* = führen); die paideia als „Knabenführung". In Unternehmen wirken in der Regel erwachsene Menschen sowie Jugendliche im Rahmen des deutschen Jugendschutzgesetzes – mit dem Mindestalter von 15 Jahren – zusammen. Mag für die Lebensspanne von 15 – 18 Jahren noch „Knabenführung" angesagt erscheinen, so wirken in der Arbeitswelt überwiegend Erwachsene, also voll geschäftsfähige Menschen, zusammen.

Da Führungshandeln nicht im rechtsfreien Raum stattfindet, ist es aus Sicht des Autors erforderlich, den Rechtsraum immer als Hintergrundfolie für diese Forschungsarbeit im Bewusstsein zu halten und er wird deshalb den weiter folgenden Erörterungen vorangestellt.

Nach § 2 des Bürgerlichen Gesetzbuches (BGB) wird die unbeschränkte Geschäftsfähigkeit in der Regel mit Vollendung des 18. Lebensjahres erreicht. Die Geschäftsfähigkeit ist ein Sonderfall der Handlungsfähigkeit des Menschen, das heißt im Rechtssinn die natürliche Möglichkeit des Menschen – als Rechtssubjekt – seinen Willen in der Welt zu manifestieren.

Diese Handlungsfreiheit wird im Dienstvertrag und insbesondere durch den Arbeitsvertrag eingeschränkt indem der Arbeitgeber ein Direktionsrecht erhält. Diese Situation ist kaum noch Gegenstand für die politische Gestaltung[18] der Arbeitsbeziehungen in der Wirtschaft – weg vom Lohnverhältnis und hin zu mehr Gesellschafterelementen.

Dabei gilt es herauszufinden, inwieweit innerhalb der derzeitigen Arbeitsrechtsformen eine dialogische Führungskultur wirklich praktiziert werden kann. Darüber hinaus geht es darum, welche Folgerungen für die Führungspädagogik als Agogik (s. Kap. 7.6) gemacht werden können. Unter Agogik soll im Rahmen dieser Arbeit folgendes verstanden werden: *Führen, Evozieren, Form und Gestalt geben im Hinblick auf das Lernen Erwachsener ganz allgemein sowie die personale Kompetenz sich als erwachsener Mensch selbst zu führen* – im Unterschied zur Pädagogik, die auf Kinder und Jugendliche bezogen ist.

1.5 Zur Problematik von Führung und Wirtschaftsfaktoren

Die moderne arbeitsteilige Wirtschaftsweise beruht prinzipiell auf *Gegenseitigkeit*; sie muss organisiert und koordiniert werden. *Natur, Arbeit* und *Kapital* sind die drei

[18] In den Freiburger Thesen der Liberalen Anfang der 1970er Jahre ist zur Problematik der Mitbestimmung im Unternehmen zu lesen: „Diese (Selbst-)Unterwerfung der Arbeitnehmer unter ‚fremde' Direktionsbefugnis und Organisationsgewalt folgt aus den mit den privaten oder öffentlichen Eigentümern der Produktionsmittel abgeschlossenen Arbeitsverträgen, die diesen eine durch das Arbeitsverhältnis bedingte Herrschaftsgewalt über die bei ihnen in ‚abhängiger Arbeit' beschäftigten Menschen einräumt. Flach, K.-H., Maihofer, W., Scheel, W. (1972) *Die Freiburger Thesen der Liberalen,* Hamburg, S. 97f.

Hauptfaktoren für die Produktionsseite – dem materiellen Aspekt des Wirtschaftslebens. Die produzierten Güter und Dienstleistungen kommen aber nur durch den gegenläufigen Geld- beziehungsweise Abrechnungsstrom – das Geld mit seinen funktionellen Ausprägungen als *Kaufgeld, Leihgeld und Schenkungsgeld* – in den Zirkulationsbereich der Wirtschaft als Waren auf den Markt.

Die *Natur* wird dabei in erster Linie als Grund und Boden, das *Kapital* hauptsächlich als Geld wirksam. Natur und Kapital bilden die beiden Pole der Wirtschaftsfaktoren. Sie werden durch den Wirtschaftsfaktor *Arbeit* – durch den arbeitenden Menschen – zu einer Dreiheit (Synthese) verbunden.

Daraus wird deutlich, dass *Arbeit* durchaus ein Wirtschaftsfaktor ist, der arbeitende Mensch selbst aber *nicht* zum *Produktionsfaktor*[19] wird beziehungsweise werden darf. Diese sozialkritische Betrachtung schärft den Blick für eine Tiefendimension im Hinblick auf Führung und Zusammenarbeit – die gleich dem Magnetismus in Natur und Technik – zwar im Alltag beziehungsweise in der alltäglichen Führungspraxis

[19] VOGEL, D. (1990) Selbstbestimmung und soziale Gerechtigkeit, Schaffhausen, S. 107f. Für VOGEL ermöglichen die Faktoren *Natur* und *Kapital* die *Arbeit* im volkswirtschaftlichen Sinn. „Das Boden- und das Geldrecht sind daher allein die beiden Fundamente, auf denen sich das Arbeitsrecht aufbauen kann und von denen die Art und Weise des rechtlichen Hineingestelltseins des arbeitenden Menschen in das Wirtschaftsleben abhängt. [...] Das Boden- und Geldrecht [...] verleihen den Inhabern des Bodens und des Geldes ein (rechtliches) Übergewicht gegenüber der Arbeit, sie begründen die beiden primären Monopole. Durch dieses Übergewicht des Bodens und des Geldes über die Arbeit ist der Arbeiter nicht in der Lage, die Produkte seiner Arbeit in gleicher Weise frei zu verkaufen wie die Inhaber von Boden und Geld. Seine Arbeitskraft selber wird zur Ware, die er zu ‚Selbstkosten', das heißt zum Existenzminimum, anbieten muss, weil Boden und Geld sich nur zu der von ihnen diktierten Bedingung der Arbeit zur Verfügung stellen. Diese Bedingung ist die geforderte Rentabilität, die Grund- und Kapitalrente, deren Höhe bedingt ist durch das Existenzminimum des Arbeiters, unter welches sein Lohn nicht sinken kann. Es entspricht seiner physiologischen Organisation ebenso wie der Treibstoffbedarf der Maschine ihrer Konstruktion. Der Lohn gehört zu den Kostenfaktoren der Produktion in gleicher Weise wie die Betriebskosten der Maschine. Wie sie rangiert der arbeitende Mensch unter den Wirtschafts*objekten.* [Der] Arbeiter [wird] dadurch in die menschenunwürdige Lage versetzt, seine Arbeitskraft wie eine Ware verkaufen zu müssen. [...] Im Guten wie im Schlimmen ist die *Arbeit* abhängig vom *Boden* und vom *Geld.* Die Gesundung des Arbeitsrechts, die Schaffung auf unbedingter Gegenseitigkeit beruhender Arbeitsverhältnisse hängt somit von der Umgestaltung des Bodenrechts und des wirtschaftlichen Zirkulationssystems, das heißt des Geldwesens ab."

nicht sichtbar ist, aber als Kraft dennoch die sozialen Beziehungen in Unternehmen wesentlich beeinflusst.

1.6 Zur Problematik von Arbeitsrecht, Führung und Zusammenarbeit

Führung und Arbeitsrecht werden in der Führungswissenschaft praktisch kaum in Verbindung gebracht, sondern oft auch in den Unternehmen parallel gemanagt. Insofern läuft die Führungs- und Organisationswissenschaft Gefahr, sozialpsychologische Aspekte in den Fokus ihrer Untersuchungen zu rücken und dabei soziale Normen auch nur aus diesen Disziplinen heraus zu untersuchen sowie dabei die Rechtsnormen auszublenden. Dabei sind die Rechtsnormen soziale Normen per se und damit auch Gegenstand soziologischer Forschungen.

Jedes Unternehmen hat durch die allgemeine Rechtsordnung seine Unternehmensverfassung und damit seine Legitimität. Kein Unternehmen agiert in einem rechtsfreien Raum.

Die Rechtsbeziehungen zwischen den so genannten Arbeitgebern und den so genannten Arbeitnehmern werden sowohl durch das Individualarbeitsrecht, als auch zwischen den Koalitionen der „Arbeitgeber“ und „Arbeitnehmer“ durch das kollektive Arbeitsrecht geregelt.

Das Arbeitsverhältnis wird durch den *Arbeitsvertrag* begründet und bildet damit den Ausgangspunkt dafür. Der Arbeitsvertrag ist seinerseits Nukleus für ein komplexes Individualarbeitsrecht wie auch Kollektivarbeitsrecht im Rahmen nationaler wie auch supranationaler Rechtsnormen auf EU-Ebene. Letztlich ist er Teil des gesamten Rechtsraumes, der sowohl den Allgemeinen Menschenrechten als auch den Grundrechten unseres Grundgesetzes entsprechen muss.

„Arbeitgeber“ können natürliche und juristische Personen sein. Sollten es juristische Personen sein, so handeln für diese deren Organe, die wiederum natürliche Personen sind: die *leitenden Angestellten*. Sie nehmen im Betrieb für den (juristischen) Unternehmer Führungs- und Leitungsfunktionen wahr – im Sinne von Leadership „to do the right things“ und Management „to do the things right“.

Der *Dienstvertrag* nach § 611 BGB[20] behandelt in Deutschland grundsätzlich jede Dienstleistung und damit auch das Arbeitsverhältnis.

In Anlehnung an das Bundesarbeitsgericht[21] ist „Arbeitnehmer" wer auf Grund eines privatrechtlichen Vertrags im Dienste *eines anderen zur Leistung weisungsgebundener, fremdbestimmter Arbeit in persönlicher Abhängigkeit verpflichtet ist.*

Der *Arbeitsvertrag* ist ein *Dienstvertrag.* Das Arbeitsverhältnis beziehungsweise der Arbeitsvertrag wird durch die deutsche Gewerbeordnung aus dem Jahr 1869 und deren §§ 105 – 110 näher bestimmt. Der § 106 Gewerbeordnung (GewO) *Weisungsrecht*[22] *des Arbeitgebers* lautet:

„Der Arbeitgeber kann Inhalt, Ort und Zeit der Arbeitsleistung nach billigem Ermessen näher bestimmen, soweit diese Arbeitsbedingungen nicht durch den Arbeitsvertrag, Bestimmungen einer Betriebsvereinbarung, eines anwendbaren Tarifvertrags oder gesetzliche Vorschriften festgelegt sind. Dies gilt auch hinsichtlich der Ordnung und des Verhaltens der Arbeitnehmer im Betrieb. Bei der Ausübung des Ermessens hat der Arbeitgeber auch auf Behinderungen des Arbeitnehmers Rücksicht zu nehmen."

All das schließt die Kommunikation und damit Gespräche zwischen „Arbeitgebern" und „Arbeitnehmern" nicht aus. Eine symmetrische Kommunikation ist juristisch praktisch nicht gegeben. Das Problem liegt in der juristischen Ausgestaltung der Zusammenarbeit. Durch den Lohnarbeitsvertrag muss der „Arbeitnehmer", beziehungsweise seine für ihn verhandelnde Gewerkschaft als Tarifpartei, dessen Arbeitsangebot wie eine Ware handeln und dafür einen möglichst hohen Preis aushandeln. Der „Arbeitnehmer" wird faktisch zum Produktionsfaktor und damit zum Kostenfaktor und hat aus sich kein wirkliches Interesse an der wirtschaftlichen Entwicklung des Unternehmens, der Arbeitsplatz ist für den „Arbeitnehmer" ganz praktisch Einkommens-

[20] „Durch den Dienstvertrag wird derjenige, welche Dienste zusagt, zur Leistung der versprochenen Dienste, der andere Teil zur Gewährung der vereinbarten Vergütung verpflichtet. Gegenstand des Dienstvertrags können Dienste jeder Art sein."

[21] vgl. http://de.wikipedia.org/wiki/Arbeitsrecht_%28Deutschland%29 – Abruf:2006_05_19

[22] http://bundesrecht.juris.de/gewo/__106.html – Abruf: 2008_04_19

platz. Im Gegenzug, muss der „Arbeitgeber“ Kontrollmechanismen[23] installieren, damit die Direktiven im Sinne des Unternehmenszwecks – und mittelbar der Kapitalrendite – überhaupt erfüllt werden.

1.7 Zur Problematik von Führung und Entlohnungsmacht

Um die Entwicklungslinie des Gegensatzes von Kapital und Arbeit aus der Antike bis in heutige Zeit und seine Relevanz für die Führung aufzeigen zu können, soll ein weiteres Mal auf VOGEL (1990)[24] zurückgegriffen werden. Das heutige Arbeitsverhältnis

[23] vgl. hierzu die jüngste Medienberichterstattung über Videoüberwachung von Mitarbeitern durch ein großes Lebensmitteldiscount-Filialunternehmen in http://www.tagesschau.de/wirtschaft/lidl6.html - Abruf: 2008_05_19

[24] VOGEL, D. (1990) a.a.O., S. 99 – 113

„Derjenige, der die Initiative entfaltet, das heißt der Unternehmer, ergreift die Produktionsmittel in dem Maß, als das dreifache Vertrauen seiner *Kreditoren (Sparer), Mitarbeiter* und *Konsumenten* es ihm gestattet. [...] Der Kapitaleinsatz, der in der Antike als Investition im Sklavenbesitz auftrat, wurde in der neueren Zeit zu dem, was im modernen kapitalistischen System der Lohnzahlung Bestandteil des zur Produktion notwendigen Kapitalaufwands ist. Der moderne Acht-Stunden-Lohnarbeiter bleibt, indem in seiner Arbeitskraft Kapital investiert wird, immer noch Bestandteil der Wirtschaftsobjekte. Zwar hat sich der Grad der Sklaverei im Laufe der geschichtlichen Entwicklung gemildert; die ursprünglich vollkommene Unfreiheit wird in der Leibeigenschaft gewissermaßen um ‚ein Drittel abgeschwächt', besteht aber im Lohnverhältnis immer noch zu einem letzten Drittel weiter. Von den 24 Stunden des Tages ist der Lohnarbeiter für 8 Stunden, während deren er seine Arbeitskraft wie eine Ware verkaufen muss, nicht Herr seiner selbst; während dieser Zeit gehört er noch, wie der antike Sklave, zu der wirtschaftlichen Kategorie der Produktionsmittel. [...] Nun ist jedoch der Verkauf seiner Arbeitskraft durch den Arbeiter ein fiktiver Vorgang, bedingt durch die aus den antik-mittelalterlichen Kulturen uns überkommenen dekadenten Arbeitsrechtnormen. In Wahrheit ist auch der Arbeiter Produzent von Waren, die er dem Unternehmer, der hier mehr die Funktion des Händlers ausübt und der zugleich als Verleiher oder Vermieter der Produktionsmittel wirkt, verkauft. [...] Derzeit zerfällt das Sozialprodukt in zwei Teile – in Löhne und Renten (arbeitslose Einkommen aus Kapitalerträgen und Transferzahlungen mittels Steuern und Sozialabgaben). *Würde die wirtschaftliche Bevorrechtigung des Bodens und des Geldes aufgehoben werden (können), träte der Arbeiter beim Abschluss des Arbeitsvertrages und bei der Vereinbarung über den Verteilungsschlüssel hinsichtlich des gemeinsam erzielten Verkaufserlöses (nach Abzug der Vorleistungen gegenüber Lieferanten) für verkaufte Arbeitsprodukte auf die gleiche Verhandlungsebene mit dem Unternehmer. (kursiv: LPH)* [...] In der Zukunft wird sich das gesamte Sozialprodukt in Arbeitseinkommen zu verwandeln haben. Dadurch würde aus dem bisherigen Lohn als ‚Preis' für die gekaufte Arbeitskraft, folgerichtiger Weise der Preis für die vom Arbeiter erzeugten Waren.“

basiert auf dem Arbeitsvertrag, der im Rahmen der allgemeinen Vertragsfreiheit geschlossen wird, aber dadurch den „Arbeitnehmer“ zum unselbständigen Weisungsempfänger macht und strukturell einer asymmetrischen Kommunikation den Boden bereitet. Hinzu kommt, dass die Arbeit innerhalb des Unternehmens mit dem Erwerb eines Einkommens verbunden ist. Der Lohnerwerb wird – unhinterfragt – als Selbstverständlichkeit betrachtet. Damit geht eine zweite Asymmetrie einher: die Entlohnungsmacht des „Arbeitgebers“.

Nun lässt sich einwenden, dass dies eine sehr zugespitzte Sichtweise sei. Ein Problem lässt sich nicht anhand seiner Symptome lösen, sondern lediglich von seiner Wurzel her. Die Wurzel für die heute noch auf der „stillschweigenden Ebene“ vorherrschende direktorale Sichtweise in Sachen Führung liegt in den für die moderne Arbeitsteilung und Zusammenarbeit veralteten Arbeitsrechtsformen begründet. In Büchern über Führung und Führungstheorie wird diese Tiefenschicht praktisch kaum auch nur halbwegs kritisch angegangen.

Führungstheorie und -pädagogik können diese rechtlichen Rahmenbedingungen natürlich nicht ausblenden. Insofern erstaunt es, dass dies praktisch kein Thema darstellt. Stellvertretend soll hier WUNDERERs[25] Definition dienen:

„**Führung** wird verstanden als ziel- und ergebnisorientierte, aktivierende und wechselseitige, soziale Beeinflussung zu Erfüllung gemeinsamer Aufgaben in und mit einer strukturierten Arbeitssituation. **Mitarbeiterführung** gestaltet die Einflussbeziehungen in führungsorganisatorisch differenzierten Rollen im Rahmen von Arbeitsverträgen.“

Obwohl Führung sich auch heute noch hauptsächlich positionaler Weisungsmacht und des Geldes beziehungsweise Belohnungs- und Sanktionssystemen bedient, erodiert deren monologische Perspektive langsam, weil das eigentliche Kapital[26] in den Köpfen der von MALIK (s. Kap. 1.1.) erwähnten Kopfarbeiter schlummert.

[25] WUNDERER, R. (2007) Führung und Zusammenarbeit – Eine unternehmerische Führungslehre, 7. Auflage, Köln, S. 4

[26] vgl. Duden (2001) Band 7 *Herkunftswörterbuch*. Kapital ist nicht nur Geld für Investitionszwecke oder Vermögen, sondern auch Vermögen als Kapazität. Das deutsche *Haupt* ist mit dem lat. *Caput* „Kopf; Spitze; Hauptsache“ urverwandt und bildet die Wurzel für das Wort Kapital in dem heute gebräuchlichen Sinne.

2 Mensch und Wirtschaft

Wie in Kap 1.6 bereits angedeutet hat Wirtschaft Faktoren, die sie konstituieren. Der Agens aller wirtschaftlichen Aktivitäten ist der willentlich, planvoll arbeitende Mensch. Wahrnehmen und Denken, Sprechen und Handeln gehören zu den spezifischen menschlichen Fähigkeiten. „Ich denke also bin ich" lautet der berühmte Ausspruch von Descartes. Im bewussten Handeln unterscheidet sich der Mensch vom instinktgeleiteten Verhalten des Tieres. Durch das Wahrnehmen, Denken und Erkennen wird sich der Mensch seiner Selbst bewusst und ist durch das Sprechen in der Lage die Beziehung zu einem anderen *Du* aufzunehmen und dadurch einen gemeinsamen Sinn für ein *Wir* zu entwickeln.
Diese menschlichen Ur-Fähigkeiten gelten für alle Bereiche menschlicher Aktivität. Gerade im Bereich des Wirtschaftens finden diese Fähigkeiten ihre Anwendung und ihre Wirksamkeit. Das moderne Wirtschaftsleben – mit seinen drei Hauptbereichen Konsumtion, Produktion und der diese beiden Pole vermittelnden Zirkulation – ist seit der Neuzeit zunehmend als globales Handlungsfeld zu erkennen. Das international arbeitsteilige Wirtschaftsleben wie auch die international tätigen Wirtschaftsunternehmen sind für ihre Wertschöpfungsprozesse innerhalb des Wertschöpfungsstroms („Supply Chain") auf eigenständiges und vernetztes Denken, auf dialogische Kompetenz und Kommunikation sowie auf kooperatives Handeln der darin wirkenden Menschen angewiesen.

Wirtschaftsunternehmen sind aber kein Selbstzweck. Wirtschaften ist die individuelle wie korporative Fähigkeit, die sich stets wandelnden physischen, psychischen und geistigen Bedürfnisse der Menschen durch brauchbare Waren und Dienstleistungen befriedigen zu können und dabei möglichst nachhaltig mit der Naturgrundlage umzugehen. Andererseits ist Wirtschaften auch kein Selbstläufer, sondern bedarf der menschlichen Arbeit (s. Kap. 1.5); sowohl körperlicher wie auch geistiger. In der weltweiten Arbeitsteilung arbeitet letztlich jeder für den – ihm unbekannten – Anderen – im Sinne Henry Fords: „Die Welt schuldet uns keinen Lebensunterhalt, wir alle schulden einander den Lebensunterhalt. Die einzig solide Grundlage für ein Geschäft ist die Dienstleistung gegenüber dem Publikum."[27]

[27] FORD, Henry *Philosophie der Arbeit* – zitiert nach VOGEL, D. (1990, S. 53)

Der Mensch ist Ausgangspunkt, Ziel und Zweck allen Wirtschaftens und gleichzeitig Produzent, Zirkulator und Konsument im weltweiten Wirtschaftsprozess. Der Mensch ist aber nicht nur *homo oeconomicus,* sondern auch *homo culturus,* wie auch *homo politicus.* Erst diese funktionale Gliederung macht den ganzen Menschen, den *homo humanus,* aus.

Der mit einem Ich begabte, sich seiner Selbst bewusste Mensch ist als Individuum Ausgangs-, Ziel- und Mittelpunkt jedweder wirtschaftskulturellen Aktivität. Zwischen Egoismus und Altruismus kann der Mensch frei und selbst bestimmt handeln – das Individuum steht auf! „Wenn dem modernen Menschen an etwas gelegen ist, dann an seiner Individualität“[28]

Damit stellt sich die Frage nach dem Menschen, nach Menschenbildern und Weltbildern. Diese Grundfragen des menschlichen Seins lassen sich nicht ausblenden, sobald der Mensch im „Wirtschaftskörper“ tätig ist. Corporate Idendity ist ohne Corporate Spirit nicht denkbar. Unternehmensidentität fordert geradezu eine philosophisch-anthropologische Perspektive für die Führung und Gestaltung von Unternehmen als Arbeitsgemeinschaften. *Agens* ist der einzelne Mensch, der frei und selbst bestimmt in einer Arbeitsgemeinschaft seine Potenziale für die gemeinsame Arbeit, für den gemeinsamen Zweck, für gemeinsam erkannte Ziele und miteinander geteiltem Sinn einbringen kann. Dadurch ergeben sich Fragestellungen im Hinblick auf Dialog, Führung und Zusammenarbeit im Rahmen der Gestaltung von Unternehmen.

Auch für den arbeitenden Menschen gilt die Aussage „Hier bin ich Mensch, hier darf ich's sein“[29] – trotz des geltenden Arbeitsrechts. Wenn der einzelne mit anderen Menschen kooperierende Mensch Wert schöpfend wirkt, dann darf sich der Blick nicht auf die eigentliche Wertschöpfung im Unternehmen, der Branche, der Volks- und Weltwirtschaft beschränken, sondern auch auf die Wert-*Schöpfung* aus dem Kulturbereich einer Gesellschaft oder eines Unternehmens (Bereich Forschung und Entwicklung) für die Leistungserbringung. Insofern erhält der Terminus Technicus

[28] SPRENGER, R. (2001) Der Aufstand des Individuums, 2. Auflage, Frankfurt/Main, S. 14

[29] GOETHE, J. W. in Faust I, Vers 940 / Faust

Personal-Entwicklung[30] wie auch individuelles und organisationales Lernen – Stichwort: Lernende Organisation – eine erweiterte Bedeutung.

Westliche wie östliche Philosophie haben einen riesigen Fundus an Weisheit geschaffen, die sich nach MORRIS[31] in grundlegende gemeinsame Werte verdichten lassen – nämlich: *in Wahrheit, in Schönheit, das Gute, Einheit.*
Gerade die spirituelle Dimension menschlichen Seins wird im Zeitalter des Individualismus merklich, unmerklich aufgeworfen. Die immanente Transzendenz des Selbst wird dem Ich im Alltag – auch im betrieblichen Alltag, wie auch in Führungshandeln – subtil bewusst. Der Kopfarbeiter (s. Kap. 1.1) muss sich nach DRUCKER[32] mehr und mehr selbst führen.

Die Bedeutung der philosophisch-anthropologischen Perspektive wird in den modernen Betriebs- und Wirtschaftswissenschaften und in der Managementpraxis noch zu wenig erkannt und gewürdigt. Das ist auch nicht zu verdenken, denn die Industrialisierung wurde durch die Erkenntnisse der modernen materialistisch-positivistisch-reduktionistisch geprägten Naturwissenschaften – durch Erforschung der sinnfreien Welt – und deren technischer Anwendung möglich. Durch naturwissenschaftlich-technisch geprägte Unternehmerpersönlichkeiten (Werner von Siemens, Carl von Linde, Carl Benz, Carl Zeiss, Ernst Abbe, Otto Schott) initiierte Firmengebilde entstanden. In deren weiteren Verlauf wurde Unternehmergeist aber durch angestellte Manager und anonyme Geldgeber in Form von Aktionären ersetzt. Die bis dato unbekannten Großorganisationen wurden – mechanistisch – gleich einem großen Uhrwerk betrachtet und betrieben. Erste Organisationslehren, die techno-strukturellen, folgten in der theoretischen Perzeption und Reflexion durch Persönlichkeiten wie F. W. TAYLOR und H. FAYOL (vgl. GLASL/LIEVEGOED, 2004, S. 74f.).
Aus einem naturwissenschaftlich-materialistischen Weltbild heraus wurde auch über die unternehmerischen Korporationen gedacht und geforscht: Planen, Realisieren und Kontrollieren wurden nicht nur funktionell gegliedert, sondern auch organisatorisch und personell fragmentiert. Im Verlauf des 20. Jahrhunderts wurden die tech-

[30] vgl. LIEVEGOED. B. / GLASL. F (2004) S. 41

[31] vgl. MORRIS, Tom (1997) Aristoteles auf dem Chefsessel, Landsberg

[32] vgl. http://www.sld.cu/galerias/pdf/sitios/revsalud/managing_oneself.pdf - Abruf: 2008_04_26
DRUCKER, P. F (1999) *Managing Oneself* in Harvard Business Review, Januar 2005, S. 100 – 109

nisch-strukturellen Organisationslehren durch die psycho-sozial orientierten und systemtheoretisch orientierten Organisationslehren erweitert.

Am Beginn des dritten Jahrtausends erscheint der Individualismus als Sozialprinzip[33] (DIETZ, 1998, S. 10 – 19) nach und nach am Bewusstseinshorizont vieler Menschen. Führung von technisch-sozial-kulturellen Systemen – besser sozialen Organismen oder gar sozialen Skulpturen (Beuys) – muss daher komplett neu gedacht werden. War Führung bislang direktional-monologisch, die Führungsfunktion positional-hierarchisch *vor-gesetzt,* erfordert die Führung komplexer, lebendiger sozialer Gebilde prinzipiell die dialogisch-assoziative Perspektive. Führung und Selbstführung stehen in einem Wechselverhältnis. Führen ist soziales Handeln und alles menschliche Handeln wurzelt im Wahrnehmen, Empfinden und Denken. *Daraus ergibt sich der persönliche Forschungsauftrag, inwieweit durch zeitgemäße Führungskonzeptionen der Bewusstseinshorizont sowohl für die (über-)betriebliche Arbeitsteilung als auch für die Zusammenarbeit vergrößert, sowie die eigene Einsicht und der miteinander geteilte soziale Sinn für die arbeitsteilig erbrachte Dienst-Leistung eröffnet werden kann?*

Der Dialog ist im Rahmen dieser Forschungsarbeit vielmehr als (existenzial)philosophische denn als kommunikative Kategorie zu verstehen.

Im Kern sind folgende Überlegungen anzustellen: Sind Führung und Dialog gegensätzlich oder komplementär zu sehen? Welche Welt- und Menschenbilder liegen den monologischen Organisations- und Führungslehren zu Grunde?

Falls es so etwas wie dialogische Führung tatsächlich geben kann, stellen sich folgende Fragen:

Inwieweit erfordert die heutige hoch spezialisierte arbeitsteilige Zusammenarbeit eine dialogische Perspektive für Führung und Zusammenarbeit?

Inwieweit lassen die derzeitigen Arbeitsrechts- und Entlohnungsformen überhaupt eine symmetrische Kommunikation, das heißt offene Gespräche im Sinne eines Dialogs zu? Ergibt sich daraus womöglich ein strukturelles Konfliktfeld aus direktional-monologischer Perspektive und dialogisch-assoziativer Perspektive?

Inwieweit ist für Führungsverständnis und – handeln eine Umorientierung von der Direktion zur Evokation erforderlich?

[33] vgl. DIETZ, K.-M. (1998) Dialog: die Kunst der Zusammenarbeit

Inwieweit kann die Umorientierung von der Subordination innerhalb der betrieblichen Zusammenarbeit hin zu einer Koordination, zu einem mitunternehmerischen Handeln – durch eine dialogische Führungsauffassung – ermöglicht werden?

Inwieweit erleben und bewerten die befragten Menschen Anspruch und Wirklichkeit einer dialogischen Führungsperspektive beziehungsweise einer angestrebten dialogischen Führungskultur?
Inwieweit ermöglichen Dialog und Führung den im Unternehmen tätigen Menschen ihrer Arbeit sowohl aus eigener Erkenntnis subjektiv einen Sinn (ätiologisch *retro*spektiv – Stichwort: Warum mache ich das?) beizumessen als auch aus dialogisch gewonnener Erkenntnis den miteinander geteilten Sinn des Ganzen – Unternehmens – objektiv (ätiologisch *pro*spektiv – Stichwort: Wozu mache(n) ich beziehungsweise wir das?) zu erfassen?

Inwieweit bedingen und ermöglichen Führung und Dialog individuelle Entwicklung und organisationale Entwicklung gleichermaßen beziehungsweise wechselseitig?

2.1 Das Bild vom Menschen in der Wirtschaft

Wirtschaften, wie das Managen und Führen von Unternehmen, basiert auf impliziten wie expliziten Werten, Normen und Techniken. Insofern ist es notwendig, bei allem Fokus auf die Themenbereiche Führung und Dialog im Kontext von Wirtschaft und Unternehmen nicht den Zweck eines Unternehmens zu vergessen: Unternehmen im ökonomischen Sinn bedeutet, arbeitsteilig, mit befähigten Menschen und adäquaten Maschinen und Methoden, die knappe Naturgrundlage so zu bearbeiten, damit daraus final betrachtet, brauchbare beziehungsweise konsumfähige Güter und Dienstleistungen hergestellt werden, aufgrund vorhandener oder antizipierter Bedürfnisse der Menschen – seien diese physischer, psychischer oder mentaler Art.

Das Bild vom Menschen im Allgemeinen und das Bild vom Menschen in der Wirtschaft im Speziellen, ob implizit oder explizit, bilden den Ausgangs- wie Zielpunkt für jedwede unternehmerische Tätigkeit. Daraus erwächst die Frage nach dem Bild vom Menschen in der Wirtschaft.

Inwieweit ist der Mensch Naturwesen und inwieweit ist der Mensch Geistwesen – und inwieweit ist er soziales Wesen?

Damit ragen Forschungs- und Erkenntnisfragen aus den polaren Bereichen der Natur- und den Geisteswissenschaften in das Feld der sozialen Gestaltung und Unternehmensführung hinein. In Führungspädagogik beziehungsweise Erziehungswissenschaft als einem Zweig der Sozial- und Kulturwissenschaften geht es um den Menschen als soziales Wesen, das durch Lernprozesse seine Begabungen zur Entfaltung bringen kann. Dabei stellt sich die Frage, ob ein Lernen in der Arbeit so möglich ist, dass sich der arbeitende Mensch darin als Person entwickeln kann?

Die Antworten tendieren in der Moderne, durch den Aufstieg der Natur- und Ingenieurwissenschaften hin zum Naturpol (s. Kap. 1.1 mit den Stichwörtern Management Cybernetics und Bionics) des Menschen. Der Mensch in seiner physisch-leiblichen Dimension ist ganz konkret ein Bedürfniswesen – und zur Befriedigung dieser Bedürfnisse ist letztlich die Wirtschaft da. Diese Sichtweise macht natürlich nicht vor den Toren eines Unternehmens halt.
Insgeheim hat ein jeder – in einem Unternehmen mitarbeitende – Mensch implizit ein Bild vom Menschen bezüglich seines Menschseins und könnte sich folgende Fragen stellen:

Der Mensch als „animal rationale“, als vernünftiges Tier? Der Mensch als Homo oeconomicus? Der Mensch als psycho-soziales Wesen der Psychologie? Der Mensch als „social man“ als soziales Wesen beziehungsweise „homo sociologicus“ in der Soziologie? Der komplexe Mensch in der systemisch-evolutionären Organisationstheorie?

2.2 Moderne Menschenbilder und philosophische Anthropologie als Orientierungshilfen für Führung und Management

LIEVEGOED (1991, S. 28 - 31) spricht von vier prinzipiell möglichen Konzepten vom Menschen:
- dem mechanistisch-materialistischen Menschenbild
- dem biologisch-nativistischen Menschenbild

- dem psychologischen Menschenbild des Behaviorismus und des Empirismus
- dem personal-geistigen Menschenbild[34]

Die ersten drei Denkmodelle geben jeweils ein reduziertes Menschenbild wieder. Erst der Personalismus mit seinen bedeutendsten Vertretern Carl Rogers, Abraham Maslow[35], Gordon Allport, Douglas McGregor, Siegmund Freud, Alfred Adler, Carl Gustav Jung, Viktor Frankl, Roberto Assagioli und Rudolf Steiner[36] ist zunehmend in der Lage, den Menschen in seiner Ganzheit wie auch Gegliedertheit zu erkennen.
Aus personalistischer Ausgangsposition geht die Sichtweise vom biologischen Menschenbild *Freuds* über das psychologische Menschenbild *Adlers* und *Jungs* hin zu dem mehr spirituellen Menschenbild *Frankls* und Assiagiolis. Bei *Steiner* umfasst das Menschenbild alle drei Aspekte zugleich. LIEVEGOED (1991, S. 22) stellt dies schematisch wie folgt dar:

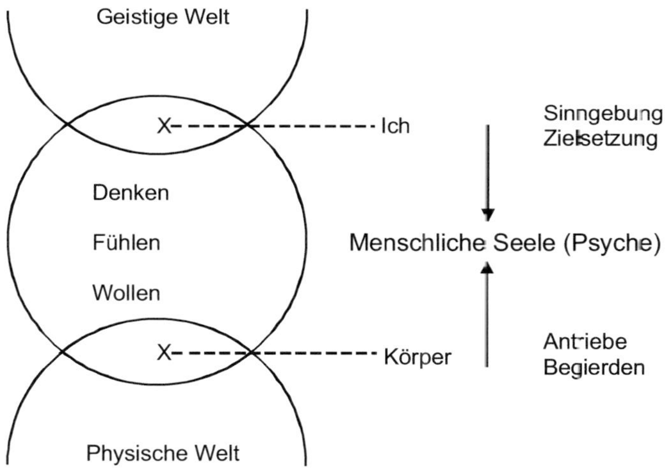

Aus der geschichtlichen Entwicklung der Organisationslehren wird ersichtlich, dass die Forschungslinien von der technischen über die soziale hin zu der kulturellen Forschungsperspektive wandern.

---

[34] LIEVEGOED (1991), Lebenskrisen – Lebenschancen – Die Entwicklung des Menschen zwischen Kindheit und Alter, 8. Auflage, München

[35] MASLOW. A. H. (2008) Motivation und Persönlichkeit, 11. Auflage, Rowohlt Taschenbuch Verlag, Reinbek bei Hamburg

[36] vgl. LIEVEGOED (1991), S. 139 – 201

Wesentliche Impulse hat die Führungstheorie aus dem Bereich der psychologischen Forschung erhalten. Diese Wissenschaftsdisziplin hat den Menschen im Unternehmen ins Zentrum der Forschungsaktivitäten gestellt. Dadurch wurde bewusst, dass Unternehmen mehr sind als nur physische Strukturen mit mechanischen Abläufen. Wirtschaften wird aus dieser Perspektive als technisch-soziales Handeln gesehen. Menschliche Arbeit in Gruppen, deren Interaktion und Kooperation gewannen mehr und mehr Interesse: der Mensch als soziales Wesen und sein Verhalten in entsprechenden sozialen Kontexten, wie die Wirtschaft oder die Unternehmen.

Die Verhaltenspsychologie oder der Behaviorismus versteht sich als eine Theorie der Wissenschaft vom Verhalten des Menschen. Der Mensch und sein seelisches Erleben – sprich wahrnehmen und empfinden – werde von Reizen und Reaktionen beeinflusst, die zwischen den Extremen der Unlust und Lust; der Antipathie und der Sympathie gegeben sind.

Sicherlich sind diese, eigentümlicherweise in Tierexperimenten gewonnenen Erkenntnisse seelischen Erlebens auch für den Menschen nicht gänzlich von der Hand zu weisen. Dennoch weisen sie eine Reduktion des Menschen auf körperlich-psychische Gegebenheiten auf. Was bedeutet eine solche Übertragung auf den Menschen und auf das soziale Leben aber implizit? Der Mensch wird vorrangig in seiner animalischen Natur aufgefasst. Überspitzt herrscht hier implizit ein gattungsmäßiges Bild vom Mit-Menschen als einem vorrangig trieb- und begierdengesteuerten Reiz-Reaktions-Wesen vor. Für die Interaktion zwischen Führenden und Geführten herrscht somit – implizit – ein „Tierbild“ seitens der Führungskraft gegenüber den Mitarbeitern, die durch Anreize, Belohnungen und Sanktionen „geführt“ beziehungsweise „motiviert“ werden sollen. SPRENGER (2007) entlarvt eine solche Sichtweise als *Mythos Motivation*[37].

Trotz alledem oder gerade deswegen basieren die gängigen – im Zusammenhang mit dieser Arbeit als monologisch bezeichneten – Führungstheorien implizit auf Erkenntnissen der modernen – naturwissenschaftlich-materialistisch – orientieren Biologie und Psychologie.

---

[37] Das Buch mit dem gleichnamigen Titel ist 1991 erstmalig erschienen und 2007 in der 18. Auflage

Klar dürfte auch sein, dass damit dem Menschen und seinem Wesen nicht in seiner Ganzheit entsprochen wird. Der Mensch als denkendes und erkennendes Wesen ist nicht nur zur Philosophie befähigt, sondern in der Lage seine anthropologische Dimension – also seine Menschennatur – zum Gegenstand existenzieller philosophischer Reflexion zu machen.

Die philosophische Anthropologie ist in der Lage den Menschen über seine physisch-psychische Dimension hinaus als geistiges Wesen zu erkennen - der Mensch als selbst bestimmtes Fähigkeitswesen. Damit schafft sie für die Führungstheorie die Voraussetzung zum Perspektivenwechsel einer monologischen Führungsperspektive hin zu einer dialogischen.

Die philosophische Anthropologie hat ihren Begründer in HERDER[38], sowie ihre bedeutendsten Vertreter[39] in Max SCHELER, Helmuth PLESSNER, Erich ROTHACKER, Arnold GEHLEN und Adolf PORTMAN. In dieser Arbeit soll nicht weiter auf deren Werke eingegangen, sondern damit lediglich auf die philosophisch-anthropologische Dimension für Führung und damit auch für den Dialog aufmerksam gemacht werden.

Zwischen Psychologie und Philosophie sind Viktor FRANKLs Arbeiten zur Existenzanalyse und der daraus resultierenden Logotherapie angesiedelt. FRANKL weist in seinen Arbeiten vor dem Hintergrund eigener Erfahrungen nach, dass der Mensch existentiell auf Sinn ausgerichtet ist. In der Existenzialpsychologie FRANKLs geht es um die jeweils individuelle Persönlichkeitsentwicklung als subjektiver Sinnerfüllung in der Findung der eigenen Identität im Rahmen intersubjektiver Integration.

Im Rahmen der *Allgemeinen Menschenkunde als Grundlage der Pädagogik* bezeichnet dies STEINER (1986, S. 199) mit folgenden Worten: „Also nicht darauf kommt es an, dass der Mensch tätig ist, denn das ist auch der Träge, sondern darauf kommt es an, inwiefern der Mensch sinnvoll tätig ist. Sinnvoll tätig – diese Worte

[38] HERDER, Johann Gottfried (1989): Der Mensch ist der erste Freigelassene der Schöpfung, DÜHNFORT, Erika / OLTMANN, Olaf (Hg.), Stuttgart

[39] vgl. FISCHER, Joachim (2008) Philosophische Anthropologie – Eine Denkrichtung des 20. Jahrhunderts, Freiburg/München

müssen uns auch schon durchdringen, indem wir Erzieher des Kindes werden. Wann ist der Mensch sinnlos tätig? Sinnlos tätig ist er, wenn er nur so tätig ist, wie es sein Leib erfordert. Sinnvoll tätig ist er, wenn er so tätig ist, wie es seine Umgebung erfordert, wie es nicht bloß sein eigener Leib erfordert. Darauf müssen wir beim Kinde Rücksicht nehmen."[40]

Daraus ergeben sich folgende Konsequenzen im Hinblick auf Dialog, Führung und Zusammenarbeit:

Der Mensch muss schon als Kind das Gefühl entwickeln dürfen, dass er gebraucht wird. Seinen Mitmenschen beziehungsweise der (Arbeits-)Gemeinschaft würde es ohne seinen individuellen Beitrag schlechter gehen. Die eigene Leistung für andere wird grundsätzlich als sinnvoll erlebt. Folglich braucht der Mensch für seine Begabungen sinnvolle Aufgaben und Funktionen.

VOGEL (1963, S. 20) charakterisiert den Menschen als sozialen Funktionsträger mit drei ganz allgemeinen Bedürfnisbereichen, die zu jedem Menschen gehören. „Es sind dies: physisch-leibliche Bedürfnisse (Nahrung, Kleidung, Wohnung) – geistig-kulturelle Bedürfnisse (religiöse, künstlerische, wissenschaftliche Interessen) und allgemein menschliche Bedürfnisse (Familie, Freundschaften, soziales Leben). [...] Die Lebensfunktionen des Menschen sind daher: wirtschaftlich-natürliche, kulturell-geistige, rechtlich-soziale. [...] Das gesamte gesellschaftliche Leben gliedert sich dementsprechend in drei große Funktionssysteme: das Wirtschaftsleben, die Kultur und das [im Staat verfasste – Ergänzung LPH] Gemeinwesen selbst."[41]

2.3 Das Bild vom Unternehmen

Nicht nur das Wirtschaftsleben als solches ist ein großes Funktionssystem, sondern auch die einzelnen Unternehmen. Deshalb ist es nicht verwunderlich, dass es – je nach Perspektive – unterschiedliche Bilder von Unternehmen gibt, die sich im Verlauf der Industrialisierung herausgebildet haben.

[40] STEINER, R. (1986) Allgemeine Menschenkunde als Grundlage der Pädagogik, Dornach

[41] VOGEL, H. H. (1963) Jenseits von Macht und Anarchie, Köln und Opladen, S. 20

2.3.1 Das Unternehmen als Mechanismus

Die industrielle Arbeitsweise resultiert aus mit Feuer respektive Dampf angetriebenen Maschinen und hat durch den Verbrennungsmotor wie auch den Elektromotor zu großen Produktionsapparaten gleich einer Riesenmaschine geführt. Im Film „Modern Times" fühlt sich der moderne Industriearbeiter wie ein „Rädchen" im Getriebe. Damit wurde auch das seelische Erleben in einem Bild zum Ausdruck gebracht.

2.3.2 Das Unternehmen als soziotechnisches System

Kein Wunder, dass als Reaktion auf solche Arbeitssituationen eine Human Relations Bewegung entstehen musste, die den Menschen in seiner Wechselwirkung zum Produktionsapparat erforschte. Das Wechselwirkungsverhältnis zwischen Mensch und Maschine wurde um die systemtheoretische Perspektive erweitert.
Für den deutschsprachigen Raum hat das St. Galler Managementmodell starken Einfluss auf die Theorie des Unternehmens als soziotechnisches System und dessen Management.[42]

2.3.3 Das Unternehmen als technisch-sozial-kulturelles System

Mit ihrem Buch „Auf der Suche nach Spitzenleistungen" bringen die ehemaligen McKinsey-Berater PETERS/WATERMAN (1984) den Begriff Unternehmenskultur einer breiten Öffentlichkeit ins Bewusstsein. Jedes große Unternehmen habe eine ihm eigene Kultur und damit auch seine eigene korporierte Identität (Corporate Identity). Nicht nur Strukturen und Prozesse sind für den Erfolg von Unternehmen bedeutend, sondern auch deren Kultur. Der Kulturaspekt taucht zwar schon im St. Galler Managementmodell innerhalb der „Umwelt des Unternehmens" auf, wird aber noch nicht als ein Subsystem von Unternehmen gesehen.

2.3.4 Unternehmen als sozialer Organismus

Die Entwicklung der Organisationstheorien von den klassischen bis zu den heutigen systemtheoretisch-evolutionären zeigt GLASL (2004, S. 34f.) auf (s. Schaubild, Anl. 4).
Im Unterschied zum St. Galler Managementmodell und seiner Verästelung durch Bleicher, Malik, Probst, Gomez sowie Müller-Stewens und Lechner und der Neufassung durch RÜEGG-STÜRM, die in der systemtheoretisch-kybernetischen bezie-

[42] Vgl. RÜEGG-STÜRM, Johannes (2003) Das neue St. Galler Management-Modell. Bern/Stuttgart

hungsweise systemisch-konstruktivistischen Wissenschaftsströmung zu verorten sind, gehen LIEVEGOED und GLASL (s. Kap. 1.1) von einem davon abweichenden systemtheoretischen Verständnis aus. LIEVGOED verstand darunter „eine von Menschen bestimmte Gesamtheit zusammenhängender Elemente, Begriffe oder Variablen; es hat eine Grenze, die wiederum durch den Betrachter (willkürlich) bestimmt wird. Was außerhalb der Grenze liegt, ist für das System Außenwelt, ist Universum des Systems ...“[43]

Beide ziehen es vor, statt von *sozialen Systemen* lieber von *sozialen Organismen* zu sprechen. Doch auch diese Begrifflichkeit ist nicht frei von Mehrdeutigkeit. So bediene sich FUCHS, laut GLASL, des Begriffs des *sozialen Organismus* als Metapher, während das NPI-Konzept[44] LIEVEGOEDS – mit seinen Verästelungen bei seinen Schülern – das Unternehmen als Organismus nicht bloß als Vergleich, sondern als *Wesenstypisierung* versteht.

Gemeinsamkeiten gibt es aber mit den anderen systemisch-evolutionären Theoriemodellen im Hinblick auf das *Entwicklungs- und Evolutionsverständnis.* Während das Evolutionsverständnis in der systemtheoretisch-kybernetischen beziehungsweise systemisch-konstruktivistischen Wissenschaftsströmung eher aus den Biowissenschaften herrührt, bezieht LIEVEGOED nicht nur Erkenntnisse aus der Biologie und Psychologie ein, sondern versteht Entwicklung auch „im Kontext der Kulturentwicklung, die durch einen Bewusstseinswandel der Menschen über Jahrtausende getragen wird.“[45]

Trotzdem bleibt die Forschungsperspektive ein Unternehmen als sozialen Organismus zu typisieren kritisch – und bedarf einer weiteren Präzisierung wie auch Verallgemeinerung. Zur Unterschiedlichkeit von natürlichem und sozialem Organismus bedarf es einiger begrifflich-methodischer Anmerkungen.

---

[43] zitiert nach GLASL, F/LIEVEGOED, B. (2004), S. 24

[44] Das NPI (Niederländische Pädagogische Institut) wurde 1954 von Bernard C.J. Lievegoed, a.o. Professor für ‚Sozialpädagogik‘ (eigentlich Wirtschafts- beziehungsweise Betriebpädagogik) an der Niederländischen Wirtschaftshochschule gegründet. Das NPI ist in Europa neben dem Tavistock-Institut, London, das älteste Institut, das Organisationsentwicklung in Theorie und in der Praxis der Beratung entwickelt, erforscht und über Publikationen bekannt gemacht hat.

[45] GLASL, F. / LIEVEGOED, B. (2004), S. 41

Für VOGEL (1963, S. 124) stammt der Begriff *Organismus* aus dem Bereich der organischen Natur. Im natürlichen Organismus sind Funktion und Ordnung immanent. Ein Organismus ist ein in sich abgeschlossener Naturzusammenhang. Das *Wesen* – das Intentionale – manifestiert sich in der *Erscheinung* – im Formalen. Funktion und Ordnung sind identisch. Darin liegt auch der Unterschied zum Mechanismus. Ein weiteres Kennzeichen ist die Durchgängigkeit und Einheitlichkeit seines Ordnungsprinzips in all seinen Organen. Damit wird ein weiterer Unterschied zum Mechanismus wahrnehmbar. Gliederung und Ordnung eines Organismus sind deshalb nicht räumlich-statisch, sondern funktionell zu denken: Das Organ ist die Verdichtung beziehungsweise Gliederung einer Funktion innerhalb eines Organismus.

VOGEL (1963, S. 124) führt dazu weiter aus: „Der Organismus als Ganzes ist ein im Gleichgewicht befindliches Funktionssystem, wobei der Funktionsbegriff streng in seiner wissenschaftlichen Bedeutung zu verstehen ist: Eine Wirkung ist die Funktion einer Gegenwirkung und umgekehrt. […] Die Ordnung rhythmisiert und harmonisiert die Polkräfte und bewirkt damit die Gliederung des Ganzen. Ordnung (zum Begriff des Intentionalen gehörend) und Gliederung (zum Begriff des Formalen gehörend) sind wie die Innen- und Außenseite ein und derselben Sache."

Damit lässt sich das dritte wesentliche Merkmal des Organischen beschreiben: die Wechselwirkung beziehungsweise Interdependenz der in der Gesamtordnung aufeinander bezogenen sich gegenseitig bedingenden Funktionssysteme und Funktionseinheiten. Die bewirkende Potenz für die Interdependenz der polaren Bezogenheit lässt sich in der natürlichen, rhythmischen Gesamtordnung mit der darin lebenden Bildungsidee beziehungsweise Entelechie des betreffenden Naturorganismus charakterisieren.

„Ursache und Wirkung" sind im Prinzip der interdependenten Abhängigkeit polarer Wirkungen austauschbar und als solche voneinander nicht zu unterscheiden. So ist Berg eine Funktion des Tales und umgekehrt.

Dieses Prinzip gilt auch im Dialog in Form von geistiger Produktivität und freier Empfänglichkeit[46] wie auch in der Reziprozität von *Führendem und Geführten.*

Diese Propädeutik (Erkenntnisbemühung) zum natürlichen Organismus ist Voraussetzung, um den sozialen Organismus nicht als bloße Analogie zu verwenden, sondern als Wesenstypisierung wie sie von GLASL (2004, S. 37) lediglich angedeutet wird.

Funktion (Gehalt) und Ordnung (Gestalt) gehören ebenso zu den konstituierenden Voraussetzungen für den sozialen Organismus. VOGEL (1963, S. 129) charakterisiert diesen wie folgt: „Der soziale Organismus ist das in die allgemeinen Kulturverhältnisse übergegangene rechtlich-politische Ergebnis zwischenmenschlicher Beziehungen. Seine Ordnung ist die Ordnung dieser Beziehungen. Der Einzelne nimmt am Leben dieses Organismus teil, ohne jedoch selbst ein Teil von ihm zu sein. Darin liegt ein grundsätzlicher Unterschied [...] zu den Teilorganen eines natürlichen Organismus [...] Der einzelne Mensch lebt im sozialen Organismus durchaus sein selbständiges Leben, und es liegt an ihm, in welchem Umfange und mit welcher Bedeutung seine individuellen Lebensbemühungen zum Leben des Ganzen beitragen; darin ist er frei.“[47]
Hierin liegt der kategoriale Unterschied zwischen der systemtheoretisch-kybernetischen beziehungsweise systemisch-konstruktivistischen Organisationstheorie und der systemtheoretisch-evolutionären Organisationstheorie im Sinne von LIEVEGOED und GLASL als auch der in dieser Forschungsarbeit eingenommenen Forscherperspektive. Der Dialog wird daher vom Forscher eher organisationssoziologisch denn kommunikativ verortet.

Dabei ist interessant, dass im Vergleich zu (GLASL 1993, S. 21) die systemisch-evolutionären Ansätze weiter entwickelt und beschrieben werden. Für den Bereich Menschen/Führung in seinem Unternehmensmodell verwendet GLASL den Begriff agogisch-situative Führung. In der 3. Auflage von 2004 sind lediglich „virtuelle Teams, Spiritualität“ vermerkt GLASL/LIEVEGOED (2004, S. 34f.).

[46] vgl. DIETZ, K.-M. (2008a) Produktivität und Empfänglichkeit. Das unbeachtete Arbeitsprinzip des Geisteslebens, Heidelberg

[47] VOGEL, H. H. (1963), S. 129

Die in dieser Forschungsarbeit eingenommene dialogisch-assoziative wie auch prozessual-subsidiäre Führungsperspektive (im Hinblick auf die Funktion sowie auf Ordnung beziehungsweise Struktur eines Unternehmensorganismus) soll zur Weiterentwicklung der agogisch-situativen Führungsperspektive dieses systemtheoretisch-evolutionären Forschungsansatzes hin zu einer dialogisch-assoziativen Perspektive dienen.

2.3.5 Spannungsfeld von Fremdbestimmung und Egoismus

Ein Unternehmen wird im Kontext der Organisations- und Führungstheorie in gängiger Art und Weise als „produktives soziotechnisches System“ beschrieben. Darüber ließen sich eine Vielzahl von Definitionen aufführen, die aber nicht wesentlich zur Bearbeitung dieses Forschungsvorhabens beitragen.

Eine ungewöhnliche, weil wahrnehmungsgeleitete Perspektive nimmt dabei der Unternehmerprofessor Götz W. Werner in einem Interview ein, die für den weiteren Verlauf der Untersuchung wichtig ist:

„F.B.: Herr Werner, bei Ihrer Antrittsvorlesung im Mai [2004] als neuer Lehrstuhlinhaber für Entrepreneurship an der Universität Karlsruhe haben Sie die Kardinalfrage eines Unternehmers formuliert. Er müsse sich fragen: **«Womit kann ich dienen?»** Ist das in unserer heutigen Zeit nicht eine sehr idealistische Auffassung?
GWW: Ganz im Gegenteil, es ist das Faktum. Jedes erfolgreiche Unternehmen, das bestehen will, generiert Leistung, sonst findet es keine Kunden, und wenn es keine Kunden findet, dann hat das Unternehmen seinen Sinn verloren und wird keinen Erfolg haben. Also, es geht immer darum, sich zu fragen: Was brauchen Kunden und was können wir tun, um den Kunden ein entsprechendes Angebot zu geben? Das ist die Grundlage jedes Unternehmens, daraus kommt seine Existenzberechtigung.

F.B.: Sie definieren Leistung mit einer besonderen Nuance, mit «dienen». Dienen ist mehr als Leisten.

GWW: **Dienen drückt aus, dass das Leisten kein Selbstzweck ist**, sondern eben, dass das Leisten einem anderen dient. Man muss sich im Unternehmen, in dieser Arbeitsgemeinschaft, immer klarmachen, für wen diese Leistung eigentlich ist. Man muss so dienen, dass die Kunden nicht nur einmal kommen, sondern immer wieder.

Die Arbeitsziele, die man hat, müssen von den Bedürfnissen der Kunden abgeleitet werden.
Das darf allerdings nicht mit Gewinnzielen verwechselt werden. Gewinn kann nie ein Ziel sein, sondern Gewinn ist eine Bedingung. Dass ein Unternehmen Überschuss erwirtschaftet, also finanziellen Gewinn macht, ist eine Lebensnotwendigkeit, so wie wir Menschen Luft zum Atmen brauchen. Ohne diese Grundbedingung, Überschuss zu erwirtschaften, kann es seine Leistung gar nicht wiederholen und kann auf Dauer auch nicht «zu Diensten» sein.“[48]

Diese Erkenntnis mag auf den ersten Blick wenig wissenschaftlich erscheinen, trifft aber doch des Wesens Kern. Das Unternehmen als produktiver sozialer Organismus ist nicht isoliert zu betrachten, sondern ist ein instrumentell-technisches, ein sozio-technisches wie auch soziokulturelles Gebilde in Interaktion mit Nachfragern nach Leistungen wie auch Leistungserbringern. Das Unternehmen ist Organ wie Organismus im gesamten Strömungs- und Kreislaufgeschehen von Wertschöpfung (von der Produktion zum finalen Konsum) wie auch umgekehrt in Form der Wertschätzung (im Rahmen von Preisen und Abrechnungsverfahren) vom Konsum hin zur Produktion. Der Antrieb zur Dienen und Leisten im o.g. Sinn könnte aus psychologischer Perspektive als Egoismus[49] der darin arbeitsteilig Wert schöpfenden Menschen gedeutet werden, funktional wirkt dieser Antrieb aber *altruistisch.* Die vom Markt beziehungsweise Kunden „diktierten“ Handlungsweisen laufen diesem vermeintlichen Egoismus – in der Formel: ich arbeite für mich, für mein Geld – entgegen. Natürlich besteht ein Unternehmen nicht nur aus *funktionalen Prozessen (Gehalt)*, sondern hat auch *Strukturen (Gestalt).* Die dafür notwendigen *Funktionshierarchien* ergeben sich aber aus dem zu verantwortenden Prozesshorizont, wie auch aus den dafür erforderlichen Fähigkeiten. Aus dem horizontalen Wertschöpfungsprozessgeschehen ergibt sich – im Idealfall – eine subsidiäre Organisationsstruktur. Alle Mitarbeiter müssen die Möglichkeit erhalten, Initiative zu ergreifen, um intelligent im Sinne des unternehmerischen Ganzen handeln zu können. Die Mitarbeiter müssen das Unternehmen in dem

[48] WERNER, G. W. (2004) im Interview „Immer am Säen“ mit Frank Berger und Jean-Claude Lin im Lebensmagazin alverde 12/2004
http://www.iep.uni-karlsruhe.de/download/a_tempo_Dezember_2004.pdf Abruf: 2007_08_14

[49] Der Egoismus ist wie der Altruismus eine psychologische Kategorie, deshalb sind beide im Kontext der Arbeitsteilung als ein Füreinander-Leisten vermeintlich. Relevant ist im Zusammenhang dieser Forschungsarbeit die objektive Wirkung eines vermeintlich egoistischen Handelns.

sie – miteinander-füreinander – arbeiten auch als Entwicklungsfeld für ihre eigene Biografie erleben können, weil ihre Arbeitszeit immer auch ihre Lebenszeit ist. Dies muss seitens der Unternehmensführung durch eine angemessene, sprich dialogisch-assoziative, Unternehmenskultur gefördert werden, die die notwendige Transparenz im Unternehmen schafft. Das Unternehmen ist deshalb prozessual-subsidiär aufzubauen. Entscheidungen sind demzufolge immer durch den Mitarbeiter mit der größten Kompetenz (Befähigung) zu treffen. Entscheidungen werden – idealerweise – von denjenigen Personen getroffen, die auf dem jeweiligen Gebiet die größte Handlungskompetenz[50] haben. In der Regel sind dies die durch die Entscheidung unmittelbar betroffenen Mitarbeiter. Subsidiarität heißt letztlich nichts anderes, als eine Hierarchie der Fähigkeiten: *Kompetenzhierarchie* und damit die Grundlage einer – sozialorganisch aufgefassten – funktionalen Hierarchie im Hinblick auf Führungs- und Leitungsaufgaben.

[50] vgl. HÜLSHOFF, Th. (1996) *Das Handlungskompetenzmodell* in WSB-intern, Heft 2

3 Grundlagen des Dialogs

3.1 Der Dialog im herkömmlichen Sinn

Dialog wird gewöhnlich als Zwiegespräch oder Wechselrede verstanden und oft synonym mit Diskussion und Debatte verwendet. Dabei handelt es sich hierbei um gravierende Unterschiede, die es in diesem Kontext begrifflich zu klären gilt. Die *Diskussion* (DUDEN 2001, S. 149) als Erörterung, Aussprache und „diskutieren" als ‚erörtern, besprechen' ist aus dem lat. „discutere (discussum), ‚zerschlagen, zerteilen, zerlegen' in dessen übertragener Bedeutung ‚eine zu erörternde Sache zerlegen, sie im Einzelnen durchgehen' entlehnt."

Bei der *Debatte* (DUDEN 2001, S.136) geht es auch um eine Erörterung im Sinne von „lebhaft erörtern; wortgemein werden" dessen Grundbedeutung „schlagen" hier auf den Ablauf einer heftigen Diskussion übertragen ist, im Sinne von „(den Gegner) mit Worten schlagen". Ein weiterer Zusammenhang besteht mit Bataillon, der Bezeichnung für eine militärische Einheit.

Diese Bedeutungsunterschiede sind nicht nur sprachlicher Art, sondern für das Mitsein mit anderen wesentlich. Natürlich wird es immer wieder so sein, dass das Mitsein mit anderen auch ein sich mit dem anderen Auseinandersetzen ist.

Genauso kann das Gegenüber auch als Gegner empfunden werden. Im militärischen Kontext mag selbst der Gegner den extremen Aspekt des Mitseins, in Form des Gegenseins, darstellen. Für den Bereich des modernen Wirtschaftslebens, das auf Arbeitsteilung sowie Spezialisierung aufbaut und auf synergetische Zusammenarbeit angewiesen ist, kann das Gegensein keine konstruktive Variante des Daseins mit anderen sein. Die im wirtschaftlichen Wettbewerb befindlichen Unternehmen sind streng genommen keine Gegner, wie im Faustkampf sondern Konkurrenten (vgl. hierzu DUDEN 2001, S. 462 und S. 436)[51], wie in einem Wettlauf. Konkurrieren ist ein in Wettbewerb treten mit anderen! Der Konkurrent ist Mit-Bewerber. Zugegeben, der Mitbewerber wird nicht selten als Gegenspieler, als Rivale, angesehen beziehungsweise empfunden.

[51] Das Stammwort für Konkurrenz ist lat. cursus „Lauf, Gang, Fahrt, Reise, Verlauf, Fortgang, Umlauf, Richtung", lat. con-currere, „zusammenlaufen, zusammentreffen, aufeinander stoßen".

Die dialogische Perspektive hat einerseits ihre geschichtlichen Wurzeln und andererseits auch ihre Zukünftigkeit im Rahmen der weiter fortschreitenden (internationalen) Arbeitsteilung in Wirtschaft, Politik, Wissenschaft und Kultur. Deshalb bietet der Rückblick auf die Wurzeln des Dialogs zugleich einen Vorblick auf eine offene, integrale Zukunft im Hinblick auf Führung und Zusammenarbeit.

Die wirtschaftliche Arbeitsteilung lässt schon strukturell-funktional gar kein gegeneinander arbeiten zu, sondern nur ein *Miteinander-Füreinander-Leisten* (vgl. WERNER 2004, S. 9), wenn das die individuellen Fähigkeiten wie die individuellen Bedürfnisse übersteigende Gesamtwerk gelingen soll. Darin liegt auch der fundamentale Unterschied zwischen Unternehmensführung und Kriegsführung begründet. Unternehmerisches Handeln ist demnach immer ein Füreinander – für den Kunden, den Nutzer, den Verbraucher wie auch den Mitarbeiter – durch das Miteinander unternehmen. So bedarf das Schaffen von wirtschaftlichen Werten, wie der Austausch von Waren und Dienstleistungen, immer und unbedingt des *Unternimm-mit-anderen.* Das für andere Leisten ist implizites Mitsein. Die dialogische Perspektive wird für das Unternimm-mit-anderen geradezu zur *basalen* Notwendigkeit. Gerade deshalb ist es hilfreich und wertvoll, sich die Vorläufer des Dialogs bewusst zu machen.

3.2 Vorläufer des Dialogs

ELLINOR / GERARD gehen davon aus, dass in den vorschriftlichen Kulturen die dialogische Kommunikation allgemein üblich gewesen sein muss. Kennzeichnend für solche Kulturen sei die Partnerschaftszentrierung gewesen. Sie wurzeln durchaus in einem westeuropäischen Erbe, nachdem sie von den eher herrschaftsorientierten Kulturen in Europa abgelöst worden seien, die „wahrscheinlich stärker konfrontativ waren und der diskussionsorientierten Form, die heute noch vorherrscht, näher standen" (ELLINOR / GERARD 2000, S. 36f.).
Weitere Wurzeln des Dialogs finden sich bei den indigenen Völkern.[52] ELLINOR / GERARD folgen in ihrem Buch David BOHM und beschreiben – spekulierend – das

[52] *Indigene Völker* ist eine relativ junge Lehnübersetzung wahrscheinlich vom spanischen *Pueblos indígenas* und bezeichnet Gemeinschaften von *Ureinwohnern* einer Region oder eines Landes. Der Ausdruck „Indigene Völker" hat in Lateinamerika als Sammelbezeichnung für alle Nachkommen der vorko-

Entstehen der dialogischen Gesprächsform in einer Art informellen Unterhaltung, wodurch unsere in kleinen Stammesverbänden zusammenlebenden Vorfahren „durch das gesprochene Wort einen miteinander geteilten Sinn schufen. [...]. All das ergab den Samen für das Zusammenleben und -arbeiten in der Gemeinschaft und wirkte wie Leim, der die Stammesmitglieder in einem nahtlosen Ganzen zusammenhielt“[53] (vgl. ELLINOR / GERARD 2000, S. 35 f.).
Damals, in vorschriftlicher Zeit, wie auch heute in Zeiten von Individualisierung und funktionaler Arbeitsteilung sowie der erforderlichen Gliederung der Gesellschaft in ihre drei Hauptfunktionsbereiche – Kultur, Staat und Wirtschaft – ist der Einzelne auf das Zusammenleben und Zusammenarbeiten mit anderen existenziell angewiesen. Insofern könnte man meinen, dass sich im Mitmenschlichen nichts wesentlich geändert habe (oder hätte).

Mag in vergangen Zeiten der Glaube an die gemeinsame Abstammung im Rahmen der über Jahrtausende währenden Selbstversorgung als „Leim“ für das Gemeinschaftsleben gewirkt haben, so wurden durch die Industrialisierung und die damit verbundene arbeitsteilige Wirtschaftsweise die sozialen Verhältnisse revolutioniert: von der Gemeinschaft zur Gesellschaft[54], das bedeutet in sozioökonomischer Sicht

lumbianischen Bevölkerung, die auf Kolumbus' Verwechslung mit Indien beruhenden Begriffe Indios/Indianer ersetzt.
In internationalen politischen Kontexten ist *Indigene Völker/Indigenous Peoples/Pueblos Indígenas* die übliche Sammelbezeichnung für Ureinwohnervölker aller Kontinente, während im nationalen Rahmen oft andere Sammelbegriffe verwendet werden (zum Beispiel Aborigines, Native Americans, First Nations, Adivasi).

[53] Ein Stamm lässt sich zum Beispiel über die gemeinsame Abstammung (Genealogie) beziehungsweise den Gauben daran, Sprache, Religion, Sitten und Gebräuchen definieren; essentielle wie konstruktive Merkmale bilden Stammesbewusstsein wie auch eine Stammeskultur.

[54] Ferdinand TÖNNIES unterscheidet in *Gemeinschaft und Gesellschaft* drei Gemeinschaftstypen; 1. die Gemeinschaft des Blutes (Verwandtschaft - vergegenständlich im [Bauern-]Haus), 2. die Gemeinschaft des Ortes (Nachbarschaft - vergegenständlicht im Dorf) und 3. die Gemeinschaft des Geistes in Form der Freundschaft – vergegenständlicht in der Stadt). Die Großstadt ist die Vergegenständlichung von Gesellschaft. Die Gesellschaft konstituiert sich in der Moderne vor allem über Tauschakte. Die Hauptakteure sind die Kaufleute und Kapitalisten. Die Gesellschaft existiere um ihretwillen und sei ihr Werkzeug ebenso wie die Arbeiter, die sie durch das Aufzwingen der Warenform in Form des Lohns unterwerfen. Obwohl der Lohn ausgehandelt wird, seien die Arbeiter keine Kaufleute, weil sie diesen im

von der vorwiegenden Selbstversorgung hin zur de-facto Fremdversorgung. Das ist nicht schlicht eine Abfolge, sondern vielmehr eine Revolution, eine Umwälzung der bisher geübten sozioökonomischen Praxis und zugleich eine Transformation bisheriger Bluts- oder Dorfgemeinschaften – zur Arbeitsgemeinschaft. Eine Arbeitsgemeinschaft weist durchaus emotionale Bindekräfte auf wie auch ein Gefühl der Zusammengehörigkeit. Darüber hinaus hat sie eine gemeinsame Aufgabe zum Ziel. Durch ein gemeinsames Zielbewusstsein und der Transparenz der zu bewältigenden Aufgaben ergibt sich – idealerweise – der objektive Geist einer Arbeitsgemeinschaft. Moderne Arbeitsgemeinschaften vergegenständlichen sich, wie auch die Großstadt, innerhalb der Gesellschaft. Andererseits haben Unternehmen die Rechtsformen als Personen- bzw. Kapitalgesellschaften und stehen damit polar zur Gemeinschaft, da sich der Einzelne (z.B. der Unternehmer bzw. der Manager) der Anderen auf eine instrumentelle Weise „bedient". Im Kontext des Unternehmens- und Arbeitsrechts sind die Mitarbeiter „Mittel" für deren individuelle Zwecke. In diesem Fall ist der Einzelne „Gesellschafter".

Doch wo entsteht in der Moderne der miteinander geteilte Sinn? Für eine Arbeitsgemeinschaft sind die wechselseitige Vergewisserung der Arbeitsbeziehungen und das die Arbeitsbeziehungen tragende – miteinander geteilte – Aufgabenbewusstsein wesentlich.

Dabei ist es wichtig sich zu verdeutlichen, worauf die Moderne unter anderem gründet und wie ihr weiterer Verlauf sein könnte. Im von STEINER formulierten soziologischen Grundgesetz drückt sich der Entwicklungsgang der Menschheit und des Menschen wie folgt aus: „Die Menschheit strebt im Anfange der Kulturzustände nach Entstehung sozialer Verbände; dem Interesse dieser Verbände wird zunächst das Interesse des Individuums geopfert; die weitere Entwicklung führt zur Befreiung des Individuums von dem Interesse der Verbände und zur freien Entfaltung der Bedürfnisse und Kräfte des Einzelnen."[55]

Wesentlichen für den Lebensunterhalt ihre Familie ausgeben. Vgl. hierzu OPIELKA, Michael (2006) *Gemeinschaft in Gesellschaft,* 2. Auflage, Wiesbaden, S. 30 - 33

[55] Rudolf Steiner in: http://www.dreigliederung.de/archiv/451.html#07#07 - Abruf: 2007_04_11

Individualisierung als Signatur für die Entwicklung des Menschen einerseits und die damit verbundene Möglichkeit zur Spezialisierung in den unterschiedlichen gesellschaftlichen Tätigkeitsfeldern erfordert andererseits das Zusammenarbeiten der Einzelnen, die dabei mitwirken. Mitsein wie auch Zusammenarbeiten sind in der Moderne allerdings nicht mehr theokratisch-hierarchisch begründbar, weil das moderne menschliche Dasein immer ein – gleichberechtigtes horizontales – Mitsein mit anderen bedeutet, wie das *Goethe* in seinen *Drei Ehrfurchten*[56] entwickelt. In unseren so-

---

[56] http://www.von-goethe.net/werke/werke/wilhelm_meisters_wanderjahre_2.html - Abruf: 2007_01_15
„Aber eins bringt niemand mit auf die Welt, und doch ist es das, worauf alles ankommt, damit der Mensch nach allen Seiten zu ein Mensch sei. Könnt Ihr es selbst finden, so sprecht es aus.« Wilhelm bedachte sich eine kurze Zeit und schüttelte sodann den Kopf.
Jene, nach einem anständigen Zaudern, riefen: »Ehrfurcht!« Wilhelm stutzte. »Ehrfurcht!« hieß es wiederholt. »Allen fehlt sie, vielleicht Euch selbst.
Dreierlei Gebärde habt Ihr gesehen, und wir überliefern eine dreifache Ehrfurcht, die, wenn sie zusammenfließt und ein Ganzes bildet, erst ihre höchste Kraft und Wirkung erreicht. Das erste ist Ehrfurcht vor dem, was über uns ist. Jene Gebärde, die Arme kreuzweis über die Brust, einen freudigen Blick gen Himmel, das ist, was wir unmündigen Kindern auflegen und zugleich das Zeugnis von ihnen verlangen, daß ein Gott da droben sei, der sich in Eltern, Lehrern, Vorgesetzten abbildet und offenbart. Das zweite: Ehrfurcht vor dem, was unter uns ist. Die auf den Rücken gefalteten, gleichsam gebundenen Hände, der gesenkte, lächelnde Blick sagen, daß man die Erde wohl und heiter zu betrachten habe; sie gibt Gelegenheit zur Nahrung; sie gewährt unsägliche Freuden; aber unverhältnismäßige Leiden bringt sie. Wenn einer sich körperlich beschädigte, verschuldend oder unschuldig, wenn ihn andere vorsätzlich oder zufällig verletzten, wenn das irdische Willenlose ihm ein Leid zufügte, das bedenk' er wohl: denn solche Gefahr begleitet ihn sein Leben lang. *Aber aus dieser Stellung befreien wir unsern Zögling baldmöglichst, sogleich wenn wir überzeugt sind, daß die Lehre dieses Grads genugsam auf ihn gewirkt habe; dann aber heißen wir ihn sich ermannen, gegen Kameraden gewendet nach ihnen sich richten. Nun steht er strack und kühn, nicht etwa selbstisch vereinzelt; nur in Verbindung mit seinesgleichen macht er Fronte gegen die Welt (kursive Hervorhebung: LPH).* Weiter müßten wir nichts hinzuzufügen.[…].
Sich zu fürchten ist leicht, aber beschwerlich; Ehrfurcht zu hegen ist schwer, aber bequem. Ungern entschließt sich der Mensch zur Ehrfurcht, oder vielmehr entschließt sich nie dazu; es ist ein höherer Sinn, der seiner Natur gegeben werden muß und der sich nur bei besonders Begünstigten aus sich selbst entwickelt, […].
Die zweite Religion, die sich auf jene Ehrfurcht gründet, die wir vor dem haben, was uns gleich ist, nennen wir die philosophische: denn der Philosoph, der sich in die Mitte stellt, muß alles Höhere zu sich herab, alles Niedere zu sich herauf ziehen, und nur in diesem Mittelzustand verdient er den Namen des Weisen. Indem er nun das Verhältnis zu seinesgleichen und also zur ganzen Menschheit, das Verhält-

zialen Beziehungen sind wir deshalb mit dem Gleichheitsprinzip vor dem Recht konfrontiert. Genauso – nämlich horizontal – verläuft der Produktionsprozess vom Produktionspol mit Hilfe des Distributionsprozesses zum Konsumpol. Arbeitsteilige Produktion geschieht letztlich immer horizontal, sei es aus Produzenten-, Händler- oder Konsumenten-Perspektive. Daraus ergibt sich die Notwendigkeit wie auch die Chance für eine wirklich dialogische Kultur im Bewusstsein des Mitseins-mit-anderen wie auch im *Zusammenarbeiten mit anderen.*

3.3 Der Sokratische Dialog im Kontext von Mitsein und Wirsein

Eine weitere Wurzel des Dialogs für eine künftige dialogische Kommunikation beziehungsweise dialogische Kultur liegt im antiken Griechenland in Form der Sokratischen Dialoge. In diesem Rahmen kann der Sokratische Dialog nur angerissen werden, um seine Bedeutung für Führung und Zusammenarbeit bewusst zu machen.

STAVEMANN (2002, S. 20) fasst diese Gesprächsform in folgendem Phasenmodell zusammen:

- Auswahl des Themas oder Betrachtungsgegenstandes
- „Was ist das?" Erster Definitionsversuch
- Konkretisierung der Fragestellung und Herstellung des Alltagsbezugs
- gegebenenfalls weitere Konkretisierung oder Umformulierung des Themas oder Untersuchungsgegenstandes
- Widerlegung (Elenktik)
- Hinführung durch → Protreptik und → Mäeutik
- Ergebnis des Dialogs

nis zu allen übrigen irdischen Umgebungen, notwendigen und zufälligen, durchschaut, lebt er im kosmischen Sinne allein in der Wahrheit. [...].
[...] aus diesen drei Ehrfurchten entspringt die oberste Ehrfurcht, die Ehrfurcht vor sich selbst, und jene entwickeln sich abermals aus dieser, so daß der Mensch zum Höchsten gelangt, was er zu erreichen fähig ist, daß er sich selbst für das Beste halten darf, was Gott und Natur hervorgebracht haben, ja, daß er auf dieser Höhe verweilen kann, ohne durch Dünkel und Selbstheit wieder ins Gemeine gezogen zu werden."

Nach STAVEMANN formuliert der Gesprächspartner „die ‚von ihm selbst' gefundene persönliche Wahrheit, die im Einklang mit seinen individuellen moralischen (Lebens-) Zielen, Normen und Vorstellungen steht."

Aus dieser Wurzel stammend, deuten wir den Dialog in unserem Alltagsbewusstsein mehr als ein Zwiegespräch denn als ein Miteinander-Denken.

Bei Führung und Zusammenarbeit, bei der üblicherweise in Arbeits- oder Projektgruppen organisierten (über-)betrieblichen Arbeitsteilung stehen in der Regel mehr als nur zwei Menschen im gemeinsamen Ideen-, Gedanken- und Leistungsaustausch. Modernes Wirtschaften, wie auch die Fragmentierung der Wissensgebiete, erfordert mehr als nur Zwiegespräche, nämlich eine Ausweitung auf mehr Menschen, die miteinander in einen gedanklichen Austausch treten beziehungsweise durch die Arbeitsteilung funktional miteinander in Austausch treten müssen.
Dialogisch gewonnene Erkenntnisse bilden so für Führung und Zusammenarbeit die gedanklich-geistige Grundlage beziehungsweise das „geistige Band" für ein gemeinsames Zielbewusstsein wie für die so gewonnene Aufgabentransparenz, die für den gemeinsamen Leistungs- und Lernprozess grundlegend sind.
Welche latenten Sinnstrukturen sind vorhanden und wie kann für ein gelingendes Zusammenarbeiten ein freier Sinnfluss (BOHM) entstehen, damit die latente Sinnstruktur gemeinsam offen gelegt beziehungsweise einem jeden Einzelnen bewusst werden kann?
In der Begegnung zwischen einem Ich und einem Du liegt das *Dialogische Prinzip* (BUBER 2002)[57] begründet und macht Sosein, Dasein und Mitsein bewusst. Doch aus der polaren *Ich - Du - Begegnung* entsteht – ganz objektiv – ein dritter Aspekt: der Bereich des *Wir*.
Dasein und Mitsein mit anderen ist deshalb auch immer ein *Wirsein*. Dieses Wirsein ist je nach Lebenssituation anders: Mann und Frau als Paar, Eltern und Kinder als Familie, Angehörige einer Religionsgemeinschaft, Mitglieder eines Vereins, einer Gewerkschaft, Mitarbeiter eines Unternehmens, Mitglieder einer Partei oder Bürger eines Staates.

[57] BUBER, M. (2002) Das dialogische Prinzip, Gütersloh

Die Herausforderung für den modernen Menschen besteht darin, dass wir praktisch keine soziale Teilung mehr in Form von Kasten oder Ständen haben, trotz aufkeimender Unterschichtdebatte mangels eines bedingungslosen Grundeinkommens[58], sondern eine funktionale Gliederung der Gesellschaft in ihre drei Hauptbereiche Kultur – Staat – Wirtschaft. Jeder einzelne Mensch – als sozialer Funktionsträger (VOGEL 1963, S. 20)[59] – ist Homo Culturus, Homo Politicus und Homo Oecnomicus in einer – nämlich seiner – Person und dies nicht isoliert, sondern in sozialorganisch-funktionaler Interdependenz. Produktivität und Empfänglichkeit ist die – horizontale – Polarität für den ökonomischen Wertbildungsprozess – Werteaufbau (Produktion) und Werteabbau (Konsumtion). Die Zirkulation aber ist das Entscheidende! Der Wert bildenden Bewegung von der Produktion zur Konsumtion (in Form der Supply Chain) läuft die Wert bildende Spannung der Konsumseite zum Produktionspol entgegen. Aus der Polarität Ich – Du, Produktivität – Empfänglichkeit, Produktion – Konsumtion entsteht ein Drittes: in unserem Zusammenhang das Wirsein im Mitsein.

Zur Ich - Du - Relation kommt die Ich - Wir - Relation hinzu. Zum *Wir* gehören konstitutiv mindestens zwei Menschen bis hin zum Wir als Menschheit.

Wo stimmen wir überein und wo nicht? In Bezug auf Personen oder Dinge, ist es eine Frage der Identität – Identität als Wesensgleichheit wie Unverwechselbarkeit, die als Selbst erlebte innere Einheit der Person, der eigenen Existenz.
Ex-sistere ist im gedanklichen Zusammenhang dieser Forschungsarbeit als ein Heraus-, Hervortreten, zum Vorschein kommen aus dem Impliziten als ein *Da*-Sein, als ein von der impliziten Ordnung (BOHM 1985)[60] gesondertes, ja fragmentiert erlebtes Dasein aufzufassen. Dieses Fragmentarische setzt sich aber in unserem Selbsterleben wie auch in unserem Denken weiter fort – und stellt für die Anforderungen der funktionalen Gliederung von modernen Gesellschaften wie auch einzelner Unter-

---

[58] Vgl. WERNER, G. W. (2007) Einkommen für alle, Köln

[59] „Da es stets ein und derselbe unteilbare Mensch ist, der – freilich nach individuellen Schwerpunkten sehr unterschiedlich – an allen drei sozialen Lebensbereichen [Kultur – Staat – Wirtschaft. Hinzufügung: LPH] Anteil hat, können die Ordnungen, die ‚Spielregeln', nach denen sich die wirtschaftlichen und kulturellen Unternehmungen und die rechtlich-politischen Beziehungen der Bürger eines Gemeinwesens vollziehen, nicht prinzipiell verschieden sein."

[60] BOHM, D. (1985) Die implizite Ordnung. Grundlangen eines dynamischen Holismus, München

nehmen beziehungsweise Institutionen ein riesiges Gestaltungsproblem dar. So ist die Zergliederung von Wissenschaft und Religion wie auch die moderne Arbeitsteilung nichts anderes als Fragmentierung. Schnell werden eine Fachwissenschaft oder eine Fachabteilung isoliert betrachtet, statt als Zweig beziehungsweise Organ eines lebendigen sozialen Ganzen erkannt und erlebt.
So heißt es schon im Faust: „Dann hat er die Teile in der Hand, fehlt leider! Nur das geistige Band“ (GOETHE, Faust, V. 1938f.).

3.4 Dialog nach David Bohm

Die Fragmentierung des Denkens ist für BOHM ein grundsätzliches Problem im menschlichen Miteinander. NICHOL (NICHOL in: BOHM 2002, S. 9) drückt das im Vorwort zu BOHMs Werk „Der Dialog“ wie folgt aus: „Um die Bedeutung der Fragmentierung zu illustrieren, benutzte BOHM häufig das Beispiel einer Uhr, die zu einem Haufen willkürlicher Einzelteile zertrümmert wird. Diese Fragmente sind etwas ganz anderes als die Teile, aus denen die Uhr sich ursprünglich zusammensetzte. Die Teile stehen in einer integralen Beziehung zueinander, was zu einem funktionsfähigen Ganzen führt. Gleichermaßen neigen die generischen Denkprozesse des Menschen dazu, die Welt auf fragmentarische Art und Weise wahrzunehmen, ‚etwas auseinander zu reißen, was nicht wirklich voneinander getrennt ist‘. Eine solche Wahrnehmung, sagt BOHM, führt notwendigerweise zu einer Welt von Nationen, Wirtschaftssystemen, Religionen, Wertesystemen und 'Ichs', die grundlegend uneins sind, trotz örtlich erfolgreicher Versuche, eine gesellschaftliche Ordnung überzustülpen. Eines der Hauptanliegen von BOHMs Dialog ist es daher, Licht auf das Wirken dieser Fragmentierung zu werfen, und zwar nicht nur in Form einer theoretischen Analyse, sondern über einen konkreten Erfahrungsprozess.“

Dialogische Führung und Zusammenarbeit sind ist demnach ein Versuch, ganz gleich ob im Wirtschafts- oder Kulturleben, die Fragmentierung zu überwinden. Modernes Arbeiten ist arbeitsteiliges Zusammenwirken – und im Idealfall die „aufs Neue zusammengebaute Uhr“. *Führung und Zusammenarbeit sind* deshalb ohne ein Miteinander-Denken nicht möglich. Aus diesem Grunde ist es wertvoll, BOHMs Dialogverständnis noch etwas genauer zu betrachten.

Die Schlüsselkomponenten des BOHMschen Dialogs sind (BOHM 2002):

- die Allgegenwart der Fragmentierung
- die Funktion der Aufmerksamkeit
- der mikrokrultuelle Kontext
- ungeleitete Prüfung
- miteinander geteilte Bedeutung
- das Wesen kollektiven Denkens
- unpersönliche Gemeinschaft
- das Paradox des Beobachters und des Beobachteten

Damit hat BOHM ein anderes Verständnis des Dialogs als dies in der bisherigen Ideengeschichte üblich war und ist. Trotzdem ist der Dialog nicht endlos theoretisierbar, sondern vielmehr (NICHOL in: BOHM 2002, S. 14) „ein Prozess direkter Begegnung von Angesicht zu Angesicht". BOHM definiert den Dialog wie folgt: „Die Bedeutung, die ich dem Wort ‚Dialog' gebe, unterscheidet sich leicht von der allgemein üblichen Definition. Die etymologische Ableitung eines Wortes hilft uns oft, eine tiefere Bedeutung zu erschließen. ‚Dialog' kommt von dem griechischen Wort dialogos. Logos heißt ‚das Wort' oder auch ‚Wortbedeutung, Wortsinn'. Und dia heißt ‚durch' und nicht ‚zwei'. Ein Dialog kann von einer beliebigen Anzahl von Leuten geführt werden, nicht nur von zweien. Sogar ein einzelner kann einen gewissen inneren Dialog mit sich selbst pflegen. Wesentlich ist, dass der Geist des Dialogs vorhanden ist. Die Vorstellung oder das Bild, das diese Ableitung nahelegt, ist das eines freien Sinnflusses, der unter uns, durch uns hindurch und zwischen uns fließt. Das macht einen Sinnstrom innerhalb der ganzen Gruppe möglich, aus dem vielleicht ein neues Verständnis entspringen kann. *Diese Einsicht ist etwas Neues, das zu Beginn möglicherweise gar nicht vorhanden war. Sie ist etwas Kreatives. Und dieser untereinander geteilte Sinn ist der ‚Leim' oder ‚Zement', der Menschen und Gesellschaften zusammenhält*" (BOHM 2002, S. 32f.; Hervorhebung: LPH).

3.5 Dialog als Miteinander denken

Für den weiteren Gedankengang im Hinblick auf *Führung und Zusammenarbeit* ist es wichtig, BOHMs Überlegungen zu Dialog und Denken kursorisch darzustellen (vgl.

BOHM 2002, S. 37 – 47). Denken ist ein Vorgang, auf den wir in der in der Regel kaum Aufmerksamkeit verwenden, da es praktisch unmöglich ist sich beim Denkprozess selber zu beobachten. Wenn wir denken, dann legen wir unser Augenmerk mehr auf den Inhalt der Gedanken als auf den Denkvorgang an sich. „Das Denken ist sehr aktiv, aber der Denkprozess denkt, dass er gar nichts tut, sondern einem nur mitteilt, wie die Dinge eben sind. [...]. Der entscheidende Punkt ist: Das Denken bewirkt etwas, sagt aber, ich war's nicht. [...]. Aber wie ich zu erklären versuche, ist ja eben das Denken das Problem."

Natürlich ist jeder Mensch in der Lage individuell zu denken, aber das Denken ist nicht nur ein individueller Vorgang, sondern auch ein kollektiver – und zwar weil Sprache kollektiv ist. Deshalb sei die Aufmerksamkeit sowohl dem individuellen als auch dem kollektiven Denken zu widmen. Damit spricht BOHM etwas an, was in der Psychologie C. G. JUNGs ein Hauptfaktor ist: das kollektive Unbewusste.[61]
Für BOHM „ist das individuelle Denken zum größten Teil das Ergebnis kollektiven Denkens und der Interaktionen mit anderen Menschen. Die Sprache ist rein kollektiv, und die meisten unserer Gedanken sind es ebenfalls. Jeder einzelne trägt seinen Teil zu diesen Gedanken bei – er leistet einen Beitrag."
Unser normales Denken in der Gesellschaft ist für BOHM inkohärent. Was aber wäre, wenn die Menschen miteinander auf kohärente Weise dächten? Nach seinem Verständnis von Dialog wäre eine „ [...] kohärente Gedankenbewegung, eine kohärente Kommunikationsbewegung, möglich."

In diesem Zusammenhang unterscheidet BOHM nicht nur zwischen der Kohärenz auf der bewussten Gedankenebene, „[...] sondern auch auf der stillschweigenden

[61] „Das kollektive Unbewusste ist ein Teil der Psyche, der von einem persönlichen Unbewussten dadurch negativ unterschieden werden kann, dass er seine Existenz nicht persönlicher Erfahrung verdankt und daher keine persönliche Erwerbung ist. Während das persönliche Unbewusste wesentlich aus Inhalten besteht, die zu einer Zeit bewusst waren, aus dem Bewusstsein jedoch entschwunden sind, indem sie entweder vergessen oder verdrängt wurden, waren die Inhalte des kollektiven Unbewussten nie im persönlichen Bewusstsein und wurden somit nie individuell erworben, sondern verdanken ihr Dasein ausschließlich der Vererbung." [...]. „Das kollektive Unbewusste entwickelt sich somit nicht individuell, sondern wird vererbt. Es besteht aus präexistenten Formen Archetypen, die erst sekundär bewusst werden können und den Inhalten des Bewusstseins fest umrissene Form verleihen" (aus: C. G. JUNG „Archetypen", zitiert nach: http://www.oana.de/cgjung2.htm - Abruf: 2007_01_22).

Ebene, für die wir nur ein vages Gefühl haben." Für BOHM läuft der konkrete Denkprozess in hohem Maße stillschweigend ab. „„Stillschweigend' bedeutet das, was unausgesprochen bleibt, was nicht beschrieben werden kann – wie das Wissen, das zum Fahrradfahren erforderlich ist."

Was wir explizit an Gedanken ausdrücken können ist nur ein sehr kleiner Teil des impliziten Ganzen. Für BOHM (2002) ist es der tiefere, stillschweigende Prozess, der im Dialog miteinander geteilt wird. Aufgrund des Mitseins ist es wichtig, ein gemeinsames Bewusstsein zu entwickeln und die Fähigkeit zu erwerben, „gemeinsam zu denken, damit wir auf intelligente Weise tun können, was auch immer getan werden muss."

Diese (Vor-)Überlegungen sind wesentlich für Führung und Zusammenarbeit. Aus einem durch das miteinander Denken erweiterten Bewusstsein auf die stillschweigenden Bereiche mitmenschlicher Existenz werden andere Seelenbereiche beziehungsweise -schichten offenbar – nämlich die Bereiche des Fühlens und Empfindens wie auch die Bereiche des Wollens und Handelns.

Dialog, Führung und Zusammenarbeit beruhen auf Reziprozität. So sind zum Beispiel im lebendigen Organismus „Ursache und Wirkung" im dem Prinzip der interdependenten Abhängigkeit polarer Wirkungen austauschbar und als solche voneinander nicht zu unterscheiden. Weshalb sollte dieses Prinzip nicht auch für kognitive, also die Erkenntnis betreffenden Phänomene gelten? Wie ist Ursache und Wirkung auch im Geistigen[62] zu verstehen – als geistige Produktivität beziehungsweise freie Empfänglichkeit?[63]

[62] Der Begriff **Nous**, auch **Nus**, (griech. νοῦς *nūs* „Geist, Vernunft") bedeutet im strengen Sinne Geist und wird zum ersten Mal bei Anaxagoras verwendet. Hier bezeichnet Nous die gestaltende Kraft im Universum. Aristoteles unterteilt den Geist selbst noch in wirkende (nous poietikos) und empfangende Vernunft (nous pathetikos). Im Hegelschen System der Wissenschaft lassen sich drei Bereiche ausmachen: *Logik* – die Wissenschaft des Denkens, *Natur* – die Wissenschaft des Materiellen und *Geist* – die Wissenschaft des Menschlichen. *Geist* selbst lässt sich gliedern in *subjektiver Geist* als Wissenschaft des Inner-Menschlichen, *absoluter Geist* als Wissen des Göttlichen beziehungsweise Übermenschlichen und *objektiver Geist* als Wissenschaft des Zwischen-Menschlichen.
(vgl. www.hegel-system.de – Abruf: 2008_05_20)

Durch die geistige Produktivität und Empfänglichkeit entsteht ein bestimmtes soziales Feld, dessen Beschaffenheit als dialogisch-assoziativ bezeichnet werden kann – und latente Sinnstrukturen beinhaltet (s. Kap. 6.3.3).

3.6 Dialog und Arbeitsteilung

Nach VOGEL (1990) kann man erst aufgrund der Arbeitsteilung von Wirtschaften – im modernen Sinne – sprechen. Durch die Erfahrung, dass der Mensch durch die Konzentration – im Bohmschen Sinne könnte man von Fragmentierung sprechen – auf bestimmte Tätigkeiten seine Produktivität verbessert, indem er mit weniger Ressourcen und Zeitaufwand das gleiche Erzeugnis billiger herstellen kann und sich damit Spezialfähigkeiten erwirbt, kann jeder praktisch nur Güter *für die anderen* erzeugen und vermehrt damit durch seine spezialisierte, produktivere Arbeit zugleich den Wohlstand aller (VOGEL 1990, S. 54 - 59). Das moderne Arbeitsleben, bedingt durch die Maschinenarbeit, unterscheidet sich kategorial von der vorindustriellen Arbeits- und Wirtschaftsweise, wie bereits weiter oben erwähnt. Arbeitsteilung bedeutet Fragmentierung. Die weltweite Arbeitsteilung ist für manche Produktfelder schon Legion. Pflanzen, wie Kaffee, Zuckerrohr, Baumwolle oder die Kartoffel waren der Ausgangspunkt der weltweiten Arbeitsteilung und des damit verbundenen weltweiten Handels in der Neuzeit. Durch die Industrialisierung sind Maschinen, Autos, Computer, Handys, Informatik und Internet und vieles mehr hinzugekommen beziehungsweise haben die globale Arbeitsteilung noch intensiviert.

Der größte Teil der Kulturgeschichte der Menschheit ist von handwerklicher Arbeits- und Produktionsweise dominiert. Der Mensch wirtschaftete in kleinen Gemeinschaften hauptsächlich zum Zweck der Eigenversorgung. Dabei arbeitete er unmittelbar an der Natur als Sammler, Jäger und Ackerbauer zur Befriedigung seiner Bedürfnisse beziehungsweise der seiner Sippe, seines Stammes – seiner „Blutsbrüder“. Auf dieser Entwicklungsstufe des „Wirtschaftslebens“ herrschte der Naturaltausch vor. Das vorhandene Geld war materielles Geld in Form von Gold- und Silbermünzen und

Nach Hegel manifestiert sich in menschlichen Gemeinschaften ein objektiver Geist Auch die Sozialwissenschaften verwenden den Begriff des Geistes, um auf Merkmale von Gemeinschaften hinzuweisen. Daraus erwächst die Möglichkeit zu einer objektiven Hermeneutik als Forschungsmethode.

[63] vgl. DIETZ, K.-M. (2008a)

konnte dadurch selbst für andere Zwecke als die des Tausches – für Schmuck oder Opfergaben – verwendet werden. Der integrale Tauschakt in der Naturalwirtschaft Ware gegen Ware wurde mit der Geldwirtschaft durch Geld gegen Ware und Ware gegen Geld fragmentiert.

Das Geld ermöglicht und rationalisiert die Arbeitsteilung. „Im Geld haben wir alle nur erdenkbaren Waren verborgen vor uns. [...]. Die Arbeitsteilung kam aus dem Grunde zustande, dass der Mensch die arbeitssparende Wirkung des Geistes auf die Arbeit erkannte. [...]. Die Arbeitsteilung ermöglicht es dem Menschen, die Erde erst zu einer wirklichen Heimstätte zu gestalten“ (VOGEL 1990, S. 58f.). Das *In-die-Welt-Geworfen-sein* (HEIDEGGER) wird so potenziell zum freien Gestaltungsraum in der Zeit. Die moderne Wirtschaftsweise könnte man auch als „spagyrische Ökonomie“ – durch trennen beziehungsweise teilen und verbinden beziehungsweise zusammenfügen – bezeichnen.[64] So gibt der Schweizer Nationalökonom BINSWANGER (BINSWANGER 2005)[65] Goethes Faust eine ganz neue – nämlich ökonomische – Deutung. Er erklärt die Wirtschaft als einen alchemistischen Prozess; wodurch aus Rohstoffen Werkstoffe und Maschinen werden und aus Spezialfähigkeiten durch Zusammenarbeit Synergien entstehen können.

Das Aufteilen der Arbeit in verschiedene Prozessschritte lässt sich ganz allgemein mit Fragmentierung umschreiben, in der es keine zentral gesteuerte Wirtschaftsplanung mehr gibt, ja aufgrund der Spezialisierung gar nicht mehr geben kann. Die Wirtschaftstätigkeit zerfällt in unzählige Fragmente, ähnlich wie die mineralisch existierende Welt zerfallen ist. Jede Branche, ja beinahe jedes Unternehmen hat einen eigenen „Dialekt“.

Ein herausragendes Beispiel für „unternehmensinternes deutsch-englisches Informatik-Kauderwelsch“ ist die Softwarefirma SAP – für Außenstehende praktisch so gut wie nicht verständlich. Und doch erfordert gerade das arbeitsteilungsbedingte Teilen und Zusammenfügen zu einem Gesamtwerk (Rohstoff – Werkstoff – Werk) die dialo-

[64] Spagyrik von Griechisch spao – „trennen“ und ageiro = „vereinen, zusammenführen“.

[65] BINSWANGER, Hans Christoph (2005) Geld und Magie, 2. vollständig überarbeitete Auflage, Hamburg

gische Perspektive und das Miteinander-Denken über Abteilungs-, Unternehmens-, Landes- und Kulturgrenzen hinweg.

3.7 Dialog und Zusammenarbeit

Wo Trennendes ist, muss andererseits auch Vereinendes, Zusammenführendes sein. Und dies Zusammenführende kann nur ein Geistiges sein – ein „geistiges Band", ein miteinander geteilter Sinn. Dieses *ZusammenWIRken* wird durch den Unternehmergeist als Konfigurationskraft impulsiert, gleichsam ein „Pfingsterlebnis" für einen jeden in der Arbeitsteilung mit- und zusammenwirkenden Menschen. Für BOHM (2002) ist das kollektive Denken mächtiger als das individuelle Denken und die Kraft einer Gruppe ungleich höher als es der Anzahl der Teilnehmer entspricht. Durch synergetisches Zusammenwirken kann der Einzelne nicht nur über sich hinauswachsen, sondern auch die Fragmentierung überwinden und aus dem Zustand der existenziellen Geworfenheit in einen Zustand von *Koinonia* (s. Kap. 3.8) gelangen.

3.8 Dialog und Führung – ein Widerspruch im Hinblick auf die Zusammenarbeit?

Führung wird durch das im geltenden Arbeitsrecht (s. Kap. 1.6) begründete Weisungsrecht des Arbeitgebers weiterhin direktoral – in Form einer festen sozialen Rolle – positional aufgefasst: Der Vorgesetzte ist berechtigt dem arbeitsrechtlich unselbständigen Mitarbeiter Weisungen zu erteilen. Im *stillschweigenden Sinn* (BOHM 2002) ist der Vorgesetzte aber *Übergeordneter* und der Mitarbeiter ein weiter an Weisungen gebundener *Untergebener*. Man möge sich hierbei auch nichts vormachen; große Organisationen (Konzerne, Kirchen, Parteien, die staatliche Administration und selbst Universitäten) sind auch heute noch in ihrer Mehrzahl hierarchisch strukturiert mit dem Hang zur Subordination. Dies zeigt sich auch im allgemeinen Sprachgebrauch: „Herr X hat in seiner Abteilung so und so viel Leute unter sich" oder wie es Arno Luik im Stern-Interview (WERNER 2006b, S. 44)[66] mit dem Unternehmer Götz W. Werner formulierte: „Sie sind Herr über 23.000 Menschen...". Werners Antwort: „Ich bin nicht ‚Herr über'."

[66] WERNER, G. W. (2006b) Ein Grund für die Zukunft: das Grundeinkommen, Stuttgart

In diesem Zusammenhang ist es wichtig sich Ursprung und Bedeutung des Wortes Hierarchie zu vergegenwärtigen. In der heutigen Deutung ist darunter Rangordnung zu verstehen.[67] Der Mensch lebt mit seinen Mitmenschen in sozialen Relationen, in einer sozialen Ordnung. Das ist letztlich ein soziologisches Faktum; Subordination ist aber nur eine denkbare Möglichkeit.
Deshalb ist es in diesem Kontext hilfreich, uns mit VOGEL (VOGEL 1963, S. 25)[68] noch einmal die früheren Herrschaftsformen kurz zu vergegenwärtigen, wie sie im Verlauf der Geschichte aufeinander gefolgt sind:

- ***Theokratie*** (Gottkönigtum – absolute Monarchie – Tyrannis – Diktatur – totalitärer Staat) und ihre drei Klassen: Priester-Könige – Krieger – Sklaven
- ***Aristokratie*** (Standesherrschaft – Ständestaat – Standesprivilegien) und ihre drei Klassen: Priester/Philosophen – Aristokraten – Sklaven/Leibeigene
- ***Demokratie*** (Volksherrschaft – Mehrheitsdemokratie – Parlamentarismus) und ihre drei Klassen: Bürger – Adel – Proletarier

Unser kulturelles Erbe im Sinne des kollektiven Unbewussten führt zu einer stillschweigenden Ebene im sozialen Miteinander, welche die Ausgangsbasis für die Fragmentierung der Menschen in Klassen bildet.
In der Gegenwart werden diese Klassifizierung (durch Vorrechte auf den Grundbesitz und auf den Kapitalbesitz), Privilegien sowie das Berechtigungswesen in Schule und Hochschule als menschenunwürdig empfunden – individuell wie kollektiv. Diese pyramidale Schichtung zeigt sich noch heute im so genannten dreigliedrigen Schulwesen mit Hauptschule/Sonderschule – Realschule (Mittelschule) – Gymnasium (höhere Schule) – und ist in Zeiten der funktionalen Arbeitsteilung antiquiert. Für die Beschäftigung in der staatlichen Bürokratie mit einfachem, mittlerem, gehobenem und höherem Dienst sind diese Abschlüsse allerdings Eingangsvoraussetzung. Die institutionellen Gegebenheiten sind ein Bestandteil der stillschweigenden Ebene.

---

[67] Das Wort wurde im 17. Jh. aus kirchenlateinisch hierarchia „heilige Rangordnung“ entlehnt, das auf Griechisch ιεραρχια „Priesteramt“ (zu griechisch hieros „heilig; gottgeweiht“ und griechisch árchein „herrschen“) zurückgeht. Das griechische Verb árchein bedeutet „der Erste sein; anfangen, beginnen; regieren, herrschen“ (dazu arché „Anfang, Ursprung, Herrschaft, Macht; Regierung“); nach: DUDEN 2001.

Der Mensch als wahrnehmend-erkennendes, fühlend-empfindendes und wollend-handelndes Wesen (Geist – Seele – Leib) ist letztlich das Urbild für die Gestaltung des sozialen Miteinander. Was sich bislang durch blutsmäßige Vererbung (in Stammes- und Sippenverbänden) in den drei sozialen Ständen – mit ihrer Subordination – einseitig entwickelt hat, will nun in der sich entfaltenden freien Persönlichkeit in dreifaltiger Harmonie zusammenwirken (vgl. VOGEL 1990, S. 333f.). Der einzelne Mensch kann so die Geworfenheit (HEIDEGGER) beziehungsweise das Gesondertsein im Dasein durch ein dialogisch gewonnenes Bewusstsein im Mitsein überwinden.

Wenn sich Herrschaft und Führung immer weniger von „Oben nach Unten" legitimieren lassen, woher kommt dann die Kompetenz in Form von *Befugnis* wie auch *Befähigung* für das Übernehmen einer Führungsfunktion in Organisationen und insbesondere in Unternehmen?

Folgende These sei aufgestellt: Wenn „Pyramiden-Organisationen" mit institutionell fest gegliedertem „Oben" und „Unten" ganz praktisch nicht mehr zeitgemäß sind, wird nur derjenige führen können, *der so viel Bewusstsein für soziale Prozesse ausgebildet hat, dass er der Initiative Anderer Ziele aufzeigen kann und differierende Initiativen auf gemeinsame Ziele hin zu koordinieren und zu harmonisieren vermag.* Diese Kompetenz – in Form der Befähigung – lässt sich aber kaum mehr an einer organisationalen Leitungsebene – in Form der Befugnis – festmachen, sondern ist abhängig von der jeweiligen Situation. Damit ist nicht das Führungskonzept der „Situativen Führung" gemeint, das an der Relation Vorgesetzter – Mitarbeiter, im arbeitsrechtlich-positionalen Verständnis, weiterhin festhält, sondern eher eine „agogische Führerschaft" durch den in der jeweiligen Situation Fähigsten!

Moderne Führung bedeutet nicht mehr länger *positionale Direktion* in Form von *Anweisung und Kontrolle*, sondern *Evokation* in Form von *Dialog und Selbstorganisation* in einem durch *Subsidiarität* ausgestalteten organisationalen Rahmen. In einem so verstandenen Miteinander-Füreinander-Leisten geht es nicht mehr um Macht und Herrschaft über andere, sondern um Herrschaft über sich in Form von Selbstbeherrschung und Selbstführung.

Selbstbeherrschung und Selbstführung setzen Selbst- und Welterkenntnis voraus. Welterkenntnis lässt sich im Miteinander-Denken erwerben. Für das Zusammenarbeiten kommt also der Arbeitsauftrag nicht mehr extrinsisch-positional, sondern intrinsisch-prozessual zustande. *Im Idealfall beauftragt sich ein jeder selbst durch den im dialogischen Prozess gemeinsam gefundenen Sinn und Zweck mit dem Ziel eines synergetischen Zusammenwirkens – nämlich selbständig, intelligent im Sinne des unternehmerischen Ganzen zu denken, zu fühlen und zu handeln.*

Die moderne Arbeitsteilung ist *horizontales* Prozessgeschehen (s. Kap. 1.3 u. 2.3.5), durch sich stets wandelnde Kunden-Lieferanten-Beziehungen. Die Umorientierung – als Haltung[69] – von der Direktion zur Evokation ermöglicht *Koordination* statt *Subordination*. Durch die Koordination der im organisationalen Kontext miteinander Unternehmenden wird der Einzelne – im Wortsinn – Gesellschafter, im sich Gesellen (vgl. Duden 2001)[70].

Die Geworfenheit der menschlichen Existenz muss also in organisationalen Kontexten nicht in Untergebenheit oder gar Unterworfensein münden, sondern ermöglicht das *Ent-Wickeln* neuer *Ent-Würfe* für die sich aus der Zukunft ergebenden Aufgaben und Ziele. Aus dem im dialogischen Prozess erklärten *Warum* ergibt sich ein *Wozu, Wohin* in Form von Unternehmenszweck und Unternehmensziel sowie ein *Wofür,* dem Sinn des ganzen Unternehmens.

Die *Ent-Bindung* durch die physisch-leibliche Geburt mag durchaus mit Geworfenheit ins Da-Sein zu umschreiben sein, gleichzeitig ist sie aber nach PORTMANN (vgl.

---

[69] Orientierung als geistige Einstellung beziehungsweise Ausrichtung – wie auch Kenntnis von Gelände und Weg.

[70] Geselle bedeutet „der mit jemandem denselben Saal (früher Wohnraum) teilt.[...]. Während ‚Geselle' in den älteren Sprachzuständen die umfassenden Bedeutungen ‚Gefährte; Freund; Geliebter; junger Bursche; Standesgenosse hatte, bezieht es sich heute hauptsächlich auf das Handwerkswesen und bezeichnet den ausgelernten Lehrling." So ist nach DUDEN die Gesellschaft die „Vereinigung mehrerer Gefährten; freundschaftliches Beisammensein; Freundschaft; Liebe; Gesamtheit der Gäste; Handelsgenossenschaft"; seit dem 15. Jh. wird das Wort auch auf die soziale Ordnung der Menschheit bezogen.

PORTMANN 1960, zitiert nach: VOGEL 1990)[71] auch *Ein-Bindung* in den „sozialen Uterus" – sei es die Familie, eine Arbeitsgemeinschaft oder Handelsgesellschaft. Geworfenheit ist damit nicht mehr existenziell erlebte Fragmentierung, sondern als gemeinsamer Entwurf der Zukunft Option für ihre Transzendenz: Im Miteinander-Denken kann der Einzelne sein Bewusstsein, seinen gedanklichen Horizont erweitern, ohne dabei seine Existenz aufgeben zu müssen. Was für das Denken durch das Miteinander-Denken gilt, gilt auch für das Führungshandeln und die Zusammenarbeit: Der Einzelne kann über sich hinauswachsen.

Das Miteinander-Füreinander-Leisten wird so zu einem *Unternimm-mit-anderen* – und ist deshalb mehr als nur Teamarbeit in Sinne einer Managementtechnik, sondern das ZusammenWIRken in einer Arbeitsgemeinschaft (WERNER 2006a, S. 13), in der ein miteinander geteilter Sinn bewusst erlebbar ist. Ein so aufgefasstes *Unternimm-mit-anderen ist gemeinsames in Freiheit tätig sein.* Aus der „Gleichheit der bislang als Untergebene angesehenen Mitarbeiter" kann dadurch eine Gemeinschaft „freier, unternehmerischer Geister" werden.

Aus dem individuellen *Ich* und mit vielen – ebenfalls individuellen – *DUs* entsteht durch das Miteinander-Denken im dialogischen Prozess ein *Wir,* das über ein bloßes Wir - Gefühl konventioneller Teams hinausgeht, es entsteht im Idealfall *Koinonia*[72] – ein miteinander geteilter Sinn; der Geist eines Unternehmens, der Korpsgeist[73] (vgl. DUDEN), der neudeutsch mit Corporate Spirit mehr vernebelt denn bewusst wird.

MARÉ (vgl. MARÉ / PIPER / THOMPSON 1991) beschreibt dies wie folgt: „Dialogue establishes what the Greeks knew as ‚Koinonia', or the state of impersonal fellowship." Nach MARÉ (1991, S. 2) wurde unter *Koinonia* im antiken, demokratischen Griechenland – in der Zeit von 495–322 v. Chr., also lange bevor es von dem Apostel

---

[71] „Die Hilflosigkeit und Abhängigkeit des ersten Jahres ist in vieler Hinsicht ‚embryonales' Leben, das beim Menschen – und nur bei ihm – aus der Monotonie des uterinen Daseins in die reiche Sozialwelt verlegt ist. Im frühen Sozialkontakt reifen bei uns Strukturen heran, durch die menschliche Weltbeziehung sich formt: Aufrichten, Sprechen, Denken – diese Dreiheit entsteht im ‚sozialen Uterus' des Gruppenlebens." EBD. S. 429.

[72] *Koinonos* bezeichnet einen Geschäftsteilhaber, Gesellschafter. Auch wird *koinonia* zur Bezeichnung von enger Lebensgemeinschaft genutzt.

[73] Das Fremdwörterbuch versteht darunter Gemeinschaftsbewusstsein, Standesbewusstsein und Standeshochmut gleichermaßen.

Paulus eine religiöse Deutung erfahren hat –, folgendes verstanden: „It refers to the atmosphere of impersonal fellowship rather than personal friendship, of spiritual-cum-human participation in which people can speak, hear, see, and think freely, a form of togetherness and amity that brings a pooling of resources."

3.9 Dialog als Managementtechnik?

Nun könnte man meinen, dass sich aus dem bisher Gesagten eine neue Führungstechnik ableiten ließe. PETERSEN führt für Verständigungsorientierung im Management den Begriff *Dialogisches Management* ein und grenzt sich damit von Autoren wie STEINMANN / SCHREYÖGG ab. Er will damit verdeutlichen, dass grundsätzlich alle Managementfunktionen „ [...] seien sie primär ökologisch oder primär politisch-ethisch motiviert, dialogisch besser wahrgenommen werden können" (PETERSEN 2003, S. 65).
Sicherlich handelt es sich beim Sokratischen Dialog wie auch beim Dialog nach BOHM auch um eine Methode.
Durch die dialogische Perspektive kann aber ein anderes Verständnis von Unternehmen, Führung und Zusammenarbeit ermöglicht werden: Ein Unternehmen ist nicht länger ein sozialer Mechanismus, der allein nach Zwecken geplant werden kann, sondern ein sozialer Organismus, der ein Denken in Prozessen erfordert: Funktion, Gliederung und Interdependenz sind dafür wesentliche Merkmale.

ELLINOR / GERARD (vgl. ELLINOR / GERARD 2000, S. 48 – 58) beschreiben die dialogische Perspektive für Unternehmen so:

- Fragmentierung wird integriert in eine holistische Sichtweise
- eine richtige Antwort wird erweitert zu vielen richtigen Antworten
- der Fokus auf Leitungsstrukturen und Aufgaben wird erweitert auf Beziehungen und Prozesse
- Direktionsmacht und Kontrolle werden erweitert zu geteilter Führungsverantwortung
- autoritäre Entscheidungen werden verwandelt zu Konsens und miteinander geteiltem Sinn

- Konkurrenz im herkömmlichen Verständnis wird zu Zusammenarbeit und (Arbeits-)Gemeinschaft
- individuelle Meisterschaft wird erweitert durch kollektive Meisterschaft und Synergie aus der Unterschiedlichkeit
- lineares Denken wird erweitert um Systemdenken – ein Denken in Zusammenhängen und Interdependenz

Aus diesen divergierenden Sichtweisen über den Dialog im Unternehmen wird deutlich, dass Dialog mehr ist als nur eine Methode oder Managementtechnik im Sinne PETERSENs.

3.10 Logos und Führung

Für DIETZ[74] (2008, S. 20 - 28) [ist] „'Dialog' […] wörtlich genommen, ein Prozess, durch den der Logos hindurchgeht. Vom Logos sprach als erster Heraklit von Ephesus. Er bezeichnete damit die unvergängliche Wirkkraft in der Welt, die alle Dinge steuert und deren ‚Werke' die Naturdinge sind. Gleichzeitig, so Heraklit, lebt der Logos auch in der Seele des Menschen. Im Unterschied zur Natur draußen ist hier aber seine Wirkung noch nicht abgeschlossen. Der Logos ist noch am Werk. ‚Der Seele ist Logos eigen, der sich selbst mehrt.' (fr. 115) In der Nachfolge Heraklits betonten die Stoiker, man müsse so leben, dass ‚der Logos aufrecht bleibt' eine unnachahmliche Formulierung!" Vor diesem geisteswissenschaftlichen Hintergrund erhält der Dialog für DIETZ/KRACHT eine etwas andere Bedeutung als bei BOHM, mit dem sie „eine Kultur beschreiben wollen, in der der einzelne Mensch lernt sich als freie Individualität zu bewegen".

Damit gehen auch sie über das gewöhnliche Verständnis von Dialog als Wechselrede hinaus. „Über die unmittelbare Verständigung in der Begegnung hinaus sind für [DIETZ/KRACHT] das Individuelle, das im Gespräch zu erringende Verhältnis zur Wirklichkeit und zu neuen Ideen, und schließlich auch der handelnde Mensch im Blick. Sein Verhältnis zur Wirklichkeit des Anderen, zur Wirklichkeit der Welt und zur Wirklichkeit des gemeinsamen Handelns muss heute jeder für sich und immer wieder

[74] DIETZ, K.-M. (2008b) *Dialog und Individualität* in Festschrift 30 Jahre Friedrich von Hardenberg Institut für Kulturwissenschaften, Heidelberg

aufs Neue erringen – und Gemeinsamkeit auf dem Weg dorthin suchen." Dieses Verständnis von Dialog ist ohne den Kontext zu den übrigen Arbeitsgebieten dieser beiden Philosophen schwer verständlich.[75] Will der einzelne Mensch auch im Kontext von Führung und Zusammenarbeit ernst genommen werden, stellt sich die Frage nach einer Agogik; also der Führung von mündigen Menschen, die sich letztlich auch durch die Form des Arbeitsvertrags nicht bevormunden lassen.
Für DIETZ/KRACHT bedeutet Dialogische Führung „[...]nicht nur, dass man miteinander im Gespräch bleibt, sondern sie ist zugleich eine Denkweise, die den anderen ernst nimmt. In ihrem Zentrum steht die Absicht, die anderen Menschen wirklich zu verstehen und sich ihnen verständlich mitzuteilen" (DIETZ/KRACHT 2002, S. 196f.).

Für DIETZ/KRACHT[76] ergeben sich daraus folgende zentrale Fragen:
Wie werden die einzelnen Mitarbeiter initiativ, und das heißt selbständig tätig?
Wie kommen die initiativen Einzelnen zu einer fruchtbaren Zusammenarbeit?

Von dieser Herausforderung an Führung und Zusammenarbeit spricht auch SPRENGER in seiner Schrift „Aufstand des Individuums" (2001, S. 279 – 291). Muss nicht gerade deshalb Führung und Führungspädagogik neu gedacht werden?

---

[75] Gemeinsames Thema für die Jahrzehnte lange Zusammenarbeit im Friedrich von Hardenberg Institut für Kulturwissenschaften in Heidelberg ist die Frage nach der Individualität des Menschen. Damit gehören sie zu den Vertretern eines personal-geistigen Menschenbildes (s. Kap. 2.2) sowie eines ethischen Individualismus. Der ethische Individualismus – im Sinne des von Rudolf Steiner in dessen ‚Philosophie der Freiheit' (1987, 15. Auflage, Dornach) entwickelten Individualitätsbegriffs – kann in vier Aspekte unterschieden werden: ein autonomes Verhältnis zu den anderen Menschen, eine autonomes Verhältnis zur Wirklichkeit, ein autonomes Verhältnis zur Ideenwelt, ein autonomes Verhältnis zu sich selbst.

[76] http://www.hardenberginstitut.de/front_content.php?idcat=10 – Abruf: 2008_06_19

4 Führung neu denken

4.1 Management versus Führung

Leiten und Führen werden heute oft synonym verwendet. Doch damit werden zwei Qualitäten miteinander vermischt, die es in ihrer Polarität weiterhin im Bewusstsein zu halten gilt. Das *Leiten* und *Führen* eines Unternehmens lässt sich mit der Polarität *Was* (Aufgaben- beziehungsweise Sachbezug) und *Wer* beziehungsweise *Wer noch* (Personenbezug) in ihrer Typik skizzieren. Dabei deckt das Leiten oder Managen den sachlich-technisch-betriebswirtschaftlichen Pol und das Führen den menschlichen Pol ab: Das Leiten orientiert sich an Geschäftszielen, das Führen an Werten und Reaktionen der Menschen im Unternehmen. Im Managementprozess ist das sachlich-funktionale Verhältnis vorherrschend, im Führungsprozess steht die emotional-mentale Beziehung zwischen den im und für das Unternehmen handelnden Menschen im Vordergrund.

Managen	**Führen**
- Funktion	- Beziehungsverhältnis
- Planen	- Talente entdecken
- Budgetieren	- Evozieren und motivieren
- Bewerten/Kontrollieren	- Betreuen und Trainieren
- Fördern/Erleichtern	- Vertrauen aufbauen

Bei einer nur polaren Sichtweise ließe sich ein Unternehmen lediglich als technisch-organisatorisches Zweckgebilde auffassen. Die Orientierung an den Bedürfnissen der Kunden und das Erleben wie Erfüllen einer die Fähigkeiten der einzelnen Menschen übersteigenden Aufgabe lässt die Frage nach dem die beiden Pole übersteigenden dritten Bereich aufwerfen. In diesem dritten Bereich geht es nämlich um die Fragen nach Zweck, Ziel und Sinn – dem *Wozu, Wohin* und *Wofür* – des ganzen Unternehmens, dem eigenen Leistungsbeitrag wie auch dem *Wer noch* in Führung und Zusammenarbeit durch das Miteinander-Denken.

Der Unterschied zwischen Management und Führung hat zu einer Fülle von Management- und Führungsansätzen[77] geführt, die sich innerhalb der Polarität Sach- beziehungsweise Aufgabenbezug und Personen- beziehungsweise Mitarbeiterbezug bewegen. Management und Führung befinden sich aber immer im lebendigen organisationalen Kontext des ganzen Unternehmens.

Hierarchiebewusstsein führt, mehr oder weniger bewusst, zu zentralistischer Organisationsbildung und letztlich zu einer monologisch orientierten Management- und Führungstheorie. Der radikale organisationale Gegenentwurf wäre eine dezentrale Organisationsform. Derartige autonom-anarchische Formen würden aber der arbeitsteilig auf ein gemeinsames Ziel hin zu erbringenden Leistung zuwider laufen. Aufgrund der enormen Komplexität heutiger Unternehmen wie auch der fortgeschrittenen (über-)betrieblichen Arbeitsteilung kann es kein entweder/oder, sondern bestenfalls ein *sowohl als auch* geben: in Form einer *subisidiär-dialogisch-assoziativ* orientierten Unternehmensgestaltung.

Die Komplexität der Unternehmen verringert zunehmend die Steuerung durch Hierarchieorientierung. Eine erfolgskritische Aufgabe der Unternehmensführung wird demnach die Orientierung am Prozess der Leistungserbringung im Hinblick auf externe und interne Kunden sowie auch Lieferanten. Orientierung als das *sich Zurechtfinden* ist eine bewusste Hinlenkung beziehungsweise Ausrichtung auf ein Ziel und mit einer geistigen Einstellung verbunden (s. Kap. 3.8). Die Orientierung an den Bedürfnissen der Kunden, den Fähigkeiten der Lieferanten wie auch den Fähigkeiten und Bedürfnissen der Mitarbeiter erfordert einen dialogischen Management- und Führungsansatz, die *dialogische Perspektive und Haltung:* also *das dialogische Einbeziehen der Interessen, Bedürfnisse und Fähigkeiten der jeweils anderen Person* für den gemeinsamen unternehmerischen Zweck und Sinn des selbständigen wie intelligenten Handelns im Sinne des unternehmerischen Ganzen.

[77] Stellvertretend sei hier WUNDERER (2007) erwähnt, der an der Universität St. Gallen über Jahrzehnte die Entwicklung der Führungskonzepte kritisch nachgezeichnet hat. Im Rahmen dieser Arbeit wird deshalb auf eine eingehende Auseinandersetzung mit den einzelnen Führungskonzeptionen verzichtet.

Durch die moderne Organisationswissenschaft ist der Bereich der Führungs- und Managementtechniken zunehmend professionalisiert und systematisiert worden; das *Was* und *Wie* beziehungsweise die Bereiche des „know what" und „know how" bestimmen die Literatur. In der betrieblichen Praxis angewendete Managementkonzepte und Managementtechniken finden ihre Grenzen jedoch in den dort arbeitenden und lebenden Menschen. Das *Was* und das *Wie* reichen scheinbar aus. Dies lässt sich mit einem gängigen Spruch in der angelsächsischen Management- und Führungsliteratur treffend ausdrücken: „Most organizations are 'overmanaged and underled'." Nach dem „to know why" wird kaum gefragt.

Wodurch zeichnet sich nun zukunftsweisendes Führungsdenken aus? In einer vorläufigen Definition bedeutet Führen (s. Kap. 3.8) zukunftsweisend aufgefasst: *der Initiative anderer Menschen Ziele aufzuzeigen und differierende Initiativen auf gemeinsame Ziele hin zu koordinieren und zu harmonisieren.*

Auch hierzu ist es förderlich die Wörter *Führen* und *Führer* auf ihre stillschweigende Ebene hin zu verfolgen. Das Wort *Führen* hat im Deutschen Wörterbuch von JACOB und WILHELM GRIMM (2007) einen großen Deutungshorizont. Daraus sollen die für diesen Kontext relevanten Deutungen skizziert werden:

Führen bedeutet *transitiv*

> „ein lebendes Wesen oder lebende Wesen durch Dabei sein und bestimmen der Richtung sich fortbewegen oder sich von einen Ort zum anderen bewegen,
> sowohl in unmittelbarer körperlicher Verbindung oder durch mittelbare Verbindung, zum Beispiel in Form eines Seils oder einer Kette
> ohne körperliche Verbindung, wenigstens ohne Angabe einer solchen, weshalb in vielen Fällen ungewiss bleibt, ob sie stattfindet oder nicht."

und *reflexiv* – sich führen unter anderem

> „sich selbst fortbewegen machen, sich fortbewegen von personen
> sich wie durch befehl in fortbewegung und in thätigkeit bestimmen, sich befehligen

sich mit etwas, indem sich sinn und thätigkeit darauf wenden, beschäftigen, sich mit einem gegenstande befassen."

Führung neu denken erfordert auch, sich latente Sinnstrukturen beziehungsweise Deutungsmuster der stillschweigenden Ebene bewusst zu machen. In Hinblick auf Management und Führung ist in vielen Unternehmen, wenn nicht sogar in weiten Bereichen der Gesellschaft, die Lenin zugesprochene Haltung: „Vertrauen ist gut. Kontrolle ist besser" Bestandteil der „stillschweigenden Ebene" – also latent vorhanden. Auch die Umkehrung dieses Ausspruches in „Kontrolle ist gut. Vertrauen ist besser" ist noch kein Zeichen für ein hinreichend neues Denken über Führung und Führerschaft.

WERNER (WERNER 2004) denkt Führung im unternehmerischen, lebendig-prozessualen Kontext – und nicht im hierachisch-juristischen mit Direktion und Subordination. Er illustriert diese neue Denkbewegung anhand des Spruches des Freiherrn vom Stein:
„Zutrauen veredelt den Menschen, ewige Vormundschaft hemmt sein Reifen."[78]

„In einer Haltung, wie sie Freiherr vom Stein bezeichnet, besteht die Aufgabe der Führung darin, den Mitarbeitern eine eigene Einsicht in das Ganze des Unternehmens und in das eigenverantwortliche Handeln im *Miteinander* zu ermöglichen. Nicht die Anweisung bewirkt dann die Koordination der Arbeit, sondern der Dialog, in dem sich die Einsichten als Grundlage eigenverantwortlichen Handelns bilden können" (WERNER 2004, S. 12f.)[79].

Führen muss also nicht länger nur heißen, einen anderen an der Hand zu führen oder in regelmäßigem persönlichen Kontakt zu stehen, sondern: „Ein Unternehmen zu führen [...] heißt in erster Linie *Bewusstsein* zu führen" (WERNER 2004, S. 13). WERNER präzisiert dies wie folgt: „Damit meine ich nicht, dass der Unternehmer das Bewusstsein seiner Wirtschaftspartner, seiner Mitarbeiter oder seiner Kunden offen

[78] Zitiert *nach Die Preußische Städteordnung von 1808.* Textausgabe mit Einführung von Dr. August Krebsbach, Stuttgart u. Köln 1957, S. 16

[79] WERNER, G. W. (2004) Wirtschaft – das Füreinander-Leisten, Karlsruhe

oder verdeckt zu manipulieren hätte. Es kann sich nur um das eigene Bewusstsein des Unternehmers handeln – wie jeder auch nur sein eigenes Leben führen kann.“ So ist es schon faktisch unmöglich, zum Beispiel 23.000 Mitarbeiter an der Hand oder im persönlichen Kontakt zu führen. Das unternehmerische Ganze – die korporierte Identität (Corporate Idendity) – konkretisiert sich zum Beispiel in einer Filiale, in einem Geschäftsbereich, in einer Niederlassung, sei es im Inland oder im Ausland – und im Konkreten ist auch das Ganze als *Koinonia* präsent (s. Kap.3.8).

Damit diese universelle Sichtweise konkret anschaulich werden kann, sei dies anhand der weltweit agierenden Firma Bosch beispielhaft anhand eines Interviews mit dem Vorsitzenden der Bosch-Geschäftsführung, Franz FEHRENBACH (FEHRENBACH 2007), veranschaulicht:

> „*DIE WELT:* Worin liegt die Bosch-Kultur eigentlich begründet?
>
> FEHRENBACH: Wir haben uns mit dieser Frage sehr intensiv beschäftigt. Bosch war schon immer international ausgerichtet und wird es immer mehr. Wir erschließen neue Märkte und stellen überall auf der Welt neue Mitarbeiter ein. Gerade deswegen ist es wichtig, klar und deutlich zu definieren, was uns antreibt, was uns *verbindet* und *wofür* wir stehen. Jeder Mitarbeiter weltweit soll dies wissen und verstehen, denn Motivation und ein *gemeinsames Bekenntnis zu Zielen hängen stark mit Information und persönlicher Verantwortung zusammen.* Deswegen haben wir unsere Vision, unser Leitbild, unsere Werte, unsere Kernkompetenzen und das Bosch Business System vor einigen Wochen in einem Orientierungsrahmen zusammengefasst, den wir ‚House of Orientation' nennen. (Kursivsetzungen: LPH)
>
> DIE WELT: Was soll das helfen?
>
> FEHRENBACH: Nur mit einer gemeinsamen Identität können wir das Unternehmen weltweit im Sinne unseres Gründers kraftvoll weiterentwickeln. Nicht zu unterschätzen ist auch das gemeinnützige Engagement von Bosch, das vor allem von der Robert Bosch Stiftung verwirklicht wird. Hierauf sind Mitarbeiter in der ganzen Welt sehr stolz.“

Der hier als „House of Orientation" bezeichnete Handlungsrahmen könnte in einem sozialorganischen Verständnis von Unternehmen als die „Haut der sozialen Skulptur Unternehmen" beziehungsweise als Koinonia gedeutet werden. Innerhalb des sozialen Organismus Unternehmen laufen die Lebensprozesse desselben ab. Innerhalb dessen gibt es sowohl Freiräume für das Führen (Personenbezug) wie auch geregelte Bahnen für bestimmte Leitungsaufgaben (Sachbezug).
Im Unternehmen als lebendigem sozialen Organismus nimmt der Einzelne am Leben dieses Organismus teil, ohne selbst ein „Rädchen" – im herkömmlichen mechanistischen Verständnis von Unternehmen – beziehungsweise ein physischer Teil davon zu sein. Der Einzelne lebt in einem – als sozialem Organismus aufgefassten – Unternehmen durchaus sein selbständiges Leben. Dabei liegt es an ihm, in welchem Umfang seine Arbeit, sein individuelles Bemühen, zum Gelingen des unternehmerischen Ganzen beiträgt – darin ist er frei (s. Kap 2.3.4).

4.2 Führung und Zusammenarbeit

WUNDERER (2007) unterscheidet zwischen Führung und Zusammenarbeit. Ebenso wie *Führung* (s. Kap. 1.7) sei die *Zusammenarbeit* beziehungsweise *Kooperation* Kennzeichen für das Leben der Menschen untereinander. Gegenüber der instinktgeleiteten Kooperation der Tiere unterscheide sich die menschliche Zusammenarbeit durch *Intentionalität.* Die Menschen verfolgten bewusst ein gemeinsames – nicht nur dasselbe – Ziel. In allen Lebensbereichen finde menschliche Kooperation statt.[80]

Unter Neurobiologen beginnt sich die Erkenntnis durchzusetzen, dass das ursprüngliche Leitmotiv menschlichen Handelns eben nicht (nur) Konkurrenz ist, wie seit Charles DARWIN postuliert und in den Wirtschaftswissenschaften als Grundannahme des homo oeconomicus beinahe dogmatisch als Axiom gesetzt. Der Neurobiologe Joachim BAUER[81] stellt eine alternative Gegenthese auf: „Kern aller menschlichen Motivation ist es, zwischenmenschliche Anerkennung, Wertschätzung, Zuwendung oder Zuneigung zu finden und zu geben."

Arbeitsteilung und Zusammenarbeit bedingen sich wechselseitig; sie gehören funktional zusammen wie Berg und Tal.

[80] WUNDERER, R. (2007) S. 26

[81] BAUER, J. (2006) Prinzip Menschlichkeit. Warum wir von Natur aus kooperieren, Hamburg, S. 21

Für WUNDERER (2007, S. 4 und 26) ist sie ein konstitutives Element der arbeitsteiligen Aufgabenerfüllung in Organisationen. Auch Führung, also die Zusammenarbeit zwischen Mitgliedern unterschiedlicher Hierarchieebenen, ist im Grunde eine Form von Kooperation.

Aus diesem Grunde ist es hilfreich die Überschneidungen wie auch Unterschiede von Führung und Zusammenarbeit (laterale Kooperation) Anhand der Definition nach WUNDERER noch einmal (s. Kap. 1.7) hervorzuheben:

„*Führung* wird verstanden als ziel- und ergebnisorientierte, aktivierende und wechselseitige, soziale Beeinflussung zur Erfüllung gemeinsamer Aufgaben in und mit einer strukturierten Arbeitssituation. [...] *(Laterale) Kooperation* wird als ziel- und konsensorientierte, arbeitsteilige Erfüllung von Aufgaben in und mit einer strukturierten Arbeitssituation *durch hierarchisch etwa gleich gestellte Personen verstanden. Mitarbeiterführung* gestaltet die Einflussbeziehungen in führungsorganisatorisch differenzierten Rollen im Rahmen von Arbeitsverträgen.“[82]

Der organisationale Kontext beinhaltet sowohl Struktur und damit Gliederung als auch Funktion und damit Prozess in wechselseitiger Bezogenheit. Aus einer sozialorganischen Sicht – das Unternehmen als sozialer Organismus – gibt es dabei aber kein pyramidales *Oben* beziehungsweise *Unten.* Kennzeichnend sind vielmehr Interdependenz und Reziprozität.

Die von WUNDERER (2007) „differenzierten Rollen im Rahmen von Arbeitsverträgen“ bedeuten aber nichts anderes als eine positional-pyramidale Beschreibung von Unternehmen – in Form von Subordination auf der Ebene der latenten Sinnstruktur (s. Kap. 6.3.5). Die per Arbeitsvertrag (s. Kap 1.6) definierte Führungskraft wird dem Mitarbeiter, der Mitarbeiterin *vor-gesetzt!* Aus dem Arbeitsvertrag mit seinem impliziten Direktionsrecht ergeben sich die „differenzierten Rollen“. Aus kommunikativer beziehungsweise interaktiver Perspektive ist damit eine strukturelle Asymmetrie gegeben.

---

[82] WUNDERER, R. (2007) S. 4 und 26

Die Überlebensfrage für Unternehmen wird sein, wie können die polaren positional-pyramidalen Kräfte und prozessual-lateralen Kräfte synergetisch, Wert steigernd – im Sinne einer Synthese – *aufgehoben* werden? Im Rahmen dieser Forschungsarbeit wird deshalb eine subsidiär-dialogisch-assoziative Perspektive eröffnet, die sowohl strukturellen (Gestalt) wie auch prozessualen (Gehalt) Gegebenheiten wie Anforderungen gerecht werden kann.

Aufgabe von Führung wird sein, das gemeinsame, unternehmerische Ganze bewusst zu machen, damit der einzelne Mitarbeiter wie auch die mit Führungsaufgaben betrauten Mitarbeiter selbständig und intelligent im Sinne des unternehmerischen Ganzen handeln können. Dezentralisierung, Delegation und laterale Kooperation reichen zur Beschreibung einer solchen Führungsperspektive nicht aus.

WUNDERER (2007, 26 f.) weist zwar auch auf die Problempotenziale (fehlende formale Weisungsbefugnis zwischen Kollegen, undeutliche Statusdifferenzierung) einer lateralen Kooperation hin, zieht sich aber zu deren Lösung auf eine positional-direktorale Führungsperspektive zurück:

„Im Vergleich zur lateralen Kooperation gelingt in der vertikalen Linie die Einigung auf gemeinsame Ziele meist auch leichter; dies nicht nur, weil *Ziele nötigenfalls mittels* ***Anweisung*** *vorgegeben (kursiv und fett: LPH)* werden können, sondern auch, weil die Arbeitsziele des Mitarbeiters aus übergeordneten Zielen des Vorgesetzten abgeleitet und daher damit eher kompatibel sind.“

Natürlich leugnet niemand, dass die Führungskraft einen größeren Prozesshorizont abdeckt. Aus dieser Formulierung scheint aber durch, dass sich die Mitarbeiter letztlich am Vorgesetzten orientieren beziehungsweise orientieren zu haben und weniger am Wertschöpfungsprozess, am Kunden beziehungsweise am unternehmerischen Ganzen!

Das Vorgesetzten-Mitarbeiter-Verhältnis ist asymmetrisch und wird von ROHRHIRSCH (2002) kritisch betrachtet. Diese Asymmetrie lasse sich auch im Bild von Herr und Knecht ausdrücken und „eine intendierte Zusammenarbeit von Personen zum Wohle eines Unternehmens völlig illusorisch“ erscheinen.[83]

„Eine erfolgskritische Aufgabe der Unternehmensführung wird demnach sein, sich am Prozess der Leistungserbringung im Hinblick auf externe und interne Kunden wie Lieferanten zu orientieren. Orientierung als ein Sichzurechtfinden ist eine bewusste Hinführung beziehungsweise Ausrichtung auf ein Ziel und ist mit einer geistigen Einstellung verbunden. Die Orientierung an den Bedürfnissen und Fähigkeiten der Menschen erfordert eine andere Sichtweise.“[84] Diese Perspektive sei mit subsidiär-dialogisch-assoziativ umschrieben.

Dieses Spannungsfeld aus Hierarchieorientierung und Prozessorientierung ist ganz praktisch als gegeben hinzunehmen, solange die gegenwärtigen Arbeitsrechts- und Entlohnungsformen für Führung und Zusammenarbeit den normativen Rahmen abgeben. Und dennoch ist zu erforschen inwieweit es womöglich der Dialog ermöglicht, dass der weisungsberechtigte *Direktor* nach und nach zum *Evokator* im betrieblichen Alltag des Miteinander-Füreinander-Leistens werden kann. Hierzu dient im Rahmen dieser Forschungsarbeit die Erforschung des Führungsalltags bei einem Unternehmen, das seine Führungskultur als *Dialogische Führung* bezeichnet.[85]

Für WERNER (2006a, S. 28f.) hat „Führung [...] die Aufgabe, dem einzelnen Mitarbeiter – gleich in welcher Funktion – ein Handeln aus Einsicht zu ermöglichen. Wer in diesem Sinn führen will, muss allerdings den Schritt vom *Direktor* zum *Evokator* machen: Statt das Unternehmen oder seine Gruppe durch Direktiven zu treiben und zu steuern, muss er darauf hinarbeiten, die Selbständigkeit seiner Mitarbeiter zu fördern, ja methodisch gezielt zu evozieren.“[86]

An anderer Stelle formuliert dies WERNER (2006a, S. 21) wie folgt: „[...] der Sinn einer *Dialogischen Führung* [kann] nicht in Vorschrift und Kontrolle liegen. ... Anweisung und Kontrolle haben in der *Dialogischen Führung* weitestgehend ausgedient.

[83] ROHRHIRSCH, F. (2002) Führen durch Persönlichkeit, S. 167f.

[84] HÄUßNER, L. P. in WERNER, G. W. (2006a) Führung für Mündige, Karlsruhe, S. 6

[85] DIETZ, K.-M. / KRACHT, T. (2002 und 2007) Dialogische Führung. Grundlagen – Praxis. Fallbeispiel: dm-drogerie markt

[86] WERNER, G. W. (2006a), S. 28f.

Es kommt alles darauf an, die authentische Eigeninitiative im Sinne eines auf das Ganze gerichteten Zusammenarbeitens anzuregen und den Mitarbeitern das notwendige Zutrauen entgegenzubringen. *Dialogische Führung* bedeutet also kein direktes Führen im traditionellen Sinne. *Dialogische Führung* wirkt indirekt: Der Mitarbeitende ist kein Werkzeug in der Hand des Unternehmers, sondern wird durch das Zutrauen als ein autonomer Teil des unternehmerischen Auftrags geachtet. Darin liegt der gravierende Unterschied!“[87]

Im Dialog werden Handlungsorientierungen geändert, Menschen zu Entscheidungen ermächtigt und Lernprozesse angestoßen. Die Perspektive des konkreten Anderen, der Respekt vor dessen autonomer Lebenswelt ist für eine wirklich dialogische Führungsperspektive charakteristisch.

4.3 Von der Führung zur Selbst-Führung

In einem „House of Orientation“ (s. Kap. 4.1) muss sich jeder Mitarbeiter selbst orientieren und *Führen* reflexiv auffassen (s. o.). Hierzu ROHRHIRSCH (2005, S. 56): „Wer ist der Mensch? Mit dieser Frage kommt das Selbst des Menschen zu seiner Bedeutung und zeigt, dass der Mensch mehr ist als ein ‚Ich’ im Sinne eines rational orientierten, egozentrierten Lebewesens. Für ein nur egozentriertes Wesen ist ‚gut’ immer das, was jeweilig von seinem Ich als für sich nützlich angesehen wird. Doch [...] die Frage nach dem Wesen des ganzen Menschen geht auf das transzendente Selbst des Menschen und nicht auf sein bewusstes alltägliches Ich.“

Das hat natürlich seine Konsequenzen! Im Rahmen der Arbeitsteilung kann der einzelne Mensch seinen Sinn für seine Tätigkeit nicht mehr einzig und allein in sich und der Befriedigung seiner physischen Bedürfnisse finden, sondern in der Befriedigung der Bedürfnisse anderer innerhalb seines *Wirkungskreises, kurz: Womit kann ich dienen?* Der Anlass beziehungsweise das Antriebsmoment für die Mitarbeit liegt nicht mehr länger bei ihm, der Anlass und Sinn seiner Mitarbeit liegt bei seinen *Mit*-Menschen wie auch in seinem geistigen Bedürfnis nach Selbstentwicklung, indem er seine Begabungen in eine Arbeitsgemeinschaft einbringt (s. Kap. 2.2). Die arbeitsteilig erbrachte Leistung wird damit letztlich zu einem Dienst am Mitmenschen – auch

[87] WERNER, G. W. (2006a), S. 21

wenn der Nächste im globalen komplexen Produktions-, Distributions- und Konsumgeschehen oft nur unpersönlich erscheint.

Im reflexiv verstandenen Führen beauftragt der einzelne Mensch nicht sich selbst, sondern aufgrund seines *Selbst.* Wird einem dieser transzendente Zusammenhang bewusst, so wird aus einer bislang weisungsgebundenen Mitarbeit ein Miteinander-Füreinander-Leisten. WERNER (2006a) drückt dies wie folgt aus: „Je mehr der Einzelne selbst sieht, was für andere notwendig ist, desto unternehmerischer wird er in seiner Arbeit sein." und „Führen und geführt werden sind in der Dialogischen Führung ein und dasselbe."[88]

Eine so verstandene Führung geht vom mündigen Mit-Menschen als Mit-Arbeiter beziehungsweise im Idealfall als Mit-Unternehmer aus. Dialog, Führung und Zusammenarbeit ergeben so ein *Unternimm-mit-anderen* und ermöglichen damit ein *„Realträumertum"* für alle.

Aus den in den bisherigen Kapiteln behandelten Teilaspekten ergibt sich ein eigenes Modell für ein dialogisches Feld im Kontext von Führung, Management und Zusammenarbeit:

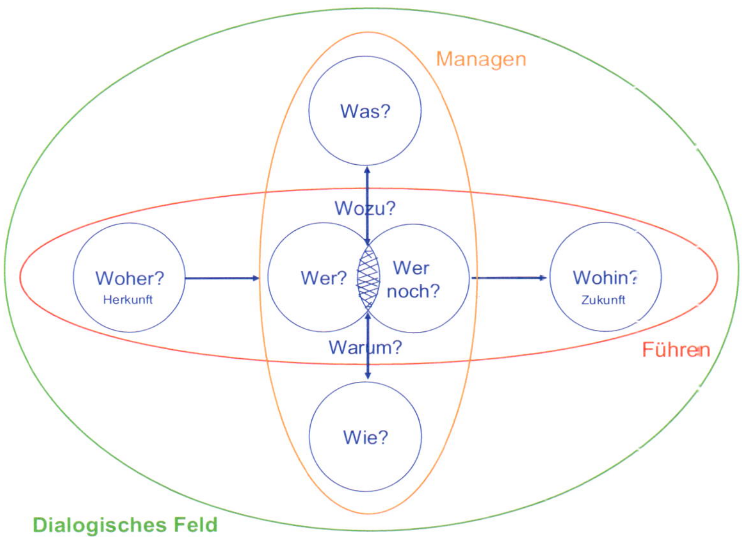

(eigene *Darstellung*)

[88] Vgl. die hierfür grundlegenden Gedanken in: WERNER, G. W. (2006a)

5 Drogeriewareneinzelhandel und untersuchtes Unternehmen

Nachdem die Bereiche Dialog, Führung und Zusammenarbeit theoretisch erörtert worden sind, gilt es im empirischen Teil zu untersuchen, ob es mögliche Vorboten einer Agogik in Unternehmen geben kann? Inwieweit führt das Spannungsfeld von Hierarchieorientierung vs. Prozessorientierung womöglich strukturell zu Konflikten zwischen den einzelnen Akteuren beziehungsweise innerhalb eines Unternehmens? Inwieweit ergibt sich für die Unternehmensorganisation wie auch für den einzelnen darin mitarbeitenden Menschen ein Feld zur Entwicklung? Die Erforschung der im Rahmen dieser Arbeit aufgeworfenen Fragen bedarf auch eines Unternehmens, das zum einen als eines beschrieben wird, das dabei ist, neue Wege in Sachen Führung, Zusammenarbeit und eben auch Dialog zu beschreiten (s. Kap. 5.2). Zudem braucht es auch die Offenheit und Transparenz, sich einer Untersuchung auszusetzen. Die Möglichkeit hat sich bei einem Filialunternehmen im Drogerieeinzelhandel aufgetan, indem der Verfasser dieser Arbeit im Jahr 2002 auf der Suche nach solchen Unternehmen war. Aus diesem Grunde erscheint es als hilfreich die Geschichte und Situation dieser Branche zu skizzieren, bevor das Unternehmen, in dem die Untersuchung dann auch tatsächlich durchgeführt werden konnte, kurz porträtiert wird.

5.1 Geschichte der Drogeriebranche und Strategie

5.1.1 Drogerie – Bezeichnung[89]:

Als **Drogerie** wird ein Laden, Geschäft oder auch ein größerer Unternehmensmarkt bezeichnet, in dem man Drogerieartikel erwerben kann. Diese Artikel lassen sich in vier größere Bereiche einteilen:

- Heilmittel – dazu gehören schulmedizinische, pflanzliche, homöopathische und spagyrische Heilmittel, Tee, Essenzen und Tinkturen
- Schönheitspflege und Wellness – dazu zählen Körperpflege und Hautpflegeprodukte, Parfüms, ätherische Öle, Kosmetik usw.
- biologische Reformprodukte und vollwertige Nahrungsmittel
- Artikel für die Sachpflege in Haus und Garten

[89] http://de.wikipedia.org/wiki/Drogerie – Abruf: 2006_07_04

Während in Einzelhandelsdrogerien noch ausgebildete *Drogisten* mit Ratschlägen zur Verfügung stehen, ist dies in den meisten Drogeriemärkten nicht mehr der Fall. In der Drogeriebranche kommt es durch Discountgeschäftsmodelle und der damit verbundenen Filialisierung zu einer starken Konzentration[90] mit inzwischen zunehmend oligopolistischen Strukturen.[91]

5.1.2 Geschichte

Entwickelt haben sich die Drogerien wohl aus den mittelalterlichen Alchemistenküchen. Bald war es aber verboten, Heil- und auch Giftkräuter zu verkaufen. Dies blieb lange Zeit nur den Apotheken vorbehalten.

Erst mit der kaiserlichen Verordnung vom 25. März 1872 in Deutschland und der Verordnung vom 17. Juni 1886 in Österreich war es gestattet, Kräuter wieder als Arzneidrogen in Drogerien zu verkaufen. Dies war aber nicht die alleinige Aufgabe des Drogisten. Auf Wunsch der Käufer fertigte er selbst in seiner Arbeitsstelle Zahncreme, Zahnpulver, Hautcreme, Schuhputzcreme oder Blechputzmittel aus verschiedenen Zutaten. Nicht alle Produkte waren gleich, sie waren von Händler zu Händler verschieden. Auch wurden Bleichwässer, Franzbranntwein und Kräutermischungen entweder in selbst mitgebrachte Behälter abgefüllt oder in Papiersäckchen verkauft.

Als die Fotografie aufkam, deckten sich die Fotografen in der Drogerie mit den benötigten Materialien für die Entwicklung der Bilder ein. Zu Anfang der Automobilzeit gab es noch keine Tankstellen. Der Fahrer hielt vor der Drogerie und kaufte dort seinen Treibstoff in kleinen Fässern oder größeren Flaschen. Auch bestimmte Hygieneartikel wie Präservative oder Damenbinden konnte man lange Zeit nur in den Drogerien erwerben.

„Die Gründung des ‚Deutschen Drogisten-Verbandes' erfolgte am 11. April 1873 durch die Unterzeichnung des Verhandlungsprotokolls seitens der Teilnehmer des Delegiertentreffens in Berlin.

Die Geschichte des Deutschen Drogisten-Verbandes stellte sich nach außen im Wesentlichen als eine Geschichte des Kampfes zwischen Apothekern und Drogisten dar.

[90] Große Drogeriemarkt-Ketten in Deutschland sind Schlecker/Ihr Platz, dm-drogeriemarkt und Rossmann.

[91] http://www.drogistenverband.de/download/statdat/Marktentwicklung-01-06.pdf - Abruf: 2008_06_21

„Der Streit um den freien Arzneimittelverkehr, der ja durch die Kaiserliche Verordnung vom 25. März 1872 geschlichtet werden sollte, datiert ja nicht erst aus den siebziger Jahren des [19.] Jahrhunderts. Es ist nur zu verstehen, wenn man sich beispielsweise die erbitterten Kämpfe um die Freigabe von Schnäpsen und Gewürzen, von Tabak und Konditorwaren vor Augen führt, die alle als ‚Apothekerwaren' galten. Durch Proteste und im Reichstag eingebrachte Petitionen betreffend den Verkehr mit Arzneimitteln durch den Deutschen Drogisten Verband war es möglich, dass Heilmittel wieder für die Drogerie freigegeben wurden. […] Hundert Jahre nach der Gründung der drogistischen Berufsorganisation begann durch den Wegfall der Preisbindung und das Aufkommen von Großbetriebsformen ein tief greifender Strukturwandel, der das Gesicht der Drogerie veränderte und verändert."[92]

Drogerien und Drogeriemärkte sind Teil des Einzelhandels. Durch den Wegfall der Preisbindung der zweiten Hand Anfang der 1970er Jahre bestand die Möglichkeit für innovative unternehmerische Konzepte. In diese Zeit – 1973 – fällt auch die Gründung des untersuchten Unternehmens.

5.2 *Unternehmensgeschichte und nachhaltiger Erfolg*

Der Gründer des untersuchten Unternehmens, Götz W. WERNER[93], stammt aus einer Heidelberger Drogistenfamilie und ist selbst gelernter Drogist. Er gründete 1973 den ersten dm-drogerie markt. Seitdem hat sich das Drogeriediscountkonzept national wie auch international erfolgreich multipliziert. Laut eigener Aussage hat das Unternehmen dabei drei Hauptentwicklungsphasen durchlebt: Die Pionierphase, die Differenzierungsphase – also Wachstum, Differenzierung und Hierarchisierung – sowie die Integrationsphase. Durch Hellmuth J. ten SIETHOFF, Mitarbeiter des NPI im Jahr 1978[94], sowie persönliches Erleben des niederländischen Arztes, Psychiaters,

---

[92] http://www.drogistenverband.de/public/geschichte.php?kz=ges – Abruf: 2008_06_21

[93] http://www.iep.uni-karlsruhe.de/seite_147.php – Abruf: 2005-07-04

[94] Dazu der Unternehmensgründer in DIETZ, K.-M. / KRACHT, T. (2007, S. 25f.) „Später kamen natürlich weitere drängende Fragen hinzu, einfach dadurch, dass das Unternehmen immer größer wurde. Alles wurde immer schwerer überschaubar und wir mussten uns fragen: Wie geht man jetzt damit um? Das führte dann dazu, dass ich mir gesagt habe: Jetzt muss ich mich weiterbilden, ein Seminar besuchen – nachdem ich ja zwei oder drei Jahre eigentlich nur fleißig gearbeitet habe. Bei einem solchen Seminarbesuch habe ich Hellmuth ten Siethoff kennen gelernt. Das Seminar hatte den Titel ‚Organisationsentwicklung'. Das interessierte mich natürlich, Organisationsentwicklung – das war ja genau unser

Hochschullehrers und Unternehmensberaters LIEVEGOED in den Jahren 1981 sowie 1985/86 wurde WERNER mit einer sozialorganischen Sichtweise der Unternehmensführung konfrontiert (s. Kap. 2.3.4).

Gemeinsam mit einem weiteren Gesellschafter hält er 100% der Anteile. Als geschäftsführender Gesellschafter bestimmt er die Richtlinien der Unternehmenspolitik von Anfang an. Im Mai 2008 ist der Unternehmensgründer als Geschäftsführer nach 35 Jahren Mitarbeit – altershalber – aus der insgesamt zehnköpfigen Geschäftsleitung ausgeschieden Sein Mitgesellschafter beschränkt sich auf den Gesellschafterstatus. Seit dieser Zeit hat sich im Wesentlichen am Discount-Geschäftskonzept nichts geändert; allerdings sehr viel in den Bereichen Führen und Leiten.

Als Discounter[95] werden Einzelhandelsunternehmen bezeichnet, die sich auf ein schmales Warensortiment – meist in Form von „eigenen Handelsmarken" und einem hohen Umschlag dieser Waren sowie einfache Präsentation der Waren – konzentrieren. Zum Discountkonzept gehört Selbstbedienung und praktisch keine Produktberatung. Durch Konzentration und Einfachheit entstehen Kosteneinsparungen, sowie im Rahmen der Ausweitung dieses Konzepts durch Filialisierung, günstigere Bezugskonditionen bei Lieferanten (Einkaufsmacht). Das ermöglicht Preisabschläge – englisch: discount beziehungsweise Diskont – auch bei Markenartikeln für die Kunden. Gesonderte Rabatte werden dadurch überflüssig. Pioniere dieser Handelsform in Deutschland waren die Gebrüder Karl und Theo Albrecht mit ALDI = Albrecht Discount im Jahr 1962.

Das dm-drogerie markt-Geschäftskonzept „Große Marken – kleine Preise" war von Anfang an auf Filialisierung aus. Das Kopieren der Ur-Filiale hat funktioniert. Nach der zweiten, dritten, vierten, waren es im Laufe der Zeit 20, 100, 200 Filialen – Ende der 1980er Jahre rund 350 Filialen. Für das Geschäftsjahr 2007/2008 sind allein in Deutschland 1.000 Filialen geplant.

Problem! Ich bin damals zusammen mit Herrn Kolodziej [Mitglied der Geschäftsleitung] hingefahren, wir haben das Seminar besucht und wir sind mit Hellmuth ten Siethoff ins Gespräch gekommen. Das war im Jahr 1978, und das war der Beginn von Führungsseminaren bei *dm-drogerie markt*."

[95] vgl. http://lexikon.meyers.de/meyers/Discounter - Abruf: 2008_06_21

Wie andere erfolgreiche Filialunternehmen wurden die Filialen in Bezirke und diese Bezirke wiederum in Verkaufsgebiete zusammengefasst.

Durch das Wachstum entwickelte sich die Organisationsform hierarchisch-pyramidal: Die Geschäftsleitung oben, darunter Gebietsverkaufsleiter, darunter Bezirksleiter, darunter die Filialleiter und darunter die Mitarbeiter. Doch Ende der 1980er Jahre verlor das Unternehmen an Wachstumsdynamik durch schlichtes Reproduzieren.

Die Konsequenz war ein Zentralismus, je mehr Filialen hinzukamen desto straffer waren Führen und Leiten zu handhaben nach dem Motto: „Oben wird gedacht, unten wird gemacht.“

Schlüsselerlebnis für die notwendige Entwicklung eines anderen Organisations- und Führungsverständnisses war folgende Geschichte, die zugleich die aufkeimende Stagnation wie auch der Weg aus der sich anbahnenden Krise von Organisation, Führung und Management impulsierte und von ***grundlegender Bedeutung*** für den Wandel im Organisations-, Führungs- und Managementverständnis gewesen ist.

„Bei einem seiner Filialbesuche unterhält er [G.W. WERNER] sich mit einer Filialleiterin über Inventurdifferenz und Diebstahl und lehnt sich dabei an eine Verkaufstheke, die vor dem Parfümregal steht. Die Theke rutscht nach hinten, so wie ein Dieb sie mit Absicht verschieben könnte, um an die teuren Fläschchen zu kommen; ja, bestätigt ihm die Filialleiterin, auf diese Weise sei schon öfter geklaut worden, sie habe deshalb auch schon den Bezirksleiter informiert. Was läuft in meinen Drogerien falsch, fragt sich der Besitzer, wenn eine Filialleiterin ein Problem zwar erkennt, es aber nicht löst? Warum nimmt sie keinen Schraubenzieher in die Hand oder beauftragt einen Handwerker? Warum informiert sie stattdessen einen Vorgesetzten, der nur alle paar Wochen in die Filiale kommt und der tausend andere Probleme der Kategorie ‚verrutschte Theke' hat? Warum beruhigt sie, dass ihre Meldung nach oben jetzt dort irgendwo in den Akten schlummert, und warum beunruhigt sie nicht, dass derweil weitergeklaut werden kann? Der Mann begreift: „Die ‚Gleichheitsmanie' eines

Chef-Kopierers ist nicht zukunftsweisend."[96] Das ist im Grunde wissenschaftliches Fragen – und erfordert wie ermöglicht Problemlösungen

Die als „unselbständig" angestellte Filialleiterin verrichtet ihren Dienst nach Vorschrift; allein ihr gesunder Menschenverstand hätte sie initiativ werden lassen müssen. Hier wird der Strukturkonflikt zwischen Hierarchieorientierung – qua Arbeitsvertrag vs. Prozessorientierung aufgrund der Problemlage augenscheinlich. Worauf es letztlich ankommt – in Unternehmen, wie im übrigen Leben – ist der initiative Mensch im Sinne von „Hier bin ich Mensch – hier darf ich's sein:" *Sein* heißt in diesem Zusammenhang vor allem tätig sein, verantwortlich sein – etwas im Wortsinne unternehmen zu können.

Daraus ergab sich eine radikale Veränderung der Organisationsstruktur, die mit der Metapher „Filialen an die Macht" umschrieben werden kann. Daraus erfolgte ein neues Corporate Design und einer neuer Slogan „Hier bin ich Mensch – hier kauf ich ein", eine neue Dauerpreisstrategie sowie ein neues Managementinformationssystem: die Wertbildungsrechnung.
In der Folge wird das Unternehmen von PULLIG (2000, S. 264-321)[97] als Fallbeispiel für eine innovative Unternehmenskultur beschrieben.

Der wirtschaftliche Erfolg entwickelt sich wieder nachhaltig. Der Unternehmer und dessen Unternehmergeist sind weiterhin wesentliche Impulsgeber für die weitere

[96] vgl. McK-Wissen 08 - http://www.iep.uni-karlsruhe.de/download/Filialen_an_die_Macht.pdf - Abruf: 2006_07_04
„In aufwühlenden Seminaren entschließt sich das Management irgendwann zu einem radikalen Schritt:
Die Ebene der Gebietsverkaufsleiter wird gestrichen, dafür müssen sich die Bezirksleiter statt um ein halbes Dutzend Filialen jetzt um zwei Dutzend kümmern. Es folgt, was beabsichtigt war: Die Bezirksleiter sind mit der Struktur überfordert, den Filialleitern bleibt gar nichts anderes übrig, als vieles selbst zu entscheiden.
Die Formel für die neue Organisation lautet „Filialen an die Macht", und sie löst einen Schock auf allen Ebenen aus: beim Management, weil es sich degradiert und seiner Macht beraubt fühlt; in den Filialen, weil die Angst vor der neuen Verantwortung umgeht."

[97] PULLIG, Karl-Klaus (2000), Innovative Unternehmenskulturen – Zwölf Fallstudien zeitgemäßer Sozialordnungen, Leonberg

Unternehmensentwicklung. Dies drückt sich in verschiedensten Ehrungen und Preisen aus, zum Beispiel der Fairness Preis 2003 für den Unternehmensgründer,[98] wie im Bereich Ausbildung, in dem das untersuchte Unternehmen nicht nur den Beruf des Drogisten wiederbelebt hat, sondern mit dem Ausbildungskonzept „LIDA – Lernen in der Arbeit" und „Abenteuer Kultur – Kunst als Ergänzung der Dualen Berufsausbildung" ebenso ungewöhnliche wie innovative Ansätze realisiert. Dafür erhielt das untersuchte Unternehmen im Jahre 2004 den Initiativpreis Aus- und Weiterbildung[99], den die Otto-Wolf-Stiftung, der Deutsche Industrie- und Handelskammertag (DIHK) und das Wirtschaftsmagazin „Wirtschaftswoche" gemeinsam vergeben.

In der Pressekonferenz 2004 fasst der Unternehmensgründer die Unternehmensziele, Entwicklungen und Perspektiven zusammen:

„Erstens will dm der preiswerteste Anbieter von Drogeriewaren sein und diese Leistung an jedem Standort nachvollziehbar erbringen.
Zweitens wollen wir als große Arbeitsgemeinschaft vielen jungen Menschen Lernmöglichkeiten bieten und ihnen damit in einer schwierigen biografischen Phase helfen, sich in das Berufsleben zu integrieren.
Drittens: Meine Kolleginnen und Kollegen in den Filialen sollen sich an der Entwicklung des Unternehmens gestaltend beteiligen können. Wir lassen uns bei der Gestaltung unserer stets kundenbezogenen Aufgaben vom Subsidiaritätsprinzip leiten.
Viertens betrachten wir das Erzielen von Gewinn nicht als Ziel unserer Händlerleistung, sondern als erfolgreiche Voraussetzung für eine erfolgreiche Beteiligung von dm am Wirtschaftsleben. Gewinn ist zugleich die Folge einer geglückten Marktteilnahme. Wir vertreten seit Jahren die Auffassung, dass ein Gewinn von einem Prozent vom Umsatz angemessen ist.
Fünftens: Unter der Voraussetzung bester Preise und erforderlicher Gewinne als Grundlage für ein nachhaltiges Unternehmenswachstum wollen wir unsere soziale Verantwortung wahrnehmen und uns für das Gemeinwesen engagieren."[100]

---

98 http://www.fairness-stiftung.de/Presseauswahl.asp?PSNr=13 - Abruf: 2008_05_01

99 http://www.dihk.de/inhalt/informationen/news/meldungen/meldung006247.main.html - Abruf: 2008_05_01

100 Pressetext von Prof. Götz W. WERNER für die Pressekonferenz am 21.10.2004

Im Herbst 2005 erhielt der Unternehmensgründer den BDU-Manager Award 2005/2006. Die Laudatio gipfelt in der Formulierung „Marktorientierter Leuchtturm unternehmerischer Sinnstiftung“[101] Darin wird er als Unternehmens-Innovator, Menschen-Flüsterer, Kulturgestalter und Radikal-Philosoph bezeichnet.

„Dabei beschäftigen Werner drei Fragedimensionen, die er immer wieder in den Mittelpunkt der Betrachtungen und Diskussionen des Unternehmens rückt und sich als roter Faden durch die – auch schriftlich fixierte – Wertekultur zieht:

- Ist das Unternehmen für mich da, oder bin ich für das Unternehmen da?
- Sind die Kunden für das Unternehmen da, oder ist das Unternehmen für die Kunden da?
- Sind die Mitarbeiter für das Unternehmen da, oder ist das Unternehmen für die Mitarbeiter da?

In seiner Antrittsvorlesung als Honorarprofessor und Leiter des Interfakultativen Instituts für Entrepreneurship der Universität Karlsruhe (TH) beschreibt er Wirtschaft als ein *Füreinander-Leisten*[102].
Ein paar Auszüge sollen dies im Hinblick auf Führung und Zusammenarbeit illustrieren (WERNER 2004):

„Grundlage des arbeitsteiligen Wirtschaftens kann nur das Leisten für andere sein. [...] Volkswirtschaft ist ein organisiertes Füreinander-Leisten. Betriebswirtschaft ist das organisierte Miteinander-Füreinander-Leisten. [...] Wenn es gelingt, das betriebliche Miteinander funktional zu praktizieren, wirkt es ganz von selbst ins Bewusstsein zurück. [...] Die Haltung des Einzelnen zur Arbeit schließt immer auch eine Haltung zu Menschen ein. [...] Die Aufgabe des Unternehmers besteht vor allem darin, in seinen Mitarbeitern den selbst bestimmten Menschen anzusprechen: [...] Dasselbe gilt für die *Ausbildung:* Will ich nur bestimmte Fähigkeiten heranzüchten oder arbeite ich mit meinem Ausbildungskonzept darauf hin, dass sich die Mit-

[101] http://www.iep.uni-karlsruhe.de/download/Laudatio_BDU_ManagerAward_2005-2006_Prof._Werner.pdf - Abruf: 2008_05_01

[102] WERNER, G. W. (2004) http://www.uvka.de/univerlag/volltexte/2004/29/pdf/Antrittsvorlesung.pdf - Abruf: 2008_05_01

arbeiter selbst entwickeln können? […] Die Kultur eines Unternehmens kann unmittelbar zur allgemeinen Kultur fruchtbar beitragen. […] Sehe ich den Mitarbeiter nur als Kostenfaktor oder ermögliche ich ihm mit der Bezahlung, seinen Beitrag zum Unternehmenserfolg zu leisten? Ein Unternehmen zu führen, heißt in erster Linie Bewusstsein zu führen. Damit meine ich nicht, dass der Unternehmer das Bewusstsein seiner Wirtschaftspartner, seiner Mitarbeiter oder seiner Kunden offen oder versteckt zu manipulieren hätte. Es kann sich nur um das eigene Bewusstsein des Unternehmers handeln – wie jeder auch nur sein eigenes Leben führen kann.“

Die letzte Äußerung bedarf noch einer Präzisierung, die WERNER (2004, S. 12f.) in seiner Antrittsvorlesung macht:

„Nicht zuletzt nimmt sich auch die Aufgabe der Führung anders aus, wenn diese Unternehmenskultur praktiziert wird. Ich mache es kurz: Wer Lenins Haltung teilt, muss Anweisungen geben, um die Arbeit dem Unternehmenszweck entsprechend zu koordinieren und unter straffer Kontrolle zu halten. In der Haltung, wie sie Freiherr vom Stein bezeichnet, besteht die Aufgabe der Führung darin, den Mitarbeitern eine eigene Einsicht in das Ganze des Unternehmens und in das eigenverantwortliche Handeln im *Miteinander* zu ermöglichen. Nicht die Anweisung bewirkt dann die Koordination der Arbeit, sondern der Dialog, in dem sich diese Einsichten als Grundlage eigenverantwortlichen Handelns bilden können. Sie werden verstehen, dass das Instrument einer *Dialogischen Führung* kein einmal etabliertes fertiges Führungssystem sein kann, sondern ein Prozess, der ständige Bemühung und immer neue Aufmerksamkeit und Veränderung erfordert.“[103]

Vorerst soll nicht weiter auf die Führung im Besonderen eingegangen werden, sondern auf die geistige Grundlage für eine solche Haltung wie Erkenntnis.
Durch den NPI-Berater ten Siethoff hat der Unternehmensgründer bereits 1978 wesentliche Impulse aus der anthroposophisch impulsierten Sozialwissenschaft erhalten. Die o.g. drei Grundfragen sind aus dem Kontakt zu ten Siethoff entstanden und beeinflussen die Werteorientierung des Unternehmers, wie auch des untersuchten Unternehmens weiterhin nachhaltig.

[103] WERNER, G. W. (2004), ebd. S. 12f.

Im Interview mit Arno Luik (A.L.) im Magazin STERN (WERNER 2006b, S. 44f.) äußerte sich der Unternehmer wie folgt:

A.L.: „Was hat Sie dazu gebracht, so über die Gesellschaft nachzudenken?

G.W.W.: Die Klassiker.

A.L.: Sie meinen Goethe, Schiller ...

... und noch einige andere mehr, ja. Ich habe die Klassiker gelesen als eine Art Grundlagenforschung. Ich war ja auch mal verzehrt von diesem üblichen Drang nach mehr, mehr. Das hat mich fast umgebracht. Aber irgendwann kommen die Fragen nach dem Sinn des Strebens. Goethes ‚Faust', Schillers ‚Ästhetische Briefe' halfen mir die Welt neu zu sehen. Das macht einen wahrnehmungsfähig.

A.L.: ‚Werft die Angst des Irdischen von euch' ruft Schiller. ‚Fliehet aus dem engen dumpfen Leben/In des idealen Reich!'

G.W.W.: Ja, darum geht es! Als junger Mensch habe ich auch eher nach dem Motto gelebt: Drauf und los! Aber wenn man älter wird, merkt man, dass Erfolg nicht heißt, wie erfolgreich ich bin, sondern wie gelingt es mir, andere erfolgreich zu machen. Es geht immer um den Menschen. Die Frage ist: Womit kann ich den Menschen dienen, nicht verdienen."

Die Äußerung „... und noch einige mehr" beinhaltet auch eines von Rudolf Steiners Hauptwerken: *Die Philosophie der Freiheit – Grundzüge einer modernen Weltanschauung.*

Für WERNERs Führungsdenken ist die *Philosophie der Freiheit*[104] für die Führung von Menschen im unternehmerischen Kontext grundlegend. Darauf kann im Rahmen dieser Forschungsarbeit nicht weiter eingegangen werden. Relevant im Rahmen die-

[104] STEINER, R. (1987)

ser Arbeit ist der Kontakt zu den Gründern des Friedrich-von-Hardenberg-Instituts in Heidelberg (s. Kap. 3.10).[105]

Die grundsätzliche Menschenerkenntnis und ihre Bedeutung für die Menschenführung in Unternehmen lassen sich für Werner mittels folgender Sprüche ausdrücken:

„Der Eine fragt was kommt danach, der andere nur ist es Recht, also unterscheidet sich der Freie von dem Knecht."– Theodor Storm.

„Zutrauen veredelt den Menschen, ewige Vormundschaft hemmt sein Reifen." – Freiherr vom Stein.

5.3 Kurzporträt des untersuchten Unternehmens

5.3.1 Unternehmensgrundsätze

Im Rahmen des Forschungsvorhabens ist es notwendig, das untersuchte Unternehmen kurz zu porträtieren. Der Ursprung der Unternehmensgrundsätze liegt im Jahre 1977.[106]

---

[105] DIETZ (2008c, Jeder Mensch ein Unternehmer. Grundzüge einer dialogischen Kultur, Karlsruhe, S. 20) beschreibt dies so: „Wie ist es zum Thema ‚Dialogische Führung' und ‚dialogische Kultur' gekommen? – Durch Vermittlung von Dr. Benediktus Hardorp lernte Götz W. Werner das Hardenberg Institut kennen. Er nahm an einem unserer offenen Seminare teil und fragte hinterher: Könnten Sie nicht auch etwas für unsere Leute im Unternehmen (dm-drogerie markt) machen? Auf unsere Gegenfrage, worum es sch dabei handeln würde, sagte er: Das müssen Sie selbst herausfinden. Die Antwort war unerwartet, aber ernst gemeint, wie sich bei späterer Gelegenheit zeigte. Zwei Mitarbeiter des Hardenberg-Instituts bewegten sich ein Jahr lang (mit Unterbrechungen) durch das Unternehmen dm-drogerie markt an seinen verschiedenen Standorten und Tätigkeitsfeldern. Dem Abschlussbericht folgte der Auftrag zur Gestaltung eines Seminars für Führungskräfte. […] Von ‚Dialog' war da noch nicht die Rede, sondern von Persönlichkeitsentwicklung. Wir trafen bei dm-drogerie markt ein Unternehmen an, das gerade eine innere Neuorientierung angestoßen hatte mit dem Ziel einer zunehmenden Verselbständigung der Mitarbeiter."

[106] Hierzu der Unternehmensgründer in DIETZ, K.-M. / Kracht, T. (2007, S. 25) „Einmal im Jahr 1977, als wir dann schon 30 oder 40 Filialen hatten, haben wir uns gesagt, wir müssen das Ganze jetzt ein bisschen professioneller anpacken. Wir haben uns zum Beispiel eine Werbeagentur gesucht. Nun, die Marketingprofis, die von außen kamen, haben uns natürlich gefragt: Wie läuft denn euer Geschäft, was

Grundsätze des Unternehmens

Wir sehen als Wirtschaftsgemeinschaft die ständige Herausforderung, ein Unternehmen zu gestalten, durch das wir die Konsumbedürfnisse unserer Kunden veredeln, den zusammenarbeitenden Menschen Entwicklungsmöglichkeiten bieten und als Gemeinschaft vorbildlich in unserem Umfeld wirken wollen

dm-Kundengrundsätze

Wir wollen uns beim Konsumenten – dem Wettbewerb gegenüber – mit allen geeigneten Marketinginstrumenten profilieren, um eine bewusst einkaufende Stammkundschaft zu gewinnen, deren Bedürfnisse wir mit unserem Waren-, Produkt- und Dienstleistungsangebot veredeln.
Sich die Probleme des Konsumenten zu Eigen machen

dm-Mitarbeitergrundsätze

Wir wollen allen Mitarbeitern helfen, Umfang und Struktur unseres Unternehmens zu erkennen und jedem die Gewissheit geben, in seiner Aufgabe objektiv wahrgenommen zu werden.

Transparenz und Geradlinigkeit
Wir wollen allen Mitarbeitern die Möglichkeit geben, gemeinsam voneinander zu lernen einander als Menschen zu begegnen die Individualität des anderen anzuerkennen, um die Voraussetzungen zu schaffen sich selbst zu erkennen und entwickeln zu wollen und sich mit den gestellten Aufgaben verbinden zu können.

Bereitschaft zur Zusammenarbeit in Gruppen

---

macht ihr da, warum macht ihr das und wie stellt ihr euch vor, dass es kommuniziert wird an die Kundschaft und auch an die Mitarbeiter? Das war natürlich ein Besinnungsmoment, wo man sich fragte: Wie können wir diese Fragen beantworten? Das war der Ursprung unserer Unternehmensphilosophie, das erste Mal, dass etwas niedergeschrieben worden ist. Einfach weil die Werbeagentur damals gefragt hat: Warum betreiben Sie dieses Geschäft und wie betreiben Sie das Geschäft?“

dm-Partnergrundsätze

Wir wollen mit unseren Partnern eine langfristige, zuverlässige und faire Zusammenarbeit pflegen, damit für sie erkennbar wird, dass wir ein Partner sind, mit dem sie ihre Zielsetzungen verwirklichen können.

Erkennen seines Wesens

Anerkennen seiner Eigentümlichkeit

5.3.2 Zahlen – Daten – Fakten

Die Entwicklung des Unternehmens ist von nachhaltigem geschäftlichem Erfolg gekennzeichnet. Seit der ersten Kontaktaufnahme im Jahr 2003 mit dem untersuchten Unternehmen im Hinblick auf eine Forschungsarbeit hat die nachhaltige enorme Entwicklungsdynamik auch in Umsatz- und Mitarbeiterzahlen ihren Niederschlag gefunden (vgl. nachstehende Abbildungen):

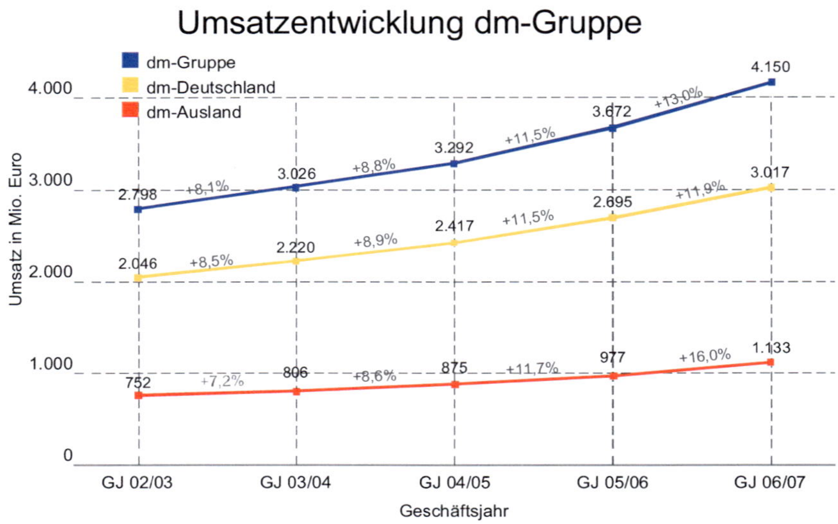

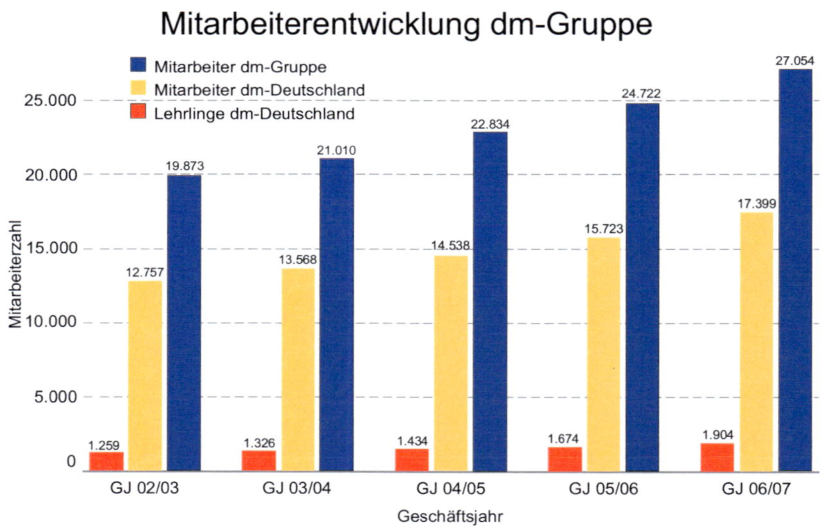

Quelle:

http://dm-drogeriemarkt.de/dmDHomepage/generator/dmD/Homepage/Unternehmen/Jahrespresse-Konferenz/dm-Grafiken-.html – Abruf: 2008_08_16

6 Forschungsdesign, Vorgehensweise und Fragestellungen

Es stellt sich die Frage, inwieweit dem gesellschaftlichen Bewusstseinswandel hin zum selbst bestimmten Individuum und der vermehrten Kopf- beziehungsweise wissensbasierten Arbeit innerhalb überholter Arbeitsrechtsformen – wie dem Anstellungsvertrag – überhaupt Rechnung getragen beziehungsweise entsprochen werden kann (s. Kap. 1.1, 1.6 und 2). Die zentrale Fragestellung ist: Inwieweit können Dialog *und* Führung in der Zusammenarbeit in der unternehmerischen Praxis realisiert werden?

6.1 *Ziel der Untersuchung*

Mit dieser Arbeit soll erforscht werden, inwieweit ein Wechsel von der monologischen Führungsperspektive hin zur dialogischen Perspektive in einem Unternehmen im Realisieren[107] begriffen ist, um für die Führungspädagogik Perspektiven als *Agogik* zu erschließen: Führung als Selbstführung

6.2 *Forschungsmethodik*

Aus dieser Problemstellung ergibt sich auch die Frage nach einer dafür geeigneten Methode: Wie kann man ein Feld wie *Dialog, Führung* und *Zusammenarbeit* untersuchen?

Eine vorläufige – poetische – Antwort soll die Erkenntnis aus Goethes Märchen liefern[108]:

„Was ist herrlicher als Gold“? fragte der Alte. „Das Licht“ antwortete die Schlange. „Was ist erquickender als Licht?“ fragte jener. „Das Gespräch“ sagte diese.

Dieses Feld lässt sich in seiner Immanenz durch das Gespräch, also dialogisch, wesensgemäß erforschen. Aus diesem Grunde wurde auf eine Fragebogenaktion mittels statistischer Auswertung verzichtet, obwohl die Größe des Unternehmens dies leicht hergegeben hätte.

Dabei sollen die Interviews trotz aller situativen wie individuellen Färbungen durch ein sequentielles Analyseverfahren ausgewertet werden.

[107] Realisieren im Sinne von – s. Kap. 1.4

[108] GOETHE, J. W. v. (1976) Das Märchen, 6. Auflage, Stuttgart, S. 16

6.3 Ausgewählte Methode und Begründung

Ein Unternehmen hat einen Zweck, das heißt die Bedürfnisse der Kunden mit einem sich daraus ableitenden Produkt- und Leistungsangebot zu bedienen. Daraus erfolgt noch lange nicht, die Mitarbeiter dafür zu „verzwecken“ (s. Kap. 1.5). Vielmehr ist den Mitarbeitern durch Führung zu ermöglichen dem Unternehmenszweck aus eigener Einsicht einen Sinn zuzuschreiben, der den Mitarbeitern eröffnet, sich initiativ in das unternehmerische Ganze – orientiert am Kunden – einzubringen, so dass sich – idealerweise – Mitarbeiter wie Unternehmen dadurch wechselseitig entwickeln können.

6.3.1 Grundlegende Betrachtungen zu Forschungsmethoden

Wenn es Zweck und Sinn zu erforschen gilt, haben quantitative Verfahren ihre in ihrer Methodik liegenden Grenzen. Sie analysieren, messen und verallgemeinern, kurz sie konstatieren *Einheit in der Vielfalt – das Allgemeine,* das *Extensionale.*[109]

Wenn es jedoch in Dialog, Führung und Zusammenarbeit um den Menschen geht, sind die individuellen Deutungen – das jeweilige (Selbst-)Verständnis der in einem Unternehmen mit- und zusammenarbeitenden Menschen – wesentlich. Welche Qualität messen sie ihrer Arbeit, der Mitarbeit, der Zusammenarbeit, dem Führungshandeln und der Führungskultur im Unternehmen bei? Erleben sie sich – gleichsam mechanistisch – als ein „Zahnrad“ im „Unternehmensgetriebe“ oder können sie sich als initiatives Individuum erleben, das seinen Beitrag zum lebendigen unternehmerischen Ganzen leistet, ohne jedoch selbst ein physischer Teil von ihm zu sein? Die Untersuchungsmethode ist daher umzukehren. Nicht die *Einheit in der Vielfalt* ist wesentlich, sondern die *Vielfalt in der Einheit* – der einzelne Mitarbeiter im unternehmerischen Ganzen. In Anlehnung an BORTOFT (1995, S. 66 - 75)[110] ist ein Forschungsdesign zu wählen, welches das *Intentionale*[111] zulässt.

[109] extentional (lat. extentus: ausgedehnt) bezeichnet eine Betrachtung von logischen Termini wie Begriff, Eigenschaft, Relation, Prädikat, Name, Bezeichnung unter dem alleinigen Aspekt ihrer Ausdehnung, ihres Umfangs, ihrer Extension, das heißt. der Gegenstände, auf die sie zutreffen beziehungsweise die sie bezeichnen. So wird aus extensionaler Sicht ein Begriff durch die Klasse aller der Gegenstände bestimmt, die unter diesen Begriff fallen (Beispiel: der Begriff "Haus" ist der Inbegriff aller Häuser).

[110] BORTOFT, Henri (1995) Goethes naturwissenschaftliche Methode, Stuttgart

[111] intentional (lateinisch intentio: die Stimmung, die Absicht, das Vorhaben) bezeichnet die Betrachtungsweise, die auf den Inhalt, den Sinn eines Gedankens, zum Beispiel eines Begriffes oder eines

Während man bei formal-logischen Untersuchungen oft vom Inhalt oder Sinn eines Begriffes abstrahiert und sich auf die Betrachtung von dessen Umfang, Bedeutung oder Extension beschränkt, ist für ein allseitiges Verständnis auch die Intension unerlässlich. Umfang und Inhalt, Extension und Intension bilden eine untrennbare Einheit.

Wenn es um die Untersuchung einer Führungskultur geht, reichen aber extentionale wie intentionale Blickwinkel noch nicht aus, weil sie vorwiegend die subjektive Dimension umfassen würden.
Vielmehr soll untersucht werden inwieweit jenseits der subjektiven Sinnstruktur über das so Gesagte, weil persönlich erlebte, hindurch eine latente Sinnstruktur erforscht werden kann, auf der objektiv ein *sozialer Sinn* – ein miteinander geteilter Sinn (BOHM 2002) beziehungsweise ein *objektiver Geist* (s. Kap. 3.5 Hegel-System) erscheint?

Welche intersubjektiv miteinander „stillschweigend" geteilten Gedanken und Deutungen – und damit Handlungsmuster sind innerhalb der Organisation vorhanden, die selbständiges und intelligentes Handeln „vor Ort" innerhalb des unternehmerischen Ganzen ermöglichen?

Dafür bieten sich verschiedene Vorgehensweisen für das Erforschen an. Für das Untersuchen einer Unternehmenskultur, die für sich reklamiert eine *Dialogische Führung* zu praktizieren, erscheint das Interview als das dafür adäquate Instrument.

Dies lässt sich damit begründen, dass die einzelne Führungsperson in der Lage ist, ihr Verhältnis zu sich selbst (seiner Innenwelt) und zur Außenwelt zu schildern, indem sie in der Person des Interviewers einen Dialogpartner hat, der es der Führungsperson ermöglicht die Interessen der anderen Individuen (Mitarbeiter, Vorgesetzte und Kunden) in ihre Überlegungen und Äußerungen einzubeziehen.

Durch das nichtstrukturierte und damit ergebnisoffene Interview soll eine möglichst freie Form des Dialogs ermöglicht werden, um die eigene Situation nicht nur reflektie-

Urteils beziehungsweise einer Definition, einer Aussage, einer Eigenschaft oder Beziehung gerichtet ist.

ren zu können, sondern auch weitere Perspektiven – innerhalb desselben – einnehmen zu können.

Im Gegensatz zu strukturierten Interviews, die eher auf die *Einheit in der Vielfalt* abzielen, sollte durch die Form des offenen (nahezu narrativen) Interviews die Möglichkeit zu einem Unikat gegeben werden: *Die Vielfalt in der Einheit!* Oder anders ausgedrückt: Universalität im Einzelnen – universality at the smallest scale.

Diese Vorgehensweise soll mit nachfolgendem Zitat illustriert werden.

„Kenne ich mein Verhältnis zu mir selbst und zur Außenwelt,
so heiß' ich's Wahrheit.
Und so kann jeder seine eigene Wahrheit haben,
und es ist doch immer dieselbige."[112] (GOETHE – aus: Sprüche in Prosa)

Wenn die einzelne Führungsperson wie auch der einzelne Mitarbeiter Träger der arbeitsteilig-unternehmerischen Initiative sind, dann gilt es sie auch als Individuum ernst zu nehmen. Jede Aussage, jedes Interview ist im oben genannten Sinne wahr, ohne dass sie sich verallgemeinern ließe beziehungsweise verallgemeinert werden müsste.

Dennoch liegt in einem jeden Interview „zwischen den Zeilen" auch etwas Objektives beziehungsweise ein objektiv Geistiges, das durch die Sprache und die ihr innewohnenden Gesetzmäßigkeiten zum Ausdruck kommt.
„Vielfalt in der Einheit" bedeutet letztlich: Wie kann aus der qualitativen Analyse weniger Interviews auf den *Typus*, den miteinander geteilten, sozialen beziehungsweise objektiven Sinn geschlossen werden, der den „Leim" (BOHM 2002) für eine Arbeitsgemeinschaft beziehungsweise das „geistige Band" einer gelebten dialogischen Führungspraxis darstellt?

6.3.2 Qualitative Sozialforschung als adäquate Forschungsmethodik

An dieser Stelle sei ein drittes Mal ein poetischer Zugang erlaubt:

[112] GOETHE, J. W. v. (1999) Sprüche in Prosa, Stuttgart, S. 23

„Alle Empiriker streben nach der Idee und können sie in der Mannigfaltigkeit nicht entdecken; alle Theoretiker suchen sie in der Mannigfaltigkeit und können sie darin nicht auffinden. Beide jedoch finden sich im Leben, in der Tat, in der Kunst zusammen." (GOETHE in: in Maximen und Reflexionen[113])

Die qualitative Sozialforschung hat sich als Forschungszweig in den Sozialwissenschaften etabliert. Wie bereits in Kap. 1.1 dargelegt werden Dialog, Führung und Zusammenarbeit im Rahmen dieser Arbeit aus sozial-, kultur- und geisteswissenschaftlicher Perspektive erforscht. Die quantitativen Forschungsverfahren stoßen bei solchen Fragestellungen an ihre methodologischen Grenzen und bilden somit den Ausgangspunkt für qualitative Verfahren. Insofern bieten sich qualitative Forschungsverfahren geradezu an. FLICK (FLICK 2002) gibt einen Überblick auf die verschiedenen Verfahren der qualitativen Sozialforschung. Dabei bieten sich grundsätzlich *visuelle* oder *verbale* Verfahren[114] an.
Wie lässt sich Wissen schaffen über die Führungskultur in einem Wirtschaftsunternehmen, wenn die Untersuchung mittels Fragebögen und deren Auswertung mittels statistischer Methoden vom Forscher als dem Forschungsgegenstand nicht angemessen erscheint?
Im Hinblick auf Dialog, Führung und Zusammenarbeit drängt sich das Interview geradezu auf.

Für die Analyse von Interviews stehen wiederum verschiedene erprobte Verfahren zur Verfügung (FLICK 2002) wie zum Beispiel die Konversationsanalyse, die Diskursanalyse, narrative Analysen und die objektive Hermeneutik. Allen qualitativen Verfahren eigen ist, dass die Aussagen in ihrem Kontext verstanden und analysiert werden sollten. Die sequenziellen Analyseverfahren messen der Gestalt eines Textes, zum Beispiel in Form eines transkribierten Interviews, eine größere Bedeutung

[113] GOETHE, J. W. v. (1982) Werke, dtv Verlag, München, Hamburger Ausgabe, Band 12

[114] FLICK, Uwe (2002) Qualitative Sozialforschung – Eine Einführung, 6. Auflage, Reinbek bei Hamburg
Nach FLICK (2002) gehören zu den *visuellen Verfahren* Beobachtung beziehungsweise teilnehmende Beobachtung, Ethnographie, Fotos als Instrument und Gegenstand, Filmanalyse als Instrument und zu den *verbalen Verfahren* in erster Linie das Interview in verschiedenen Variationen wie fokussiertes Interview, halbstandardisiertes Interview, problemzentriertes Interview, Experteninterview usw.

zu als der Kodierung und Kategorisierung bei der Interpretation von Daten. Die Sequenzanalyse dient der Methodisierung der sich in der Interaktion beziehungsweise des Interviews reproduzierenden Ordnung beziehungsweise Muster, das heißt dass sie diese Ordnung beziehungsweise Muster Zug um Zug herstellen und sich der Sinn im Vollzug der Interaktion beziehungsweise (Sprech-)Handlung aufbaut.

Die soziale Welt wird vertextet.[115] In der von OEVERMANN entwickelten objektiven Hermeneutik bezieht sich die Rekonstruktion auf objektive, durch Texte hergestellte Sinnstrukturen, aus dem Gegenstandsbereich der erfahrbaren sinnstrukturierten Welt.

Wenn es im Dialog um den *miteinander geteilten, sozialen Sinn (BOHM 2002)* beziehungsweise dessen objektiven Geistgehalt geht, erscheint die Analyse der im Rahmen dieser Forschungsarbeit gemachten Interviews mittels Anleihen aus der objektiven Hermeneutik als dem Forschungsgegenstand angemessen.

6.3.3 Objektive Hermeneutik und das Erforschen latenter Sinnstrukturen

Im Rahmen der qualitativen Forschungsmethoden bietet sich dazu die *objektive Hermeneutik* als Instrument an. Dabei geht es nicht darum diese Untersuchung als Deutungsmusteranalyse aufzubauen, sondern aus Deutungsmusteranalyse und Interpretationstechnik der objektiven Hermeneutik Anleihen zu ziehen, mit der Dialog, Führung und Zusammenarbeit aus rein extentionalen wie auch intentionalen Deutungen *aufgehoben* werden und zwar auf eine *objektive Deutungsebene.*

Die menschliche Sprache ist dadurch objektiv, weil sie selbst Gesetzmäßigkeiten aufweist, die unabhängig vom Sprecher wie auch dem Zuhörer existieren – und von Dritten, zum Beispiel Forschern, intersubjektiv, durch die Vertextung, nachvollzogen werden können. Die Sprache als solche ermöglicht eben dadurch auch einen miteinander geteilten, *objektiven* Sinn-Gehalt – interpersonal wie auch transpersonal.

Durch Zugriff auf diese Analysemethode soll untersucht werden, inwieweit ein Corporate Spirit – als ein miteinander geteilter Sinn im Verständnis BOHMs bezie-

[115] vgl. GARZ, D. und KRAIMER, K. (1994) Die Welt als Text – Theorie, Kritik und Praxis der objektiven Hermeneutik, Frankfurt

hungsweise als Ausdruck des objektiven Geistes im Sinne HEGELs – innerhalb eines Unternehmens beziehungsweise einer Organisation wirkt und webt. Die zu untersuchende soziale Wirklichkeit, auch innerhalb von Unternehmen, ist eine sinnhafte. Sollen darüber empirisch überprüfbare Aussagen getroffen werden, ist diese Wirklichkeit verstehend zu erfassen. Dabei geht es nicht um eine repräsentative, quantitative Umfrage in Form eines Fragebogens, sondern um einen verstehenden – also hermeneutischen – Zugang zur als *dialogisch* bezeichneten Führungskultur und deren gelebter(?) Praxis. Der Dialog lässt sich schwerlich messen, sondern bestenfalls ermessen.

6.3.4 Oevermann über Deutungsmuster

Im Folgenden soll OVERMANNS Wissenschaftsverständnis bezüglich der *objektiven Hermeneutik*[116] im Hinblick auf diese Forschungsarbeit – mittels Originalaussagen – skizziert werden; auch deswegen, weil der dieser Forschungsmethodik zugrunde liegende Artikel beinahe drei Jahrzehnte nur als „graues Papier“ vorhanden war, um so eventuellen Missverständnissen vorzubeugen, die sich aus einem Rückgriff auf Sekundärliteratur der in nunmehr über drei Jahrzehnten weiter entwickelten Forschungsmethodik ergeben könnte.
Für OEVERMANN besteht für die Sozialwissenschaften folgendes Problem. „Unter den Wissenschaften vom menschlichen Handeln stellt sich speziell der Soziologie eine solche Analyse als das Problem der Rekonstruktion von Sinnzusammenhängen und Interpretationsmustern, die dem konkreten Handlungssubjekt als objektive Strukturen gegenübertreten.“

Die verbreitete Forschungspraxis vernachlässige dabei zwei systematische Fragen:

„1. Welches sind die Regelhaftigkeiten der ‚inneren Logik‘ von Erwartungssystemen eines bestimmten Typus? […]
und 2. Auf welche strukturbedingten Handlungsprobleme antworten diese Erwartungen und Wertorientierungen?

[116] Leider war OEVERMANNs Artikel „Zur Analyse der Struktur von sozialen Deutungsmustern“ aus dem Jahre 1973 praktisch Jahrzehnte nur als „graues Papier“ vorhanden und wurde erst in der Zeitschrift Sozialer Sinn, 2. Jg., Heft 1/2001: 3 - 33 wieder veröffentlicht. Zeitgleich erschien dort „Die Struktur sozialer Deutungsmuster – Versuch einer Aktualisierung“, 2. Jg., Heft 1/2001: 35 - 81.

Diese beiden Fragen korrespondieren mit zwei Grundannahmen einer hier angestrebten Theorie sozialer Deutungsmuster: 1. Unter Deutungsmustern sollen nicht isolierte Meinungen oder Einstellungen zu einem partikularen Handlungssubjekt, sondern in sich nach allgemeinen Konsistenzregeln strukturierte Argumentationszusammenhänge verstanden werden. […] 2. Soziale Deutungsmuster sind funktional immer auf eine Systematik von objektiven Handlungsproblemen bezogen, die deutungsbedürftig sind.“

OEVERMANN definiert den Begriff Deutungsmuster wie folgt: „Dieser Begriff bezieht sich zunächst einmal auf das ‚ensemble' von sozial kommunizierbaren Interpretationen der physikalischen und sozialen Umwelt. […] Das hier gemeinte Konzept sozialer Deutungsmuster lässt sich in Verbindung mit dem Begriff des regelgeleiteten Handelns näher erläutern. […] Die Annahme des regelgeleiteten Handelns gilt analog auch für das kommunikative Handeln. […] Natürlich ist soziales Handeln nicht nur regelgeleitet. Unbewusste Motivierungen, eingeschliffene routinisierte Gewohnheiten gehören ebenso zu den Determinanten des Handelns.“

OEVERMANN führt den Begriff des regelgeleiteten Handelns näher aus: „Die Konzeption regelgeleiteten Handelns beinhaltet einen den sozialwissenschaftlichen gegenüber dem naturwissenschaftlichen Objektbereich kennzeichnenden Regelbegriff: […] Kriterium für die Existenz einer solchen Regel ist jedoch nicht, dass das Handlungssubjekt diese Regel explizit angeben kann. […] Entscheidend ist vielmehr, dass das Handlungssubjekt aufgrund der das Handeln steuernden Regel ein systematisches Urteil über die Angemessenheit eines konkreten Handelns abgeben kann. […] Ein so verstandener Regelbegriff ist per definitionem ein *soziologischer* und *kein psychologischer* Begriff“ [kursiv – LPH].

Nach OEVERMANN sind die „das soziale Handeln steuernden Regeln […] immer intersubjektiv kommunizierbar“.

Mit diesem Regelbegriff sind für OEVERMANN folgende wichtige Bestimmungen verbunden: „1. Regeln […] haben einen generativen Charakter. Als allgemeine Prinzipien erzeugen sie Verhalten, das dem Handlungssubjekt zuvor nicht bekannt war. […] 2. Generative Regeln konstituieren den intersubjektiv verstehbaren Sinn einer

Handlung (auf den das Handlungssubjekt verpflichtet ist). Die Erklärung sinnhaften Handelns kann von daher nicht eine kausal analytische im naturwissenschaftlichen Sinne sein, sondern deckt sich mit der Rekonstruktion der handlungsleitenden Regel, der sich das Subjekt nachweisbar verpflichtet fühlt. [...] Für die soziologische Analyse ist entscheidend, über die ,common sense' Abbildung dieser Interpretationsmuster hinauszugelangen und die ,innere Logik' [...] zu rekonstruieren."

Dabei spielt die Abduktion[117] eine wesentliche Rolle. OEVERMANN sieht darin ein Verfahren, um damit im Rahmen der qualitativen Sozialforschung zu logisch abgesicherten Schlussfolgerungen zu kommen.

Während in den Naturwissenschaften Entdeckungen gemacht werden, sieht OEVERMANN den Sachverhalt für die Sozialwissenschaften folgendermaßen: „Die Aufgabe der Sozialwissenschaften ist [...] Aufklärung im Sinne der subjektiv intentionalen Verfügbarkeit von objektiven Sinnzusammenhängen zu betreiben und dabei falsche Übersetzungen auszuscheiden. Der Unterschied zwischen wissenschaftlichen Theorien und Deutungsmustern als Theorien des Alltagswissens lässt sich dann so fassen: Wissenschaftliche Theorien als höchste Stufe der Explikation minimieren Übersetzungsfehler um den Preis der Unvollständigkeit der Übersetzungsleistung bezogen auf den Umfang des Erfahrungsrepertoire des Alltagshandelns. Deutungsmuster des Alltagswissens lassen aufgrund der fehlenden Explizitheit der Geltungsregeln und ihrer geringeren Kohärenz und Strenge eine Vielzahl von Übersetzungen der objektiven Sinnstruktur des Alltagshandelns zu, [...] Gegenüber wissenschaftlichen Thesen zeichnen sie sich jedoch durch eine höhere methodische Toleranz der Anforderungen an Präzision und Explizitheit der Übersetzung des objektiven Sinns von Alltagshandeln aus. [...] Ich interpretiere das abduktive Schließen also als einen Prozess der über die Erinnerung ausdeutungsfähiger Alltagserfahrungen vermittelten Rekonstruktion der objektiven Sinnstruktur der alltäglichen Handlungs-

[117] Der amerikanische Sozialwissenschaftler Charles Sanders Peirce hat mit der Konzeption des abduktiven Schließens dem induktiven und deduktiven Schließen eine für die Sozialwissenschaften geeignete Forschungslogik geschaffen, die trotz Oevermanns Rezeption für eine objektive Hermeneutik nicht frei von Kritik ist. – Vgl. ILMES – Internetlexikon der empirischen Sozialforschung: http://www.lrz-muenchen.de/~wlm/ilm_a1.htm - Abruf: 2008_05_04

praxis. [...] Abduktives Schließen setzt in dieser Interpretation die Konstitution von objektivem Sinn in der Struktur praktischen Handelns voraus."

OEVERMANN weiter: „[Das] abduktive Schließen [bringt] die im objektiven Sinn einer Interaktion enthaltene vorgängige Allgemeinheit eines Urteils sprachlich kommunizierbar ins Bewusstsein, explizit auf den Begriff."

Dabei ist auf das Verhältnis von *individuellen Einstellungen*, die Gegenstand der Psychologie beziehungsweise der Sozialpsychologie sind und *sozialen Deutungsmustern* einzugehen.

Für OEVERMANN stellen „Individuelle Einstellungen, Erwartungen und Glaubensvorstellungen [...] Konkretionen der sozialen Deutungsmuster dar. Soziale Deutungsmuster sind konstitutiv für die individuellen Einstellungen, nicht umgekehrt individuelle Einstellungen für soziale Deutungsmuster. [...] Die systematische Gleichförmigkeit von individuellen Einstellungen lässt sich auf der Ebene der Psychologie nicht mehr erklären."

OEVERMANN sieht folgendes als Hauptaufgabe einer Soziologie der sozialen Deutungsmuster an: das rekonstruierende „Ausbuchstabieren" der nur teilweise dargelegten beziehungsweise erklärten Standards der Geltung sozialer Deutungen und damit deren innerer Logik. Dabei habe die Analyse auf der Ebene der individuellen Einstellungen sowohl Deutungselemente und Kategorisierungen zu sammeln als auch deren inneren Zusammenhang auszumachen und Konsistenzregeln ausfindig zu machen, damit von einer Struktur sozialer Deutungsmuster gesprochen werden könne.

Soziale Deutungsmuster sind nach OEVERMANN (1973) „intersubjektiv kommunizierbare und verbindliche Antworten auf objektive Probleme des Handelns. [...] Als solche eigenständigen Bewusstseinsstrukturen steuern sie die Interpretation neuer Strukturenprobleme, verändern sich dabei wahrscheinlich allmählich, bis ihre zentralen Konzeptionen in neuerlichen Strukturkrisen wiederum in Frage gestellt werden."

Die empirische Sozialforschung steht damit vor dem Problem des Messens, das noch weitgehend am Modell des naturwissenschaftlichen Messens orientiert ist. Kein Wunder, dass viele sozialwissenschaftliche Forschungsvorhaben sich quantitativer Forschungsmethoden bedienen. Wie in Kap. 6.2 angedeutet wäre das untersuchte Unternehmen groß genug gewesen, um über alle Filialen eine Erhebung zum Thema Dialog, Führung und Zusammenarbeit in Form eines Fragebogens mit letztlich konstruierten Items – und deren statistischer Auswertung – durchführen zu können.

Will man eine Explikation sozialer Deutungsmuster, so dürfe sich diese nach OEVERMANN nicht im Darlegen beziehungsweise Erklären des eigenen gesunden Menschenverstandes erschöpfen: „Der Explikation muss als eine hermeneutische Operation des auf Kommunikation und historischem Quellenstudium beruhenden Verstehens der einem deutungsbedürftigen Handlungsproblem korrespondierenden Interpretationen vorausgehen. Vor allem in diesem methodischen Schritt sehe ich die unabdingbare Rückbesinnung der gegenwärtigen sozialwissenschaftlichen Forschung auf die *methodischen Traditionen der Geisteswissenschaften* [kursiv – LPH].“

In dem „Versuch einer Aktualisierung“ über „Die Struktur sozialer Deutungsmuster“ im Jahr 2001 gibt OEVERMANN folgende Definition: „Deutungsmuster sind also krisenbewältigende Routinen, die sich in langer Bewährung eingeschliffen haben und wie implizite Theorien verselbständigt operieren, ohne das jeweils ihre Geltung neu bedacht werden muss. […] Aber Deutungsmuster sind nicht primär wie Ideologien quasi strategische Rechtfertigungen von objektiven Interessen, sondern aus einer Vergemeinschaftung hervorgegangene Legitimationen einer Lebensweise.“

6.3.5 Oevermann über latente Sinnstrukturen

OEVERMANN (2001, S. 39 ff.) geht in seiner Aktualisierung darauf ein, dass im ursprünglichen Papier der Begriff *Deutungsmuster* nicht genügend von anderen Begriffen für Bewusstseinsformen unterschieden worden sei. Dabei gelte es auch (28 Jahre nach der ersten Veröffentlichung) die systematische Differenz zum Begriff der *latenten Sinnstruktur* zu klären. Der Begriff der latenten Sinnstruktur war in der von OEVERMANN entwickelten Methodologie der objektiven Hermeneutik von Anfang an ein Schlüsselbegriff.

Deutungsmuster und latente Sinnstrukturen sind für die objektive Hermeneutik typisch, aber völlig unterschiedlich in ihrer Bedeutung. OEVERMAN führt dazu aus: „Der Begriff der latenten Sinnstruktur ist ausschließlich methodologisch zugerichtet und bezieht sich auf die durch Regeln erzeugten objektiven Bedeutungen einer Sequenz von Sinn tragenden Elementen einer Ausdruckgestalt, in der alle nur denkbaren konkreten (Lebens-)Äußerungen von Lebenspraxis-Formen verkörpert sein können. […] Der Begriff der latenten Sinnstrukturen ist als methodologischer von paradigmatischer Bedeutung für eine strukturalistische Grundposition, weil mit ihm in scharfem Kontrast zum nur nachvollzugs-hermeneutisch paraphrasierenden subjektiv gemeinten Sinn der traditionellen Handlungstheorien jene objektiven Bedeutungen beziehungsweise Sinnzusammenhänge zur Geltung gebracht werden, die als eigenlogische, auf nicht anders reduzierbare Realität auf eine das Prinzip der Objektivität erfüllenden Weise methodisch explizit mit der Berufung auf die algorithmischen Regeln ihrer Erzeugung erschlossen werden können. Es wird mit diesem Begriff jene objektive Sinnstrukturiertheit getroffen, die zugleich auf der einen Seite für alle im Ensemble der Sozial-, Kultur- und Geisteswissenschaften relevanten Gegenstände und auf der anderen Seite für die Lebenspraxis als solche überhaupt konstitutiv ist, die epistemologisch gesehen als Bedingung der Möglichkeit jeglicher Erkenntnis zugrunde liegt und doch für jenes Ensemble von Erfahrungswissenschaften gleichzeitig zentraler empirischer Gegenstand ist. Deshalb ist dieser Begriff einerseits auf die konstitutionstheoretisch zu begründende Methodologie der Erfahrungswissenschaften von der sinnstrukturierten Welt beschränkt, ohne spezifische Gegenstände darin zu thematisieren, andererseits aber von *zentraler (kursiv: LPH)* Bedeutung, insofern er zuallererst die möglichen Gegenstände der Erkenntnis dieser Wissenschaften so auf analytische Distanz bringt, dass sie über eine bloße Beschreibung hinausgehend auf ihre inneren Gesetzmäßigkeiten hin erschließbar werden kann.“

OEVERMANN präzisiert den Begriff so: „Latente Sinnstrukturen und objektive Bedeutungen sind als solche nicht mehr sinnlich wahrnehmbar. Sie sind weder hörbar, noch sichtbar, noch riech-, schmeck- oder fühlbar; sie können nur gelesen werden und sind insofern nicht konkret, sondern abstrakt.“

Deutungsmuster definiert OEVERMANN kurzum wie folgt: „Der Begriff des Deutungsmuster bezieht sich auf real in der Gegenstandswelt der Sozialwissenschaften operierende kognitive Bewusstseinsstrukturen, als auf für die Lebenspraxis selbst konstitutive Gegenstände.“

Demzufolge unterscheidet OEVERMANN: „Deutungsmuster sind bestimmte Gegenstände der Sozialwissenschaften, latente Sinnstrukturen bezeichnen eine Realitätsebene in der Erscheinung aller dieser Gegenstände, die als erste methodisch explizit erschlossen werden muss, bevor wir weitere spezifisch gegenstandstheoretische Schlüsse, u.a. auch über Deutungsmuster ziehen können. Beide Begriffe haben also nichts miteinander zu tun.“

Eine weitere Grenzziehung nimmt OEVERMANN vor, in dem er zwischen *latenten Sinnstrukturen* und „tacit knowledge“ unterscheidet. „Tacit“ und „latent“ seien mehr oder weniger unbewusst miteinander gleichgesetzt worden. Diese Konfusion ergibt sich, da Begrifflichkeiten der Psychoanalyse, das dynamisch Unbewusste, mit Begrifflichkeiten der Soziologie, der *Latenz* von Sinnstrukturen synonym verstanden werden. OEVERMANN im Wortlaut: „Als ‚latent' habe ich die Sinnstrukturen bezeichnet, um sie vom subjektiv gemeinten Sinn abzuheben. […] Hingegen bezeichnet das Attribut ‚tacit' in dem Ausdruck des ‚tacit knowledge' tatsächlich einen wie auch immer als psychische Instanz zu interpretierenden Status der Nicht-Bewusstheit im Operieren eines Wissens, meint also eine ganz andere Eigenschaft als sie mit „latent' intendiert ist. […] Latente Sinnstrukturen sind eine logisch von der Intentionalität und den psychischen Repräsentanzen der je konkret handelnden Subjekte unabhängige und entsprechend auch nicht notwendigerweise aktual psychisch repräsentierte Realität, die gleichwohl eine empirisch nachweisbare ist und auf das Operieren algorithmischer Regeln zurückzuführen ist.“

6.3.6 Oevermann über die Sequenzanalyse

In seiner Abschiedsvorlesung[118] bezeichnet Oevermann die Methode der Sequenzanalyse für die sozialwissenschaftliche Analyse von Lebenspraxis als das „Herzstück der objektiven Hermeneutik“. Die Präzisierung im Wortlaut:

[118] OEVERMANN, U. (2008): „Krise und Routine“ als analytisches Paradigma in den Sozialwissenschaften (Manuskript seiner Abschiedsvorlesung am Fachbereich Gesellschaftswissenschaften der Frankfurter Universität, gehalten am 28.04.2008)

„Vor allem an der Basisform von Sozialität, der sogenannten Interaktion[119], erweist sich die Sequenzanalyse als jeder klassifikatorisch-statischen Erfassung sozialer Realität überlegen. Denn diese interaktiv sich vollziehende soziale Realität besteht letztlich in nichts anderem als einer Verkettung von Sequenzstellen, die jeweils Entscheidungssituationen im Kleinen gleichkommen. Dies einfach dadurch, dass diese Sequenzen nicht einfach durch ein unvermeidliches temporales Nacheinander sich ergeben, sondern durch algorithmische Regeln der Bedeutungserzeugung generiert werden. Das einfache Modell der Sequenzanalyse:

Seq (-1) Seq (0) Seq (+1)
Vollzug von Wirklichkeit → eröffnete Möglichkeiten
↓
Vollzug von Wirklichkeit → eröffnete Möglichkeiten
(Seq (0) symbolisiert die jeweils zu analysierende Stelle in der Sequenz)

An jeder Sequenzstelle, bezeichnet durch eine protokollierbare Handlung oder Äußerung, werden durch solche Regeln mögliche Anschlüsse erzeugt und eröffnet. Wenn zum Beispiel B durch A begrüßt worden ist, das einfachste Beispiel für eine Interaktionssequenz, dann sind an der so bezeichneten Sequenzstelle genau zwei Möglichkeiten eröffnet: B kann zurückgrüßen oder den Rückgruß verweigern. […]
An jeder Sequenzstelle muss aber zweitens, mit Bezug auf diese durch Regeln eröffneten Möglichkeiten, von den beteiligten Akteuren entschieden werden, welche davon durch praktischen Vollzug verwirklicht werden soll und welche daraufhin in der Logik des ‚point of no return' ausgeschieden sind. An jeder Sequenzstelle müssen wir also sequenzanalytisch zwei Ebenen der Analyse scharf unterscheiden: *Zum*

http://www.agoh.de/cms/index.php?option=com_remository&Itemid=293&func=fileinfo&id=68 – Abruf: 2008_05_06

[119] OEVERMANN führt dazu weiter aus: „Zu betonen ist hier, dass die Begriffe von Interaktion und Intersubjektivität terminologisch schon immer irreführend sind. Denn sie suggerieren, die einzelne Aktion beziehungsweise die einzelne Subjektivität gehe konstitutionslogisch dem scheinbar durch ihre Koordination entstehenden höheren Aggregationszustand voraus, während doch faktisch beides sich erst in der objektiv schon immer gegebenen Sozialität, d.h. in deren Reziprozität und Dialogizität erst konstituiert, von der die interessierte Konsensbildung scharf zu unterscheiden ist. Aber diese falsche Terminologie zu vermeiden, kommt wohl einem Kampf gegen Windmühlen gleich."

einen die Ebene der eröffneten Möglichkeiten, die Teil der Empirie sind, und zum anderen die vollzogenen Wirklichkeiten. Erst auf der Folie der ersteren erhalten diese letzteren ihre über eine bloß beschreibende Paraphrasierung hinausgehende erschlossene Bedeutung (kursiv: LPH). Lebenspraxis vollzieht sich letztlich in einer ständigen Verkettung solcher Sequenzstellen in eine offene Zukunft, so dass wir sie auch als einen Bildungsprozess bezeichnen können. Theoretisch, also der Möglichkeit nach, ist jede Sequenzstelle eine Krisenstelle. Das kann allerdings nur der handlungsentlastete Sequenzanalytiker so sehen, der gehalten ist, die eröffneten Möglichkeiten, unter denen zu wählen ist, sorgfältig auszubuchstabieren. Der in der Praxis selbst unmittelbar Handelnde folgt in der allergrößten Zahl der Fälle bewusstlos den eingeschliffenen Routinen, durch die die Wahl jeweils schon immer subjektiv oder fallspezifisch vor entschieden ist, so dass die Krise lebenspraktisch sich nicht manifestiert, sondern eine potentielle bleibt, die aber entweder durch äußere Umstände, die ein Scheitern der Routine herbeiführen, oder eine innere Einstellungsänderung, die die Aufmerksamkeit auf die sonst gar nicht ins Bewusstsein tretenden alternativen Möglichkeiten richten, manifest werden kann. **Deshalb weist uns die Sequenzanalyse daraufhin, dass nicht**, wie in der Perspektive der Lebenspraxis selbst, in der Perspektive einer erklärenden Strukturanalyse[,] **die Routine,** die immer aus der Bewährung einer Krisenlösung hervorgegangen ist, also aus der Krisenkonstellation sich ableitet, während umgekehrt die Krise sich nicht aus der Routine herleitet, **den Normalfall bildet, sondern die Krise.** (Hervorhebung: LPH).

Würde man, wie z.B. in den Handlungstheorien mit ihrer Methode des nachvollziehenden Verstehens des subjektiv gemeinten Sinns üblich, die Routinen der Lebenspraxis zum Normalfall erklären und die Krisen zum Grenzfall, dann wäre der Erklärungsanspruch von vornherein auf eine bloße Selbstbeschreibung der Lebenspraxis reduziert. Man paraphrasiert dann im Grunde genommen nur die Routinen, die als praktisch eingespielte in der Lebenspraxis dafür verantwortlich sind, dass wie selbstverständlich und quasi bewusstlos immer unter den Handlungsmöglichkeiten eine bestimmte gewählt wird. Das ist dann aber keine Erklärung. Diese läge erst vor, wenn in der Analyse, im Gegensatz zur Lebenspraxis selbst, die Krisenkonstellation, das heißt die alternativen Möglichkeiten an jeder Sequenzstelle expliziert sind, auf die hin die Routine eine Entscheidung bedeutet. Erst dann wird aus der Explikation der Routinen, die im Übrigen sich auch erst mit Bezug auf diese Differenzierung von

Möglichkeiten und wirklichen Vollzügen explizit bestimmen lassen, auch eine Erklärung.

Dieses Problem betrifft notorisch die Organisationssoziologie, in der meines Erachtens zwischen Lebenspraxis in ihrer Totalität und der Normierung von Abläufen analytisch nicht genügend geschieden wird. Organisationen sind letztlich nichts anderes als mehr oder weniger bewährte Routinen einer kollektiven Praxis, aber nicht diese Praxis in ihrer Totalität. Unternehmen machen nicht als Organisationen Pleite, sondern als Praxis. Die Organisation ist letztlich nur ein – möglicherweise untaugliches – Mittel zum Zweck, das sich natürlich als solches verselbständigen kann und häufig verselbständigt. [...] Die Sequenzanalyse ist auch insofern ein streng rekonstruktionslogisches Verfahren, als sie den realen Prozess der sequentiellen Entfaltung von Praxis detailliert nachzeichnet und jedes Einzelereignis oder Merkmal durch seine Stellung in einer Sequenz bestimmt, statt wie in einem klassifikatorisch-subsumtionslogischen Vorgehen isoliert zu markieren." Soweit OEVERMANN im Original.

6.3.7 Zusammenfassende Betrachtungen zur objektiven Hermeneutik

OEVERMANN geht davon aus, dass es eine Differenz zwischen der Ebene der subjektiv-intentionalen Sichtweise und der Ebene der objektiven latenten Sinnstrukturen gibt und dass soziales Handeln regelgeleitet ist. Durch diese Nichtidentität dieser beiden Sinnebenen erhält eine *objektive Hermeneutik* überhaupt erst ihre Notwendigkeit wie auch Legitimation. Im Grenzfall können beide Sinnebenen kongruent sein, doch in der sozialen Wirklichkeit ist das die Ausnahme statt der Regel.

Zur Methodologie der objektiven Hermeneutik beschreibt (WERNET 2006) die wichtigsten Positionen der objektiv-hermeneutischen Methodologie wie folgt[120]:

- Textinterpretation als Wirklichkeitswissenschaft
- der Text[121] als regelerzeugtes Gebilde

[120] WERNET, Andreas (2006) Einführung in die Interpretationstechnik der Objektiven Hermeneutik, 2. Auflage, Wiesbaden, S. 11 - 20

[121] nach DUDEN, Band 7 (2001) wird unter *Text* „Wortlaut, Beschriftung; [Bibel]stelle" verstanden. Das Wort wurzelt im lat. *textus* „Gewebe, Geflecht; Verbindung, Zusammenhang; zusammenhängen-

- Fall-Struktur-Rekonstruktion
- Fallrekonstruktion als Sequenzanalyse
- Latente Sinnstruktur
- Fallstruktur-Generalisierung

„Der analysierte Fall ist immer schon allgemein und besonders zugleich. Denn in jedem Protokoll sozialer Wirklichkeit ist das Allgemeine ebenso mitprotokolliert wie das Besondere im Sinne der Besonderheit des Falls." (WERNET 2006, S. 19) Oder anders ausgedrückt: In jeder Rose (Phänotyp) kommt das Wesen (Genotyp) der Rose zum Ausdruck (s. Kap. 6.3.1).

6.3.8 Objektive Hermeneutik und das Wesentliche

Nach ROHRHIRSCH ist das Allgemeine des Menschen noch nicht sein Wesentliches und deshalb sei die Wesensfrage für Verstehen und Erklären bedeutend (in ROHRHIRSCH/HÄUßNER 2007). Gerade darum geht es in der sozialen Wirklichkeit.

Das Spannungsverhältnis von *Individualität* und *Gattung* wird von STEINER in dessen *Philosophie der Freiheit* weiter problematisiert: „Der Mensch entwickelt Eigenschaften und Funktionen an sich, deren Bestimmungsgrund wir nur in ihm selbst suchen können. Das Gattungsmäßige dient ihm dabei nur als Mittel, um seine besondere Wesenheit in ihm auszudrücken. Er gebraucht die ihm von der Natur mitgegebenen Eigentümlichkeiten als Grundlage und gibt ihm die seinem eigenen Wesen gemäße Form. Wir suchen nun vergebens den Grund für eine Äußerung dieses Wesens in den Gesetzen der Gattung. Wir haben es mit einem Individuum zu tun, das nur durch sich selbst erklärt werden kann." (STEINER 1987).

Mittels der *objektiven Hermeneutik* wird ein *sowohl als auch* möglich: Ohne dem individuellen Fall seine Einzigartigkeit mittels Verallgemeinerung nehmen zu wollen, wird durch das Offenlegen der latenten Sinnstruktur das Wesenhafte objektiv, das heißt zu einem miteinander geteilten, sozialen Sinn. Mittels dieser Forschungsarbeit soll der möglicherweise in einer (Arbeits-)Gemeinschaft miteinander geteilte Sinn bezie-

---

der Inhalt einer Rede, einer Schrift". Dieses gehört zu lat. *texere* „weben, flechten; fügen, kunstvoll zusammenfügen"

hungsweise deren *objektiver Geist* – in Anlehnung an Hegels Philosophie – untersucht werden.

Um den Geist-Begriff nicht im „Philosophenhimmel" zu belassen, lässt sich dieser objektive Geist im Hinblick auf Management und Führung auch mit den Begriffen *Mentale Modelle* und *gemeinsame Vision* fassen. Für SENGE (2003) diskutieren Philosophen seit Jahrhunderten über mentale Modelle, zumindest seit Platons Höhlengleichnis. Für ihn „ist die Disziplin vom Management der mentalen Modelle – dass wir lernen unsere inneren Bilder vom Wesen der Dinge an die Oberfläche zu holen, zu überprüfen und zu verbessern – ein entscheidender Schritt auf dem Weg zur lernenden Organisation. [...] So wie die meisten mentalen Modelle, die für wichtige Entscheidungen herangezogen werden, heute auf einem ‚linearen Denken' basieren, wird die lernende Organisation der Zukunft ihre wichtigsten Entscheidungen auf die gemeinsamen Erkenntnisse von Wechselbeziehungen und Veränderungsmustern stützen."[122]

Für SENGE gibt es die Kerndisziplinen Personal Mastery (die sich mit persönlicher Meisterschaft und Selbstführung umschreiben lassen), Team-Lernen, Mentale Modelle und die gemeinsame Vision, die durch das Systemdenken als fünfter und integrativer Disziplin funktional verbunden beziehungsweise vernetzt werden.[123]

6.4 Fragedimensionen und allgemeine Kategorien

6.4.1 Interviews und allgemeine Fragekategorien

Im Unterschied zu strukturierten Interviews und darin festgelegten Fragen ergeben sich bei einem nichtstrukturierten Interview die Fragen zu Dialog, Führung und Zusammenarbeit (s. Kap. 4.1., 4.2 und 4.3) im Verlauf des Interviews. Aus diesem Grunde ist es nützlich allgemeine Fragekategorien[124] vorauszuschicken:

[122] SENGE, P. M. (2003) Die fünfte Disziplin, S. 213 u. 250

[123] SENGE, P. M. (2003) S. 21

[124] in Anlehnung an KOBI, Emil. E. (2003) Diagnostik in der heilpädagogischen Arbeit, Luzern, S. 26f.

Die ***chronologische*** Frage (*Wann?*) betrifft die Zeitumstände, die Prozessfaktoren und die geschichtlichen Entwicklungen; im Managementkontext die zeitlich relevanten Maßnahmen.

Die ***topologische*** Frage (*Wo?*) zielt auf die situativen Bedingungen, das Umfeld, den Ort des Geschehens, den Kontext; im Management auf die räumlich relevanten Maßnahmen.

Die ***methodische*** Frage (*Wie?*) geht ziel- und zweckgerichteten Maßnahmen, Instrumenten und Institutionen nach. Das *Know How* hat eine im Management herausragende Stellung.

Die ***phänomenologische*** Frage (*Was?*) richtet sich auf die Sache, die als Sachverhalt in Erscheinung tritt und als Tat-Bestand herausgehoben wird.

Die ***ätiologisch-retrospektive***[125] Frage richtet sich rückbezüglich (*Warum?*) auf Ursachen und Kausalzusammenhänge: darum! Gegenstand der Retrospektive ist der Fragebereich des *Phänomenologischen und des Methodischen.*

Die ***existenzielle*** Frage (*Wer?*) nimmt die zentrale Stellung ein: der sich seiner selbst bewusste Mensch mit der Potenzialität ein aus Erkenntnis Handelnder zu sein (s. Kap 1.1). Für die Führungssituation bedeutet dies, Führungskraft und Mit-Arbeiter haben: jeweils ihren Standpunkt, ihre Perspektive, ihre Selbstlegitimation, ihre Identität.

Die betriebliche wie auch die überbetriebliche Arbeitsteilung erfordert aus der Sache ein miteinander Arbeiten beziehungsweise Leisten, das Kooperieren oder Kollaborieren: Wer? Wer noch? Wozu? Wohin? Daraus erwächst ein überpersönlicher Fragebereich.

[125] Im Rahmen dieser Arbeit wird vom Autor eine Aufteilung in ätiologisch-retrospektiv und ätiologisch-prospektiv vorgenommen

Die ***koexistenzielle*** Frage (*Wer noch?*) richtet sich auf die Zugehörigkeit, die Arbeitsgemeinschaft, die Gruppe.

Die ***dialogische*** Frage (*Wessen? Wem? Wen?*) führt zum *existenziellen* Ausgangspunkt zurück, indem sie den Möglichkeiten der Subjektivierung der ins Auge gefassten Maßnahmen nachgeht: *Wen* betrifft *was*? – *Wessen* Problem soll von *wem* mitgetragen werden? – Welche Aufgabe soll durch *wen* erfüllt werden?

Die ***ätiologisch-prospektive*** Frage (*Wozu?*) richtet sich auf Zwecke (*um zu …*) und beinhaltet im Führungskontext die bisherigen Fragebereiche, um zum Beispiel Kunden zufrieden zu stellen, sich an deren Wünschen und Bedarf zu orientieren. Wozu das Ganze? Daraus wächst ein gemeinsamer Sinnbereich.

Am Ende der Erörterungen stellt sich die Frage nach den Perspektiven und Zielen, die ***teleologische*** Frage (*Wohin?*). Sie befasst sich mit den Normen und Werten, Erwartungen und Geltungsansprüchen.

All diese Fragekategorien tauchen in Interviews mehr oder weniger häufig auf, ohne dass der Interviewer einen festgelegten Plan für den Verlauf eines offenen Interviews hat. Gerade das offen Lassende in einem Interview soll den freien Gedanken- und Sinnfluss ermöglichen.

6.4.2 Arbeit – Wert – Sinn und dialogisches Feld

Im Hinblick auf Dialog, Führung und Zusammenarbeit im (untersuchten) Unternehmen lassen sich diese Fragenbereiche verdichten in: in Arbeit – Wert – Sinn.
Ganz praktisch ist zu fragen: Funktioniert die Arbeit auch, trotz oder wegen der postulierten dialogischen Führung? Der Bereich *Arbeit* subsumiert die Fragen- und Maßnahmenbereiche des *Was? Wo?, Wann?* und *Wie?*

Wie bewerten die so zusammen arbeitenden Menschen das soziale Klima durch die postulierte dialogische Führung? Der Bereich *Wert* subsumiert die Fragen und Maßnahmenbereiche des Existenziellen, des Koexistenziellen und damit der Reziprozität – also der Gegen- und Wechselseitigkeit – und der Dialogizität.[126]

Wird die postulierte dialogische Führung im untersuchten Unternehmen sowohl subjektiv wie auch objektiv als sinnvoll erlebt? Der Bereich *Sinn* subsumiert die Fragen und Maßnahmenbereiche des *„Wozu?"* und *„Wohin?"*; des Ätiologisch-prospektiven und des Teleologischen.

6.5 Vorgehensweise und Durchführung

6.5.1 Zielgruppe und Auswahlkriterien

Als Zielgruppen wurden Führungskräfte aus verschiedenen Bereichen ausgewählt. Wollte man das untersuchte Unternehmen hierarchisch gliedern, so besteht es aus

Filialmitarbeitern – Filialleitungen – Gebietsverantwortlichen – Regionalverantwortlichen (Mitglieder der Geschäftsleitung).

In den Filialleitungen findet man Führungskräfte, die natürlich selbst Mitarbeiter zu führen haben, wie auch selbst Vorgesetzte in Form der Gebietsverantwortlichen haben. Das gleiche gilt für die Gebietsverantwortlichen im Hinblick auf ihre Mitarbeiter in Person der Filialleitungen und für ihren Vorgesetzten in der Person der jeweiligen regionalverantwortlichen Geschäftsführer.

Da es in der Forschungsarbeit um das Verhältnis von Führung und Selbstführung geht, wurde die Geschäftsführung, die ja nicht geführt wird – außer, streng genommen, von sich selbst – ausgeklammert. Aus dem gleichen Grund wurden keine „normalen" Mitarbeiter befragt, weil diese nun einmal niemanden zum führen haben –

126 „In engem Zusammenhang zu den Begriffen Polyphonie und Redevielfalt von BACHTIN geprägter Begriff, der im Sinne einer diachronen Sprachauffassung den Austausch und das Zusammenklingen verschiedenster Stimmen und Diskurse meint. Im Gegensatz zur monologischen, dogmatisch-konservativen Sprache zeichnet sich eine dialogische durch Offenheit, Polyvalenz und Hybridität aus, da [...] in jedem Augenblick Sprachen verschiedener Epochen und Perioden des sozioideologischen Lebens [koexistieren]." Aus: http://avalon.germanistik.fu-berlin.de/~ltin/Glos/dialogizitaet.htm - Abruf: 2008_05_08

außer, streng genommen, auch sich selbst. Allerdings könnte man sich ja auch fragen, wie sich die Geschäftsführung zu der Frage der dialogischen Führung verhält, weil sie natürlich unmittelbar und mittelbar mit Führungskräften und „gewöhnlichen" Mitarbeitern in Kontakt steht und die Führungskultur wesentlich prägen dürfte.

Als Zielgruppe für eine qualitative Untersuchung sind die ca. 10.000 Mitarbeiterinnen und Mitarbeiter (Stand 2004) zu groß Bei einer solch großen Zahl an Mitarbeitern wäre eine quantitative Untersuchung mittels Fragebogen erforderlich, um repräsentative Ergebnisse zu erzielen. Allerdings ist ein Fragebogen nur bedingt geeignet, um den Bedeutungsgehalt von Dialog und Führung zu ermitteln (s. Kap. 6.3.2).

Kurz: Das zu untersuchende Thema *Dialog und Führung* erfordert immanent die ihm adäquate Untersuchungsmethode – deshalb fiel die Wahl auf das qualitative, nicht standardisierte Interview[127], welches Perspektiven eröffnet und den Dialog zwischen Interviewten und Interviewer zulässt, da der Interviewer nach Möglichkeit lediglich eine passiv-anregende Rolle übernimmt.

Durch die o. g. beiden Zielgruppen wird die Doppelperspektive Führungskraft - Mitarbeiter und Mitarbeiter - Führungskraft für die Befragung möglich.

Bei der Auswahl für die Interviews wurden darüber hinaus bestimmte Gütekriterien angelegt:

Die Befragungen sollten sich möglichst über das ganze Unternehmen erstrecken. Aus diesem Grunde wurden aus den – zur Zeit der Untersuchung – acht Regionalbe-

[127] Hierzu: „Die unstrukturierte Befragung zielt darauf ab, sehr in die Breite und die Tiefe zu gehen, daher wird sie auch als Tiefen- oder Intensivinterview bezeichnet. Dabei steht dem Interviewer methodisch - wenn überhaupt - nur mehr ein Gesprächsleitfaden zur Verfügung, in dem das Interviewziel, einige Themengruppen und eventuell ad hoc formulierte Fragen festgehalten sind. Es ist meist ein sehr freier aber dennoch gesteuerter Gesprächsverlauf, daher ähnelt seine Form am ehesten einem Alltagsgespräch.
Vorteilhaft bei dieser Vorgehensweise ist, dass viele Informationen und Detailwissen gewonnen werden kann. Dadurch sind die hinter den Aussagen stehenden Bedeutungsstrukturierungen des Interviewten klar erkennbar."
http://arbeitsblaetter.stangl-taller.at/FORSCHUNGSMETHODEN/Interview.shtml - Abruf: 2008_05_23

reichen jeweils drei Filialleitungen ausgewählt (8 x 3 = 24 Interviews) sowie aus jeder Region ein Gebietsverantwortlicher (8 Interviews).

Zudem wurde darauf geachtet, dass ein ausgewogenes Verhältnis von älteren und jüngeren, von langjährigen und erst seit Kurzem tätigen, weiblichen und männlichen Führungskräften sichergestellt würde. Daraus ergab sich eine Liste mit Namen möglicher Mitarbeiterinnen und Mitarbeiter für die Interviews. Warum sind diese Kontrastdimensionen für die Fragestellung relevant? Die älteren Mitarbeiter dürften in ihrem Berufsleben wahrscheinlich mit unterschiedlichen Führungspraktiken konfrontiert worden sein. Die langjährigen Mitarbeiter haben den Strukturwandeln und damit verbunden die Entstehung einer dialogischen Führung im befragten Unternehmen erlebt und „überlebt“. Den jüngeren Führungskräften fehlt mehr oder weniger die Vergleichsmöglichkeit. Damit sind unterschiedliche Perspektiven und Zugangsweisen zum Forschungsfeld und damit strukturell eine dialogische Perspektive gegeben.

Die Anonymisierung wurde durch den Forscher selbst vorgenommen in Form einer zweistufigen Verschlüsselung. Ferner wurde bei der Transkription darauf geachtet, dass Namen oder Ortsangaben nicht übertragen werden. Am Ende hat ein jedes Interview eine Nummer, die sich aus der Organisation von Textdokumenten im Rahmen der Transkription der Audioaufzeichnungen ergeben hat. Urquelle sind die Audioaufzeichnungen, auf die hin die Transkriptionen auf Authentizität geprüft worden sind.

Die Interviews sollten auch möglichst nahe an der täglichen betrieblichen Praxis stattfinden und dennoch abseits, zum Beispiel in einem Nebenraum der Filiale oder in angrenzenden öffentlichen Räumen.

6.5.2 Zugang zum Forschungsfeld

Der erste Kontakt zum befragten Unternehmen war bereits im September 2002, während des Sabbaticals des Autors dieser Forschungsarbeit, um zu eruieren, ob das Unternehmen bereit wäre, ein Forschungsvorhaben zum Themenbereich Dialog, Führung und Zusammenarbeit in Form von Befragungen zu ermöglichen. Dem Forscher war das Unternehmen sowohl aus der Wirtschaftspresse wie auch aus Kundenperspektive bekannt. Die Bereitschaft wurde in einem Gespräch – zwischen dem damals geschäftsführenden Gesellschafter und dem Autor dieser Forschungsarbeit – grundsätzlich bejaht. Bis es schließlich so weit kommen konnte, verging noch einige Zeit. Es folgte darauf ein Gespräch mit dem geschäftsführenden Gesellschafter, dem betreuenden Professor und dem Autor dieser Forschungsarbeit. Dabei wurde der Zugang zum Forschungsfeld, sprich zu den potentiellen Interviewees, über die Personalabteilung des zu befragenden Unternehmens vereinbart. Bedingt durch eine berufliche Neuorientierung kam es in der ersten Hälfte 2003 zu einer Einladung zur Teilnahme an einem firmeninternen Seminar zum Thema „Wahrnehmung – Individualität und Arbeitsgemeinschaft" (zu einem aktuellen Seminarangebot s. Anl. 3). Nachdem das Sabbatical zu Ende ging und der berufliche Wechsel abgeschlossen war, wurde es möglich das Forschungsvorhaben wieder zu forcieren. In Absprache mit dem betreuenden Professor sollte der Zugang zum Forschungsfeld bzw. zu den Interviewees über vertrauenswürdige Personen aus dem „Ressort Mitarbeiter" unter Information und Genehmigung des Betriebsrats ermöglicht werden. Aus einem weiteren Gespräch mit der für Aus- und Weiterbildungsfragen zuständigen Person ergab sich die anzusprechende wie auszuwählende Zielgruppe für die beabsichtigte Befragung. Der Zugang zum Forschungsfeld beziehungsweise zu den zu interviewenden Menschen wurde durch ein allgemeines Anschreiben des *Ressorts Mitarbeiter* ermöglicht (s. Anl. 1). Alle 32 Interviews – mit 24 Filialleitungen und 8 Gebietsverantwortlichen – wurden im Verlauf des Jahres 2004 durchgeführt, davon 19 Filialleiterinnen und 5 Filialleiter sowie mit drei weiblichen und 5 männlichen Gebietsverantwortlichen. Damit wurde auch dem Sachverhalt entsprochen, dass im befragten Unternehmen (b.U.) mehr Frauen als Männer mitarbeiten.

Generell lässt sich sagen, dass sich die vom Interviewer geplante Dauer von ca. 90 Minuten – über alle 32 Interviews hinweg – praktisch von wie alleine ergeben hat. Waren die Interviewees zu Anfang sehr skeptisch, was sie wohl in dieser langen Zeit von sich geben könnten, so war nach den Interviews das Erstaunen umso größer, dass die Zeit so schnell verflossen sei.

6.5.3 Kodierung und Kategorisierung oder sequenzielle Analyse?

Nach der Transkription stellte sich die Frage in welche Richtung die Analyse vorzunehmen wäre?

Nach FLICK (2002, 257f.) gehört die Interpretation von Daten zum Kern qualitativer Forschung – mit unterschiedlichem Stellenwert; im Rahmen dieser Forschungsarbeit in Form von Texten, durch die Verschriftung der in Audiodateien dokumentierten Interviews.

Grundsätzliche Auswertungsstrategien beziehungsweise Analyseverfahren sind:

- die Kodierung und Kategorisierung
- die sequenzielle Analyse.

Mit der Interpretation von Texten können nach FLICK zwei gegenläufige Ziele verfolgt werden: „Das Aufdecken, Freilegen oder Kontextualisieren der enthaltenen Aussagen usw. führt in der Regel zu einer Vermehrung des Textmaterials – zu kurzen Passagen des Ursprungstextes werden seitenlange Interpretationen geschrieben. Die andere Strategie zielt auf die Reduktion der Ursprungstexte durch Zusammenfassung, Kategorisierung etc.“

Im Vorfeld der nichtstandardisierten Interviews wurden deshalb keine speziellen Kategorien angefertigt, anhand deren das Datenmaterial hätte subsumiert werden sollen.

Erste Analyseschritte wurden mittels AQUAD[128] – Programm zur Analyse qualitativer Daten – gemacht. Die Arbeiten an der Kodierung und Kategorisierung erwiesen sich jedoch als wenig erfolgversprechend im Hinblick auf die zentrale Fragestellung (s. Kap. 6).

Auf der Suche nach anderen qualitativen Analyseverfahren wurde in einem der Landauer Forschungskolloquien eine Neuorientierung an der Methode der objektiven Hermeneutik als Ziel führend erachtet (s. Kap. 6.3). Dadurch musste vom Autor noch einmal überdacht werden, wie viele von den 32 durchgeführten Interviews sequenziell analysiert werden sollten? Aufgrund des zeitaufwändigen Analyseverfahrens waren im Rahmen dieser Forschungsarbeit nur zwei Analysen mit Filialleitungen realistisch. Von der Analyse eines Interviews mit einer/einem Gebietsverantwortlichen

[128] vgl. http://www.aquad.de/

wurde aus dem besagten Grund Abstand genommen, weil auch für Filialleitung wie auch für Gebietsverantwortliche gilt: sie selbst sind vorgesetzte Führungskraft, haben selbst aber auch eine vorgesetzte Führungskraft.

6.6 Fallbestimmung und pragmatische Rahmung

Mit den im Rahmen dieser Forschungsarbeit zu führenden Interviews sollten die Themenbereiche *Wahrnehmen, Denken, Dialog, Führung und mitunternehmerisches Handeln* erfragt werden. Wie in Kap. 6.5.1 bereits erwähnt wurde, zeichnen sich Filialleiterinnen und Filialleiter dadurch aus, dass sie selbst Führungskräfte sind und ihrerseits selbst Vorgesetzte in der Person einer/eines Gebietsverantwortlichen sowie unmittelbare Kundenkontakte haben. Für diese gilt Reziprozität und Dialogizität in besonderem Maße. Wenn es im Einzelhandel ganz generell darauf ankommt, dass der Einzelne handelt beziehungsweise handlungsfähig ist, so ist es für ein Filialkonzept besonders wichtig – denn die Filiale ist in der Regel weit weg von der Firmenzentrale und die Geschäftsleitung dadurch auch. Umso interessanter ist, inwieweit die von der Geschäftsführung impulsierte dialogische Führungskultur auch in der Peripherie Praxis ist? Die Interviews umfassten deshalb die o.g. Themenbereiche im Hinblick auf die zentrale Fragestellung und das Ziel dieses Forschungsvorhabens (s. Kap. 6 und 6.1).

6.7 Auswahl und Interaktionseinbettung

Jede zu interviewende Person ist in eine Primärgruppe beziehungsweise Familie eingebettet. Diese wiederum in ein soziales Umfeld mit bestimmten Lebensumständen beziehungsweise in der beruflichen Arbeit in eine bestimmte Branche. Das eigene Arbeitsfeld, in dieser Forschungsarbeit die einzelne Filiale, befindet sich in einer bestimmten Region des national wie auch international agierenden Unternehmens. Letztlich ist jeder Mensch wie auch das Unternehmen, in dem er arbeitet, Teil der Gesellschaft (s. Kap. 2). Im Rahmen ihrer arbeitstäglichen Führungsarbeit haben die Filialleiter täglich Entscheidungen zu treffen, die Zusammenarbeit zu koordinieren und zu harmonisieren wie auch Kundenkontakte. Die Auswahl fiel auf eine langjährige Filialleiterin und einen langjährigen Filialleiter.

Wie in Kap. 6.5 bereits dargestellt, wurden die zu befragenden Filialleiter/-innen von der für Aus- und Weiterbildung zuständigen Person nach den o. g. Kriterien ausgewählt und per Rundschreiben angeschrieben. Die für die betreffenden Verkaufsgebiete und Regionen zuständigen Führungskräfte wurden ebenso informiert wie der Gesamtbetriebsrat. Im Ankündigungsschreiben[129] durch das Ressort Mitarbeitermanagement wurde erwähnt, dass die beabsichtigte Befragung im Rahmen einer Dissertation an der Universität Landau durchgeführt und ausgewertet würde.

Für die erforderliche Transparenz im Hinblick auf das Forschungsthema, das Interview, die Aufzeichnung auf Tonträger und die gegebene Anonymität hat das Schreiben seinen Zweck erfüllt; zumal aus dem Verteiler hervorging, dass der Gesamtbetriebsrat darüber informiert sei.

Die Entscheidung, den Kontakt zu den vorgesehenen Interviewees über eine bekannte Person der Abteilung Aus- und Weiterbildung anzukündigen lässt sich damit begründen, dass schon beim *Zugang* zu den Befragenden die *Vertrauensbasis* wichtig ist und es sich daher empfiehlt, den Zugang über Dritte zu suchen, die als Vermittler zwischen Forscher und Befragten *beider* Vertrauen genießen.

Aufgrund der dann vorliegenden Adressen wurden die vorgesehenen Interviewpartner vom Forscher im Folgemonat angerufen und danach gefragt, inwieweit ihnen das Rundschreiben aus der Zentrale bekannt sei. Bei allen lag das Schreiben vor und viele der Angeschriebenen erwarteten bereits die Kontaktaufnahme. Alle Interviewees machten auf den Interviewer den Eindruck, dass sie bereitwillig seien ein solches Interview durchzuführen. Vor Beginn eines jeden Interviews hat sich der

[129] Je nachdem könnte der Interviewer als unabhängiger Forscher, unabhängiger Berater, als „Abgesandter" der Unternehmensleitung wahrgenommen und gedeutet werden. Aus dem Schreiben geht zwar nicht explizit hervor, dass den angeschriebenen, potenziellen Interviewees nicht eingeräumt wurde, dem Anliegen nicht nachkommen zu brauchen. Streng genommen könnten die Adressaten das Schreiben aus der Zentrale auch als Anweisung auffassen.
In diesem Stadium des gesamten Forschungsvorhabens hätte das Anschreiben, durch zur Verfügungsstellung von Namen und Adressen, auch vom Forscher verfasst werden können, um explizit als von dem Unternehmen unabhängiger Forscher zu erscheinen – methodisch wird daraus kein Problem, wenn man die Folgen der gewählten Form bei der Analyse als pragmatische Rahmung berücksichtigt.

Forscher noch einmal auf das Rundschreiben berufen und klargestellt, dass er unabhängig sei und dieses Interview für sein Forschungsvorhaben im Rahmen der Universität zu sehen sei. Die Interviews würden natürlich anonymisiert und analysiert wie auch im Rahmen eines Promotionsverfahrens – zumindest auszugsweise – veröffentlicht. Jeweils vor Beginn einer Tonbandaufzeichnung wurde die vom Forscher verfasste Orientierungshilfe (s. Anl. 2 – Qualitative Sozialforschung – methodisch-technische Gesichtspunkte für qualitative Interviews) an die Interviewees zum Durchlesen ausgeteilt und daraufhin miteinander besprochen. Erst danach wurde das Aufnahmegerät aktiviert. Eine solche Interviewsituation war praktisch für alle Interviewees ein Novum. Damit sich die unterschiedliche Aufgeregtheit rasch würde legen können, animierte der Forscher einfach mit dem Erzählen über die genannten Themenfelder zu beginnen und hat deshalb auf eine Einführungsfrage zu Beginn verzichtet.

6.8 Auswertung der Interviews

6.8.1 Interview Nr. 1021 – Fallbestimmung und Intervieweinbettung

Bei diesem Interview handelt es sich um eine längjährige Mitarbeiterin mittleren Alters, die zurzeit des Interviews seit zwanzig Jahren im untersuchten Unternehmen tätig war – davon rund die Hälfte der Zeit als Filialleiterin. Innerhalb ihrer Mitarbeit kam es zur radikalen Veränderung der Organisationsstruktur und damit einhergehend der Führungskultur. Damit ist sie praktisch „Zeitzeugin".
Als Filialleiterin ist sie Angestellte des Unternehmens und Führungskraft. Damit gelten für sie die Bestimmungen des Arbeitsrechts (s. Kap. 1.6). Sie ist aufgrund eines privatrechtlichen Vertrags im Dienste eines anderen zur Leistung weisungsgebundener, fremdbestimmter Arbeit in persönlicher Abhängigkeit verpflichtet. Gleichzeitig ist sie als Führungskraft - in Vertretung des juristischen Unternehmers - gegenüber ihren Mitarbeiterinnen und Mitarbeitern weisungsberechtigt. Die Mitarbeiterinnen und Mitarbeiter sind ebenfalls im Rahmen eines Anstellungsvertrags in der Filiale „unselbständig", da weisungsgebunden, tätig. Diese positional-strukturelle Gegebenheit ist ein Faktor für die Filialpraxis. In der Funktion der Arbeitsleiterin ist sie aber für möglichst effiziente Abläufe bzw. Arbeitsprozesse verantwortlich, für das *Was* und das *Wie*, die unabhängig von der arbeitsrechtlichen Gegebenheit zu gestalten sind.

Dabei ist sie aber auf die kreative und initiative Mitarbeit ihrer weisungsgebundenen „Untergebenen" angewiesen – aufgrund des „Managements für eine neue Zeit" (s. Kap. 1.1). Ihr obliegt damit die Koordination von Arbeitsteilung und Zusammenarbeit. Anweisungen und Kontrolle stellen vor allem eine juristische Option dar. Für die Filialpraxis ist dies eine durchaus notwendige aber längst nicht mehr hinreichende Bedingung für eine wirtschaftlich erfolgreiche Dienstleistung im Hinblick auf die Kundschaft. Das Direktionsrecht ist zwar weiterhin gegeben, doch die Koordination von Arbeitsteilung und Zusammenarbeit erfordert mehr: Kommunikation, Dialog und Koinonia, ***das heißt die Filialleiterin befindet sich im Spannungsfeld von Direktion und Evokation***. Im Interview ging es deshalb um die Themenbereiche Wahrnehmen, Denken, Dialog, Führung und mitunternehmerisches Handeln (s. Kap. 2 und 3) - wie in den Kapiteln 6.6 und 6.7 beschrieben.

Das Interview fand am Rande des Arbeitsplatzes in einem Café statt. Das Interview war, wie alle anderen per Rundschreiben, unter Verweis auf den Interviewer und dessen initiative Kontaktaufnahme angekündigt und der definitive Termin mit dem Interviewer vereinbart; mit der Möglichkeit von diesem Interview Abstand zu nehmen. Vor dem Interview wurden mit der Interviewee das allen vorliegende Ankündigungsschreiben sowie Inhalt, Ablauf und Dauer des Interviews besprochen. Interviewt zu werden und dazu noch so lange erschien allen Interviewees äußerst ungewöhnlich. Den Filialmitarbeiterinnen und -mitarbeitern war bereits durch die Filialleiterin bekannt, dass diese in den nächsten eins bis zwei Stunden nicht zu sprechen sei: Nach einer kurzen Kennenlernphase von ca. fünf Minuten wurde das Aufnahmegerät aktiviert. Dabei wurde vom Interviewer weniger eine konfrontative Position eingenommen als vielmehr eine passiv anregende, die der Reflexion wie auch einem möglichst freien Gedankenfluss Raum verschafft.

6.8.2 Interview Nr. 1046 – Fallbestimmung und Intervieweinbettung

Bei diesem Interview handelt es sich um einen langjährigen Mitarbeiter zwischen 30 und 40 der etwa ein Drittel seiner Mitarbeit sowohl stellvertretender Filialleiter als auch Filialleiter war. Auch hierbei war es wichtig, dass der Interviewee die radikale Veränderung der Organisationsstruktur miterlebt hat. Zudem sollte auch eine männliche Führungskraft zu Wort kommen.

Das Interview fand in einem separaten Besprechungsraum in einem anderen Stockwerk der dortigen Filiale statt. Alle anderen Rahmenbedingungen waren im Vorfeld dieses Interviews wie für das Interview 1021 beschrieben.

7 Ergebnisse, Folgerungen sowie weitere Entwicklungs- und Forschungsperspektiven

Im bisherigen Verlauf dieser Forschungsarbeit wurde bewusst darauf verzichtet, dialogische Führung als Führungskonzeption zu kategorisieren.

Bevor der Versuch einer Charakterisierung gemacht wird, sollen deshalb die analysierten Interviews (S. 153ff.) wahrgenommen werden. Daraus können dann weitere Folgerungen gemacht und weitere Entwicklungs- und Forschungsperspektiven entworfen werden.

Ein „wirksames Management für eine neue Zeit" (s. Kap. 1.1) muss die Gegebenheiten der Unternehmenspraxis hinnehmen – um aus deren Reflexion unter anderem eine tragfähige Führungskultur zu entwickeln und zu gestalten. Mit einem Führungsmotto: „Oben wird gedacht – unten wird gemacht" lassen sich Unternehmen nur noch schwerlich führen.

Diese Problematik wird besonders im Interview 1021 deutlich ausgesprochen.

„Aber Entscheidungen und Mitdenken war absolut nicht gefragt" (I: 1021, Z: 16)

„Die Riege, die damals gedacht hat, ..., die haben für die Mitarbeiter und auch für die Filialleiter gedacht." (I: 1021, Z: 18 – 20)

„Es gab Anweisungen und diese hatte man ohne wenn und aber auszuführen." (I: 1021, Z: 22 – 23)

„Die Führungsstrategie war grandios. Denken sollte man nicht, musst man nicht, durfte man auch nicht." (I: 28 – 29)

„Mit der neuen Unternehmensstruktur muss man – ... – umgehen können, das ist das Riesenproblem." (I: 1021, Z: 118 – 122)

Aufgrund der Praxis ist eine Neuorientierung erforderlich und nur in ihr kann diese realisiert werden. Eine ausgedachte Führungskonzeption lässt sich nicht einfach überstülpen. Der erforderliche Wandel vollzieht sich bestenfalls graduell, indem das Gewordene hinterfragt werden kann beziehungsweise wird, indem es zu einem Umdenken kommen kann beziehungsweise kommt, in dem Neues kreiert werden kann bzw. wird und indem dieses Neue in den bestehenden Unternehmensorganismus so integriert werden kann und wird, dass damit eine nachhaltige Entwicklung verbunden ist.

Philosophen können in einem solchen Entwicklungsgeschehen mäeutisch wirksam werden. Aus diesem Grunde ist es auch erst an dieser Stelle angebracht, die im befragten Unternehmen als „Dialogische Führung“ bezeichnete Führungskultur zu charakterisieren.

7.1 Dialogische Führung – Versuch einer Charakterisierung

Unternehmen als soziale Systeme bzw. soziale Organismen lassen sich nach GLASL/LIEVEGOED (2004, S. 15) in drei Subsysteme gliedern:

- kulturelles Subsystem
- soziales Subsystem
- technisch-instrumentelles Subsystem

Außer der Systemebene gibt es natürlich noch die Individualebene. Es sind die einzelnen Menschen, die die betriebliche Praxis gestalten. Diese Wechselseitigkeit von Systemebene und Individualebene führt zu Strukturen, Prozessen und einem sozialen Klima – und zu einer korporierten Identität innerhalb eines Unternehmens.

Strukturen und Prozesse sollen dazu dienen, dass die anfallenden Arbeiten – das Was beziehungsweise das *to know what* – möglichst effizient – durch ein entsprechendes Wie, also dem *to know how* – erledigt werden.

Eine Unternehmensleitung hat u. a. dadurch ihre Legitimation, dass sie organisational für entsprechende Arbeitsroutinen sorgt. Die „Funktionalitäten“ auf der Systemebene – Struktur- wie Prozessorganisation – führen in der Unternehmenspraxis zur Entlastung von Verantwortung.

Im befragten Unternehmen führte der in Kapitel 5.2 beschriebene Vorgang bezüglich der Ladentheke dazu, dass die bisherige Arbeitsroutine zu einer krisenhaften Situation führte: Systemebene und Unternehmens-Praxis klafften auseinander. Die Filialleiterin verhielt sich systemkonform, jedoch nicht sachdienlich und damit nicht selbständig und intelligent – geschweige denn im Sinne des unternehmerischen Ganzen; hier die Prävention von Diebstählen.

Als – durch Anstellungsvertrag – weisungsgebundene Mitarbeiterin handelte sie zwar systemkonform, aber letztlich gegen ihren gesunden Menschenverstand. Wie hätte sie sich wohl verhalten, wenn sie die Inhaberin dieses Drogeriegeschäftes gewesen wäre?

Durch diese Krise wird auch der latente Konflikt Hierarchieorientierung vs. Prozessorientierung virulent.

Die Unternehmensleitung reagiert darauf mit einer Verlagerung der Verantwortlichkeiten von der Systemebene auf die Filial- bzw. Individualebene, die in Kapitel 5.2 mit „Filialen an die Macht" beschrieben wird. Damit werden die einzelnen in den Filialen mitarbeitenden Menschen in die Situation versetzt teilautonom zu handeln, da es den bisherigen vorgesetzten Bezirksleiter in dieser Funktion gar nicht mehr gibt.

Durch diesen Wechsel in der Strukturorganisation des befragen Unternehmens sind die Filialleitungen zunächst einmal auf sich alleine gestellt. Die/der einzelne Filialleiter(-in) kann machen und handeln; natürlich nicht völlig autonom, doch innerhalb des unternehmerischen Ganzen hat sich der Handlungshorizont vergrößert.

An die Stelle des Bezirksleiters, dem es bei der Verantwortlichkeit für in der Regel ein halbes Dutzend Filialen praktisch möglich war wöchentlich die Filialen aufzusuchen und dort anzuweisen und zu kontrollieren, tritt der Gebietsverantwortliche. Allein schon die neue Bezeichnung für diese Funktion lässt ahnen, dass sich das Verhältnis von Filialleitungen und deren vorgesetzten Führungskräften gewandelt haben dürfte. Ein klares Datum dafür liefert die Managementverantwortung für nun rund zwei Dutzend Filialen innerhalb eines neu geschaffenen Filialgebiets. Daraus folgt, dass die/der Gebietsverantwortliche durchschnittlich nur einmal im Monat eine

Filiale aufsuchen kann. Aus zwei Hierarchieebenen, Bezirksleiter und Gebietsverkaufsleiter, wurde eine: die/der Gebietsverantwortliche. Dadurch ist auch der direkte Kontakt vom Gebietsverantwortlichen zum für eine Filialregion – bestehend aus mehreren Filialgebieten – verantwortlichen Geschäftsführer unmittelbar gegeben.

Durch die überwiegende Abwesenheit[130] der/des Gebietsverantwortlichen muss sich eine Filiale mehr und mehr selbst organisieren. Auf die Ferne lässt sich schlecht befehlen beziehungsweise anweisen. Je weiter beziehungsweise je länger die für ein Filialgebiet zuständige Führungskraft weg ist, desto ungenauer müssen Anweisungen sein – so paradox das auch klingen mag –, damit die einzelne Filiale, das heißt die dort tätigen Filialmitarbeiter vor Ort,[131] im Sinne des unternehmerischen Ganzen – orientiert am Kunden – handeln können: nämlich selbständig. Die Anweisung aus der Ferne könnte fehl schlagen[132]. Ganz aus der Sache heraus muss sich die präzise Anweisung in eine „unscharfe“ Empfehlung verwandeln. Wesentlicher Bestandteil der Empfehlung ist, dass sie den anderen eben nicht in seiner Handlungsfreiheit einschränkt und dennoch eine Orientierungsmarke darstellt.

Die Strukturdimension hat natürlich auch Auswirkungen auf die Geschäftsprozesse und auf das Betriebsklima und die Führungskultur. Die Geschäftsprozesse erlangen mehr Gewicht und sind zentrales Thema für die Interaktion zwischen Gebietsverantwortlichen und Filialleitungen.

Natürlich gibt es weiterhin eine Aufbauorganisation – und zwar mit einer flacheren Hierarchie – unter Beibehaltung des Direktionsrechts. Das Spannungsverhältnis Hie-

[130] Die Informations- und Kommunikationstechnologien ermöglichen natürlich den Informationsaustausch und die Tele-Kommunikation zwischen Gebietsverantwortlichem und Filiale. Die physisch-psychische Präsenz ist aber qualitativ ganz anders einzustufen als die Tele-Kommunikation.

[131] Vor Ort bedeutet in diesem Zusammenhang am „point of sale“ aus Unternehmenssicht wie auch am „point of purchase“ aus Kundensicht.

[132] Im Tierreich finden wir dieses Phänomen bei den Bienen. Je weiter eine Bienenweide vom Bienenstock entfernt ist, desto ungenauer werden die Elemente des Bienentanzes, die auf die Entfernung von Nahrungsvorkommen hinweisen. Doch die Ungenauigkeit hat Präzision und bewirkt, dass das ungenaue *Zielgebiet* wahrscheinlicher erreicht wird als ein genauer *Zielpunkt*. Vgl. hierzu HELD, W. (2000) *Der Bienentanz: Präzision der Ungenauigkeit*. In *Das Goetheanum* 79. Jg., Nr. 12, S. 242., Dornach

rarchieorientierung vs. Prozessorientierung ist weiterhin gegeben, doch die Direktionsmacht verliert an Bedeutung. Was könnte an ihre Stelle treten?

In die Zeit der radikalen Strukturänderung fällt auch der Kontakt zu den Gründern des Friedrich von Hardenberg Instituts (s. Kap 5.2). Möchte man einen Philosophen als „Spezialisten fürs Allgemeine“ charakterisieren, dann entstand durch die Zusammenarbeit die Möglichkeit diesen organisationalen Wandel und den damit zwangsläufig einhergehenden Wandel in der Führungskultur zu reflektieren und damit – im Wortsinne – begreifbar zu machen sowie neue Fähigkeiten zu erlernen, die allgemein als personale Kompetenzen umschrieben werden können.

DIETZ (2008b, S. 20) beschreibt das (s. Kap. 5.2) wie folgt: „Zwei Mitarbeiter des Hardenberg-Instituts bewegten sich ein Jahr lang (mit Unterbrechungen) durch das befragte Unternehmen an seinen verschiedenen Standorten und Tätigkeitsfeldern. Dem Abschlussbericht folgte der Auftrag zur Gestaltung eines Seminars für Führungskräfte. [...] Von ‚Dialog’ war da noch nicht die Rede, sondern von Persönlichkeitsentwicklung.“

Die bisherige Unternehmenspraxis mit ihren Routinen wurde durch das „Motto Filialen an die Macht“ einem kreativen Zerstörungsprozess[133] – im Sinne Goethes einem Stirb-und-Werde-Prozess – ausgesetzt.

Im Laufe der langjährigen Zusammenarbeit hat sich dann der Begriff „Dialogische Führung“ herauskristallisiert. Dabei kann der Begriff nur etwas begreifbar machen wollen, das erst im Begriff ist sich zu entwickeln.

Da bislang auf die „Dialogische Führung“ von DIETZ/KRACHT noch nicht näher eingegangen worden ist, ist es nach der Analyse der Interviews 1021 und 1046 an der

[133] vgl. hierzu SCHUMPETER, J. A. (2005) „Kapitalismus, Sozialismus und Demokratie“, wo er den Unternehmer als „schöpferischen Zerstörer“ beschreibt. Jegliche ökonomische Entwicklung baut auf den Prozess der schöpferischen Zerstörung auf.
„Zerstörung“ ist hier im ökonomischen Sinne zu verstehen, das heißt die ökonomische Entwertung bisheriger, Wert schöpfender Faktorallokation durch eben eine Neuallokation der Wirtschaftsfaktoren. So betrachtet ist die Zerstörung alter Strukturen notwendig, damit eine Neuordnung entstehen kann – in diesem Anderswerden drückt sich organisationale Entwicklung aus.

Zeit die wesentlichen Elemente der dialogischen Führung darzustellen. Im Fallbeispiel über das befragte Unternehmen wird diese von DIETZ/KRACHT (2002 und 2007) umfassend dargestellt. Aus diesem Grunde sollen nur die wesentlichen Merkmale dieser Führungskultur dargestellt werden.

7.1.1 Elemente einer dialogischen Führung – Vereinbarung und Empfehlung

Nach DIETZ/KRACHT (2007, S. 76 - 80) kann auch im Rahmen einer dialogischen Führung – realistischer Weise – nicht gänzlich auf Anweisungen und Kontrollen verzichtet werden.

Wodurch aber kann eine aktive Rolle aller Beteiligten ermöglicht werden?

Mittels *Vereinbarung* soll „ ... nach einem Beratungsprozess, in dem beide Seiten ihre Beiträge einbringen konnten, gemeinsam das Ergebnis festgestellt und das Handeln festgelegt [werden]."
„Eine *Empfehlung* [lässt] dagegen offen, wie der Empfehlungsempfänger letztlich handeln wird. Damit „ [trifft] die letzte Entscheidung jedoch der Adressat der Empfehlung. ... Führung durch Empfehlung ist in dieser Hinsicht nicht ‚weicher' als die Führung durch Anweisung. Aus [...] dem ergibt sicht mit sachlicher Notwendigkeit auch, dass eine gegebene Empfehlung nicht einfach vernachlässigt werden kann. Wer die Hintergründe verstanden hat – und dafür muss gesorgt sein –, kann sich nicht einfach über sie hinwegsetzen. Handeln wird in der dialogischen Führung nicht über Gehorsam ausgelöst, sondern über eigenständiges, sachorientiertes Verstehen. [...] Empfehlung meint also nicht etwas Unverbindliches. Ob eine Handlung gut oder schlecht war, richtet sich nicht nach dem Wunsch eines Vorgesetzten, sondern ist nach sachlichen Kriterien eigenständig zu entscheiden und zu verteidigen, das heißt in Form eines Erkenntnis leitenden Dialogs. [...] Die Praxis bestätigt: Die Empfehlung ist das unbequemste der aufgeführten Führungselemente. [...] Wer eine Empfehlung gibt oder entgegennimmt, muss auf die Sicherheit verzichten, die selbst noch die freieste Vereinbarung bietet, denn der Ausgang der Unternehmung ist offen. Aber darin liegt die besondere Herausforderung zu eigener Ideenfindung und Entscheidung. [...] Wer dies bedenkt, wird auch erkennen, dass in der angeführten Reihenfolge der Führungselemente in einer dialogischen Führungskultur eine Dynamik

wirkt. Je mehr eine Führungsmaßnahme in Richtung Empfehlung und empfehlender Beratung tendiert, desto näher kommt sie dem Ziel eigenverantwortlichen und eigenbestimmten Handelns. Desto größer wird aber auch das Risiko, das der Führende eingeht. [...] Dialogische Kultur braucht die Bereitschaft zum Risiko."

Diese Präzisierung ist erforderlich, um die in den Interviews gemachten Äußerungen über Anweisungen und Empfehlungen in diesem Teil der Forschungsarbeit einordnen zu können.

7.1.2 Prozesse der Zusammenarbeit

Die Zusammenarbeit in einer Arbeitsgemeinschaft lässt sich nach DIETZ/KRACHT (2002, S. 76 - 83) in einer dialogischen Perspektive prozessual wie folgt charakterisieren:

- Individueller Begegnungsprozess – Wahrnehmen des Anderen
- Transparenzprozess – Einsicht in Gegebenheiten, Aufgaben und Ziele
- Beratungsprozess – Alternativen entwickeln und gedanklich durcharbeiten
- Entscheidungsprozess – Verantwortlichkeit für die Folgen

Sie präzisieren die Prozesse der Zusammenarbeit wie folgt:

„Individuelle Begegnung: Hier ist *Subjekt-Orientierung* im eigentlichen Sinne am Platze, und zwar als Orientierung auf das *andere* Subjekt, den anderen Menschen, den Mitarbeiter. [...]
Transparenz: In ihr stellt sich *Sach-Orientierung* in Reinform dar. Es geht darum, zu erfahren und mitzuteilen, was der Fall ist, sowohl im Kleinen wie im Großen und unabhängig davon, wie die eigene Stellung zu den mitgeteilten Sachverhalten ist. [...]
Beratung: Hier kommt zur Subjekt-Orientierung und zur Sachorientierung die *Ideen-Orientierung* hinzu, das heißt die Ausrichtung an der Zukunft des Unternehmens. [...]
Entscheidung: Hier geht der einzelne von der ‚Orientierung' zur *Gestaltung* über, mit allem was dazu gehört. [...] Verantwortung und Durchführung werden so weit wie irgendwie möglich der Eigeninitiative der Mitarbeiter überlassen. [...]. Führung er-

streckt sich auf die Beratungs- und Entscheidungsprozesse und deren Voraussetzungen (Begegnung und Transparenz)."

Die von DIETZ/KRACHT hier beschriebenen Prozesse sind so allgemein gehalten und gelten daher für Führung ganz allgemein. Doch was ist das Spezifische an einer „Dialogischen Führung"?

7.1.3 Grundhaltungen des Dialogischen

Mit dem Wechsel von der monologischen zur dialogischen Führungsperspektive ist auch eine Umorientierung verbunden (s. Kap. 3.8) – Orientierung als geistige Einstellung beziehungsweise spirituelle Haltung (s. Kap. 1.2):

- Gemeinsam einen Zusammenhang mit der Wirklichkeit herstellen
- Eindeutigkeit in der Begegnung der Absichten erreichen wollen
- Gefühle und Emotionen in den Dienst des Verstehens stellen
- Die gemeinsame Sache vorwärts bringen
- Für Unerwartetes offen sein

Mit diesen fünf Haltungen zum Dialogischen wollen DIETZ/KRACHT mehr eine Charakterisierung, denn eine Definition geben, was sie unter Dialog verstehen. Damit unterscheiden sie sich auch von BOHM (s. Kap. 3.4). Aus ihrer Sicht „sieht sich auch der Einzelne vor die Frage gestellt, wie es ihm gelingen kann, das Vorhaben ‚Dialog' selbst zu realisieren. Diesem Ziel dienen die [...] fünf Haltungen. [...] ... die je individuellen Bemühungen um diese Verstärkung [haben] sofort Auswirkungen. ... Wenn ich den anderen wirklich zu verstehen suche, wird auch er sein Verhalten ändern. Wenn ich an der geistigen Autonomie meiner Mitarbeiter interessiert bin, dann hat das unmittelbare Auswirkung auf deren Tätigkeit".

ELLINOR/GERARD (2000, S. 218 - 220) beschreiben dies – BOHM folgend – so:

„Ein Dialog wird zu einem transformatorischen Gespräch, wenn die Teilnehmer durch Führen des Dialogs eine andere Bewusstseinsebene fruchtbar machen können und damit einen Wandel in ihrem Denken, ihrem Handeln und ihren Beziehungen zu anderen bewirken. [...] Ein Bewusstsein der wechselseitigen Verbundenheit und Interdependenz ist eine unerlässliche Voraussetzung für die Schaffung erfolgreicher kollaborativer Partnerschaften. Die Fähigkeit, Unterschiedlichkeit und Vielfalt als positive Hebelkraft einzusetzen, ist ein wirkungsvolles Hilfsmittel für Zusammenarbeit. [...] In jeder von Zusammenarbeit geprägten Partnerschaft am Arbeitsplatz wird die Führungsverantwortung auf andere Weise geteilt. [...] Es ist unmöglich, eine wahre gemeinsame Sinnsetzung zu entwickeln, die repräsentativ für alle Teilnehmer und alle Standpunkte ist, ohne die Aufmerksamkeit darauf zu richten, welche Einstellung wir zu Unterschiedlichkeit und Vielfalt [...] haben.

An dieser Stelle ist es wichtig sowohl auf Überschneidungen als auch Unterschiede im Dialogverständnis von DIETZ (2008c, S. 53) und BOHM (s. Kap. 3.4 und 3.5) einzugehen.[134]

BOHM (2002; S. 33) macht zweierlei: Er erweitert den Dialog vom *Zwiegespräch* zu einem *miteinander Denken* vieler als freiem Sinnfluss, „... der unter uns, durch uns hindurch und zwischen uns fließt."

Für DIETZ (2008c; S. 53 - 55) ist *Logos*[135] „... diejenige Kraft, die sowohl in der Welt wirkt als auch im Menschen dasjenige darstellt, was man heute als ‚Ich' bezeichnet.

---

[134] In diesem Zusammenhang sei auch noch auf die beiden Arbeiten DIETZ, K.-M. (2001) *Dialog. Die Kunst der Zusammenarbeit,* 2. Auflage, Heidelberg und DIETZ, K.-M. (Hg.) (2004) *Leben im Dialog,* Heidelberg verwiesen.

[135] Nach DIETZ, K.-M. (2004, S. 11 – 13) – der über vorsokratische Philosophie promoviert hat - sprach Heraklit von Ephesus im 5. Jahrhundert v. Chr. vom *Logos.* „Heraklit legt drei Eigenschaften des Logos dar:

- Alle Dinge *geschehen* gemäß dem Logos. Alles, was in der Welt vorgeht, geschieht gemäß dem Logos. Im Übrigen erklärt Heraklit nicht weiter, was der Logos ist. Im Johannesevangelium wird er mit dem präexistenten Christus identifiziert. Die vorchristliche Philosophie geht natürlich nicht so weit. Sie sagt nur: Alles geschieht gemäß dem Logos.
- Der Logos ist entdeckbar für den Menschen – zwar nicht in der Sinneswelt; da sind nur die Dinge zu bemerken, die gemäß dem Logos geschehen; der Logos ist jedoch zu entdecken als das *Gemeinsame* in allen Dingen. Er ist das Gemeinsame sogar in den Gegensätzen, also z.B. in warm und kalt. Was warm ist, ist nicht kalt, das schließt sich aus. Und trotzdem müssen beide Eigenschaften etwas Gemeinsames haben, sonst hätte es gar keinen Sinn, von warm und kalt im Zusammenhang zu sprechen. Solch ein Gemeinsames, das sogar Gegensätze verbindet, ist der Logos.

Mit ‚Dialog' ist also eine Art des Zusammenwirkens gemeint, in dem der Logos als Wirkprinzip der Welt anwesend ist und in dem sich das Ich jedes einzelnen Menschen aufrecht erhält. Den Logos in mir ‚aufrecht zu halten' ist eine unnachahmliche Formulierung der Stoiker für die Forderung des Menschen an sich selbst nach angemessener Lebensführung. Die Stoiker sahen sich damit in der Nachfolge Heraklits. – Eine Zusammenarbeit in diesem Sinne ist ‚dialogisch' wenn sie von Mensch zu Mensch, von Ich zu Ich und zugleich direkt auf die Wirklichkeit geht. Dass seit Sokrates (gest. 399 v. Chr.) ‚Dialog' auch eine bestimmte Art des miteinander Sprechens meint, ist ein Spezialfall davon. Auch Sokrates ging es darum, in allem menschlichen

- Der Logos ist *unvergänglich*, im Unterschied zu den sichtbaren Welterscheinungen, den Dingen, die gemäß dem Logos geschehen. Diese sind dem Werden und Vergehen unterworfen.

Den Stoikern ging es später darum, dass der Mensch den Logos *in sich selbst* aufrecht erhalten kann. Das aber ist eine schwierige Aufgabe. Wie erfahre ich überhaupt als Mensch den Logos? Dazu gibt es ein Mittel: das Denken. Heraklit: ‚Gemeinsam ist allem das Denken.' Und ‚Alle Menschen haben Teil daran, gesund zu denken.' Das Denken ist das Mittel, mit dem wir uns in das wirkende, unsichtbare, unvergängliche Gemeinsame der Welt, in den Logos, hinein versetzen und in ihm leben können. Das formuliert Heraklit auf eine bis heute unübertroffene Weise in dem Satz: ‚Während doch der Logos gemeinsam ist, leben die Vielen, als hätten sie einen Privatverstand.' Was kann das heißen: *Privatverstand?* – Er besteht aus Meinungen und Standpunkten, aus alledem, was in der Informationsgesellschaft fälschlich als Wissen verkauft wird (J. Mittelstraß). Heraklit ist sehr modern. Die ‚Vielen', d. h. die Menschen, die das nicht durchschauen, leben, als *hätten* sie einen Privatverstand. Er sagt nicht, sie *haben* einen Privatverstand, und ich – Heraklit – habe etwas Besseres. Sondern *alle* Menschen haben den Logos in der Seele.' Aber viele merken es nicht. Sie leben, als hätten sie einen Privatverstand. ‚Während doch der Logos gemeinsam ist, leben die Vielen, als hätten sie einen Privatverstand.' – das kann man als Anregung nehmen für die Frage, was ich denn tun muss, damit der Logos ‚hindurch geht'.

Der Logos im Menschen unterscheidet sich grundlegend vom Logos in der Welt. Der Logos hat sich in der Welt manifestiert, die Dinge geschehen gemäß dem Logos. Im Menschen ist er jedoch nicht manifestiert, sondern da ist er noch am Werk. ‚Der Seele ist der Logos eigen, der sich selbst mehrt' – oder ‚der aus sich selbst heraus wächst". So kann man auch übersetzen. Der Seele des Menschen ist Logos eigen, der noch am Werk ist, und zwar aus sich selbst heraus. Der Mensch kann die Bedingungen dafür herstellen, dass dieses aus-sich-selbst-Wachsen des Logos im Menschen besser geht oder schlechter geht oder gar behindert wird. Aber was da wächst, existiert aus sich selbst heraus, und der Mensch hat in seiner Seele nur die Lebensbedingungen dafür herzustellen. Er stellt sie in jedem Fall her; und wenn er es nicht bewusst tut, dann stellt er eben schlechte Bedingungen für den Logos her. Das ist eine wichtige Dimension des Logos: seine Gestaltungskraft, die den Menschen mit der Welt verbunden hält. – Damit ist in knappen Worten die geistige Dimension des Dialogs skizziert, wie ich sie hier meine: Es ist der Logos, der durch alles Denken und Sprechen hindurchgeht."

Verkehr dem Logos Geltung zu verschaffen. Der sokratische Dialog ist charakterisiert durch die Verantwortlichkeit des Gesprächspartners für das was er denkt, die Fähigkeit zur Selbstdistanzierung (Ironie) und die Bemühung um eine Begriffsbildung, die der Wirklichkeit verpflichtet ist. Insofern ist der Begriff ‚Dialog', wie er im vorliegenden Zusammenhang verwendet wird, umfassender als derjenige, der sonst, zumeist in der Nachfolge Martin Bubers, gebraucht wird. Bei Buber ist das Dialogische auf den zwischenmenschlichen Umgang, auf die Achtung des anderen Menschen als ‚Du' fokussiert. Diese bedeutende Leistung Bubers bewegt sich im Umfeld desjenigen dialogischen Prozesses, den wir ‚individuelle Begegnung' nennen. Wir fügen jedoch der individuellen Begegnung noch drei weitere Aspekte des Dialogischen hinzu, die in der Auffassung Bubers nicht oder nur am Rande enthalten sind. […] Dialog im hier gemeinten Sinne zielt auf eine Neugestaltung der Kultur. Dialog ist geeignet, individuelle Eigenständigkeit und Gemeinsamkeit – die traditionellen Antipoden – zu versöhnen und sich zugleich produktiv erkennend und handelnd in die Wirklichkeit hineinzustellen. Die heute verbreitete Sorge um die eigene Person […] wird ihrer Einseitigkeit entkleidet und kann so in Einklang gebracht werden mit gemeinschaftlicher Leistung und der notwendigen Effizienz des Handelns in Organisationen und Unternehmen. Im Zuge eines ‚dialogischen' Vorgehens wird der Mensch aus dem Gefängnis seiner Subjektivität ebenso befreit wie aus der üblichen Fremdbestimmung in der Arbeitswelt. Dialogische Führung erzeugt eine Kultur, in der die Eigenständigkeit der Einzelnen vorausgesetzt und zugleich gefördert wird. Sie ermöglicht geistige Produktivität und regt die Beteiligten zur Selbstführung an."

Diese Charakterisierung durch DIETZ ist wichtig, um einen Kontrast zum BOHMschen Dialogverständnis herauszuarbeiten.

7.2 Von der monologischen zur dialogischen Führung?

In Kapitel 1 wurde das Spannungsfeld Hierarchieorientierung vs. Prozessorientierung aufgezeigt, ebenso die sich daraus ergebenden Herausforderungen für Führungspraxis, -theorie und -pädagogik.

An dieser Stelle der Arbeit ist es deshalb angebracht den erforderlichen Perspektivenwechsel von der monologischen zu einer dialogischen Führung aufzuzeigen. Hierzu sei auf die jüngste Publikation von DIETZ (2008c, S. 40 - 48) zurückgegriffen.

Menschen mit Führungsverantwortung haben – ganz allgemein – auf vier Dimensionen und Aufgabengebiete zu achten:

- Die beteiligten Menschen – da diese die Träger des gesamten Unternehmensgeschehens sind
- Die gegebene Situation – das real existierende Unternehmen mit seinen Strukturen, Prozessen, seinem sozialen Klima und seiner korporierten Identität
- Die Zukunft – aus einer Zukunftsoffenheit kommen die Impulse zur Weiterentwicklung des Unternehmens und der daran Beteiligten.
- Das eigene Handeln – beeinflusst durch Ein- und Mitwirken den Gestaltungsanteil des Einzelnen am Unternehmensgeschehen

Im monologischen Führungsverständnis ergeben sich aus diesen vier Dimensionen für die Führungskraft folgende Zielsetzungen:

- Wie bekommt die Führungskraft ihre Mitarbeiter zu einer effizienten Arbeit?
- Wie behält und gewinnt die Führungskraft den Überblick?
- Wie plant und sichert eine Führungskraft die Zukunft des Unternehmens?
- Wie ist es um die Durchsetzungsfähigkeit der Führungskraft bestellt?

Aufgrund dieses Selbstverständnisses in einer monologisch orientierten Führung ergeben sich auch bestimmte Sichtweisen und Erwartungshaltungen gegenüber den Mitarbeitern.

- Kann die Führungskraft erwarten, dass ihre Anweisungen und Vorgaben detailliert erfüllt werden – funktionieren die Mitarbeiter weisungsgemäß?
- Ist die Führungskraft Anlass für das Handeln der Mitarbeiter und deren Arbeitsroutinen – agieren die Mitarbeiter aufgrund von Anweisungen oder eigenständig?
- Geht die Führungskraft davon aus, dass nur sie denkt und lenkt – oder gestalten die Mitarbeiter die Prozesse mit?
- Verantwortet die Führungskraft das Ganze oder wirken die Mitarbeiter verantwortlich mit, ohne dass von der Führungskraft die Anlässe kommen?

Für DIETZ ergeben sich für eine dialogisch orientierte Führung folgende Kernfragen:

- bezüglich der Menschen – wie kann die Würde des einzelnen Menschen geachtet werden?
- bezüglich der gegebenen Situation – wie kommt jeder Einzelne zu seinem Blick auf das unternehmerische Ganze?
- bezüglich der Zukunft – werden möglichst viele Mitarbeiter kreativ und wie fließt deren Originalität in die Zukunft des Unternehmens ein?
- bezüglich des Handelns – wie werden die Mitarbeiter initiativ und verantwortungsbereit für das gemeinsame Handeln und die daraus resultierenden Handlungsfolgen?

Für DIETZ (2008c) geht es bei einer dialogischen Führung „um geregelte Gestaltungsprozesse, denen Bewusstseinsleistungen zugrunde liegen." Die dialogische Perspektive unterscheidet sich von der monologischen durch folgende Blickrichtungen:

- Individuelle Begegnung im Hinblick auf die Menschen. Interesse am individuellen Menschen statt Rollenverhalten oder Instrumentalisierung des Anderen.
- Transparenz im Hinblick auf die gegebene Situation. Eigenständigkeit des Einzelnen statt Machtwissen oder Meinungsdiktatur.
- Beratung und Ideenbildung im Hinblick auf die Zukunft. Kreativität statt Tradition oder struktureller Vorgaben.
- Entschlusskraft im Hinblick auf das tatsächliche Handeln. Handeln aus Initiative statt Selbstverwirklichungsmentalität oder Beauftragung.

DIETZ (2008c) beschreibt die damit verbundenen Führungsaufgaben wie folgt:

- Dem einzelnen Menschen die Entwicklung im Gesamtgeschehen ermöglichen;
- den gegebenen Verhältnissen in ihrer Komplexität gewachsen sein;
- produktive Fähigkeiten anregen und realisieren;
- die eigenständigen Tätigkeiten der Einzelnen zu einem Ganzen verbinden.

So betrachtet fordert dialogische Führung „den Einzelnen stärker als eine Führung durch Anweisung und Kontrolle. Gleichzeitig bezieht sie ihn umfänglicher in die Arbeit ein. Der gefühlte Unterschied zwischen [Erwerbs-]Arbeit und ‚Leben' vermindert sich. Der [im Unternehmen] arbeitende Mensch wird ernst genommen und darf (muss) sich selbst ernst nehmen. Seine Eigenständigkeit beruht nicht einfach auf der Aufweichung von Führungshierarchie durch Partizipation u. a. Dialogische Führung geht insoweit über kooperative oder systemische Führung hinaus.“

Diese grundsätzliche Betrachtung von dialogischer Führungskultur ist wesentlich sowohl im Hinblick auf die in den Kapiteln 3 und 4 angestellten theoretischen Überlegungen als auch auf die in den Interviews 1021 und 1046 gemachten Aussagen und Analysen über die Führungspraxis im befragten Unternehmen.

7.3 Dialogische Führung und Führungstheorie

Die in den Interviews dokumentierte und analysierte Führungspraxis soll im Folgenden im Hinblick auf die gängige Führungstheorie in einem allgemeinen Begriffsrahmen verortet werden.

DIETZ (2008b, S. 23f.) schreibt zwar: „..., dass es sich dabei nicht um eine ‚Führungslehre' neben anderen handelt, um eine Summe von ‚Tools' oder um ein System, das man vorbereiten, planen und dann zu einem bestimmten Zeitpunkt ‚einführen' kann. All dies ist nicht der Fall, denn Dialogische Führung beruht in erster Linie auf der Einsicht in Gesetzmäßigkeiten des eigenen Denkens und Handelns und auf einer Verwandlung der inneren Haltung, die vom Einzelnen selbst ausgeht. Dialogische Führung steht und fällt daher mit der allmählichen Herausbildung eines dialogischen Milieus, einer ‚dialogischen Kultur'.“

Wollte es man es bei dieser Auffassung belassen, wäre wohl der Führungspraxis, der -theorie und der -pädagogik wenig gedient, wenn sich durch eine solche Auffassung die mögliche Wirksamkeit womöglich auf nur ein Unternehmen beschränke würde – da laut DIETZ (2008b, S. 23) „auch andere Unternehmen [Interesse bekundeten] an ‚Dialogischer Führung', wenn diese auch bis heute nirgends so ernst genommen wurde wie beim [befragten Unternehmen].“

Aus diesem Grunde wird der Versuch unternommen die „Dialogische Führung“ führungstheoretisch zu verorten.

Nach GLASL (2004, S. 161 - 176) soll „eine Führungskonzeption ein ganzheitliches Bild davon geben,

- wie zu führen ist,
- von welchen gedanklichen Voraussetzungen man auszugeben habe,
- wie dabei die gegenseitige Einflussnahme zwischen Führendem und Geführten verteilt sein sollte und
- wie man praktisch zu handeln habe."

In den modernen Führungslehren wird dieses Forschungsfeld mit unterschiedlichsten Begriffen *be-deutet.* Für GLASL ist *Führungskonzeption* der umfassendste Überbegriff – mit drei Gliederungsbereichen: kognitiv, emotional und habituell.

Dabei ist die *Führungs- bzw.* (aus der angloamerikanischen Literatur) *Management-Philosophie* der *kognitive Aspekt* einer Führungskonzeption. Hierbei werden allgemeine Grundauffassungen, -annahmen und -werte zum Welt-, Menschen- und Arbeitsverständnis dargelegt.

Durch den *Führungsstil* werden die *Beziehungen* bzw. das sozial-emotionale Klima zwischen den Führenden und Geführten und *Attitüden*[136]*,* das heißt Grundhaltungen und Präferenzen für das Führungsverhalten sowie der Grad der wechselseitigen Einflussnahme gestaltet.

Bei den *Führungstechniken* handelt es sich um konkrete Gestaltungsregeln bezüglich des Führungshandelns sowie um bestimmte Werkzeuge und Instrumente.

Mittels Führungskonzeptionen soll wesentlich das synergetische Zusammenwirken vielfältiger Faktoren innerhalb des Unternehmens sowie mit Lieferanten und Kunden erzielt werden.

Nach GLASL sind im Hinblick auf die Führung folgende Faktoren ausschlaggebend:

- Führungskraft und Mitarbeiter(-innen)
- Gruppe (Ressort, Abteilung, Team) und Gesamtunternehmen

[136] nach DUDEN 5, Fremdwörterbuch „Attitüde" = Einstellung, [innere] Haltung sowie „durch Erfahrung erworbene dauernde Bereitschaft, sich in bestimmten Situationen in spezifischer Weise zu verhalten."

- Gesamtziele des Unternehmens
- Ziele für die einzelnen Mitarbeiter(-innen) oder für die eigene Gruppe
- die durch die Mitarbeiter(-innen) zu bewältigenden Sachaufgaben

So betrachtet finden Elemente, Prozesse und Haltungen einer „Dialogischen Führung" unter dem „begrifflichen Dach" *Führungskonzeption* ihren Platz.
Auch aus einer anderen führungstheoretischen Perspektive lässt sich die „Dialogische Führung" verorten. WUNDERER (2007, S. 12), obwohl vom Autor dieser Forschungsarbeit durchaus kritisch gesehen, gliedert *Führung* in zwei Kategorien:
indirekte, strukturell-systemische Führung und
direkte, personal-interaktive Menschenführung.

Diese beiden Felder sind nicht isoliert zu betrachten, sondern sind eher wie die zwei Seiten einer Medaille aufzufassen – sie ergänzen, modifizieren, legitimieren oder ersetzen sich.

Zur *indirekten, strukturell-systemischen Führung* gehören kulturelle, strategiebezogene und organisatorische Faktoren sowie die qualitative Personalstruktur.

Zur *direkten, personal-interaktiven Menschenführung* gehören wahrnehmen, analysieren, reflektieren als Voraussetzung für informieren, kommunizieren, konsultieren, motivieren, identifizieren, entscheiden, koordinieren, kooperieren, delegieren, entwickeln, evaluieren und gratifizieren.

Auch in diesem theoretischen Kontext findet die „Dialogische Führung" ihren Platz – und zwar auf beiden Seiten.

Gewiss, „Dialogische Führung" wird nicht zwangsläufig zu einer weiteren Führungslehre und ist auch kein Führungsmodell wie das „Harzburger Modell" oder dergleichen.

Doch worin liegt das Andere, der Unterschied? Oder mit Hilfe GOETHEs[137] ausgedrückt: „und gewiss ist es ein ungeheuerer Unterschied zwischen dem letzten Taler, den man borgt und zwischen dem ersten, den man abbezahlt."

DIETZ (2008c, S. 93) stellt klar, was „Dialogische Führung" nicht ist: „Dialogische Führung ist kein Programm und kein Verfahren; sie beruht auf der Entwicklung innerer Haltungen. Sie läuft von Anfang an auf Selbstführung hinaus. Wenn ich an einer dialogischen Unternehmenskultur mitarbeite, habe ich innere Umwendungen gegenüber den gewohnten Denk- und Lebensgewohnheiten im Blick und arbeite an einer Vereinigung von Individual- und Sozialkompetenzen:

- Individuelle Begegnung nimmt die Würde des einzelnen Menschen ernst und sucht sie in den Ausprägungen der Persönlichkeit auf.
- Transparenz erfasst die Gesamt-Situation eines Unternehmens. Sie ermöglicht, die Einzelheiten in ihrem Zusammenhang zu erfassen und im Einzelnen das Ganze zu finden. Sie befähigt den Einzelnen zu einem eigenständigen Blick auf das gemeinsame Ganze.
- In der Beratung wird die nähere und fernere Zukunft aus den Zielsetzungen des Unternehmens heraus gestaltet. Ideen werden gepflegt als Wegweiser in eine offene Zukunft und nicht in erster Linie, um definierte Probleme zu lösen.
- Der Entschluss-Prozess konzentriert die Verantwortlichkeit der Einzelnen für das Ganze. Er ermöglicht und erfordert, sich mit dem Unternehmen zu identifizieren.

Diese Umwendungen beruhen auf bewussten Leistungen des Ich."

Und im menschlichen Ich ist der Logos noch am Werk. Damit schließt sich ein Kreis: *Von der Führung zur Selbstführung* (s. Kap. 4.3).

7.4 Dialogische Führung in der betrieblichen Praxis des befragten Unternehmens

Die Interviews zeigen, dass es in der betrieblichen Praxis letztlich latent immer um die drei grundsätzlichen Kategorien Arbeit – Wert – Sinn geht (s. Kap. 6.4.2). Dabei wird deutlich, dass keiner der Interviewees die „Dialogische Führung" als theoreti-

[137] GOETHE, J. W. v. (1991) Auszug aus „Unterhaltungen deutscher Ausgewanderten", Ditzingen

sches Konstrukt mit ihren Elementen und Grundhaltungen beschreibt. Der Begriff „Dialogische Führung“ ist als solcher zwar präsent, auch bedienen sich die Interviewees teils deren Terminologie wie zum Beispiel „Beratung“ und „Empfehlung“, lassen sich aber „Dialogische Führung“ nicht überstülpen.

Die Notwendigkeit einer anderen Führungspraxis wird von der Interviewee vor Ort erkannt – „Dialogische Führung“ gibt die Möglichkeit die arbeitstägliche Filialpraxis zu reflektieren, um Führung und Zusammenarbeit im Hinblick auf die Kunden situationsgerecht zu gestalten.

An dieser Stelle geht es nicht darum, die einzelnen Aussagen bzw. Analysen zu kategorisieren, sondern aufzuzeigen, dass „Dialogische Führung“ eher indirekt wirkt und so die arbeitsteilige Zusammenarbeit und deren Wertzuschreibung sowie Sinnhaftigkeit bewusst werden können, damit persönliche wie organisationale Entwicklung möglich wird.

„Ich halte auch die Dialogische Führung für qualitativ hochwertig, für die heutige Zeit eigentlich nötig, denn nach den alten Strukturen bewegen Sie heute so gut wie gar nichts mehr.“ (I: 1021, Z: 122 - 124)

In Interview 1046 beschreibt dies der Interviewee eher distanziert:

„Irgendwann kam dann auch die ‚Dialogische Führung' von Dietz und Kracht, ...“ (I: 1046, Z: 42 - 43)

Beide erkennen, dass die (Filial-)Praxis neue „Führungsinstrumente“ braucht – und dass die Probleme sowohl in den Menschen als auch im hohen Anspruch, den Mitarbeiter zuerst als Mensch zu sehen, bestehen.

„Allerdings bedarf es für die Dialogische Führung – und deshalb ist es ein Problem, das ist auch bei uns nicht weg zu diskutieren – die geeigneten Menschen.“ (I: 1021, Z: 126 - 128)

„Dieses ‚Hier bin ich Mensch, hier darf ich's sein' das ist ja ganz wunderbar aber in erster Linie sind wir ja zum Arbeiten da." (I: 1021, Z: 134 - 136)

„Also muss man jeden Mitarbeiter in dieser dialogischen Führung anders abholen." (I: 1046, Z: 67 - 68)

Im Kontrast zur Interviewee in 1021, die die Notwendigkeit einer anderen Führungskultur aus der Praxis heraus sieht, ist für den Interviewee in 1046 die „Dialogische Führung" eher ein Konzept.

„Meiner Meinung nach kann man das auch nicht von heute auf morgen erlernen. (I: 1046, Z: 75 - 76).

„Manchmal ist es ein bisschen weit hergeholt oder sehr schwierig umzusetzen, aber man muss da wirklich an sich arbeiten. Und das ist kein Prozess, der von heute auf morgen funktioniert. Dazu braucht man viel Zeit, auch Geduld und Übung." (I: 1046, Z: 105 - 110)

Durch die Äußerung der Interviewee in 1021 wird auch die Problematik erkannt, dass Menschsein und Mitarbeitersein einer *Gratwanderung* (Z: 143) gleichen – und zwar für Führungskräfte wie Mitarbeiter gleichermaßen.

Diese potenzielle Konfliktzone entsteht dadurch, dass sowohl in der Firmenphilosophie als auch im theoretischen Verständnis von DIETZ/KRACHT der individuelle Mensch angesprochen wird – obwohl das Arbeitsrecht (s. Kap. 1.6) den/die Mitarbeiter/-in zur weisungsgebundenen, fremdbestimmten Arbeit in persönlicher Abhängigkeit verpflichtet.

Der humanistische Anspruch prallt auf die Gegebenheiten des Arbeitsrechts und damit auf die arbeitstägliche Praxis von Führung und Zusammenarbeit. Die notwendige Kundenorientierung und die arbeitsteiligen Prozesse der Zusammenarbeit erfordern aber individuellen Sachverstand wie Initiative.

Fehlen diese beziehungsweise fehlt es an Zutrauen durch die Führungskraft, dann werden auch in der „Dialogischen Führung“ *Empfehlungen* zu *Anweisungen.*

Das sieht die Interviewee in 1021 ganz klar: „Es sind noch nicht immer nur Empfehlungen, manche sollte man schon in die Schublade der Anweisung stecken. Wenn man lange genug dabei ist, dann weiß man das auch einzuordnen, was eine tatsächliche Anweisung ist, die wir ja eigentlich absolut gar nicht mehr haben wollen.“ (I: 1021, Z: 176 - 178)

Hierdurch werden Führungskräfte wie die Mitarbeiter/-innen gezwungen, im Sinne einer „Dialogischen Führung“ zu ritualisieren. Diese Problematik wird von der Interviewee in 1021 auch als *„zweischneidiges Schwert bezeichnet“.* (Z: 201)

Der Interviewee in 1046 bezeichnet das auf seine Art und Weise: „So eine wirklich gelebte dialogische Führung ist schwer. Das ist so die Erfahrung, die ich gemacht habe.“ (I: 1046, Z: 137 - 138)

Die Notwendigkeit für eine andere Führungspraxis sieht die Interviewee in 1021 als gegeben (I: 1021, Z. 201 – 209) – und bewertet diese für sich auch als positiv (I: 1021, Z: 211 – 212). Trotz aller Schwierigkeiten bedeute das Motto „Filialen an die Macht“ einen Vorteil für den Großteil der Mitarbeiter, der dies auch richtig umsetzen kann (I: 1021, Z. 247 – 251) wie auch das Unternehmen (I: 1021, Z: 268 – 271). Beim Interviewee wird das nicht so deutlich, obwohl er eigentlich auf so etwas gewartet habe. (I: 1046, Z: 201)

Die Interviewee sieht die Aufgabe einer Führungskraft ganz realistisch: „Man muss aus jedem Menschen das Beste herausholen, und das auch einigermaßen vernünftig im Sinne des Unternehmens kanalisieren.“ (I: 1021, Z: 293 - 295)

Aus beiden Interviews wird deutlich, dass es zu einer Umorientierung bei den Führungskräften gekommen ist – die dialogische Perspektive wird bewusster eingenommen, ohne dass dies so gesagt würde. Der/die vorgesetzte Gebietsverantwortliche nehmen mehr und mehr Beraterfunktion ein und das Hierarchiebewusstsein nimmt ab: *„Es ist eine ebenbürtigere Ebene.“* (I: 1021, Z: 607 – 507)

Die Orientierung am Kunden hat zugenommen. (I: 1021, Z: 587 - 590) Das drückt auch der Interviewee in 1046 so aus: „Aber man muss bedenken, unser Arbeitgeber ist der Kunde. Ich bekomme mein Geld vom Kunden, nicht [(das) b.U.] bezahlt mich, ganz krass gesagt, es ist so. Wenn der Kunde nicht mehr zum Einkaufen kommt, dann verdiene ich nichts mehr. Da hat sich der Blickwinkel schon weitgehend geändert.“ (I: 1046, Z: 641 - 645)

Beide Interviewees kommen auch auf ihre persönliche Entwicklung zu sprechen.

„Jeder muss sich da einbringen, auch damit, was er selber mit sich vereinbaren kann. Es wird sich auch keiner umstülpen wie ein alter Handschuh, das geht auch gar nicht, ist auch nicht Sinn und Zweck der Sache.“ (I: 1021, Z: 738 - 741)

„Ich fühle mich wohl, weil ich [...], einfach mein Ich einbringen kann, ...“ (I: 1021, Z: 746 - 750)

„Bei mir Zufriedenheit und dass ich meinen Job liebe. Ich gehe gerne zur Arbeit. Mir geht es manchmal so, dass ich auf die Uhr schaue und denke: Was, ich habe schon Feierabend? Ich mache meine Arbeit gerne, das ist so die Entwicklung, die ich bei mir sehe.“ (I: 1021, Z: 541 - 545)

Die Praxis von Führung und Zusammenarbeit hat sich geändert, der/die einzelne Mitarbeiter/-in kann sich anders einbringen. Ausschlaggebend war die Krise der bisherigen Führungsroutine (s. Kap. 5.2). Dabei müssen sich Führungskräfte wie Mitarbeiter/-innen weder „umstülpen wie ein alter Handschuh“, noch wird die „Dialogische Führung“ der Filialpraxis übergestülpt. So betrachtet wirkt eine „Dialogische Führung“ sowohl indirekt (strukturell-systemisch) als auch direkt (personal-interaktiv) und bietet damit eine Orientierungshilfe zur Selbstführung.

7.5 Dialogische Führung und Führungspädagogik

Geht man beim Handlungskompetenzmodell von HÜLSHOFF (1996) von vier Kompetenzbereichen aus, Fach-, Methoden-, Sozial- und personale Kompetenz, so gilt es diese Kompetenzbereiche sowohl bei Führungskräften als auch Mitarbeiter/-innen potenziell als mehr oder weniger gegeben bzw. ausgebildet anzunehmen.

Diese Potenziale und Kompetenzen sind auch unabhängig von einer wie auch immer gearteten Hierarchie gegeben. Im Kontext von Führung und Zusammenarbeit innerhalb eines Unternehmens oder einer Organisation haben wir es ja in der Regel mit erwachsenen Menschen zu tun (s. Kap. 1.4). Jeder voll geschäftsfähige Mensch ist auch potenziell in der Lage (Rechts-)Geschäfte zu tätigen. Um nichts anderes geht es im Betreiben von Unternehmen. Insofern ist jeder Mensch potenziell ein Unternehmer und damit vor die Herausforderung gestellt, sich selbst Ziele zu stecken und deren Erreichung anzustreben. Die Führung anderer, erwachsener Menschen setzt damit in erster Linie Selbstführung voraus. Die Führungspädagogik hat deshalb vom mündigen Menschen als Mitarbeiter auszugehen. Das Wesen der modernen, wirtschaftlichen Arbeitsteilung bedingt den Austausch von Fähigkeiten, Dienstleistungen und Waren. Insofern ist Reziprozität und Dialogizität immer gegeben.

Eine Führungspädagogik hat deshalb das in Kap. 4.3 beschriebene dialogische Feld – als Konzentrat aus den Kapiteln 3 und 4 – als Hintergrundfolie zu beachten. Die darin beschriebenen Bereiche WER und WER NOCH stehen jedoch für mündige Menschen mit ihren jeweiligen Kompetenzbereichen. Aufgabe einer Führungspädagogik wird es sein, insbesondere die personale Instanz eines jeden Menschen anzusprechen in dem Sinne, wie es Goethe formuliert hat:

„Wer die Menschen behandelt wie sie sind,
Macht sie schlechter,
Wer sie aber behandelt wie sie
Sein könnten, macht sie besser.“[138]

In diesem Spruch kommt die Potenzialität eines jeden Menschen zum Vorschein. In dieser Potenzialität ist auch der Logos in dem von DIETZ genannten Sinne noch am Werk. Die Reziprozität und Dialogizität ermöglichen es, dass der Logos durch ein

[138] zitiert aus ZANDER, E. (1997) *Goethe und die Menschenführung*, München und Mering, 3. Auflage

miteinander Denken im Sinne BOHMs zu einem objektiv Geistigen im dialogischen Feld führt und sich idealerweise Koinonia ergeben kann.

7.6 Führung als Selbstführung – Führungspädagogik als Agogik?

In einer dialogischen Führung sind führen und geführt werden ein und dasselbe (s. Kap. 4.3), weil aufgrund des bislang Behandelten davon ausgegangen wird, dass ein jeder aufgrund seines Ich-Selbst im miteinander Denken den Anlass und Sinn der (Zusammen-)Arbeit nicht in der vorgesetzten Führungskraft erkennt, sondern wie es seine Umgebung erfordert (s. Kap. 2.2). Die formal mit Führungsaufgaben betraute Führungskraft ist auf „Gemeinschaft hin Versammelnder, aber nie und niemals sie Machender (s. ROHRHIRSCH Kap. 1.2). DIETZ/KRACHT (2007, S. 124) formulieren dies so: „Gemeinschaft kommt nicht trotz der Individuen zu Stande, sondern durch sie.“

Der Logos wirkt also nicht in einem „Privatverstand“, sondern in jedem Einzelnen und ist doch allen gemein. Im miteinander Denken kann der Logos als Geist der (Arbeits-) Gemeinschaft bzw. als Corporate Spirit objektiv wirksam werden.

Wenn es also in einer dialogischen Führung auf die individuelle Begegnung wesentlich ankommt, ist es Aufgabe einer Führungspädagogik, dem Individuellen wie auch dem Gemeinschaftlichen im Sinne von Koinonia gerecht zu werden.

Dabei stellt sich die Frage inwieweit Führungspädagogik als Agogik[139] aufzufassen wäre (s. Kap. 1.4)? SITZENSTUHL/SCHERPNER/RICHTER-MARKERT (2007, S.

[139] „Unter Agogik, einem aus dem niederländischen Sprachgebrauch stammenden Begriff, kann eine Form der Theoriebildung verstanden werden, die darauf hinzielt, ‚das im Bereich sozialer Dienstleistungs- und Bildungsaktivitäten vorhandene Erfahrungswissen zu systematisieren, die handlungsleitenden Prinzipien herauszuarbeiten sowie die darin implizit enthaltenen Wertvorstellungen zu reflektieren‘ (Reifarth 1993, S. 11). Agogik kann, anders gesagt, als ein praxistheoretisches Wissenschaftskonzept verstanden werden, das versucht, Interaktionsprozesse sozialer Kommunikation derart zu erklären, dass es Sozialpraktikern/-innen möglich wird, ihr auf Problemlösung zielendes methodisches Handeln zugleich forschend zu beobachten und es als eingebunden in komplexe soziale Prozesse zu reflektieren, für deren Beschreibung Subjekt-Objekt-Dichotomien zu trivial sind.

14f.) verstehen unter Agogik ein mehrdimensionales Denk- und Handlungsmodell: „Die Denkfiguren der Agogik befassen sich mit Aspekten einer dialogischen, demokratischen, Kreativität und Kräfte freisetzenden Gestaltung von menschlichen Beziehungen und Lebenssituationen und damit mit einem sinnstiftenden menschlichen Leben." Die Dimensionen sind folgende:

- Agogik als sozialer Bildungsprozess
- Agogik hat Prozesse und Ergebnisse im Blickfeld
- Agogik baut auf Ressourcen und Potenziale der Beteiligten
- Agogik vertraut auf Selbsthilfepotenziale und will Selbständerung anregen
- Agogik wirkt ganzheitlich, spricht Körper, Seele und Geist gleichermaßen an
- Agogik befasst sich mit der Gestaltung kommunikativer und kooperativer Prozesse

Zum methodischen Grundverständnis[140] einer Agogik gehört es Bewegungen anzustoßen sowie Veränderungen und Wandel zu erwirken.

Die Funktionen[141] von Agogik sind: Beratung, Anleitung und Lehre, die als solche interdependent sind. Ziel einer Agogik ist es, die Beteiligten so zu befähigen, dass diese ihrerseits befähigt werden, agogisch selbständig mit anderen zu handeln und zu gestalten.

Ein erstes ausführlich beschriebenes Beispiel für ein agogisches Wissenschaftskonzept legte Heinz Kersting (1977) in seiner Dissertation bezüglich der Lehrerbildung - besonders im Hinblick auf die Realisation, Konstruktion und Revision sprachdidaktischer Grundkurse - vor. Das agogische Wissenschaftsverständnis, das er an die Handlungs- bzw. Aktionsforschung von Kurt Lewin ankoppelt [...] geht weit über Pädagogik im klassischen Sinne hinaus. Es bietet vielmehr einen Ansatzpunkt für ein modernes Verständnis von Sozialarbeitswissenschaft als Reflexions- und Praxistheorie Sozialer Arbeit."

Dazu auch Reifarth, W. (1993): Stichwort 'Agogik'. In: Deutscher Verein für öffentliche und private Fürsorge, (Hrsg.): Fachlexikon der Sozialen Arbeit. Frankfurt/M.: Eigenverlag des Deutschen Vereins für öffentliche und private Fürsorge: 11

Auszug aus: http://www.systemagazin.de/bibliothek/texte/kleve_heinz_kersting.pdf –
Abruf: 2008_08_18

[140] vgl. SITZENSTUHL, I. / SCHERPNER, M. / RICHTER-MARKERT, W. (2007) *Hand- und Arbeitsbuch der Agogik,* Berlin, S. 20 - 23

[141] vgl. SITZENSTUHL et. al (2007) S. 30 - 32

Führung, Dialog und Zusammenarbeit sind deshalb aus einer agogischen Metaperspektive heraus fruchtbar zu machen. Daraus ergeben sich weiterführende Fragen im Hinblick auf die Unternehmenspraxis wie auch für die Forschung.

7.7 Weiterführende Fragen im Hinblick auf Unternehmenspraxis

Die Praxis muss sich zwar keine Theorie von Dialog, Führung und Zusammenarbeit überstülpen lassen, dennoch erscheint es angebracht aus den in der Dialogforschung gewonnenen Erkenntnissen Anleihen für die Unternehmenspraxis zu ziehen. Der Dialog ist für ISAACS (2002) die „Kunst gemeinsam zu Denken“[142].

Nach DIETZ (2004, S. 11 - 13) „[Kann] der Mensch [...] die Bedingungen dafür herstellen, dass dieses aus-sich-selbst-Wachsen des Logos im Menschen besser geht oder schlechter geht oder gar behindert wird.“

Dafür bedarf es aber auch der Gelegenheit das in dieser Forschungsarbeit entwickelte, erweiterte Verständnis von Dialog, Führung und Zusammenarbeit zu üben. Dabei könnte im befragten Unternehmen auf die Forschungsergebnisse von ISAACS zurückgegriffen werden, obwohl die Autoren der „Dialogischen Führung“ ISAACS praktisch links liegen lassen. Im deutschsprachigen Raum gehören die Arbeiten von HARTKEMEYER / DHORITY [143] zu den Pionierarbeiten für die Praxis des Dialogs. Im www.dialogprojekt.de gibt es ein Ausbildungsangebot zur Dialogprozess-Begleitung; ein Angebot, das gerade für die für ein Filialgebiet verantwortlichen Führungskräfte im befragten Unternehmen von Relevanz und Nutzen sein dürfte.

7.8 Weitere Forschungsperspektiven

Mit dieser Forschungsarbeit wurde – bildlich gesprochen – eine „Probebohrung“ vorgenommen, um mittels qualitativer Interviews und der Analysemethode der objekti-

[142] ISAACS, W. (2002) *Der Dialog als Kunst gemeinsam zu denken*, Bergisch-Gladbach

[143] HARTKEMEYER, M. & J. / DHORITY, L. F. (2001) *Miteinander denken – das Geheimnis des Dialogs,* 3. Auflage, Stuttgart

HARTKEMEYER, M. & J. (2005) *Die Kunst des Dialogs – Kreative Kommunikation entdecken (Erfahrungen, Anregungen, Berichte),* Stuttgart

ven Hermeneutik ein Bild von einer Führungspraxis zu zeichnen, die von den Beteiligten als dialogisch bezeichnet wird. Damit dürfte ein forschender Zugang zu den Bereichen Dialog, Führung und Zusammenarbeit realisiert worden sein, der bislang einzigartig ist. In der Führungswissenschaft wird sicherlich nicht nur theoretisiert und kategorisiert hinsichtlich Führungsmodellen und Führungsstilen, sondern natürlich auch vielfältig geforscht. Da Führungshandeln immer Praxis ist, gilt es die Führungspraxis zu erforschen. Im Hinblick auf das untersuchte Unternehmen wie auch die Führungswissenschaft würden sich weitere Forschungsvorhaben anbieten, die qualitativ ansetzen. Dies könnten teilnehmende Beobachtungen in den Filialen, den Warenverteilzentren oder der Zentrale des befragten Unternehmens sein, die per Video aufgezeichnet werden und dann dialogisch-rekonstruktiv mit den dortigen Führungskräften ausgewertet werden könnten.

7.9 Rückblick und Ausblick

Im Rahmen dieser Forschungsarbeit wurden folgende Thesen aufgestellt:

- latentes Hierarchiebewusstsein durch Rückgriff auf tradierte Führungskonzepte
- implizite Subordination infolge internalisierter Verhaltensweisen
- monologische Führungsperspektive – untermauert durch das Arbeitsrecht
- Führung, Zusammenarbeit und Dialog sind bewusst zu gestalten, damit die arbeitsteilige Zusammenarbeit als notwendig und sinnvoll erlebt werden kann
- Arbeitsteilung, Spezialisierung und Komplexität erfordern eine dialogische Führungsperspektive: vom Direktor zum Evokator
- moderne Führung bedeutet, der Initiative anderer Ziele aufzuzeigen und differierende Initiativen auf gemeinsame Ziele hin zu koordinieren und zu harmonisieren.

Ein wirksames Management für eine neue Zeit (s. Kap. 1.1) hat vor allem den Tatbestand zu berücksichtigen, dass Führung vor allem Selbstführung[144] und Bewusst-

[144]Hierzu aus DRUCKER, P. F. (1965) *Sinnvoll wirtschaften – Notwendigkeit und Kunst die Zukunft zu meistern* Wien/Düsseldorf, S. 342f. „Sogar das kleine Unternehmen setzt sich heute schon aus Mitarbeitern zusammen, die eher Wissen als handwerkliches Können oder Muskelkraft bei Ihrer Arbeit einsetzen. Jeder Denkarbeiter trifft wirtschaftliche Entscheidungen – [...] Um die richtigen Entscheidungen treffen zu können, muss der Denkarbeiter wissen, welche Leistungen und Ergebnisse erwartet

seinsführung im Dialog mit den Beteiligten innerhalb eines Unternehmens (beziehungsweise einer Organisation) und zwischen Unternehmen (beziehungsweise Organisationen) ist oder zumindest sein sollte. Aus eigener, wie auch im Dialog – durch ein miteinander Denken – gewonnener Erkenntnis, ergibt sich die Chance für ein bewusstes (Führungs-)Handeln, ein aus Erkenntnis Handeln.

Aufgabe einer als Agogik aufgefassten Führungspädagogik wird es sein, die in jedem Menschen potentiell vorhandenen personalen Kompetenzen zu evozieren.

„Geselligkeit lag in meiner Natur, deswegen
ich bei vielfachem Unternehmen mir Mitarbeiter
gewann und mich ihnen zum Mitarbeiter bildete,
und so das Glück erreichte, mich in ihnen
und sie in mir fortleben zu sehen.“[145]

- J. W. v. Goethe -

„Gehe zu den Menschen, lebe mit ihnen, lerne mit ihnen, liebe sie,
beginne mit dem was sie haben. Aber von den besten Führern, wenn
ihr Ziel erreicht war, und die Arbeit getan, haben die Leute gesagt:
Wir haben es selbst getan.“

- Altes chinesisches Sprichwort –

werden. [...] Er kann kaum überwacht werden. Er muss sich selbst führen, lenken, motivieren. Und er wird es nicht tun, wenn er nicht erkennen kann, in welcher Form und in welchem Umfang sein Wissen und seine Arbeit zu dem Gelingen und Gedeihen des gesamten Unternehmens beiträgt.“

[145] Aus: ZANDER, E. (1997, S. 70)

8 Literatur

BAUER, Joachim (2006): Prinzip Menschlichkeit. Warum wir von Natur aus kooperieren, Hamburg

BINSWANGER, Hans Christoph (2005): Geld und Magie, 2. vollständig überarbeitete Auflage, Hamburg 2005

BOHM, David (1985): Die implizite Ordnung. Grundlangen eines dynamischen Holismus, München

BOHM, David (2002): Der Dialog – Das offene Gespräch am Ende der Diskussionen, Stuttgart

BORTOFT, Henri (1995): Goethes naturwissenschaftliche Methode, Stuttgart

BUBER, Martin. (2002): Das dialogische Prinzip, Gütersloh

DIETZ, Karl-Martin. (1998, 2. Auflage 2001): Dialog: die Kunst der Zusammenarbeit, Heidelberg

DIETZ, Karl-Martin (2004): Leben im Dialog – Perspektiven einer neuen Kultur, Heidelberg

DIETZ, Karl-Martin/KRACHT, Thomas (2002, 2. Auflage 2007): Dialogische Führung. Grundlagen – Praxis. Fallbeispiel: dm-drogerie markt, Frankfurt/New York

DIETZ, Karl-Martin (2008a): Produktivität und Empfänglichkeit. Das unbeachtete Arbeitsprinzip des Geisteslebens, Heidelberg

DIETZ, Karl-Martin (2008b): Dialog und Individualität in Festschrift 30 Jahre Friedrich von Hardenberg Institut für Kulturwissenschaften, Heidelberg

DIETZ; (2008c): Jeder Mensch ein Unternehmer. Grundzüge einer dialogischen Kultur, Schriftenreihe des Interfakultativen Instituts für Entrepreneurship der Universität Karlsruhe (TH), Bd. 18, Karlsruhe

DUDEN (2001): Herkunftswörterbuch, Bd. 7, 3. Auflage, Mannheim

DUDEN (1997): Das Fremdwörterbuch, Bd. 5, 6. Auflage, Mannheim

DRUCKER, Peter F. (1999): *Managing Oneself* in Harvard Business Review, Januar 2005

ELLINOR, Linda /GERARD Glenna (2000): Der Dialog im Unternehmen – Inspiration - Kreativität – Verantwortung, Stuttgart

FISCHER, Joachim (2008): Philosophische Anthropologie – Eine Denkrichtung des 20. Jahrhunderts, Freiburg/München

FLACH, Karl-Hermann/MAIHOFER, Werner / SCHEEL, Walter (1972): *Die Freiburger Thesen der Liberalen,* Hamburg

FLICK, Uwe (2002): Qualitative Sozialforschung – Eine Einführung, 6. Auflage; Reinbek bei Hamburg

FRANKL, Viktor F./LUKAS, E. (2005): Der Seele Heimat ist der Sinn: Logotherapie in Gleichnissen von Viktor E. Frankl, München

GARZ, Detlef /Kraimer, Klaus (1994): Die Welt als Text – Theorie, Kritik und Praxis der objektiven Hermeneutik, Frankfurt

GLASL, Friedrich/LIEVEGOED, Bernard. (2004): Dynamische Unternehmensentwicklung, 3. Auflage, Bern/Stuttgart/Wien,

GOETHE, Johann Wolfgang v. (1976): Das Märchen, 6. Auflage, Stuttgart

GOETHE, Johann Wolfgang v. (1982): Werke, München, Hamburger Ausgabe, Bd. 12

GOETHE, Johann Wolfgang v. (1991): Unterhaltungen deutscher Ausgewanderten, Ditzingen

GOETHE, Joachim Wolfgang v. (1999): Sprüche in Prosa, Stuttgart

GRIMM Jacob/GRIMM Wilhelm: Deutsches Wörterbuch
http://germazope.uni-trier.de/ProiectsAft/BB/woerterbuch/dwb/wbgui?lemid=GF11122

HARTKEMEYER, Johannes F. & Martina /DHORITY, L. Freeman (2001) Miteinander Denken. Das Geheimnis des Dialogs, 3. Auflage, Stuttgart

HARTKEMEYER, Johannes F. & Martina (2005) Die Kunst des Dialogs – Kreative Kommunikation entdecken. Erfahrungen, Anregungen, Übungen, Stuttgart

HERDER, Johann Gottfried (1989): Der Mensch ist der erste Freigelassene der Schöpfung, DÜHNFORT, Erika / OLTMANN, Olaf (Hg.), Stuttgart

HÜLSHOFF, Theo (1996): Das Handlungskompetenzmodell in WSB-intern, Heft 2, Landau i. d. Pfalz

ISAACS, William (2002): Dialog als Kunst gemeinsam zu denken, Bergisch Gladbach

KLEIST, Heinrich v. (1997): Über die allmähliche Verfertigung der Gedanken beim Reden, Frankfurt am Main

KOBI, Emil E. (2003): Diagnostik in der heilpädagogischen Arbeit, Luzern

LIEVEGOED, B.J.C. (1974): Organisationen im Wandel – Die praktische Führung sozialer Systeme in der Zukunft, Bern und Stuttgart

LIEVEGOED, Bernard (1991, 12. Auflage 2001): Lebenskrisen – Lebenschancen, die Entwicklung des Menschen zwischen Kindheit und Alter, München

Löhmer, Cornelia/Standhardt, Rüdiger (2006): TZI – Die Kunst, sich selbst und eine Gruppe zu leiten. Einführung in die Themenzentrierte Interaktion, Stuttgart

LOER, Thomas (2006): Zum Unternehmerhabitus. Ein kultursoziologische Bestimmung im Hinblick auf Schumpeter, Studienheft Nr. 3 des Interfakultativen Instituts für Entrepreneurship der Universität Karlsruhe (TH), Karlsruhe

MALIK, Fredmund (2001): Führen. Leisten. Leben – Wirksames Management für eine Neue Zeit, München

MARÉ, Patrick de/PIPER, Robin/THOMPSON, Sheila (1991): Koinonia – from Hate, through Dialogue, to Culture in the Large Group, London

MASLOW, Abraham H. (2008): Motivation und Persönlichkeit, 11. Auflage, Reinbek bei Hamburg

MORRIS, Tom (1997): Aristoteles auf dem Chefsessel, Landsberg am Lech

OPIELKA, Michael (2006): Gemeinschaft in Gesellschaft – Soziologie nach Hegel und Parsons, 2. überarbeitete Auflage, Wiesbaden

PETERS, Thomas J. /WATERMAN, Robert H. (1984): Auf der Suche nach Spitzenleistungen, Landsberg am Lech

PETERSEN, Jendrik (2003): Dialogisches Management, Frankfurt am Main

PULLIG, Karl-Klaus (2000): Innovative Unternehmenskulturen – Zwölf Fallstudien zeitgemäßer Sozialordnungen, Leonberg

ROHRHIRSCH, Ferdinand (2002): Führen durch Persönlichkeit. Abschied von der Führungstechnik, Wiesbaden

ROHRHIRSCH, Ferdinand (2005): Erfolg - Ethik - Sinn – Faktoren einer nachhaltigen Mitarbeiter- und Unternehmensentwicklung, Schriftenreihe des Interfakultativen Instituts für Entrepreneurship der Universität Karlsruhe (TH), Bd. 13, Karlsruhe

ROHRHIRSCH, Ferdinand/HÄUßNER, Ludwig Paul (2007): Unternimm mit anderen – Führung als Selbstführung im unternehmerischen Mitsein, Studienheft Nr. 4 des Interfakultatitven Instituts für Entrepreneurship der Universität Karlsruhe (TH); Karlsruhe

RÜEGG-STÜRM, Johannes (2003): Das neue St. Galler Management-Modell, 2. Auflage Bern

SCHUMPETER, Joseph A. (2005): Kapitalismus, Sozialismus und Demokratie; 8. Auflage, Stuttgart

SENGE, Peter M. (2003): Die fünfte Disziplin – Kunst und Praxis der lernenden Organisation, 9. Auflage, Stuttgart

SIETHOFF, Hellmuth J. ten (1996): Mehr Erfolg durch soziales Handeln – Gesprächsführung, Konfliktlösung Gemeinschaftsbildung in Alltag und Beruf, Stuttgart

SITZENSTUHL, Ingrid /SCHERPNER, Martin /RICHTER-MARKERT, Waltraud (2007): Hand- und Arbeitsbuch der Agogik - Ein mehrdimensionales Denk- und Handlungsmodell, Berlin

SPRENGER, Reinhard K. (1991, 18. Auflage 2007): Mythos Motivation: Wege aus einer Sackgasse, Frankfurt am Main

SPRENGER, Reinhard K. (2001): Der Aufstand des Individuums, 2. Auflage, Frankfurt am Main

STAVEMANN, Harlich, H. (2002): Sokratische Gesprächsführung in Therapie und Beratung, Weinheim/Basel/Berlin

STEINER, Rudolf (1986): Allgemeine Menschenkunde als Grundlage der Pädagogik, Dornach

STEINER, Rudolf. (1987): Die Philosophie der Freiheit, Dornach. 15. Auflage, Taschenbuchausgabe (1998)

VOGEL, Diether (1990): Selbstbestimmung und soziale Gerechtigkeit, Schaffhausen

VOGEL; Heinz Hartmut (1963): Jenseits von Macht und Anarchie, Köln und Opladen

WERNER, Götz. W. (2004): Wirtschaft – das Füreinander-Leisten. Antrittsvorlesung am 11. 05. 2004 an der Universität Karlsruhe (TH), Schriftenreihe des Interfakultativen Instituts für Entrepreneurship der Universität Karlsruhe (TH), Bd. 11, Karlsruhe 2004

WERNER, G. W. (2006a): Führung für Mündige. Subsidiarität und Marke als Herausforderungen einer modernen Führung, Studienheft Nr. 2 des Interfakultativen Instituts für Entrepreneurship der Universität Karlsruhe (TH), Karlsruhe

WERNER, Götz W. (2006b): Ein Grund für die Zukunft: das Grundeinkommen, Stuttgart

WERNER, Götz W. (2007): Einkommen für alle, Köln

WERNET, Andreas (2006): Einführung in die Interpretationstechnik der Objektiven Hermeneutik, 2. Auflage, Wiesbaden

WITZENMANN, Herbert (1998): Sozialorganik – Ideen zu einer Neugestaltung der Wirtschaft, Pforzheim

WUNDERER, Rolf (2007): Führung und Zusammenarbeit – Eine unternehmerische Führungslehre, 7. überarbeitete Auflage; Köln

ZANDER, Ernst (1997): Goethe und die Menschenführung, München und Mehring

Anlage 1: Anschreiben zur Interviewreihe

Verteiler:	Teilnehmer FL + GV GV der Teilnehmer alle RV Frau Michelatsch GBR

Liebe Kolleginnen,
liebe Kollegen,

im Rahmen seiner Dissertation möchte Herr Ludwig Paul Häußner eine Befragung zum Thema „dialogische Führung“ durchführen. Herr Häußner ist an der Universität Landau und wird von uns unterstützt und begleitet.

In einem ca. zweistündigem Interview (kein Fragebogen) möchte er mit Ihnen ins Gespräch kommen. Dieses Gespräch zeichnet er auf Tonband auf und wertet es anschließend aus. Selbstverständlich ist diese Aufzeichnung anonym. Es werden pro Region drei Filialleiter/innen und ein Gebietsverantwortlicher befragt.

Herr Häußner wird sich in den nächsten Tagen telefonisch anmelden und mit Ihnen seinen Besuchstermin abstimmen.

Bitte unterstützen Sie Herrn Häußner, vielen Dank und viele Grüsse

Helga Weiß

Karlsruhe, 2004-01-22

Anlage: TN-Liste

Anlage 2:

Ludwig Paul Häußner - Dipl. Betriebswirt (BA) / Dipl. Päd. -
Tel. 0721/608 - 89 59 – tagsüber, Tel. 0721/ 937 95 20 - privat
E-Mail: ludwigpaul.haeussner@iep.uni-karlsruhe.de // Engesserstraße 13, 76161 Karlsruhe

Qualitative Sozialforschung – methodisch-technische Gesichtspunkte für qualitative Interviews

Folgende Aspekte sind von Bedeutung:

- Qualitative Interviews erfolgen in der *alltäglichen Umgebung* des/der Befragten, um eine möglichst *natürliche Situation* herzustellen und *authentische Informationen zu erhalten*.
- Qualitative Interviews sind *nicht standardisiert*, d. h. die Fragen sind nicht vorab formuliert und es gibt keine spezifische Abfolge von Fragen.
- Schon beim Zugang zu den Befragenden ist die *Vertrauensbasis* wichtig; es empfiehlt sich daher, den Zugang über Dritte zu suchen, z. B. die Personalabteilung, die als Vermittler zwischen Forscher und Befragten *beider* Vertrauen genießen.
- Große Fallzahlen sind ausgeschlossen, es geht um *einige typische* Fälle, die durch das Forschungsdesign gewonnen werden. Im Falle von dm-drogerie markt aus jeder Geschäftsleitungsregion eine/n Gebietsverantwortliche(n) und je drei Filialleiter(innen).
- Qualitative Interviews erfordern vom Interviewer eine *höhere Kompetenz* als bei standardisierten Befragungen. Daher wird der Interviewer im Regelfall der Forscher sein.
- Der zu Befragende muss ein hinreichendes *Sprach- und Ausdrucksvermögen* besitzen
- Die *Atmosphäre* beim Interview muss absolut *vertraulich* und *freundschaftlich-kollegial* sein
- Es ist eine *offene Gesprächstechnik* zu praktizieren; der Interviewer ist *anregend-passiv*.
- Die *Ungleichmäßigkeit* der *Kommunikationssituation* (einer erzählt, der andere hört zu) ist tendenziell auch im Alltag üblich und wirkt - richtig praktiziert - gegenüber dem Befragten als *positive Bestätigung*.
- *Aufzeichnungsgeräte* (z. B. Tonband) sind *unverzichtbar*, um die Fülle der Informationen komplett zu haben und systematisch auswerten zu können.
- Das qualitative Interview kann *länger* dauern, weil es dem Alltagsgespräch ähnlicher ist als quantitative mittels Fragebogen. Im Falle von dm-drogerie markt sind ca. anderthalb bis zwei Stunden vorgesehen.

Zusatzbemerkungen:

- Für die Auswertung werden die Interviews anonymisiert
- Als Forscher habe ich das gleiche „Lampenfieber“ wie die zu Befragenden Mitarbeiterinnen und Mitarbeiter bei dm-drogerie markt
- In der Interviewsituation gilt für beide - Forscher wie Befragten - die Redewendung: *Hier bin ich Mensch, hier darf ich's sein.*
- Im Interview geht es um die Themenbereiche *Wahrnehmen, Denken, Dialog, Führung und mitunternehmerisches Handeln*

Anlage 3:
Schulungsangebot des befragten Unternehmens zur Dialogischen Führung

Dialogische Führung I – Grundlagen

Empfehlenswert für: Gebietsverantwortliche, Filialleiter/-innen, Stellvertreter/-innen, Mitarbeiter/-innen mit vergleichbaren Aufgaben in den Ressorts und den Verteilzentren. Wir empfehlen Ihnen, zunächst das Seminar „Von der Wahrnehmung zur Idee – Grundlagen“ zu besuchen.

Dauer: Beginn am 1.Tag um 17.00 Uhr
Ende am 4. Tag um 13.00 Uhr

Seminarleiter: Dr. Karl-Martin Dietz, Heidi Ley-Beck, Bernd Kornmayer, Klaus Vogelbacher

Lernchancen: „Führen für Erwachsene“, so nennt der bekannte Personalberater Reinhard Sprenger die „Dialogische Führung": „Führung, die sich auf individuelle Einzelne, auf Erwachsene bezieht, schaltet den anderen nicht gleich, benutzt ihn nicht als Mittel zum Zweck. Dafür gibt es nur eine Methode: das Gespräch. [...] Das Gespräch als Begegnung von Erwachsenen. Offen, fair und radikal subjektiv. Klarer, direkter Austausch. Das ist es auch, was das Lebenselixier des modernen Unternehmens wahrt: Vertrauen.“

Wie findet Begegnung zwischen mündigen Menschen statt? Was begegnet mir im Umgang mit anderen Menschen? Wie stelle ich mich darauf ein? Und: Worauf achten wir im Umgang miteinander? Sie erarbeiten in diesem Seminar die Anforderungen an eine dialogische Begegnung für den Einzelnen und die Gemeinschaft. Sie entwickeln gemeinsam Ideen für das dialogische Handeln im Alltag. In Darstellungen, Geschichten, künstlerischen Übungen, Betrachtungen und Gesprächen entdecken Sie die vier Stufen der Vertrauensbildung und Zusammenarbeit, die das Wesen der Dialogischen Führung ausmachen.

Ziel: Sie entdecken, worauf es bei der Dialogischen Führung ankommt: Was ist „Dialogische Führung“? Sie entwickeln Verständnis für das Wesen von Dialog und wie Sie den Dialog aktiv gestalten können.

Leistungspreis: 900 €

Termine:	Datum	Ort	Bundesland
	02.06. - 05.06.2008	Bühl (Klaus Vogelbacher)	BW
	15.09. -18.09.2008	Berlin (Bernd Kornmayer)	BE
	06.10. - 09.10.2008	Erfurt (Heidi Ley-Beck)	TH
	13.10. - 16.10.2008	Roggenburg (Bernd Kornmayer)	BA

Dialogische Führung II – Vertiefung „Führung als Selbstführung“

Gebietsverantwortliche, Filialleiter/-innen, Stellvertreter/-innen, Mitarbeiter/-innen mit vergleichbaren Aufgaben in den Ressorts und den Verteilzentren

Beginn am 1.Tag um 17.30 Uhr
Ende am 3.Tag um 13.00 Uhr

Rudy Vandercruysse und Jürgen Paul

Kann man „Dialogische Führung" überhaupt üben? - Dialogische Führung ist im Kern: Selbstführung. Und diese ist lernbar. Aber man muss die Eigenschaften genau kennen, die dazu gehören und man muss sie üben lernen, wenn man sie erwerben will. Wie kann man lernen, sich selbst zu führen? Das Seminar vertieft die Lernerfahrungen aus dem Seminar „Dialogische Führung I". Sie erfahren die Bedeutung der Selbstführung des eigenen Denkens, Handelns und Fühlens als Grundlage für das Führen und Begleiten anderer Menschen. In Gesprächen, Darstellungen, Geschichten und durch praktische Übungen machen Sie sich das individuelle Denken und Handeln sowie Ihr Fühlen bewusst. Sie lernen, dass diese Prozesse für die Selbstführung wesentlich sind. Sie entwickeln gemeinsam in Gruppenarbeiten Möglichkeiten, um diese Prozesse im Führungsalltag kontinuierlich umzusetzen.

Ziel des Seminars ist die Anregung zum selbstständigen Üben, wie im Alltag Dialog gelingen kann.

900 €

Datum	Ort	Bundesland
15.09.-17.09.2008	Kassel	HE
29.09.-01.10.2008	Merseburg	SAA

Anlage 4: Entwicklung der Organisationstheorien

		Klassische techno-strukturelle Organisationslehren		psycho-sozial orientierte Organisationslehren			Systemtheorien			
Unternehmensmodel		Scientific Management	bürokratisch-administrativer Ansatz	Human Relations-Schule	Human Resources Bewegung	entscheidungstheoretisch orientiert	kybernetisch orientiert	kontingenztheoretisch orientiert	systemisch-evolutionäre Ansätze	
1. Identität, Zweck	kulturelles Subsystem	x	x	x	Ziel-Konvergenz an Humanwerten orientiert	Nutzen, Optimierung, Entscheidungsprämissen	x	x	Werte, Ethik, Kultur Policy/Strategieentwicklung	Allianzen, Cluster Assoziative Kooperationen
2. Policy, Strategie		x	x	x			x	x		
3. Struktur (Aufbauorganisation)	soziales Subsystem	x	Hierachie, Stab	informelle Organisation	autonome Bereiche	Sedimente, strategische Geschäftsfelder	Regelkreis-Vernetzung	Umwelt-Deteminanten	Vernetzung, Autonomie	Virtuelle Organisation, Selbstorganisation
4. Menschen, Führung		Anlernen, Ergonomie	Führung = Herrschaft	Beziehung, Einstellung	Motivation, Individualität, Team	Interessenkoalition	Anpassungslernen	situative Führung	agogisch-situative Führung	Virtuelle Teams, Spiritualität
5. Einzelfunktionen		Spezialisierung	Aufgaben-Standard	humane Auswirkungen	Team, Job enrichment	Kompetenzen	Regelfunktionen	Differenzieren-Integrieren	Job enrichment, QAL	BSC
6. Abläufe, Prozesse	technisch-instrumentelles Subsystem	technische Ablauflogik	Ablaufregulierung	x	partizipative Ablaufsteuerung	Entscheidungsprozesse	Regelprozesse	x	Selbststeuerung	Geschäftsprozess-Otimierung, BPR, Wissensmanagement
7. Physische Mittel		Fertigungstechnik	x	x	x	Info-Technologie	Maschinenmodelle	x	„Soft Technology"	Mobile IT
		Taylor, Refa, MTM	Fayol, Weber, Nordsieck, Henning, H. Ulrich	Mayo, Lewin, Roethlisberger	Maslow, Herzberg, McGregor, Likert	March/Simon, Heinen, Krisch, Ansoff	Ackoff, Ashby, Beer, H. Ulrich, Bleicher	Burns/Stalker, Fiedler, Gabele, Kieser, Lawrance/Lorsch, Staehle, Woodward	Bleicher, Emry/Trist, Greiner, Kirsch, Lievegoed, Malik, Mintzberg, Probst, Pümpin, Rieckmann, McWhinney	Davidow/Malone, Hammer/Champy, Kratky/Wallner. Lipnack/Stamps, Scharmer, Senge, Servatius, Womack/Jones
							Innenwelt und Umwelt!			
		technisch-instrumentelles Subsystem →	**soziales Subsystem** →	**soziales Subsystem** →	**soziales und kulturelles Subsystem** →	**soziales Subsystem** →	**soziales und technisch-instrumentelles Subsystem** →	**kulturelles, soziales und technisch-instrumentelles Subsystem**		

Interviews

Vorbemerkungen zu den Interviews

Insgesamt wurden 32 Interviews durchgeführt, auf Tonträger aufgenommen und transkribiert; zwei der transkribierten Interviews sind nachfolgend dokumentiert.

Dieser Teil des Forschungsvorhabens enthält die vollständig transkribierten Interviews 1021 und 1046. Die Chiffren „1021“ und „1046“ ergeben sich aus einem mehrstufigen Anonymisierungsprozess. Dies ist erforderlich, weil das befragte Unternehmen zu den bedeutendsten Unternehmen seiner Branche gehört. Insofern hätte es nicht ausgereicht, lediglich das Unternehmen zu anonymisieren. Gerade wegen seiner auch nach außen hin ungewöhnlichen Unternehmenskultur stellt das befragte Unternehmen ein äußerst interessantes Forschungsobjekt dar.

Durch den vorliegenden empirischen Teil werden die Gütekriterien *Realibilität, Validität* und *intersubjektive Nachvollziehbarkeit* erfüllt.

Im Rahmen des Forschungsvorhabens wurden Dialog, Führung und Zusammenarbeit im befragten Unternehmen in Anlehnung an die Forschungsmethodik der objektiven Hermeneutik untersucht, also sequenziell analysiert. Die sequenzielle Analyse ist äußerst zeitaufwendig. Aus diesem Grunde wurden auch nur die Interviews „1021“ und „1046“ analysiert.

Die Forschungsmethode der objektiven Hermeneutik bedingt, dass der Forscher seine Analysen anderen mit dieser Methode vertrauten Wissenschaftler zur Kritik aussetzt, um damit eine einseitige Forscherperspektive zu vermeiden. In der Regel sind dazu wiederholt Kolloquien erforderlich.

Im Rahmen dieser Forschungsarbeit fanden auch zwei Kolloquien am Interfakultativen Institut für Entrepreneurship der Universität Karlsruhe (TH) zur Forschungsmethodik statt, ganz allgemein zur Methode wie auch zu den letztlich ausgewählten Interviews.

Schon durch das nichtstrukturierte und damit ergebnisoffene Interview wurde eine möglichst dialogische Form im Rahmen der Datenerhebung gewählt, um dem Forschungsgegenstand – sprich: Dialog, Führung und Zusammenarbeit – zu entsprechen.

Im Verlauf der Forschungsarbeit wie auch in den Landauer Forschungskolloquien kristallisierte sich die folgende, experimentelle Form der „kommunikativen Validierung heraus.

Der Forscher analysiert die beiden Interviews sequentiell. Die ausgewählten Sequenzen wurden *kursiv* markiert und auch in der danach erfolgten Analyse *kursiv* ausgewiesen.

Die „kommunikative Validierung“ findet in Form eines schriftlichen Verfahrens statt, um die erforderliche Realibilität zu gewährleisten.

Für die kommunikative Validierung konnte der Forscher zwei mit der objektiven Hermeneutik bestens vertraute Sozialwissenschaftler gewinnen – in der Forschungsarbeit mit den Kürzeln „SL“ und „TL“ versehen.

Im Rahmen der kommunikativen Validierung dokumentieren „SL“ und „TL“ ihre Lesart – „SL“ in der Schriftfarbe blau und „TL“ in der Schriftfarbe grün.

Die kommunikative Validierung findet nacheinander statt. Zu den Lesarten und Kommentaren von „SL“ und „TL“ nimmt der Autor dieser Forschungsarbeit „LPH“ in der schwarzen Schriftfarbe und mit der Schriftart „Times New Roman“ ergänzend Stellung.

Damit wird die kommunikative Validierung selbst zum Dialog und entspricht somit nicht nur der offenen, dialogischen Form des Interviews, sondern auch dem Forschungsgegenstand als solchem.

Die daraus gewonnenen Ergebnisse werden im Kapitel 7 behandelt.

Hinter den Kürzeln „SL“ und „TL“ verbergen sich:

- Dr. phil. Sascha Liebermann („SL“), MA in Philosophie, Promotion in Soziologie; Publikation: „Die Krise der Arbeitsgesellschaft im Bewußtsein deutscher Unternehmensführer: eine Deutungsmusteranalyse“ (2002) Frankfurt am Main
- PD Dr. phil. Thomas Loer („TL“), Privatdozent an der Technischen Universität Dortmund.

Interview 1021 Analyse und Deutung – Interviewee, weiblich

Vorbemerkung: Wie in Kapitel 6.8 beschrieben, wurde im Verlauf eines kurzen Kennenlerngespräches auch das Aufnahmegerät aktiviert, unter Hinweis darauf, so dass die geführten Interviews nicht mit einer Frage beginnen, sondern durch die Animierung einfach mit dem Erzählen zu beginnen ein möglichst freier Rede- und Sinnfluss gewährleistet sein würde.

IP: Ich habe vor 20 Jahren angefangen bei DM, nicht als
Filialleiterin, sondern als 20-Stunden-Kraft.

Die Interviewee stellt gleich zu Beginn dar, dass Sie *vor 20 Jahren* bei DM angefangen habe. Sie fügt ein, dass sie nicht als Filialleiterin angefangen habe. Diese Ergänzung scheint ihr wichtig zu sein, um damit auch darauf aufmerksam zu machen, dass sie beim [b.U.] Karriere gemacht hat bzw. dass sich beim [b.U.] auch Karriere machen lässt. Insbesondere erstaunt die weitere Ergänzung *sondern als 20-Stunden-Kraft.* Eine Lesart könnte sein, dass sie sich durch die 20 Stunden nur als reine Kraft, als Arbeitskraft erlebt hat [wobei es sich hierbei doch um eine stehende Wendung handelt im Sinne von „Ich arbeite als Putzkraft" - SL]. [wenn klar ist, dass es sich nur um eine Tätigkeit als Drogeriefachverkäuferin handeln kann, ist immerhin zu schließen, dass sie den Interviewer als Eingeweihten behandelt; wenn es sich um eine andere Tätigkeit handeln könnte, reduziert die Interviewee diese – vor allem gegenüber der jetzigen Filialleiter-Tätigkeit – auf das reine Stellen-Innehaben (s. nächste Bemerkung von SL) – TL]
Eine andere Leseart ist, dass sie auch nur als Kraft, als bloße Arbeitskraft gesehen worden ist; für eben 20 Stunden. [mir scheint das, aufgrund der stehenden Wendung nicht sparsam: die Reduzierung auf die Arbeitsmenge, die mit „20-Stunden-Kraft" deutlich wird, hebt heraus, dass nicht das Aufgabenfeld im Zentrum stand, sondern die Verfügbarkeit der Arbeitskraft wofür auch immer; es handelte sich dann wohl, in ihrer Deutung, um eine Tätigkeit, die keine besondere Aufgabe hatte, Mädchen für alles, eine Anlerntätigkeit - SL] Durch das Wort *Kraft* könnte auch zum Ausdruck gebracht werden, dass das Unternehmen auch nur ihre Arbeitskraft wollte. *Kraft* könnte auch – implizit – die Kurzform für Aushilfskraft stehen [das ist sparsam, weil es sich um eine Redewendung handelt, wenngleich Kraft die Kurzform von „Arbeitskraft" ist. Entscheidend aber: kein Qualifikationsprofil wird genannt SL]. Dabei wird nicht deutlich weshalb die Interviewee den Begriff Kraft verwendet. War etwa nicht genügend Arbeit für eine „Vollzeitkraft" vorhanden oder war sie persönlich nicht in der Lage einer Vollzeitbeschäftigung mit 40 Stunden pro Woche nachzugehen? Auch wird eine „voll beschäftigte Mitarbeiterin" sich wohl kaum als 40-Stunden-Kraft bezeichnen.[das ist insofern interessant, als es für ihr Aufgabengebiet eine Bezeichnung geben wird insb. wenn sie eine Ausbildung vorzuweisen hat. Warum sagt sie nicht einfach „Mitarbeiter" und ergänzt dann, „aber Teilzeit?" -SL] [Man muss hier noch den Gegensatz zur Filialleiterin, in den die Thematisierung der „20-Stunden-Kraft" ja eingebettet ist, hinzunehmen; dadurch wird die Tätigkeit der Filialleiterin als eine deutlich anspruchsvollere charakterisiert. – TL]

6 Vorausschicken möchte
7 ich noch: Ich habe vorher in einem Riesenunternehmen gearbeitet,

Die Interviewee möchte noch etwas vorausschicken. Weshalb ist es ihr wichtig, am Beginn des Gesprächs noch etwas vorauszuschicken? Vorausschicken bedeutet, dass der andere schon vor dem eigentlichen Termin, Treffen, der geplanten Situation sich ein Bild über die Sache, einen Menschen machen kann [, bevor es zum eigentlichen Thema kommt. Die Ergänzung kann einen allgemeinen Zusammenhang benennen, der zum Verständnis – aus Sicht des Interviewee – notwendig ist. - SL]. Ohne das Vorausschicken besteht die Gefahr, dass der Andere, der Gegenüber von unzureichenden oder gar falschen Voraussetzungen bzw. Vorstellungen ausgeht [Genau – oder das, was dann kommt, falsch verstehen könnte - SL]. Außerdem kann die Interviewee sich als Person mit ihren Fähigkeiten und Eigenschaften, wie auch beruflichen Vorerfahrungen womöglich ins „ins rechte Licht" rücken. Der Gegenüber wird durch das Vorausschicken in eine höhere Aufmerksamkeit im Hinblick auf das eigentlich zu besprechende Thema versetzt. [zugleich macht sie damit deutlich, dass sie einen Überblick hat; wird nun sich das Vorausgeschickte als unbedeutend erweisen, dann wird die hier sehr souveräne Redeweise zur Wichtigtuerei. - SL]

Die Interviewee schickt voraus, dass sie *vorher in einem Riesenunternehmen gearbeitet* habe. Dieses Riesenunternehmen dürfte mit Sicherheit größer gewesen sein als das befragte Unternehmen damals. Ein Riesenunternehmen heißt auch, dass es auch anders organisiert und geführt werden muss. [Warum aber erwähnt sie es, welche Relevanz hat es für die Frage? –SL] [Hier wäre es wichtig, vorab die Interviewer-Frage bzw. die Rahmung des Interviews analysiert zu haben. Geht es etwa um das Verhältnis zu Kollegen oder Vorgesetzten, so ist die Größe des Unternehmens ebenso ein relevanter Faktor wie dort, wo es um Urlaubsplanung, Vertretungsplanungen etc. geht. - TL] Die Interviewee verschweigt [sie erwähnt es nicht. Heißt das nun: sie ist anderes gewohnt, hat in größeren Zusammenhängen gearbeitet oder wie ist das zu verstehen? Es könnte auch eine Rechtfertigung dafür sein oder vorbereiten, dass sie früher voll heute aber nur noch halb arbeitet. SL] aber in welcher Funktion sie darin gearbeitet hat – offensichtlich aber nicht als 20-Stunden-Kraft [dafür muss es auch relevant sein, ja - SL]. Der Wechsel vom Riesenunternehmen, wahrscheinlich in der Rechtsform einer Aktiengesellschaft [ist nicht zwingend, das befragte Unternehmen ist ja auch groß, aber keine AG - SL], zum befragten Unternehmen, damals zwar schon ein erfolgreiches, aber doch noch mittelständisches Familien-Unternehmen, war ein Einschnitt in ihrer Erwerbs-Biografie und womöglich sogar ein Schock hinsichtlich der anzunehmenden unterschiedlichen Firmenkulturen. [ja, womöglich; an der rechtfertigenden Rede, etwas vorausschicken zu müssen, wird auch deutlich, dass sie das andere Unternehmen womöglich nicht freiwillig oder nur ungern verlassen hat. Es könnte auch umgekehrt eine Erleichterung sein, in überschaubare Verhältnisse zu gelangen. - SL] [Es scheint mir eine Bewegung vorzuliegen von der Filialleiterin mit anspruchsvoller Tätigkeit über die (nur wenig anspruchsvolle) Tätigkeit der 20-Stunden-Kraft zu der (wegen der Größe anspruchsvollen zumindest belastenden) Tätigkeit im großen Unternehmen; was ist damit gesagt? Dass sie nur zwanzig Stunden arbeitete, hat nichts mit mangelnder Belastbarkeit zu tun. – TL]

8 war ganz andere Strukturen gewöhnt 10 Jahre lang, auch mit
9 Führungsaufgaben.

In diesem Riesenunternehmen war sie nicht nur durch eine zehnjährige Mitarbeit andere Strukturen gewöhnt, sondern war auch mit Führungsaufgaben betraut [Ganz genau, das stellt sie nun heraus, während sie beim befragten Unternehmen als Anlernkraft gearbeitet hat, so erklärt sich der Kontrast. „Ganz andere" betont noch einmal den großen Unterschied. – SL] Dabei wird unterstellt, dass sowohl die Vergleichsdimension (Anforderungen an Führungsfähigkeit etwa) als auch die Wertigkeit (viel höher) dem Interviewer vertraut ist, dass sie auf der Hand liegt. Es ist das gleiche Muster, den Interviewer als Eingeweihten zu behandeln, wie oben. -TL]. Der vorgenommene Wechsel bedeutet den Verlust von Gewohntem und ein Einleben in ein Neues und ungewohntes Arbeitsumfeld [mehr als das, es geht auch um eine Bewertung, wohl eine Abwertung, denn von Führungsaufgaben hin zur 20-Stundenkraft; auffällig ist, dass sie mit der Abstufung kein Problem hat, sie nicht schönredet, sondern einfach ausspricht -SL], mit anderen Arbeitsinhalten und Rollenzuweisungen. Klar wird, dass die Interviewee innerhalb dieser zehn Jahre beruflich aufgestiegen war. Die Ergänzung in Form eines Halbsatzes stellt klar, dass sie dort Führungskraft war, wenn auch offen bleibt in welcher Funktion. Der Wechsel zum befragten Unternehmen als 20-Stunden-Kraft stellt damit praktisch einen beruflichen Abstieg dar [sic - SL], der aber durch die jetzige Filialleiterfunktion längst wett gemacht ist [also Wiederaufstieg: sie kann was, ist leistungsbereit und –fähig. Sie will also klarstellen, was in der Zwischenzeit geschehen ist, welche Entwicklung sie genommen hat -SL]. [nochmals: es wird auch markiert, dass die geringere Tätigkeit zu Beginn beim befragten Unternehmen nicht ihr anzulasten ist. – TL]

9 Ich kam dann zu[m befragten Unternehmen- Maskierung LPH] - aber vor 20 Jahren

Die Interviewee knüpft nach diesen Vorbemerkungen an den Eingangssatz an. Mit *Ich kam dann zu […]* drückt sie aus, dass sie wirklich mit Berufserfahrung zum befragten Unternehmen kam [und sie wiederholt, was sie zu Beginn gesagt hat – SL [– aber in einer anderen Formulierung: passivisch. D.h., im Hinblick auf ihre vorherige Tätigkeit widerfuhr ihr das Schicksal zu […] zu kommen; zunächst hatte sie es eher als eigene Entscheidung dargestellt. Sie baut ihre weitere Erzählung auf wie den Bericht von jemandem, der sich gegen durch ein widriges Schicksal bedingte Umstände durchgesetzt hat], fährt fort mit *aber vor 20 Jahren…* Aber ist eine Einschränkung [adversative Konjunktion - SL] und könnte darauf verweisen, dass es vor 20 Jahren anders war. Das mag ganz allgemein so sein, doch das *aber* lässt auch eine Bewertung oder Unterscheidung anklingen. Sie könnte damit meinen, dass dm-drogeriemarkt noch klein war, insbesondere weil sie ja aus einem Riesenunternehmen gewechselt ist. Auch könnte es vor 20 Jahren ganz anders gewesen sein als heute mit dem Bekanntheitsgrad, der Größe des Unternehmens und der Dialogischen Führung. [letzteres ist doch zu untersuchen und das Konzept nicht einfach mit der Wirklichkeit gleichzusetzen. Das „aber" macht schon deutlich, dass sie auf jeden Fall eine Einschränkung vornimmt, ohne dass deren Inhalt klar sei. Sie hätte auch nach „20 Jahren" abbrechen können. Selbst dann wäre deutlich, dass sich bis heute viel verändert haben muss – zwischen Vergangenheit und Gegenwart eine Entwicklung stattgefunden hat – SL] [– in dem Zusammenhang der Äußerung muss man zunächst annehmen, dass die adversative Konjunktion sich gegen die zuvor implizit behauptete Relevanz der Differenz ‚Riesenunternehmen' vs. befragtes Unternehmen richtet; also: aber vor 20 Jahren war der Unterschied doch noch nicht so groß –TL] [; die Einschränkung kann sich nun nicht auf den Größenvergleich als solchen beziehen, den hat sie schon konkretisiert, sie würde sich sonst unmittelbar widersprechen; dann bleibt nur, dass das „aber" sich einschränkend auf eines der Relata bezieht, hier ein Unterthema bzw. ein neues Thema eröffnet wird - SL]

> *hatten wir noch den absoluten Discount-Charakter. Da war Priorität vor allem „auffüllen", mitdenken war da noch nicht so gefragt, auch nicht das Selbstständige - gut, man musste die Ware selbstständig ins Regal räumen.*

Damals hatte dm-drogeriemarkt noch etwas [hier schon nennen, worum es geht, interessanter Wechsel von „befragtes Unternehmen" zu „wir" -SL]. Mit *noch* wird eine Gegebenheit, ein Sachverhalt oder eine Situation ausgedrückt [eine „Fortdauer": ich bin noch in der Küche, also schon eine Weile; im Unterschied zu „schon"; etwas hält an, wider Erwarten oder Absprache - SL], die eben noch andauert, noch Zeit braucht, noch im Fluss ist, aber auch eigentlich schon überfällig, unvollendet ist bevor man etwas Neues unternehmen kann [noch i.V.m. der Vergangenheit (da waren wir noch Kinder) markiert eine relevante Differenz zu dem jetzigen Zustand, der aus dem vorherigen hervorgegangen ist -TL]. So muss man sich noch [hier hat noch aber eine andere Stellung, weil die Handlung nicht andauert, sondern noch zu vollziehen ist - SL] vor dem Essen die Hände waschen. Man muss noch etwas erledigen bevor, die Fahrt in den Urlaub möglich wird. Das Unternehmen hatte *noch den absoluten Discount-Charakter.* Das befragte Unternehmen als sogenannter Hart-Discounter mit der Botschaft „Große Marken – kleine Preise". [also einer bestimmten Form des Discounts –SL] [– es heißt ja: ‚absolut', d.h. Discounter und sonst nichts, keine weitergehenden Ansprüche -TL], Das befragte Unternehmen ist ja noch immer ein Discounter; was sie nun meint ist, den Mitarbeitern wurden nur ausführende, aber keine weiterführenden Aufgaben überlassen, bloße Exekution, keine Planung und Prüfung des Gegebenen; sie sagt aber „vor allem auffüllen", auch damals war also schon mehr gefordert, es gibt eine Kontinuität - SL]

Die Priorität für die tägliche Arbeit war eindeutig, man wurde als Arbeitskraft gebraucht. Der hohe Warenumschlag, essentieller Bestandteil eines Discountkonzepts erforderte *vor allem* „auffüllen". Alles andere als das Auffüllen der Verkaufsregale mit neuer Ware war nachrangig! [Das ‚aber' wird nun deutlich: es relativiert den Gegensatz ‚Riesenunternehmen' vs. befragtes Unternehmen auf die damalige Zeit: Kein Wunder, dass da ein Gegensatz war, denn ich war in einem Riesenunternehmen mit Führungsaufgaben betraut und kam in einen Discounter, wo ich vor allem ausführende Tätigkeiten zu erledigen hatte... Wir haben nun folgende komplexe Struktur: Ich war belastbar und führungsfähig; dass ich damals nicht ausgelastet wurde, liegt an dem damaligen Gegensatz des Großunternehmens zum Discounter, also vor allem am Discounter, der nur ausführende Tätigkeiten anzubieten hatte; deshalb ist es auch eher ein Schicksal, dass ich dorthin kam; jetzt habe ich die mir angemessene

Führungsposition. – TL (wobei ungeklärt bleibt, weshalb sie dann nicht woanders hingegangen ist, hatte sie damals vielleicht eine begründete Präferenz für DM, die sie im Nachhinein als „Schicksal“ deutet: sie deutet damit implizit eine Entscheidung in ein Widerfahren um, dann ist sie für den „Abstieg“ auch nicht voll verantwortlich zu machen - SL)]

Was *war noch nicht so gefragt*? Das Mitdenken. Mit *so* wird die Aussage aber ein wenig relativiert, abgeschwächt. Mitdenken wurde für das Auffüllen praktisch nicht gebraucht, eher als unangenehm oder gar überflüssig gesehen. Auch in dieser Aussage das *noch* das *noch nicht.* [Es wird, wie oben schon, deutlich, dass eine Entwicklung hin zu Mitdenken stattgefunden hat – TL (also die heutige Maxime schon einen Vorläufer im Vergangenen hatte, das Neue nicht nur neu ist, sondern in einer Kontinuität steht – SL)] Das Unternehmen war zu dieser Zeit ein anderes, wer wollte es verdenken. Durch das *auch nicht* wird angedeutet, dass *mitdenken* nicht für sich alleine stehen kann, sondern in einem Zusammenhang stehen muss bzw. Zusammenhänge herstellt und eine andere Aktivität als *auffüllen* ist [das ‚auch nicht‘ bezieht sich auf das Mitdenken; das ist eine interessante Differenzierung: Nicht nur Mit*denken*, sondern auch selbständig *handeln*! – TL (Mir scheint es hierbei aber eher um den Unterschied von Mitdenken im Sinne des Nachvollziehens eines Vorgegebenen vs. selbständig denken im Sinne eines Fortentwickelns zu gehen. Das ist insofern aufschlussreich, als die Mitarbeiter sich ja stets in einem vorgegebenen Rahmen bewegen, den sie selbst nicht verändern, innerhalb dessen sie aber Freiräume haben und Gestalten können - SL)] – und damals ein geringeres Gewicht haben musste als heute [nein: das auch bezieht sich auf den Gegensatz – vgl. meine letzten Ausführungen zu ‚aber‘ -TL]. Dem wird eine relativierende, abwägende Aussage mit dem Wort *gut* nachgeschoben. [‚gut‘ ist ein Zugeständnis, d. h., was nun folgt, modifiziert die vorhergehende Äußerung – TL] Mit *man musste die Ware selbständig ins Regal räumen* wird auf eine Banalität angesprochen. [Es ist zwar einerseits eine Banalität, aber andererseits wird so auch deutlich gemacht, dass selbst bei der bloß exekutiven Tätigkeit noch ein Moment von Selbständigkeit vorhanden war; also etwas, an das man anknüpfen kann. – TL] Warum, wozu und wofür war man denn eine 20-Stundenkraft? Waren einräumen, das kann doch jeder, dazu braucht man nicht allzu viel Grips. Schaffen statt Denken oder gar Mitdenken lautete die Direktive. [ja, das schon, es zeigt aber auch, dass es kein Arbeiten ohne Mitdenken gibt, es gibt keinen bloß mechanischen Vollzug, auch bei den einfachsten Tätigkeiten nicht, das ist interessant - SL]

13 Beim Bestellen gab es einen gewissen Spielraum -
14 eigentlich ist das auch wieder zu viel gesagt, da gab es beim
15 Bestellen eine gewisse Rechenmethode, die man einhalten musste.

Offensichtlich gab es außer dem Auffüllen der Verkaufsregale mit Waren doch noch eine andere Arbeit; das Bestellen der Waren [also: Logistik, das ist ja nicht nichts - SL]. Diese Tätigkeit erfordert aus sich einen gewissen Entscheidungsfreiraum, weil meist auf Vergangenheitsdaten basierende Bestellvorschläge die aktuelle Situation wie auch die künftige nicht widerspiegeln bzw. nicht zu prognostizieren erlauben [Nicht nur also das Bestellen, in dem Moment, in dem es anfällt, sondern auch das Beobachten des Betriebs. Welche Sachen werden viel nachgefragt, welche wenig.

Wenn sie also bestellen konnte, dann wird sie auch auf anderes geachtet haben, sie hatte also mehr Freiräume, als es ihr erscheint – hier wäre die Frage, ob die Kontinuität in der Entwicklung des befragten nicht viel größer ist, als sie glaubt. Das könnte auch für die Frage relevant sein, welche Bedeutung nun der „dialogischen Führung“ tatsächlich zukommt oder ob hier nur ein hübsches Etikett für etwas gefunden wurde, das längst praktiziert worden ist. -SL]. Für die Disposition bedarf es aus der Sache heraus eines Mindestmaßes an Entscheidungsfreiheit. Doch diese ist durch die Formulierung *das ist auch wieder zu viel gesagt* in Wirklichkeit [nicht in Wirklichkeit, sondern nach Einschätzung der Interviewee – TL] nicht der Rede wert [‚nicht der Rede wert‘ ist zu unprägnant, tilgt die Bewegung. Diese Bewegung (kein Mitdenken → keine Selbständigkeit → doch selbständig einräumen → Spielraum → zuviel gesagt) zeigt aber in conreto, dass eine dialogische Führung (oder ähnliches) an die vorhandenen Erfordernisse und Potentiale anknüpfen muss – TL].[Stellungnahme LPH: Genau darum handelt sich in dieser Forschungsarbeit und bei der zentralen Fragestellung. Wie passen die Erfordernisse der fortgeschrittenen (über)betrieblichen Arbeitsteilung und das Arbeitsrecht überhaupt noch zusammen? Wie lässt sich das Spannungsfeld Prozess-Orientierung vs. Hierarchie-Orientierung gestalten? Welche Bedeutung erhält der Dialog für Führung und Zusammenarbeit. Welche Funktion hat die Führungskraft? Direktor vs. Evokator?] Die Rechenmethode war *eine gewisse*. Das Wissen um Bestellvorgänge war methodisiert, aber nicht ganz verlässlich. Dennoch muss sie eingehalten werden. Mitdenken und Entscheidungsfreiheit waren auf ein betriebswirtschaftlich notwendiges Mindestmaß begrenzt. [Gut, dass spricht nur mehr für den Vollzug von Routinen und einen geringen Anteil strategischer Überlegungen, sie changiert hier aber. Das mag auch damit zu tun haben, dass sie in der Rückschau die Freiräume im Verhältnis zu denen, die sie heute hat, zu gering veranschlagt - SL] [zugleich aber wird in den geringen Freiräumen das Potential gesehen… – TL]

16 Aber Entscheidungen und Mitdenken war absolut nicht gefragt. Man
17 musste malochen vor 20 Jahren, das war wirklich Knochenarbeit.

Diese Aussage fasst die bisherigen zusammen und verstärkt sie mit *absolut.* [Im Grund nimmt sie die Vorangehenden aber vollkommen zurück, also null Freiraum, so schätzt sie es heute ein, überhöht damit aber wieder die „Maloche“ -SL] [‚es war nicht gefragt‘ bezieht sich auf die Anerkennung; gleichwohl war es notwendig. Das macht die interessante Bewegung aus: objektiv notwendig, aber subjektiv nicht anerkannt. – TL] [Stellungnahme LPH: Gerade darin drückt sich das Spannungsfeld Prozess-Orientierung vs. Hierarchie-Orientierung aus.] Diese Direktive galt vollkommen und uneingeschränkt. Die Arbeit war Maloche. Der umgangssprachliche Ausdruck *malochen* steht für schwer arbeiten, schuften. Die Aussage wird durch *das war wirklich Knochenarbeit* noch einmal bekräftigt. Bei soviel Schuften war kein Frei-Raum fürs Mitdenken vorhanden [aus ihrer heutigen Perspektive – wichtig hier wieder: die pragmatische Rahmung des Interviews. Überhöht sie vielleicht den Gegensatz wegen der Interview-Fragestellung? -TL]

18 Die Riege, die damals für die anderen gedacht hat, das waren die
19 damaligen Bezirksleiter und -leiterinnen, die haben für die
20 Mitarbeiter und auch für die Filialleiter gedacht. Deren Denken

21 musste man sich anschließen oder auch nicht [!!!], aber das hat man nicht
22 unbedingt laut gesagt, wenn man die Denkweise nicht hatte.

Die Riege ist ein eher selten verwendeter Ausdruck [distanzierend, weil sie damit die „Klasse" der Führer der „Klasse" der Gefolgsamen gegenüberstellt. Es klingt beinahe ein wenig wie „die da oben", „wir hier unten" -SL], der seit Anfang des 19. Jahrhunderts für „Turnerabteilung" gebräuchlich wurde. Er wurzelt im Niederdeutschen und bedeute ursprünglich „Reihe, Linie, Wassergraben". Die Riege ist etwas Abgeteiltes und besteht aus bestimmten Menschen und erfüllt bestimmte Aufgaben. In Unternehmen werden die Führungskräfte eher abfällig bzw. geringschätzig mit „Vorturner" bezeichnet. [Interessant wiederum, dass sie nur von den Bezirksleitern spricht, höher hinauf geht es nicht. Das war wohl dann die „Riege" mit der sie am ehesten noch zu tun hatte - SL] So wie der „Vorturner" sich bewegt und verhält, haben ihm die anderen nachzuahmen. Dennoch verläuft zwischen den Führungskräften und den „Mitarbeitern" häufig ein unsichtbarer Graben [der hier aber auch stark gezeichnet wird, denn das trotzige „oder auch nicht" besagt ja, es gab auch andere Wege - SL]. [der Gegensatz kann nur bedeuten: man musste sich dem *Denken* nicht anschließen, aber man musste entsprechend *handeln* – TL] Aufgabe dieser *Riege* war es für die *damaligen Mitarbeiter und auch für die Filialleiter* zu denken. Mit *damalig* wird angedeutet, das es diese Führungsstruktur offensichtlich nicht mehr gibt – und die Führung sich durch eine andere Organisationsstruktur wohl gewandelt hat. Mit *die* kommt zu Vorschein, dass es wirklich einen Graben gab zwischen denen und uns: den Beschäftigten in den Filialen. Die Bezirksleiter dachten vor und *deren Denken musste man sich anschließen*. Die Rollen waren klar verteilt: Denken und Malochen. Mit dem *oder auch nicht* wird augenscheinlich, das es eine äußerliche Bevormundung gibt, der einzelne aber nicht in seinem Empfinden und Denken gelten lassen muss, *aber das hat man nicht unbedingt laut gesagt* [hier ist nicht deutlich, was daran nun Überhöhung und Verklärung darstellt. Sie hatte zuvor ja eingeräumt, dann wieder ausgeschlossen, dass die Mitarbeiter auch Freiräume hatten. Was eher eine graduelle Entwicklung war, erscheint hier wie eine vollständige Veränderung. Vielleicht hätten die Mitarbeiter auch mehr sagen können, haben es aber nicht getan – SL] [– s.o. zur hier bedeutsamen pragmatischen Rahmung! -TL] Unter anderen Bedingungen, nämlich einer anderen Führungsstruktur bzw. Arbeitssituation hätte man sich sehr wohl geäußert, so musste man verbergen was man im Hinblick auf Strukturen, Prozesse und Betriebsklima denkt. [Das behauptet sie zumindest, wobei auch hier das einschränkende „nicht unbedingt" bemerkenswert ist. Man hat es also schon gesagt, wenn auch zögerlich - SL] Hatte man eine andere Denkweise, nämlich die je meinige, war diese nicht gefragt. [bzw. sie schätzt es im nachhinein so ein, dass die Mitarbeiter Widerspruch eher vermieden – ‚nicht unbedingt' gibt dem ja eine ironische Wendung - TL]

22 Es gab
23 Anweisungen und diese hatte man ohne wenn und aber auszuführen.
24 Da ging es dann auch ums Prinzip, das habe ich anfänglich auch sehr
25 oft gehört. Wenn dann mal die Arbeit nicht nach den Anweisungen
26 hundertprozentig ausgeführt wurde und man wurde darauf
27 hingewiesen, dann hieß es, es geht ja nicht darum, sondern es geht
28 ausschließlich ums Prinzip.

Es gab Anweisungen, die es womöglich in dieser Form nicht mehr gibt. Anweisungen sind im Rahmen des Direktions- oder Weisungsrechts des Unternehmers bzw. des die Unternehmerfunktion einnehmenden, vorgesetzten Managers ganz [warum schreiben Sie „ganz legitim"? Argumentieren Sie gegen Zweifel an? – TL] [Stellungnahme LPH: „ganz" kann wegfallen] legitim. „Weise" wird häufig in der Redewendung „Art und Weise" verwendet [Diesen Anfang der Herleitung finde ich irreführend, das Beispiel gehört eher an das Ende der Ableitungskette; den Anfang mit dem Wortstamm zu machen, ist instruktiv – SL]. [Stellungnahme LPH: Kritik akzeptiert.] Damit wird eine Erscheinungsform be- bzw. umschrieben. Das Adjektiv „weise" bedeutet eigentlich „wissend" und das Substantiv „Weisheit" bedeutet „einsichtsvolle Klugheit". Das Verb „weisen" bedeutet „wissend machen". Aus diesem Wortstamm gibt es zahlreiche Vorsilbenbildungen und Zusammensetzungen: zuweisen, überweisen, unterweisen, hinweisen, beweisen, ausweisen und eben auch anweisen – mit dem Substantiv: Anweisung. Jemand, der Vorgesetzte „V", beauftragt den Untergebenen „U" in der Buchhaltungsabteilung mit einer bestimmten Tätigkeit, z. B. die Auszahlung von etwas zu veranlassen bzw. vorzunehmen. Über etwas Bescheid wissen und in eine Richtung weisen gehören u. a. zur Führungskompetenz. Die Anweisung als Beauftragung hat zumindest zwei Dimensionen. Sie ist Ausdruck einer Interaktion mit der Intention, dass dadurch jemand agiert bzw. reagiert und eine Veränderung des Zustands eintritt. Implizit wird davon ausgegangen, dass einer – hier „V" – wissend [das Wissen ist nachrangig; er muss durch die geltenden Regeln legitimiert sein; dass er die Autorität, in die die Legitimität mündet, verliert, wenn er sich als unwissend und unfähig erweist, ist nachgeordnet. – TL] [Stellungnahme LPH: Hierdurch entsteht das Spannungsverhältnis von Hierarchie-Orientierung vs. Prozessorientierung, gerade weil die Position der Führungskraft durch das Arbeitsrecht legitimiert ist.] ist und darauf vertraut bzw. bauen kann, dass die Beauftragung auch – von „U" – akzeptiert wird und ein Agieren von „U" zur Folge hat. [Unglaubwürdig macht sich eine Führungsperson doch vor allem dadurch, dass sie nicht führt, da kann sie noch so „weise" sein, sie nimmt ihre Verantwortung nicht wahr, die Mitarbeiter hängen dann in der Luft und müssen das Führungsvakuum eigenständig auffüllen - SL].[Stellungnahme LPH: Anweisungen gelten eindeutig als Führungsinstrument.] Umgekehrt geht der Weisungsempfänger „U" davon aus, dass der Weisungsgeber „V" die Anweisung aus einer „einsichtsvollen Klugheit" gegeben hat. [das ist zu hoch gegriffen; lediglich die Autorität des Weisungsgebers und Legitimität seines Handelns wird unterstellt – TL] [Stellungnahme LPH: Falls „einsichtsvolle Klugheit" zu hoch gegriffen ist, dann aus Kenntnis der Sache bzw. der Sachzusammenhänge.]

… und diese hatte man ohne wenn und aber auszuführen. Da ging es auch ums Prinzip. Als Weisungsempfänger hatte man praktisch keine Dispositionsfreiheit; man war ausführendes Organ, uniform wie ein Befehlsempfänger. Unter Prinzip wird nicht nur Anfang und Ursprung verstanden, sondern auch Grundlage und Grundsatz. In der geschilderten, damaligen Arbeitssituation nahmen die Anweisungen grundsätzlich die erste Stelle ein – praktisch ohne Wahrnehmung der konkreten Situation wie auch ohne Ansehen der einzelnen Person. Anweisungen waren d a s Führungsinstrument schlechthin – und dies wurde auch beinahe gebetsmühlenhaft wiederholt kommuniziert. [die Aufrechterhaltung der (Anweisungs-) Ordnung stand (in der Perspektive der Interviewee) über den konkreten Entscheidungen; dies wurde den Neuen regelrecht eingetrichtert (anfänglich sehr oft gehört); wiederum aber erscheint die Darstellung als Zuspitzung eines Kontrasts – TL]

Wenn dann mal lässt darauf schließen, das es keine Regel ohne Ausnahme geben könne, da die Arbeitssituation wie auch die Einschätzung situativ verschieden war [aber nach Einschätzung der Interviewee kam es selten vor, wäre also, wenn es pragmatisch zugegangen wäre, vernachlässigenswert gewesen – TL], *die Arbeit nicht nach den Anweisungen* ausgeführt werden konnte [wieso konnte? – TL],[Stellungnahme LPH: sonst wäre die Arbeit ja weisungsgemäß ausgeführt worden] dann musste das Folgen haben. Nach nicht befolgter Anweisung musste die Zurechtweisung erfolgen. Dies wird mit *hundertprozentig* beschrieben. Doch wo gibt es schon Hundertprozent? Kein Sportschütze erreicht beim Schießen die volle Punktzahl; kein Gold mit 100% Reinheitsgehalt. [genau daraus folgt, dass hier die Prinzipienhaftigkeit, die Übergenauigkeit betont wird (entgegen einem Pragmatismus, der anerkennt, dass es eine hundertprozentige Realisierung des Konzepts nicht gibt – TL [es geht aber um das Prinzip, dass Anweisungen auszuführen sind, nicht um ein anzustrebendes Ideal. Beide können ja in Konflikt geraten, wenn zur Erreichung des Ideals das Verlassen der Anweisung notwendig wird im Dienste der Sache. Hier aber ist die Anweisungsordnung das Prinzip, eine Abweichung immer zu vermeiden, auch wenn es sachlich geboten wäre. - SL] [Stellungnahme LPH: Genau. Das Spannungsfeld Hierarchie-Orientierung vs. Prozessorientierung im Dienste der Sache.] Die Situation erscheint ausweglos – *und man wurde darauf hingewiesen.* Die Anweisung ist die eine Seite der Medaille, die Kontrolle die andere – und man wurde deshalb darauf hingewiesen! [Es wird deutlich, dass das Bemühen um die hundertprozentige Realisierung da war, dass man selbst aber pragmatisch sah, dass sie doch nicht immer möglich war; aber auch die ‚Kontrolleure', sahen wohl, dass es nicht immer möglich war (denn sie wiesen ja nicht immer – (und nur anfänglich „sehr oft"– SL) - darauf hin) – TL] Dabei *geht es nicht darum,* ja worum, nämlich um die Sache, *sondern es geht ausschließlich ums Prinzip.* [Dass dies von den ‚Kontrolleuren' so gesagt wurde, verweist darauf, dass sie selbst auch die Ambivalenz zwischen Prinzip und Verwirklichung sahen (es ist ja bisher auch von keiner Sanktion die Rede) – TL] Allein „es geht ums Prinzip" würde ja schon ausreichen, doch auf die Ausschließlichkeit des Prinzips, dessen Vorrang vor der konkreten Situation wird gepocht. Die rigide Handhabung der Anweisung wird nicht „ein-sichtig"; ihr Sinn und Zweck werden nicht sichtbar. Die Führung wird zur Gängelung. [so hermetisch ist es aber nicht, denn das Abweichen wurde ja anerkannt, wenn auch die Geltung des Prinzips herausgestellt wurde. – SL] [Stellungnahme LPH: Wenn eine auf Anweisung basierende Führungskultur und –routine nicht mehr funktioniert, also nicht mehr sachdienlich ist, ist die Krise da. Das Deutungsmuster „Anweisung und Kontrolle" bzw. „Vertrauen ist gut. Kontrolle ist besser" und damit die Hierarchie-Orientierung kommen mehr in Konflikt mit der Prozess-Orientierung; dem Dienst an der Sache.]

28 Die Führungsstrategie war grandios.
29 Denken sollte man nicht, musste man nicht, durfte man auch nicht.

Diese Aussage gleicht einem Ausruf: *grandios!* Das Führungsverhalten erstreckte sich nicht nur auf einzelne Fälle oder eine Situation. Es war Teil des Geschäftsmodells – und zwar eines erfolgreichen. Sonst hätte die Firma kaum neue Mitarbeiter für das Auffüllen der Verkaufsregale eingestellt oder hätte aufgrund einer solchen Führungsstrategie womöglich mit einer hohen Mitarbeiterfluktuation zu kämpfen gehabt. *Grandios* klingt in der Tonbandaufzeichnung auch sehr ironisch. [das lässt sich auch ableiten: grandios, also großartig und überwältigend kann eine Führungsstrategie nur sein, wenn sie über die Maßen einfallsreich und erfolgreich ist, was durch die vorhergehende Darstellung ja schon infrage gestellt ist. Es bleibt nur die ironische Lesart übrig – TL (und die Überspitzung steht auch in Kontrast zur vorangehend differenzierten Schilderung – im Rückblick von heute auf früher könnte die Zuspitzung auch einer Mythisierung der Gegenwart folgen: „früher dachten wir tatsächlich...aus heutiger Sicht ganz unverständlich -SL)] *Grandios* wird in Verbindung mit einem prunkvoll inszenierten Schauspiel mit Kostümen und Schauspielerinnen von erhabener Schönheit, einer erhabenen Konzertveranstaltung, einem überwältigenden Feuerwerk, in Verbindung gebracht. Großartig, überwältigend, erhaben im Kontext eines absoluten Discount-Geschäftsmodells, [hier ist ja nicht vom Discount-Modell die Rede, sondern von der Führungsstrategie – TL] [Stellungnahme LPH: Die damals praktizierte Führungsstrategie war implizit vom Geschäftsmodell abhängig.] größer könnte der Kontrast nicht sein. Und doch, das Geschäftsmodell war wohl erfolgreich mit einer großartigen Multiplikation in Form neuer Filialen. Das schlichte Discount-Konzept war so „erhaben“, weil so einfach, dass es mitdenkender Mitarbeiter vermeintlich kaum brauchte. Eine Filiale sollte wie die andere sein – eine weitere Kopie der ersten. Durch diese Typisierung musste man praktisch nicht mitdenken. Weil das Denken aber – ganz praktisch – nicht auszuschalten ist, wurde dennoch mitgedacht, sonst würde die Aussage *durfte man auch nicht* kaum Sinn machen. Dessen waren sich auch die Bezirksleiter bewusst. Aufgrund ihrer Managementfunktion für mehrere Filialen war ihnen an der Typisierung und Standardisierung der Filialen sehr gelegen, denn vor allem dadurch ließ sich strukturell wie prozessual die für den Erfolg dieses Geschäftsmodells notwendige Effizienz erzielen. [Die Sequenz Zeile 29 ist nicht ausgeschöpft: „Denken sollte man ja nicht“, das ist die Ebene der Normen; neue Mitarbeiter wurden so akkulturiert, dass sie sich daran hielten; das „ja“ [steht nicht im Transkript – SL] markiert zudem, dass es so von der Führung gewünscht war; „musste man nicht“, das ist die Ebene der praktischen Einrichtung; alles ist so standardisiert, dass man nur exekutiert; „durfte man auch nicht“, das ist die Ebene der expliziten Normen, also der gesetzten Normen, inhaltlich ein explizites Verbot, da Denken hier die „unkomplizierten“ Tätigkeiten (Benjamin, Walter (1930): Karussell der Berufe [1930]. In: Walter Benjamin, Gesammelte Schriften II.2, Frankfurt/M.: Suhrkamp, 667-676, hier: 673) unnötig komplizieren würde – TL („sollte man nicht“ und „durfte man nicht“ ist auch gegenläufig. Ersteres signalisiert einen anzustrebenden Zustand wie die Zehn Gebote verbunden mit einem ständigen Gefolgschaftsproblem, da sich das Denken einfach nicht abstellen lässt; letzteres ein mit Sanktionen versehenes Verbot - SL]

35 Ich habe angefangen als
36 20-Stunden-Kraft, da meine Tochter noch relativ klein war, und ich
37 muss sagen, ich habe mich am Anfang nicht wohl gefühlt, weil es
38 eigentlich auch nicht mein Naturell ist, nur Anweisungen auszuführen.

Die Interviewee greift auf den Beginn der Mitarbeit *als 20-Stunden-Kraft* zurück, als ob sie dies noch nicht gesagt hätte; [Dass dies hier ohne explizite Bezugnahme auf das bereits Gesagte wieder angeführt wird, zeigt, dass hier ein Thema ‚rumort‘, dass also die Interviewee hier eine Begründungsverpflichtung verspürt – TL (das erklärt auch den Wechsel zwischen „ich habe angefangen“ zu „ich bin zum befragten Unternehmen gekommen“ - SL] vielleicht um mit diesem Anlauf Ergänzungen vorzunehmen oder weil sie glaubt, ihre längjährige Mitarbeit rechtfertigen zu müssen. Sie war dageblieben *da meine Tochter noch relativ klein war,* Mitte der 1980er Jahre war die Berufstätigkeit von Müttern noch nicht so weit verbreitet wie heute, noch kein Rechtsanspruch auf einen Kindergartenplatz gegeben oder gar Ganztagesbetreuung flächendeckend im Angebot. Auch das Job-Sharing von qualifizierten Tätigkeiten war weniger verbreitet, geschweige denn Jobsharing in Leitungsfunktionen. [insofern ist die Begründungsbasis: Mütter bleiben bei Ihren Kindern, solange diese klein sind, ihrerseits nicht begründungsbedürftig – TL] Unklar bleibt, ob sie – etwa als alleinerziehende Mutter – auf ein Erwerbseinkommen angewiesen war oder ob sie sich nicht auf reine Muttertätigkeit konzentrieren wollte? Das *ich habe mich am Anfang nicht wohl gefühlt* deutet auf das durch die Führungsstrategie verursachte Betriebsklima am Anfang ihrer 20-Stunden-Arbeit hin. Sie sagt es auch, warum, nämlich durch die strikten Anweisungen war man ausführendes Organ – auf das Naturell, die Veranlagung und Wesensart kam es dabei nicht an. Die Führungsstrategie lässt kaum Handlungsfreiräume zu [wozu diese Ausführungen? Von ‚Wesen' ist nicht die Rede im Text. – TL] [Stellungnahme LPH: Weil unter „Naturell“ nach DUDEN – Band 5 Fremdwörterbuch – Veranlagung und Wesensart zu verstehen sind.]

> *39 Ich bin kein Mensch, der sagt, na ja, das mache ich halt, es ist mir*
> *40 wurst, ob es sinnvoll ist oder nicht. Ich möchte wenigstens einen*
> *41 Sinn, im weitesten Sinne, in der Arbeit entdecken können. Das hat*
> *42 mir am Anfang gar nicht gefallen, da habe ich mich sehr schwer*
> *43 getan.*

Aus dieser Aussage geht hervor, dass eine wenig mitarbeiterbezogene, dafür aber eine sehr stark aufgabenbezogene Führungsstrategie praktiziert wurde und die Führungskräfte von einem geringen Reifegrad ihrer Mitarbeiter ausgegangen sein dürften.[1] [Dafür gibt es keinen Anhaltspunkt; ich kenne das Modell nicht, frage mich aber, was es erklären soll. – TL (Sie spricht doch vielmehr vom „Sinn in der Arbeit“. Auffällig ist die Selbstkategorisierung „ich bin kein Mensch, der...“, mit der sie sich zum Phänotyp eines Genotyps macht, zum token eines types, das Individuierte ist nur eine Modifizierung eines Allgemeinen – SL)] Mitarbeitern mit einem geringen Reifegrad begegnet man mit Unterweisen: „telling“, Mitarbeitern mit einem hohen Grad persönlicher Reife mit Delegieren: „delegating“. Mitarbeiter mit einem mäßigen bis hohen Reifegrad möchten tendenziell die angewiesenen Aufgaben nicht nur richtig machen, das WAS, sondern auch wissen WARUM und WOZU, also *wenigstens einen Sinn, im weitesten Sinne, in der Arbeit entdecken können.* [Das kann man m.E. nicht als ‚Reifegrad' bezeichnen. – TL] Die Führung hat diese Dimension ausgeblendet und wohl kaum als Führungsaufgabe erkannt, dass sich Mitarbeiter damit schwer tun. [Statt hier auf Führungstheorien zurückzugreifen, muss doch der historisch-kulturelle Wandel betrachtet werden. Ziehen wir in Betracht, dass Habitus sich langsam nur wandeln und die lebenspraktischen Habitus die berufspraktischen präformieren, liegt es näher davon auszugehen, dass auch das gewandelte Verständnis von Führung auf lebenspraktische Transformationen zurückgeht. [Stellungnahme LPH: Genau – vgl. Kap 1.1 und 2] Managementhandbücher können hierfür doch allenfalls

[1] Das Reifegradmodell von Hersey/Blanchard ist dafür ein Diagnoseinstrument vgl. Wunderer (2003) S. 212

Konzeptgedanken liefern oder auch Begründungsstrategien, sie erzeugen aber keinen Habitus, ihre Verwendung bringt diesen allenfalls zum Ausdruck – SL]

44 LPH (Interviewer): Und Sie sind doch geblieben?
45 IP: Ja, und ich bin doch geblieben. Es sind 20 Jahre jetzt. Ja, warum
46 bin ich geblieben?

Auf diese Frage [Was bedeutet die Frage? Das muss analysiert werden. Sie stellt weniger eine Frage als eine Konfrontation dar: die unerfreuliche Situation vs. das Verbleiben in dieser Situation; insofern wird eine Begründung eingefordert. – TL] Stellungnahme LPH: Wenn man in seiner Erwerbsarbeit nicht *wenigstens einen Sinn, im weitesten Sinne, in der Arbeit entdecken* kann, dann stellt sich die Warum-Frage: Warum verlasse ich nicht das Unternehmen bzw. warum bleibe ich? Diese Frage stellt sich die Interviewee durch die provokative Frage des Interviewers nachfolgend selbst.] kommt ein *Ja, und ich bin doch geblieben.* Dafür muss es Gründe geben, die schwerer wiegen, trotz all der geschilderten, negativen Erfahrungen damals. *Es sind 20 Jahre jetzt.* Der Zeitraum von 20 Jahren wird wiederholt und mit *jetzt* betont und festgestellt. [Hier ist doch aufschlussreich, dass sie nicht sagt, es sei 20 Jahre her, sondern eben, wie Sie mit Recht schreiben, den Zeit*raum* betont; damit wird aber tendenziell die Situation von vor 20 Jahren ausgedehnt auf die ganzen 20 Jahre; es werden – vor dem Hintergrund der unbefriedigenden Situation – die ganzen 20 Jahre begründungsbedürftig. – TL] Die Interviewee stellt die an sie gestellte Frage nun selbst. Sie stellt sich und ihre Berufsbiografie bewusst in Frage und muss sich hinsichtlich dieses Zeitraums reflektieren. Wenn alles so aufgabenorientiert, anweisend und wenig mitarbeiterorientiert gewesen wäre, hätte sie sicherlich bald gekündigt, trotz möglicher finanziell negativer Folgen. [Woher diese Annahme? [Stellungnahme LPH mit folgender Lesart: Weil aus der Schilderung nicht hervorgeht, wie dringend sie ein Erwerbseinkommen gebraucht haben könnte bzw. wie die familiäre Situation war. Der Text sagt anderes (s. vorherige Anmerkung). – TL] [Nimmt man die an sich selbst gerichtete Frage wörtlich, dann weiß sie auch nicht, was sie zum Bleiben bewogen hat, es ist ihr selbst nicht klar – SL]

53 Allerdings muss ich sagen, ich habe
54 nach vier Wochen gekündigt. Ich habe gesagt, das kann ich nicht, ich
55 komme einfach nicht klar damit.

Allerdings drückt gewöhnlich „in jeder Hinsicht, gänzlich" aus. [Vor allem ist es ein Adversativum, das eine Einschränkung ausdrückt. – TL] In dieser Folge *Allerdings muss ich sagen* weißt diese Aussage womöglich auf einen für den Interviewer „blinden Fleck" [Wie ist das gemeint? Etwas, von dem er noch nicht weiß? – SL – sic LPH] hin. Allerdings ist aber auch gebräuchlich als „zwar, freilich". Zwar könnte es sich um eine Begebenheit handeln, um die man weiß, nur nicht der Interviewer [die Adversation richtet sich nicht auf den Interviewer, sondern auf etwas, das zuvor vom Interviewee gesagt wurde, und zwar, dass sie geblieben ist – SL], oder dass diese Begebenheit noch genauer beschrieben werden muss. Es waren im Rahmen der Gesprächseröffnung noch nicht „alle Dinge" gesagt; auch wegen ihrer Vertraulichkeit, so die Information *ich habe nach vier Wochen gekündigt.* Für den bisherigen Interviewverlauf kommt das nicht überraschend. [Doch schon: immerhin ist sie doch seit 20 Jahren im Unternehmen, also nicht gegangen. – TL] Umso interessanter ist die Frage warum die Interviewee geblieben sein könnte, obwohl sie mit dem Betriebsklima nicht klar gekommen war. [das war oben die Frage; hier ist die Frage, wieso sie trotz Kündigung geblieben ist. – TL] Eine Kündigung erfolgt schriftlich oder mündlich, bedarf also einer gewissen Form und vor allem eines Adressaten, nämlich den Unternehmer oder diejenige natürliche Person, die diese Unternehmerfunktion ausübt. In der Regel kommt es spätestens dann zu einem Gespräch zwischen Führungskraft und Mitarbeiter; Vorgesetzten und Untergebenen. [Warum wird der weitere Teil der Sequenz nicht analysiert? Dies muss begründet werden. – TL; allerdings, ihre Äußerung ist ja sehr aufschlussreich und bietet schon eine Antwort darauf, weshalb sie noch immer im befragten Unternehmen ist – SL – sic LPH]

...... 55 Ich habe dann mit einem
56 Bezirksleiter, der heute nicht mehr im Unternehmen ist, ein Gespräch
57 gehabt. Es lag damals auch sehr stark an dem Filialleiter.

Das schon seit Wochen fällige [Woher diese Annahme? – TL] [Stellungnahme LPH: Weil aus dem bisherigen Gesprächsverlauf ihre Unzufriedenheit hervorgeht und ein Bezirksleiter bzw. der sogar dafür zuständige nicht täglich in ein und derselben Filiale sein kann.] Gespräch kam zu Stande mit dem zuständigen Bezirksleiter, [sie spricht aber von „einem", nicht von „dem" Bezirksleiter, so als hätte sie mit irgendeinem ein Gespräch gehabt und nicht mit dem zuständigen; nicht die Person des Bezirksleiters, sondern ihr Zugang zur Bezirksleiterebene ist hier herausgestellt; sie weiß also, mit wem hilfreiche Gespräche geführt werden müssen – SL] der in der damaligen Organisationsstruktur über dem/der Filialleiter/-in stand. Die Frustration rührte auch von der Person des Filialleiters her, mit dem man die 20 Arbeitsstunden zu tun hatte. [interessant, dass hier wie zuvor nun von der Situation nur deiktisch gesprochen wird (das, es); die Unzumutbarkeit wird als genügend expliziert wahrgenommen. – TL]

57 Der
58 Bezirksleiter hat mich gebeten: Halten Sie durch! Der hat mich
59 wirklich motiviert und sagte, so jemanden wie Sie brauchen wir
60 einfach.

In einem solchen Gespräch geht es zwar um das WAS [oder ums DAS? – SL] der Kündigung, doch die WER und die WER NOCH Fragen, die existenzielle, wie die koexistenzielle [was ist das? – SL – vgl. Kap. 6.4.1 - LPH] stehen nun im Mittelpunkt [??? – TL] [Stellungnahme LPH: Bei Kündigungen von Arbeitsverhältnissen geht es immer um Existenz wie auch Koexistenz und die damit verbundenen Fragen] und natürlich die WARUM Fragen [zu insidermäßig – SL (– vgl. Kap. 6.4.1 – LPH)]. In einem solchen Gespräch kann die Führungskraft entweder mit der Kündigung ganz formal umgehen oder aber Interesse an [einem Verbleib um ihre „Existenz" geht es ja nicht – SL] der Mitarbeiterin äußern. Hier sind Anweisungen fehl am Platze [das ist ein Werturteil, aber kein analytisches – SL] und man kann die Mitarbeiterin nur noch bitten diese Entscheidung noch einmal zu überdenken oder gar zu revidieren. In einer solchen existenziellen Situation sprechen nicht zwei Rollenträger miteinander, sondern zwei Personen [Wie meinen Sie das? Es sprechen zwei Mitarbeiter eines Unternehmens als Mitarbeiter miteinander, der eine in Anweisungsposition, der andere in Ausführungsposition. Gerade die Stellung als Mitarbeiter im Dienste des Unternehmens legt ein Gespräch nahe, es sei denn Mitarbeiter bedeuten einem Unternehmen nichts. Private Fragen sind dabei der Grenzfall, es geht nicht um private Krisen, sondern um solche die die Mitarbeiterposition betreffen. Hier wäre nun wichtig darzulegen, was rollenförmige und diffuse Sozialbeziehungen unterscheidet – SL].[Stellungnahme LPH: Durch die Nachfrage von SL wird die in Kap. 1.5 und 1.6 behandelte Problematik deutlich – der lohnabhängig arbeitende Mensch rangiert unter den Wirtschaftsobjekten] Was „tönt" durch den Anderen durch? Fühle ich mit dadurch wahrgenommen und erhalte An-Sprache statt bisheriger Anweisungen? [Diese Ausführungen haben mit dem Text nichts zu tun. „Halten Sie durch!" verweist darauf, dass eine Änderung, eine Beseitigung der Unzumutbarkeit – möglicherweise die Entlassung des Filialleiters – geplant ist. Das wirft die Frage auf, warum dies nicht sofort geschieht. Offensichtlich gibt es im Unternehmen Spannungen, zwei Kräfte, die in verschiedene Richtungen (standardisierte Discounter-Struktur vs. stärkere Mitarbeiter-Verantwortung womöglich) wollen. Der Bezirksleiter wäre für letzteres und sähe in der Interviewee eine mögliche Verbündete. – TL]

60 Es sind dann mehrere Gespräche gelaufen

Es sind dann lässt darauf schließen, dass noch weitere Schritte, Stationen, Etappen auf dieses Krisengespräch gefolgt sein dürften, dass mit einem Gespräch weder Situation, Klima und Perspektive zu klären waren. In der Probezeit sind tatsächlich mehrere Gespräche gelaufen [„dann" bezieht sich auf die krisenhafte Konstellation, die sie zur Kündigung veranlasst hat, wie kommt nun die Probezeit ins Spiel? – SL – als eine mögliche Lesart, weil die Interviewee *nach vier Wochen* gekündigt hat. Zeile 54 - LPH]. Die Probezeit dauert in der Regel drei bis sechs Monate. Nach vier Wochen und beabsichtigter Kündigung war also noch genügend Zeit und Raum für mehr als ein Folgegespräch Im Gespräch kommen Sprechvermögen und Sprechen [??? – SL], die Potenzialität und die Realisierung zur Geltung. Mittels „Sprache" wird eigentlich der Vorgang des Sprechens und das Vermögen zu sprechen bezeichnet und bedeutet in seiner Wurzel „Rede; Beratung, Verhandlung". Durch Zusammensetzungen wie An-Sprache, Aus-Sprache, Mit-Sprache, Rück-Sprache wird die Bedeutung einerseits beschränkt, andererseits auch verschiedene Perspektiven und Situationen präzisiert [das ist hier zu aufwendig, von „Gespräch" ist die Rede, da lässt sich auf die geläufige Bedeutung zurückgreifen – SL]. [Stellungnahme LPH: die geläufige Bedeutung reicht hier nicht aus, wenn man „Gespräch" als „offenes Gespräch" im Sinne von BOHMs Dialogverständnis versteht. – s. Kap. 3] All diese Facetten beinhaltet das Gespräch als Rede und Gegenrede, als Unterredung und Beratung. Im Gespräch werden nicht nur Dinge und Gegebenheiten angesprochen, auch die An-Sprache richtet sich immer auf ein Gegenüber – ein Du. In der Aus-Sprache äußern sich die einzelnen Personen, geben ihren Sicht- und Denkweisen Aus-Druck. Im Gespräch entsteht nicht nur ein interpersonales Miteinander, sondern auch Mit-Sprache über Dinge und Aufgaben. Im Gespräch entsteht auch Rück-Sprache, durch Rückbezug auf einen anderen Menschen wie auch Reflexion durch die Spiegelung des eigenen Denkens, Empfindens und Handelns im Gegenüber – es entsteht Bewegung, ein Verlauf; ein

Prozess [Die Gespräche hatten aber offensichtlich etwas routinehaftes (‚sind gelaufen') und können nicht – jedenfalls nicht entscheidend – der Grund für ein Zurückziehen der Kündigung gewesen sein. – TL (auf der einen Seite das Routinehafte, auf der anderen waren es mehrere Gespräche, womöglich ein beharrliches Werben des Bezirksleiters um die Mitarbeiterin; hier fragt sich umso mehr: wenn die Gespräche etwas Routinehaftes hatten, was hat sie dann veranlasst, im Unternehmen zu bleiben? – SL)]

> *60 in der Probezeit,*
> *61 und der Punkt, wo es weh getan hat, der war dann irgendwann auch*
> *62 einfach überwunden.*

[Hier nun erst die Probezeit – SL – richtig geschlossen aufgrund der Lesart der Zeile 54 - LPH] All dies braucht Zeit um ausprobiert werden zu können. Dazu ist die Probezeit eigentlich da. Eine „Probe" ist Prüfung, Untersuchung, Beweisverfahren – und ist auch eine Zeit der Ungewissheit, des Kämpfens, des sich Abmühens wie des Eroberns, des Ge*winnens* [hier genauer bezogen auf Probezeit auf einer Stelle in einer Organisation nicht im allgemeinen – SL] – und häufig auch eine schmerzliche Angelegenheit von Versuch und Irrtum (?), von unternehmen und unterlassen, mit Tiefpunkten oder Tiefschlägen verbunden. Obwohl „überwinden" mit „winden" ursprünglich nichts zu tun hat, ist „überwinnen" – kämpfen, abmühen, erobern – im allgemeinen Sprachgebrauch zu *überwinden* geworden. Mögliche Wunden sind verheilt und haben zu einem persönlichen Sieg *Personal Mastery* (SENGE 2003) geführt – auf ein über dem bisherig liegenden Entwicklungsniveau. [Die hier interessante (offen gebliebene – LPH) Frage ist doch, warum die Interviewee sich hat zum Bleiben überreden lassen, denn „es" hat sich ja nicht geändert, nur, dass „es weh getan hat [...] war [...] überwunden"; nicht also wurde die Schmerzursache beseitigt, sondern die Schmerzempfindlichkeit reduziert. – TL]

> *62 So nach einem knappen Jahr hat sich dann*
> *63 heraus kristallisiert, dass ich schon gemerkt habe, man hat mich*
> *64 eigentlich wahr genommen, mein Tun und meine Einstellung zur*
> *65 Arbeit in der Firma.*

Nach einem Jahr der Eingewöhnung bilden sich „Kristalle" für das betriebliche Miteinander und Füreinander heraus; also Regelmäßiges, Geformtes und Geklärtes, wie aus geschliffenem Glas. [Es hat sich etwas herauskristallisiert, d.h. es wurde deutlich; von Miteinander und Füreinander ist nicht die Rede. – TL] Die eigene Person hat sich für die Vorgesetzten herauskristallisiert [auch das sagt sie nicht. – TL (- ist aber auch eine mögliche Lesart. - LPH)] [Sonderbar ist, was sich herauskristallisiert hat. Es bezieht sich auf sie und dass sie etwas gemerkt, also wahrgenommen hat. Damit verschiebt sich der Grund des Unbehagens von der Lage im Unternehmen weg zu ihr hin, die vorher womöglich nicht gemerkt hat, dass sie anerkannt wurde. „Eigentlich" verstärkt das noch im Sinne von „eigentlich hat man mich wahrgenommen, ich habe es aber nicht wahrhaben wollen" – SL] und wird als solche wahrgenommen. [Aufschlussreich ist doch die Zögerlichkeit: das Herauskristallisieren ist ein

Prozess; „schon“ ist hier ein Modulator, der gegen die mitlaufende, nicht aufgehobene Annahme, es habe sich nichts geändert, gerichtet ist. Nicht eine Änderung hat sich herauskristallisiert, sondern, dass sie etwas bemerkt hat; nochmals also eine Abschwächung. Zudem ist ja ein Jahr auch relativ lang; es bleibt also erklärungsbedürftig, warum die Interviewee trotz der Situation, trotz der routinisierten Gespräche und obwohl ihr Wert für die Firma (‚Tun‘ und ‚Einstellung zur Arbeit‘) erst so spät anerkannt wurde, geblieben ist. – TL] Das ist spürbar durch das Tun und die *Einstellung zur Arbeit in der Firma.*

> *65 Das wurde mir dann bewusst und ich dachte:*
> *66 Hoppla, so ganz verkehrt kann es doch nicht sein, was du denkst*
> *67 und was du machst.*

Die gelaufenen Gespräche dürfte wohl alle einzigartig gewesen und damit unterschiedlich verlaufen sein. [Diese Annahme ist nicht begründet; oben habe ich Gründe für das Gegenteil angeführt. – TL [Sie sagt doch, dass ihr das bewusst wurde, es war ihr zuvor also nicht bewusst; nun stellt sich hier die Frage, inwiefern bei dieser Verschiebung von Arbeitsbedingungen zu „mir war nicht bewusst“ eine Rationalisierung für ihren Verbleib im Unternehmen vorgenommen wird – das wäre im Hinterkopf zu behalten bis zu einem Beleg – SL]] Sie dienten zur Bewusstwerdung von Tun und Einstellung zur Arbeit und zu neuen Ein-Sichten. Dies drückt sich vor allem durch *Hoppla* aus. Hoppla ist ein Ausruf mit dem man innehaltend auf einen Sachverhalt bzw. eine Situation schaut. [Dabei ist vor allem entscheidend, dass es ein plötzliches, von außen angestoßenes Innehalten ist; das passt aber nicht zusammen mit dem lange Zeit benötigenden Auskristallisieren. Man muss schließen, dass die Interviewee hier nachträglich etwas zur Einsicht stilisiert, dass im realen Verlauf alles andere als eindeutig und deutlich war. – TL [Die thematische Verschiebung ist auffällig: zuvor ging es nicht darum, was sie denkt und macht, falsch oder richtig ist, sondern um die Arbeitsmöglichkeiten und –bedingungen – SL]] Man hält kurz Inne – man bekommt Halt durch sein Inneres bzw. im Innern und nicht im Außen bzw. durch Äußerlichkeiten. Hoppla ist ein verstärkter Imperativ von „hoppeln“. Der Hase hoppelt; eine eigentümliche Bewegung – und er schlägt Haken. [Diese Bildexkurse sind sehr assoziativ. – TL] Trotz der Fort-Bewegung erfolgt diese nicht geradlinig. So dürften aber auch die Gespräche verlaufen sein und führen auf einmal zu *Hoppla* – dem kurzen Innehalten im Hinblick auf das eigene Denken und Tun.

> *67 Das hat dann die Kehrtwendung gebracht, dass*
> *68 ich dachte, es ist doch noch nicht alles verloren, machst halt weiter.*

Die Kehrtwendung ist eine Wendung von 180 Grad und steht an dieser Stelle in Zusammenhang mit *überwunden* (Zeile 62). Wendung und Wende bedeuten Drehung und damit das Einschlagen einer neuen Richtung; hier offenbar die Kehrtwendung in Form der Rücknahme der ausgesprochenen Kündigung. [Eine Kehrtwendung ist [eine Wendung zurück; sie könnte allenfalls eine „Wendung“ meinen – SL], wie Sie völlig zu Recht schreiben; das passt aber nicht zu dem relativierenden „noch nicht alles verloren“ (etwas eben doch schon) und dem fatalistischen „machst halt weiter“.

Es kommt hier eine wenig zu beeinflussende Entwicklung zum Ausdruck, die nachträglich dargestellt wird, als habe sie geradezu zu einer Konversion geführt. – TL] [Hier nun steht nicht mehr im Fokus, dass sie etwas bemerkt hat, dass ihr etwas bewusst geworden ist, wie das vorangehend der Fall war. Hier geht es wieder um die Arbeitsbedingungen; dieser Wechsel zwischen Arbeitsbedingungen und Selbstwahrnehmung lässt auch auf eine Unentschiedenheit schließen. Immerhin trägt sie das ganze ein Jahr mit sich herum, sie hadert also und ist sich nicht sicher, liegt es nun an ihr oder liegt es an den Arbeitsbedingungen – SL]; Diese Kehrtwendung führt zu einem *ich dachte.* Die Denktätigkeit ist die jeweils eigene – und denken kann ich nur für mich, auch im Rahmen eines Gedankenaustausches unter Zweien – oder mehreren Menschen. Durch das Denken wird auch bewertet Gewinn und Verlust. Wenn *doch noch nicht alles verloren ist* besteht noch Hoffnung im Hinblick auf den Weg, das Zukünftige bezüglich Sinn und Ziel [allerdings verlangt das eine Menge Zuversicht, das Ruder noch Rumreißen zu können, zu der sie bislang keinen Anlass hat – SL (womöglich doch, durch die Familiensituation, es ist ja nicht auszuschließen, dass sie hätte alleinerziehend sein können. Bei einem Ehemann als Hauptverdiener hätte sie das Arbeitsverhältnis leichter kündigen können – LPH)]. *Machst halt weiter* könnte durchaus auch auf einen anderen gemünzt sein [Es ist direkte Rede, sie hat mit sich gesprochen – SL – sic LPH]. Hier wird etwas in der Du-Form ausgedrückt und es drückt sich ein innerer Dialog, ein Selbstverhältnis aus zwischen Ich und ICH; dem transzendenten Selbst[2]. *Machst halt weiter* ist eine Anweisung [keineswegs eine Anweisung; eher ein sich in sein Schicksal fügen. – TL] sich selbst gegenüber.[das kontrastiert auch die Zuversicht: auf der einen Seite ist noch Hoffnung, auf der anderen hat sie sie fahren lassen, das verweist wieder auf die innere Unentschiedenheit – SL]

> *Ich wollte wieder mein eigener Herr sein, das war mir ein*
> *Bedürfnis. Daher habe ich damals die erste Filiale übernommen. Die*
> *Kämpfe waren natürlich weiterhin da, weil die Ebene und die*
> *Struktur war damals zu dem Zeitpunkt immer noch.*

Nach einer Phase der überwiegend als fremdbestimmt erlebten Mitarbeit in der Filiale wollte die Interviewee *wieder mein eigener Herr sein.* Herr klingt in diesem Zusammenhang für eine weibliche Person eher ungewöhnlich. Doch Herr wie Herrin drücken dasselbe aus: der Erste, der Vorderste; erhaben sein. Ein Filialgeschäft ist immer Teil eines Hauses. Herr im Haus bzw. Hausherrin zu sein ist ein berechtigtes Bedürfnis – und im Rahmen einer Filialleitung möglich. [Herr im Haus kann sie aber nur im eingeschränkten Sinne sein, denn die Filiale ist ein „Zimmer" im „Haus" des Unternehmens, das Sagen hat die Unternehmensleitung. Vor diesem Hintergrund ist die Äußerung sogar problematisch, weil sie anzeigt, dass sie sich von niemandem etwas sagen lassen will; verstärkt wird das durch die Rede vom „Bedürfnis", einem diffusen Wunsch danach, Herr im Haus zu sein – SL] [Das „daher" ist doch erklärungsbedürftig. Wieso plötzlich Filialleitung? (Es muss markiert werden, dass hier etwas ausgelassen wurde. Warum wurde es ausgelassen?) Und wieso so: „Daher habe ich […] übernommen." Wurde es angeboten? War es ein auf eigene Initiative zurückgehender Akt? (Die Auslassung ist problematisch!) Dass die Seite des Unter-

[2] hierzu Rohrhirsch, F. (2005), S. 56 „Doch – wie gesagt – die Frage nach dem Wesen des ganzen Menschen geht auf das transzendente Selbst des Menschen und nicht auf sein bewusstes alltägliches Ich."

nehmens hier getilgt wird, sagt doch etwas: Wieder wird in der Darstellung die eigene Aktivität in den Vordergrund gerückt, als komme es eben darauf an, sich so darzustellen. – TL] *Die Kämpfe waren natürlich weiterhin da,* [welche Kämpfe? Es ist vorher von Kämpfen nicht die Rede. Wer kämpft mit wem? – TL (Doch! In Zeile 62 weist *„überwunden"* darauf hin - LPH)] weil Organisationsstruktur und Selbstverständnis der „Hausherrinnen und Hausherren" in den Filialen ein anderes war, als das der mit Direktions- und Kontrollbefugnis ausgestatteten Bezirksleiter. [dem Vorausgehenden ist aber doch zu entnehmen, dass der Bezirksleiter sie stützte… – TL (genauer „einer der", weil die Interviewee in den Zeilen 55/56 von *„einem Bezirksleiter"* und in den Zeilen 57/58 von *„Der Bezirksleiter"* spricht – LPH)] Im Haus ist die Frau[3] Herrin und hat hier das Sagen. Das mag auch der latent vorhandene Anspruch sein gegenüber den nur sporadisch auftauchenden Bezirksleitern. Die hierarchische, direktorale Organisationsstruktur musste mit einem teil [sic - SL] autonomen Selbstverständnis der Filialleitungen vor Ort, am Point of Sale bzw. Point of Purchase kollidieren und ein permanentes Konfliktfeld[4] darstellen. [Diese Deutung ist problematisch, da nicht klar ist, ob die fehlenden Bezüge in den ausgelassenen Passagen enthalten sind. – TL] [Außerdem – Sie sprechen zurecht von Teilautonomie - bleibt doch festzuhalten, dass auch dort, wo plumpe hierarchische Anweisungen und Kontrolle gemindert und Verantwortung der Mitarbeiter gestärkt wird, letztlich Entscheidungen aber – je nach Reichweite auf der entsprechende Hierarchieebene getroffen werden. Die Filialleiter entscheiden nicht darüber, in welche Richtung das befragte Unternehmen marschieren wird, sie entscheiden innerhalb eines abgesteckten Rahmens – SL] [Stellungnahme LPH: Ja und nein: Ja aus einer monologisch-direktoralen Perspektive und nein aus einer dialogisch-assoziativen Perspektive mit ihrer Reziprozität sowie einer prozessual-subsidiären Perspektive. Deshalb zusätzliche Passagen zur Information und Begründung für das Nichtberücksichtigen:

Nach etwas mehr als einem Jahr habe ich dann eine Filialleitung
angeboten bekommen, habe das aber noch etwas rausgezögert, weil
mir – wie gesagt – meine Tochter noch zu klein war. Dann wurde mir
die Stellvertretung angeboten, um die damals noch ganz junge und
nicht aus dem Fach kommende Filialleitung zu unterstützen. Das
habe ich dann auch gemacht in einer neuen Filiale, ca. ein halbes Jahr
lang. Danach habe ich die Filialleitung übernommen. Da habe ich
dann gesagt, okay, ich versuche es jetzt mal selber. Was natürlich
auch ein kleines bisschen eine Rolle gespielt hat – vielleicht auch ein
ein größeres bisschen -, dass ich vorher jahrelang als Führungskraft tätig
war und nachher mich – ich will nicht sagen total – unterordnen
musste.

Bereits in Zeile 36 hatte die Interviewee auf ihre kleine Tochter hingewiesen. Zudem war es kein Anliegen die Karriere der Interviewee nachzuzeichnen; schließlich war sie zum Zeitpunkt des Interviews bereits 20 Jahre im befragten Unternehmen. Trotzdem ist die Anmerkung von TL wichtig, da der Sprung von Zeile 68 auf 80 bzw. von Zeile 83 auf 118 zu groß war. Die radikale Veränderung der Organisationsstruktur des befragten Unternehmens wird in

[3] Frau ist die weibliche Bildung zu einem in Deutschen untergegangen germanischen Wort für „Herr".
[4] Das Wort *Kampf* wurzelt in lat. *campus* und bedeutet *Feld, Schlachtfeld*

Kapitel 5.2 skizziert. Aus diesem Grunde die Ergänzung zur Änderung der Organisationsstruktur aus dem Munde der Interviewee:

83 Ich glaube, wir
84 hatten 1994 – o Gott, bei 20 Jahren, da muss ich mich auf jedes Jahr
85 besinnen – die Strukturänderung gleichzeitig mit Einführung der
86 Dauerpreise. Das war gerade Halbzeit (meiner 20 jährigen
87 Firmenzugehörigkeit), zehn Jahre habe ich (das hört sich jetzt furchtbar
88 an) nach dem alten Regime gearbeitet, und in den letzten zehn Jahren
89 haben wir ja dann die Strukturänderung gehabt, diese Freiräume,
90 diese Eigenständigkeit, die man sich so peu à peu aufbauen konnte.
91 Mittlerweile würde ich schon sagen die letzten zehn Jahre waren
92 gegenüber den ersten zehn Jahren traumhaft. Man muss das vielleicht
93 auch ein bisschen differenzieren.]

118 Mit
119 dieser neuen Unternehmensstruktur muss man – und es wird
120 eigentlich mit jedem Tag, mit jedem Monat, mit jedem Jahr
121 schwieriger in der heutigen Zeit – umgehen können, das ist das
122 Riesenproblem.

Mit dieser neuen Unternehmensstruktur muss man nicht nur leben, [??? – TL] [Wieso neu, wo kommt sie her? Alles sehr implizit – SL (– vgl. Kap. 5.2 – LPH)] sondern daraus ergibt sich auch eine Gestaltungsaufgabe. Sie ist nicht nur ein anderer organisationaler Rahmen, sondern beeinflusst das gesamte „Miteinander-Füreinander-Leisten" im Hinblick auf Prozesse, Betriebsklima und Identität, sowohl der Corporate Identity als auch der jeweils eigenen [Hier wieder: rollenförmig vs. diffus. Die Identität einer Person wird davon aber nur mittelbar berührt, als ganze Person ist sie dort nicht angestellt – SL (stimmt: mittelbar berührt, deshalb auch die Formulierung „beeinflusst" – LPH)]. [Stellungnahme LPH: Daran zeigt sich die Problematik des Anstellungsvertrags – s. Kap. 1.6. Deshalb sei an Max Frischs berühmten Ausspruch: „Man rief Arbeiter und es kamen Menschen" erinnert. Der einzelne Mensch lebt durchaus sein selbständiges Leben. Im Rahmen des Arbeitsvertrages wird er aber zum „Arbeitnehmer" – s. Kap. 1.6.] *Und es wird eigentlich* weist darauf hin, dass genau genommen diese ursprünglich neue Struktur gelebt werden muss: jeden Tag, jeden Monat, jedes Jahr – und es wird *schwieriger und der heutigen Zeit.* Dieser ließe sich die „gute alte Zeit" gegenüberstellen, was hier nicht der Fall zu sein scheint. Die heutige Zeit zeichnet sich durch Multioptionalität aus, durch Komplexität, durch Beschleunigungstendenzen, durch Flexibilität usw. [Woher kommt nun dieser Themenwechsel? – SL]. Das *umgehen können* setzt Beweglichkeit voraus und weist auf verschiedene Verlaufsmöglichkeiten hin; mit all ihren Chancen und Risiken [Wieso wird das nun schwieriger? – SL]. Die aktuelle Führungsstruktur ist nicht leicht zu handhaben, in einem inzwischen großen, da erfolgreichen Unternehmen. Handelt es sich bei „Problem" schon um eine schwierig zu lösenden Aufgabe bzw. eine komplizierte Fragestellung, so erhält die diese Aussage *Riesenproblem* ein ungeahntes Ausmaß, das allerdings allen Beteiligten einsichtig werden müsste.

122 Ich halte auch die Dialogische Führung für qualitativ
123 hochwertig, für die heutige Zeit eigentlich nötig, denn nach den alten
124 Strukturen bewegen Sie heute so gut wie gar nichts mehr.

Ohne das *auch* würde die Dialogische Führung [Wie kommt die nun herein? Hat der Interviewer sie eingeführt? Wo ist das markiert? – SL] [Stellungnahme LPH: Das ist in der Fallbestimmung und Intervieweinbettung nachzulesen.] nicht relativiert. Der Beschaffenheit der Dialogischen Führung [Wovon spricht sie, vom Konzept oder von der Praxis? – SL [dazu soll ja das Interview dienen – LPH)] wird ein hoher Wert beigemessen, jedoch nicht absolut, sondern in Bezug auf die heutige Zeit [s. Kap. 1.1 in der MALIK von der Notwendigkeit eines „wirksame[n] Management[s] für eine moderne Zeit" spricht], genau genommen als Not wendig erachtet [Die Äußerung klingt doch wie ein Werbespruch; Sie gehen gar nicht auf das Wie des Sagens ein, sondern greifen nur das Was, den Inhalt auf. – SL]. Doch die Probleme und Nöte der heutigen Zeit [im Sinne MALIKs] geben ihr die Signatur, wie sie auch Chancen bieten. Die alten, festen Strukturen erscheinen als nicht mehr tauglich, den betrieblichen Alltag zu meistern. [hier wird abstrakt das Konzept vertreten; nicht die Realität geschildert. – TL]

124 Die
125 Zufriedenheit der Mitarbeiter ist eigentlich das Wichtigste, auf das
126 ein Unternehmen setzen kann.

Zufriedene[5] Mitarbeiter werden genau genommen als *das Wichtigste* erkannt. [Hier werden sie weniger „als das Wichtigste erkannt" denn als wichtig behauptet. – TL] [Auch das klingt so, als habe sie in einer Fortbildung gut aufgepasst; sie sagt die Zufriedenheit ist „eigentlich" das Wichtigste, sie scheint heute aber nicht im Zentrum zu stehen. „Zufriedenheit" ist auch unbestimmt, ein Unternehmen ist ja keine Wohlfühlveranstaltung - SL] Nur dann kann ein Unternehmen auf motivierte Mitarbeiter setzen. Sie sind nicht nur Wichtig, sondern *das Wichtigste.* Diese Bedeutung muss sich *ein Unternehmen* vergegenwärtigen. *Ein Unternehmen* steht in diesem Zusammenhang für die Führungsverantwortlichen; sie geben dem Unternehmen Form und Gehalt.

126 Allerdings bedarf es für die
127 Dialogische Führung – und deshalb ist es ein Problem, das ist auch
128 bei uns nicht weg zu diskutieren – die geeigneten Menschen.

Allerdings bedarf es für die könnte auch mit „freilich" oder „in jeder Hinsicht" beginnen [„allerdings" setzt hier doch eine Einschränkung, das Konzept ist das eine, lebendig wird es aber nur durch Personen und offenbar ist nicht jeder dazu in der Lage, es ist also nicht einfach lernbar – SL (– sic. LPH)] (vgl. die Erläuterungen zu Zeile 54)]. Hiermit wird eine ergänzende Notwendigkeit angedeutet, weil die Strukturen

[5] In der Zweifaktoren-Theorie von Herzberg gehört die Zufriedenheit zu den *Motivatoren* (zufrieden – nicht zufrieden), während das Begriffspaar „unzufrieden – nicht unzufrieden" zu den *Hygienefaktoren* gehört. Sie sind als *zwei* unabhängige Eigenschaften zu betrachten und stellen nicht die äußeren Ausprägungen *einer* Eigenschaft dar.

allein noch kein Garant für eine moderne Führungskonzeption sein können. Für die Bewertung fehlt noch etwas Wesentliches. Dies [es referiert der Sache nach auf (das Konzept der) Dialogische(n) Führung; diese stellt ein Problem dar; hier wird wieder ein Ambivalenz zwischen Darstellungsabsicht und Darstellung deutlich. – TL] stellt deshalb ein *Problem* dar. Probleme können erkannt werden, verschoben werden, geleugnet werden, besprochen werden und eben auch gelöst werden. Allein durch das darüber Diskutieren sind sie aber noch längst nicht zerschlagen, zerteilt, zerlegt, geschweige denn aus dem betrieblichen Alltag. *Weg zu diskutieren* weist eher darauf hin, dass die Probleme entweder verniedlicht werden oder einfach als nicht der Erörterung wert erachtet werden. [es weist auch auf die Differenz zwischen Konzept (diskutieren) und Realität hin; noch so schöne Diskussionen machen aus einem guten Konzept noch keine gelingende Praxis. – TL [sic LPH)] Unterschwellig sind sie aber weiter vorhanden. Wesentlich sind *die geeigneten Menschen,* wenn eine dialogische Führung gelingen soll. Allein die dafür passenden Menschen zu finden reicht offenbar noch nicht aus, wenn „geeignet sein“ in seiner weiteren Bedeutung als „dafür qualifiziert sein“ gedeutet wird. [„geeignet sein“ liegt nicht auf der Ebene von Qualifizierung [vgl. DUDEN Band 5 „tauglich, besonders geeignet“ - LPH), sondern von persönlichen Voraussetzungen. – TL] Die Dialogische Führung spricht einen Kompetenzbereich im Menschen an, der nicht einfach so vorhanden ist; *deshalb ist es ein Problem,* das bei diesem Unternehmen nicht wegzudiskutieren ist. [Nun lässt sich auch fragen, inwiefern das Konzept Probleme erzeugt, weil es den Menschen etwas abverlangt, was gegen ihre Möglichkeiten sich wendet oder auch den praktisch zu bewältigenden Problemen unangemessen ist. Sie operieren hier immer mit dem Konzept, ohne dass es selbst schon analysiert worden wäre, das ist eine Erkenntnisbehinderung – SL].

128 Genau
129 wie man am Fließband bestimmte Menschen braucht, oder in
130 verschiedenen Branchen.

In der betrieblichen Arbeitsteilung braucht man unterschiedlich ausgebildete Kompetenzen, selbst für so vermeintlich einfache Tätigkeiten wie am Fließband. [es geht nicht um Ausbildung oder Qualifikation, sondern, wie gesagt, um persönliche Voraussetzungen; wie schon Taylor sagte, muss der Roheisenverlader phlegmatisch sein, nicht alert. – TL] [Stellungnahme LPH: F.W. Taylor als Referenz ist dafür einfach zeitlich zu weit weg – vgl. Kap. 2] Mit Fließband werden einfache Routinetätigkeiten umschrieben, die ungelernte Arbeitskräfte, ohne allzu viel mitdenken zu müssen, verrichten können. Ob das in der heutigen Arbeitswelt wirklich noch so ist, mag durch KAIZEN und TQM dahingestellt sein. Gerade Ausdauer, konsequentes technisches Handeln, Belastbarkeit usw. sind für derartige Tätigkeiten ausschlaggebend. [Das ist schon richtig, nur werden dort auch Arbeitskräfte nicht mehr eingesetzt. Wo es sie gibt, wie in Autowaschstraßen, an öffentlichen Toiletten oder bei der Müllabfuhr dürften die Ambitionen nicht groß sein, soll jemand die Tätigkeiten dauerhaft verrichten können – SL] [Stellungnahme LPH: Was heißt hier soll? Wer sollte dies auch veranlassen können? Keiner soll mehr – von wem veranlasst - ein ganzes Arbeitsleben lang die gleichen Tätigkeiten verrichten. Zudem ist der technische Wandel zu groß als das dies noch der Fall sein könnte. – vgl. Kap. 1. und 2. Dennoch gibt es für verschieden Branchen auch unterschiedliche Qualifikationserfordernisse mit entsprechenden Befähigungsnachweisen.]

130 Es gibt Branchen, da können Sie nicht
131 jeden gebrauchen oder hinstellen.

Jedes Berufsfeld, jede Branche stellt spezifische Anforderungen an ein professionelles Handeln und unterschiedliche Kompetenzportfolios an Mitarbeiter und Führungskräfte. Obwohl der Mensch ein Fähigkeitswesen ist, sind diese individuell kombiniert; Begabung und Anforderungen sind in Passung zu bringen.

131 Das halte ich für ein Problem,
132 auch heute noch, wenn die Dialogische Führung von den Menschen
133 nicht richtig wahrgenommen wird und von Mitarbeitern, egal welcher
134 Couleur, nicht umgesetzt werden kann.

Individuell unterschiedliche Fähigkeiten und situativ verschiedene Anforderungen in der betrieblichen Arbeitsteilung und Zusammenarbeit sind aktuelle Probleme und allgegenwärtig. Sie erfordern permanente Koordinierungs- und Harmonisierungsaktivitäten. Für eine dialogische Führung gibt es kein Schwarz-Weiß-Schema. Eine solche Führungskonzeption erfordert ein Wahrnehmen der unterschiedlichsten Schattierungen. Dabei spricht die Interviewee ganz allgemein von der menschlichen Wahrnehmungsfähigkeit [hier aber nicht bloß im Sinne von Erkennen, sondern von praktisch umsetzen oder verfolgen – SL]. Wahr-Nehmen bedeutet: Was ist der Sachverhalt – ohne sofortige Beurteilung. Insofern ist mit *nicht richtig wahrgenommen* noch keine Beurteilung der Interviewee im Hinblick auf „falsch“ getroffen, sondern ob Sachverhalte auch unvoreingenommen und vollständig wahrgenommen worden sind. Von der allgemeinen Wahrnehmungsfähigkeit der Menschen geht die Interviewee auf die Mitarbeiterdimension ein, also auf konkrete Menschen ihn der betrieblichen Arbeitsteilung. Dies wird durch die ungewöhnliche Bezeichnung *egal welcher Couleur,* bildlich ausgedrückt. [Widerspruch zu oben, der wieder Zweifel an DF ausdrückt: Oben hieß es noch, dass es Menschen mit bestimmten persönlichen Voraussetzungen bedürfe; nun heißt es, dass sie von keinem der Mitarbeiter, egal welche persönlichen Voraussetzungen er mitbringt, wahrgenommen (auch im Sinne von ‚als Chance ergriffen‘) wird. – TL] [Interessant ist, dass sie sagt, nicht umgesetzt „werden kann“, es also Hindernisse gibt, die entweder in den mangelnden Fähigkeiten der Mitarbeiter liegen oder in den Arbeitsbedingungen resp. im Konzept – SL] [Stellungnahme LPH: Die möglichen Hindernisse werden in den Kapiteln 1.5. 1.6 und 1.7 beschrieben.] Mit Couleur wird eine bestimmte geistig-weltanschauliche Prägung einer Person innerhalb einer gewissen Vielfalt umschrieben. Dabei sind die unterschiedlichen Prägungen *egal:* also gleich-gültig. Weniger auf die geistig-weltanschauliche Prägung kommt es an, sondern auf die Eignung für eine solche Führungskonzeption.

134 Dieses „Hier bin ich Mensch,
135 hier darf ich's sein“[6], das ist ganz wunderbar, aber in erster Linie sind
136 wir ja zum Arbeiten da. Und jeder möchte gerne seine Euro

[6] „Hier bin ich Mensch – hier darf ich's sein“ stammt aus Goethes Faust und wird in verwandelter Form als Firmenslogan „Hier bin ich Mensch – hier kauf ich ein“ verwendet.

137 verdienen. Das steht nun mal an erster Stelle, und da ist es nun mal
138 nicht immer himmelblau und rosarot.

Hier in der Erwerbsarbeit [im Unternehmen] Mensch sein zu dürfen, wird als *wunderbar* erlebt [nein, es wird nicht erlebt, sondern das Konzept wird für wunderbar erklärt („Dieses …" damit als Konzept zitiert); dem wird die Realität gegenübergestellt: Arbeiten ist eben rollenförmiges Handeln, wo ich nicht als ganzer Mensch handle, auch wenn ich bestimmte persönliche Voraussetzungen mitbringe; das wird hier sehr klar gesehen. – TL (Max Frischs Aussage: „Man rief Arbeiter und es kamen Menschen" LPH)] – ist aber in diesem Zusammenhang nicht ohne Ironie zu verstehen, weil hier der durch den Arbeitsvertrag gegebene Rahmen mit seinen Vorgesetzten- und Mitarbeiterrollen indirekt gesprengt wird [es ist eher gegenläufig: das Konzept verlangt etwas, was dem rollenförmigen Handeln widerspricht – es schafft einen Strukturkonflikt – SL]. **[Stellungnahme LPH: Das wäre ja schon ein wesentliches Forschungsergebnis!]** Menschsein ist immer Mitsein[7] mit anderen und so erst einmal mit keiner Hierarchie verbunden [das gilt aber nur dort, wo die Gemeinschaft ganzer Personen als solcher im Zentrum steht – SL (sic – LPH)]. Das ist aber im Rahmen eines unselbständigen Arbeitsverhältnisses [auch als selbständiger Unternehmer ist das so, das Unternehmen ist ein Zweckbetrieb, nicht Selbstzweck – SL [auch das ändert nicht an Max Frischs berühmten Spruch s. o. – vgl. Kap. 1. und 2 – LPH)] ganz anders und wird mit *aber in erster Linie sind wir ja zum Arbeiten da* klar ausgedrückt. An erster Stelle steht die menschliche Arbeitskraft [die Aufgabe steht an erster Stelle, zu deren Bewältigung die Arbeitskraft eingesetzt wird – SL (Das steht ja außer Frage LPH)] und diese gilt es *an erster Stelle* einzubringen, da es sich um Erwerbsarbeit handelt, mittels der man ganz praktisch seine wirtschaftliche Existenz sichert. Selbstverwirklichung [das ist hier nicht der Gegensatz, sofern mit Selbstverwirklichung eine sinnerfüllte Tätigkeit gemeint ist – SL] ist hierbei nicht vorrangig. Arbeiten hat immer auch eine mühevolle Komponente und ist nur eine Seinsqualität und deshalb *nicht immer himmelblau und rosarot;* also nicht frei und unbeschwert [sie karikiert mit ihrer Redeweise auch die Überhöhung des Unternehmens als Ort „menschlicher Begegnung" (mag sein, doch die moderne arbeitsteilige Arbeit ist immer ein Miteinander-Füreinander-Leisten – und für wie viele Menschen ist die Arbeit eine der wesentlichen Kommunikations- und Interaktionsbereiche in ihrem Leben – LPH), ohne dass sie Arbeit abwertet – SL]. Deshalb muss man aber die Arbeit – kontrastiv – nicht gleich rabenschwarz malen. [Ist das nun eine Ermahnung? Sie ist in einer wissenschaftlichen Arbeit fehl am Platz – SL] [Stellungnahme LPH: Nein, „rabenschwarz" ist einfach als Kontrast zu *nicht immer himmelblau und rosarot* zu sehen.]

138 Und der uralte Satz hat immer
139 noch Gültigkeit: Wo Menschen sind, da menschelt es. Wir sind alle
140 nur Menschen.

Diese Aussage wird noch in einen größeren Bezugsrahmen gestellt. [Es wird die klare Aussage: das Konzept verkennt die Rollenförmigkeit des Handelns im Betrieb, wieder zurückgenommen. Nicht das Konzept wird falsch eingesetzt, sondern es

[7] vgl. Rohrhirsch, F./Häußner, L. P. (2007) Unternimm mit anderen, S. 41, Karlsruhe

scheitert an den menschelnden Menschen. Dass die klare Kritik hier wieder relativiert wird (gemäß „der Geist ist willig, aber das Fleisch") ist womöglich wiederum der pragmatischen Rahmung (social desirability) zuzurechnen. – TL] Mensch sein hat nicht nur eine kognitive, sondern auch eine emotionale wie affektive Dimension. Mit *menscheln* wird das weite Feld zwischen den Polen von Sympathie und Antipathie, Egoismus und Altruismus angedeutet. Jede noch so ideale wie auch rationale Führungskonzeption darf dies nicht leugnen. Mit *nur* wird das Menschsein relativiert: wären wir nicht Menschen bzw. nur wenn wir keine [nein, wenn wir mehr als Menschen wären, das nächste wäre Engel oder göttlich – SL – (sic LPH)] Menschen wären (sondern zum Beispiel Engel), dann könnte der Idealzustand möglich sein. Doch dann wären wir auch nicht da: kein So-Sein ohne **Da**-Sein!

141 LPH (Interviewer): Das kann kein Führungskonzept lösen.

Führung kann aber immer nur versuchen, das Wünschenswerte mit dem Machbaren zu verbinden. [Das ist nicht das Problem; Aufgabe des Führungskonzepts ist es, die Rollenförmigkeit des Handelns ebenso zu würdigen, wie die unterschiedlichen persönlichen Voraussetzungen; ein Führungskonzept ist eben kein pädagogisches Konzept… – TL] [Was ist eigentlich ein Führungskonzept, das wäre auch einmal zu klären? Ist es mehr als ein Bündel von Maximen? Was ist es genau? – SL (siehe dazu das Kapitel 7.3 „Dialogische Führung und Führungstheorie – LPH)]

142 IP: Nein. Die Gefahr – für mein Empfinden, was ich jetzt erlebt habe
143 – besteht darin, dass es für beide Seiten eine Gratwanderung ist. Die
144 Menschen, die unter dieser Führung arbeiten, sind so verschieden.

Die Interviewee deutet diesen Einwand des Interviewers in gleicher Weise, indem sie hier ihre Empfindungen, Erlebnisse und Erfahrungen sprechen lässt. Sie sieht Führungskräfte bzw. Management auf der einen Seite und die Mitarbeiter auf der anderen und verstärkt dies mit *eine Gratwanderung.* „Wandern" hat Ähnlichkeit zu „wandeln, wenden, winden" und bedeutet eigentlich „wiederholt wenden", wie auch „hin und her gehen, irgendwohin gehen, seinen Standort ändern". Eine Gratwanderung ist eine Wanderung auf einem Bergrücken und damit besonders schwierig wie auch gefährlich. Die Gratwanderung im geschilderten Arbeitsalltag ist das allgemeine Menschliche wie das unternehmerische Notwendige im Hinblick auf Kunden, Unternehmenszweck und individuelle Bedürfnisse und Begabungen der Mitarbeiterinnen und Mitarbeiter auszubalancieren. [Die Gratwanderung ist, einerseits dem Konzept, das auf die ganze Person zielt, und andererseits der Rolle als Mitarbeiter gerecht zu werden – und dies sowohl von Seiten der Führung als auch von Seiten der Mitarbeiter – TL] [Indem sie nun die Verschiedenheit der Menschen heraushebt, suggeriert sie, es scheitere an der mangelnden Einheitlichkeit. Sie schließt hier womöglich an die vorangehende Kritik an, dass es auch der geeigneten Menschen bedürfe – SL]

……143 Die
144 Menschen, die unter dieser Führung arbeiten, sind so verschieden.

Die Interviewee spricht in diesem Zusammenhang von Menschen und geht damit über die funktional-arbeitsrechtliche Beschreibung der Führungskräfte und Mitarbeiter hinaus und betont mit *so verschieden* die individuellen Unterschiede, die ein situatives Führungshandeln erfordern. [Das ist das reale Problem: wie kann ich die einzelnen Mitarbeiter so ansprechen, dass ihre je spezifischen, auch auf persönlichen Voraussetzungen beruhenden Potenziale geweckt werden? Dieses Problem wird noch gesteigert, wenn ich sie qua Konzept als ganze Personen (Menschen) behandeln soll. – TL] [ja, so lässt es sich auflösen – was ohnehin schwierig ist, wird mit dem Konzept zu einer Überforderung – SL]

> *In einem großen Unternehmen, das wir mittlerweile sind, da gibt es – wie man so schön sagt – „sotte und sotte“. Und manchmal gibt es mehr „sotte “ wie „sotte“*[8]*. Und das ist manchmal für eine Führungskraft verdammt kitzlig. Es gibt auch da Knackpunkte. So himmelblau und rosarot ist es nun auch wieder nicht. Vielleicht wiederhole ich mich jetzt: Der Satz „Hier bin ich Mensch....“ hat ja bei uns oberste Priorität, aber manchmal gibt es Situationen, da fragt man sich, wo hört der Mensch auf und wo fängt er an.*

Es gibt solche und solche beschreibt ganz allgemein die Unterschiedlichkeit der Menschen, ordnet sie aber entweder/oder Kriterien zu. In diesem Falle könnte die Frage lauten: Ist das Unternehmen für mich da oder bin ich für das Unternehmen da [das sagt sie aber nicht – SL (mögliche Lesart – LPH)]?
Das ist eine *verdammt kitzelige*, heikle Situation, in der die Führungskraft leicht Fehleinschätzungen treffen kann. Je nachdem wie die Antwort lautet hat die Führung damit umzugehen, die Mitarbeiter in solch heiklen Situationen *mit größter Vorsicht zu behandeln.* Durch eine Fehleinschätzung kann die Grundlage für eine vertrauensvolle Zusammenarbeit schnell einen Riss bzw. Sprung bekommen. [es wiederholt sich die Spannung zwischen dem auf die ganze Person setzenden Konzept dialogischer Führung und der Rollenförmigkeit des Handelns der Mitarbeiter. Die Spannung wird aber von der Interviewee nicht subjektiv realisiert; sie versucht sie vielmehr – teilweise sicher durch die pragmatische Rahmung induziert – nicht auf die Verfehltheit des Konzepts, das eben die Rollenförmigkeit implizit leugnet, sondern auf die unzureichende Reife vieler Menschen zurückzuführen. – TL] [das sehe ich auch so, diesem Zusammenhang sollten sie unbedingt nachgehen, sonst führt die Analyse in die Irre und der Interviewee werden Dinge zugeschrieben, die der pragmatischen Rahmung zugeschrieben werden müssten – SL]

Der Satz „Hier bin ich Mensch …“ wird so schnell zu einem Knackpunkt, weil er einerseits das allgemeine Menschsein hervorhebt, im Unternehmen aber Sachzwänge oder Situationen gegeben sind, in der das WAS und WIE mehr Gewicht erhält als das WER und WER NOCH. Wem oder was ist Vorrang einzuräumen? Das ist eine Ermessensfrage und kann durch das Postulat „Hier bin ich Mensch …“ leicht zu Lasten des WAS und WIE gehen und dem jeden Menschen innewohnenden Egoismus Vorschub leisten. [das ist ein guter Beleg, wie es in die Irre laufen kann; sie rekons-

[8] sotte, sottige = solche. Merke: „s'geid sotte ond sotte, aber mai sotte wia sotte“ - http://www.petermangold.de/schwabenlexikon.asp - Abruf: 2007_10_23

truieren die Bedeutung des Sinnspruchs nicht, dass er einen Strukturkonflikt enthält und aus ihm eine Maxime macht, der zu folgen, nur zu Problemen führen kann; weil sie ihn nicht analysieren, erheben sie nun den „Egoismus“ zum Problem, der hier treffender als Autonomie im Dienste des Selbstschutzes bezeichnet werden muss; der entgrenzende Sinnspruch bringt die Mitarbeiter in die Lage, die Grenze selbst ziehen zu müssen – das ist aufreibend – SL] [Ergänzende Stellungnahme LPH: In Kap. 5.2 wurde die radikale Änderung der Organisationsstruktur skizziert. Der alte Slogan wurde durch einen neuen ersetzt. Aus „Große Marken – kleine Preise“ wurde „Hier bin ich Mensch – hier kauf ich ein“ Ein Spruch aus Goethes „Faust“ wird abgewandelt und für die Zwecke des befragten Unternehmens benutzt. Das mag aus Marketing-Gesichtspunkten opportun sein. Diese Aussage ist zwar an die potenziellen Kunden gerichtet, strahlt auf auch auf die Mitarbeiterinnen und Mitarbeiter aus bzw. zurück. Wie in Kapitel 2 bereits dargestellt, führt schon allein der Arbeitsvertrag zu einem Spannungsverhältnis zwischen dem Menschen an sich und dem Menschen als Wirtschaftsobjekt. Durch diesen Slogan wird der Kunde als Mensch in den Mittelpunkt gestellt und mittelbar die Mitarbeiter ebenfalls. Natürlich ist rollenförmiges Handeln immer ein Teil menschlichen Handelns, der Mensch als sozialer Funktionsträger. **In seinem Wesen bleibt er dennoch frei. Durch den Arbeitsvertrag wird er jedoch zum Wirtschaftsobjekt. Hierin liegt der Strukturkonflikt begründet, der auch durch einen solchen Slogan nicht aufgehoben, sondern möglicherweise sogar noch genährt wird.** Doch wenn es im Einzelhandel darauf ankommt, dass der Einzelne handelt, so kann er dies letztlich nur als Person und nicht als bloßer Rollenträger – auch wenn es sich, wie im Kontext des Interviews, um eine Arbeitssituation handelt. **Faktisch steht der weisungsgebunden arbeitende Mensch im Spannungsverhältnis zwischen funktionalem Altruismus (dem Leisten für andere) und seinen eigenen, existenziellen Bedürfnissen und individuellen Fähigkeiten; als Wirtschaftsobjekt müsste er lediglich für das Unternehmen funktionieren, als Person ist er Individuum und lässt sich praktisch nicht rollenförmig aufspalten.** Insofern ist die von SL kritisierte Lesart durch den Forscher hinreichend begründet. Die Lesart von SL hilft dabei den Konfliktherd zu orten.]

169 Es gibt gewisse Ebenen, da
170 habe ich das Gefühl, da existiert der Mensch nicht so.

Die Interviewee spricht von *gewissen Ebenen*, teilt damit die Organisation hierarchisch ein. So entsteht implizit ein „Oben“ und „Unten“ oder auch ein „Nah“ und „Fern“ vom Ort des Geschehens. Ist man „Oben“ oder „Fern“ vom Ort des Geschehens, und das ist in einem Filialunternehmen – aus der Perspektive der Zentrale bzw. der Gebiets- oder Regionalverantwortlichen – beim Point of Sale bzw. beim Point of Purchase der Fall. Aus der Ferne hat man mehr Überblick über die Aufgaben und Prozesse – dem „WAS und WIE“ und weniger Einblick WER bzw. WER NOCH diese Prozesse in den Filialen menschlich antreibt. Die individuelle Begegnung kommt nur selten zustande. Dadurch besteht die Gefahr, dass die hierarchisch höher gestellten Führungskräfte den einzelnen Mitarbeiter aus den Augen verlieren und in erster Linie als Produktionsfaktor sehen.

..... 170 Es ist absolut
171 nicht als Kritik zu verstehen, es ist einfach die Wahrnehmung und die
172 tagtäglichen Schwierigkeiten, mit denen man zu kämpfen hat, nach

173 allen Seiten, ob sie sich jetzt als Unternehmen oder als Vertretung
174 des Unternehmens nach außen hin darstellen müssen, oder ob sie
175 innerhalb des Unternehmens Ihre - früher hieß es Anweisungen,
176 heute heißt es - Empfehlungen geben.

Die Interviewee ist sich ihrer kritischen Äußerungen bewusst und will diese *absolut nicht als Kritik* verstanden wissen. [wenn es noch einer Bestätigung der Deutung (das Konzept verteidigen bei Anerkennung der Schwierigkeiten, die, damit dass Konzept verteidigt werden kann, nicht diesem angelastet werden dürfen) bedurft hätte, hier ist sie. – Ab hier lese ich auf Falsifikatoren für meine Deutung hin. – TL] [sie macht auch auf den Unterschied zwischen Nomenklatur und Realität aufmerksam. Es kann noch so viel von „Empfehlungen" die Rede sein, zu verantworten hat es der Filialleiter, der im Zweifel eben auch Anweisungen geben muss, das sieht das Konzept aber nicht vor; ich stimme TL ganz zu, es ist nun so sinnfällig, dass sich die Probleme mit dem Konzept und seiner Einschätzung im Verhältnis zu den Handlungserfordernissen wiederholen, dass es nun darauf ankommt, Äußerungen ausfindig zu machen, die die genannte These widerlegen – SL] Natürlich ist Kritik immer eine Beurteilung. Sie hätte aber auch mit „ich will dies nicht kritisieren" sagen können; im Sinne von „beanstanden, bemängeln" Sie legt Wert auf *Wahrnehmung*. Wahr-Nehmen bedeutet die Phänomene, das WAS zu beachten – ohne diese erst einmal zu beurteilen. In einem Filialunternehmen gilt es natürlich tagtäglich die Lage zu meistern, das heißt betriebswirtschaftlich erfolgreich zu sein und dies multipolar. Dabei kann der Mitarbeiter als Mensch schnell in den Hintergrund rücken. Die Interviewee deutet die Schwierigkeiten bei den Management- und Führungsaufgaben an – nach Außen und nach Innen. Hierzu kommt noch etwas mit dem man früher im Unternehmen hauptsächlich gemanagt hat, nämlich mit Anweisungen – und heute mit Empfehlungen.[9]

Die Empfehlung hat einen anderen Charakter und wurzelt in „mit der Lanze verfehlen, vorbeischießen, sich irren; fehlschlagen; mangeln". Zu „fehlen" stellt sich die Vorsilbe „verfehlen" nicht treffen, verpassen, nicht erreichen". Geläufiger ist „befehlen" mit seiner ursprünglichen Bedeutung von „übergeben, anvertrauen, begraben" und insbesondere in seiner heutigen Bedeutung von „gebieten". Im Gegensatz zu „befehlen" bedeutet „empfehlen" „zur Bewahrung oder Besorgung" übergeben. Heute wird es meist in Sinne von „zu etwas raten" gebraucht.

176 Es sind dann doch nicht immer
177 nur Empfehlungen, manche sollte man schon in die Schublade der
178 Anweisungen stecken.

Aufgrund der gemeinsamen Wurzel ist hier eine Doppeldeutigkeit vorhanden, die je nach Situation die Empfehlung leicht zu einer Anweisung werden lässt. Die *Schublade* dient zum Ordnen und Kategorisieren – und Anweisung und Empfehlung sind zwar unterschiedliche Führungsinstrumente. Was sich wie eine Empfehlung anhört

[9] Anweisungen sind Vorgaben seitens Vorgesetzter hinsichtlich des WAS und WIE. Dem Mitarbeiter wird die Methodenfreiheit praktisch genommen.

bzw. ausgesprochen wird, kann situativ dennoch eine Anweisung sein und je nach Situation zu Konflikten führen.

178 Wenn man lange genug dabei ist, dann weiß
179 man das auch einzuordnen, was eine tatsächliche Anweisung ist, die
180 wir ja eigentlich absolut gar nicht mehr haben wollen.

Um die Nuancen herauszuhören bedarf es längerer Erfahrungen im Unternehmen. So lassen sich als Empfehlungen getarnte Anweisungen auch als solche einordnen. In der dialogischen Führung will man – idealer Weise – auf Anweisungen möglichst verzichten. Dies lassen aber bestimmte Situationen im Betriebsgeschehen nicht zu. Die Führungskraft „ritualisiert" weil auch die Mitarbeiterinnen und Mitarbeiter kaum noch mit Anweisungen rechnen.

……180 *Aber der*
181 Mensch braucht Regeln.

Während Anweisungen das WAS und WIE präzisieren, sind Empfehlungen offener, dabei müssen die Mitarbeiter den geeigneten Weg zur Aufgabenerfüllung selbst finden. Doch wohin auch immer des Wegs, zur Ortsbestimmung braucht man eine Orientierungshilfe, eine Richtlinie, eine Regel. Das Tier wird von seinem Instinkt geleitet, der Mensch von Richtlinien, die er entweder von Außen erhält oder sich auch von Innen durch sein „ich selbst" gibt.

182 LPH (Interviewer): Bei der Kasse brauchen Sie das doch auch oder bei der
183 Inventur, da gibt es doch klare Regeln, oder?
184 IP: Ja, klar. Natürlich gibt es Anweisungen, es gibt
185 Rahmenbedingungen, an die muss man sich einfach halten.

Die Frage des Interviewers nach eindeutigen Regeln wird mit einem *Ja, klar* beantwortet. Es gibt also Anweisungen; auch in einer dialogischen Führung. Diese Anweisungen haben aber den Charakter von Rahmenbedingungen, die eingehalten werden müssen. Keine Führungskonzeption kann ohne strukturell-systemische[10] Führungselemente praktiziert werden. Dies wird auch akzeptiert: *an die muss man sich einfach halten.* Das *einfach* steht im Zusammenhang von *Aber der Mensch braucht Regeln.*

200 Es ist
201 ein zweischneidiges Schwert. Die andere Seite, die ich auch schon
202 erwähnt habe, ist, dass wir in der heutigen Zeit schon einen
203 gravierenden Unterschied machen müssen, das ist zweifellos
204 unbestritten.

[10] vgl. WUNDERER, R. (2007, S. 12) *Führung und Zusammenarbeit* Wunderer unterscheidet zwischen indirekter, strukturell-systemischer Führung und direkter, positional-interaktiver Führung.

Das Schwert als Stoß- und Hiebwaffe dient als Metapher, dass Werkzeuge oder hier Führungskonzeptionen, wie eine dialogische Führung, mindestens zwei Seiten haben und je nach Anwendung auch zu Verletzungen führen können. Einerseits kommt es wesentlich auf die Arbeitsleistung, den Leistungsbeitrag im Rahmen eines abhängigen Beschäftigungsverhältnis an, andererseits gilt es den Menschen in der Arbeitsweit gebührend als eigeninitiatives Fähigkeitswesen zu würdigen. In der heutigen, komplexen, mehr und mehr prozessorientierten arbeitsteiligen Zusammenarbeit müsse ein *gravierender Unterschied* gemacht werden.

205 LPH (Interviewer): Sie meinen jetzt, einen Unterschied in der Führung
205 machen
206 müssen?
207 IP: Ja. Das ist unbestritten und lässt sich nicht wegdiskutieren. Wir
208 sind da absoluter Vorreiter. Vorreiter sowieso, aber wir sind auch
209 eine Ausnahme.

Die Nachfrage des Interviewers im Hinblick auf einen *Unterschied in der Führung machen müssen* wird von der Interviewee eindeutig mit *Ja* beantwortet. Dieses *Ja* sei unbestritten und lasse sich nicht wegdiskutieren. Es herrscht offenbar im Unternehmen ein latenter Konsens darüber, dass *in der heutigen Zeit* (s. Zeile 202) Führung anderes praktiziert werden muss als z. B. noch vor 20 Jahren. In diesem Zusammenhang sei noch einmal auf MALIK (s. Kap. 1.1) verwiesen, der von „Wirksames Management für eine neue Zeit" spricht.

Der Vorreiter hat im Grimmschen[11] Wörterbuch natürlich unterschiedliche Bedeutungen. In diesem Kontext sind zwei Bedeutungshöfe relevant:

„vorausgeschickter reiter, in älterer sprache besonders in militärischem sinne von reitern eines vortrupps, oder auch in allgemeinerer anwendung von als boten, [...] mit festhaltung der eigentlichen bedeutung zugleich im sinne eines vorgängers und vorbildes in einer wirksamkeit"

Für die Interviewee nimmt das Unternehmen eine Vorreiterstellung ein, ist Vorbild in Hinblick auf die Wirksamkeit moderner Führungskonzeptionen. Die Vorreiterrolle scheint auch auf anderen Feldern durch das Unternehmen gegeben und beschränkt sich nicht nur auf die Führungskonzeption. Der Vor-Reiter repräsentiert nicht die Mehrheit; bildet also auf die schiere Zahl von Unternehmen eine Ausnahme.

210 LPH (Interviewer): Wie erleben Sie das?

Die Frage des Interviewers zielt nicht nur auf die rein kognitiv-rationale Schicht ab, sondern auf das vertiefte Empfinden – das Gemüt.

211 IP: Für mich erlebe ich das sehr positiv. Ich kann damit umgehen,
212 ich fühle mich damit wohl.

[11] http://germazope.uni-trier.de/Projects/WBB/woerterbuecher/dwb/wbgui?lemmode=lemmasearch&mode=hierarchy&textsize=600&onlist=&word=Vorreiter&lemid=GV10086&query_start=1&totalhits=0&textword=&locpattern=&textpattern=&lemmapattern=&verspattern=#GV10086L0 – Abruf: 2007_10_29

Die Antwort der Interviewee bleibt nicht allgemein, sondern sie bezieht diese auf sich – also reflexiv. Bei aller geschilderten „Zweischneidigkeit" im Allgemeinen, fällt die Bewertung klar aus. Sie fühlt sich in Kongruenz mit ihrem Wesen und beschreibt sich als führungskompetent und drückt ihr damit zusammenhängendes Wohlergehen aus.

215 Sachlichkeit ist halt für mich
216 wichtig. Probleme gibt es bei der emotionalen Schiene. Das ist auch
217 so ein Gefahrenpunkt. Da muss man bei der dialogischen Führung
218 auch immer ein bisschen Acht geben.

In einem Unternehmen geht es in erster Linie um das WAS bzw. das „ES"[12], die gemeinsame auf ein Ziel hin (WOHIN) zu bewältigende Aufgabe. Dabei ist die sachliche Dimension (Strukturen und Prozesse) nur ein wesentlicher Aspekt der Wirklichkeit in Unternehmen und Filialen. Bei aller wirtschaftlich gebotenen Rationalität geht es nicht ohne Emotionen[13]. Emotionale Probleme beeinflussen das soziale Klima, die Arbeitsstimmung und -atmosphäre im Unternehmen wesentlich und damit die Bereitschaft zur Zusammenarbeit. Von der Qualität der Zusammenarbeit hängt die Produktivität einer Arbeitsgruppe oder einer Filiale ab. *Emotionale Schiene* deutet darauf hin, dass Emotionalität und Rationalität von einander abgespalten wären bzw. parallel zu einander verlaufen wie zwei Eisenbahnschienen. Da dies aber realiter nicht gegeben ist, bleiben Probleme auch nicht aus. Der Punkt, an dem Gefahr droht, ist, wenn sich Rationalität der Führungskonzeption und die Emotionalität der Akteure – Führungskräfte wie Mitarbeiter – berühren [wenn sich widersprechende Handlungsanforderungen an die Mitarbeiter ergeben, ganz gleich auf welcher Führungsebene; durch Ihre Deutung hingegen leugnen Sie, dass das Konzept einen Strukturkonflikt induzieren könnte – SL].[Stellungnahme LPH: Der Strukturkonflikt ist bereits durch das Arbeitsrecht und die moderne betriebliche Arbeitsteilung gegeben: Hierarchieorientierung vs. Prozessorientierung.) Der Dialog spricht mehr die kognitiven Seelenfähigkeiten der Akteure an; doch frei nach Goethe „zwei Seelen wohnen, ach! in meiner Brust, die eine will sich von der andern trennen ...". Auf diese beiden Qualitäten gelte es in einer dialogischen Führung zu achten. Achtsamkeit auf das " ICH; WIR, ES und das Umfeld bzw. GLOBE[14]", da es sich im Management und Führungsprozess immer um eine aufgaben- wie auch personenorientierte Interaktion handelt (s. Kap 4.3).

[12] „ES" im Sinne der Themenzentrierten Interaktion nach Ruth Cohn

[13] „Eine **Emotion** (v. lat. *ex* „heraus" und *motio* „Bewegung, Erregung") ist ein psychophysiologischer Prozess, der durch die Wahrnehmung und Interpretationen eines Objekts oder einer Situation ausgelöst wird und mit physiologischen Veränderungen, spezifischen Kognitionen, subjektivem Gefühlserleben und einer Veränderung der Verhaltensbereitschaft einhergeht. Quelle: http://de.wikipedia.org/wiki/Emotion (Abruf: 2007_10_30)

[14] vgl. "Globe" im Sinne der Themenzentrierten Interaktion von Ruth Cohn

Vierfaktorenmodell der TZI – Themenzentrierten Interaktion nach Ruth C. Cohn:

ICH	die einzelnen *Personen* mit ihren Anliegen und Befindlichkeiten
WIR	die *Gruppe*, das Miteinander der Personen (Interaktion)
ES	die *Aufgabe*, das Ziel der Gruppe
Globe	das organisatorische, physikalische, strukturelle, soziale, politische, ökologische, kulturelle engere und weitere *Umfeld* der Gruppe

218 Die Menschen, die nicht so
219 geartet sind - oh je, da kriege ich jetzt ein Problem, wie ich das
220 richtig ausdrücke - sagen wir mal, die nicht das Verständnis dafür
221 haben, nicht den IQ haben und die das einfach nicht einordnen
222 können, da passiert es dann häufig, dass es auf die emotionale
223 Ebene abrutscht. Das ist dann auch wieder so ein Problem.

Dabei ist jeder anderes geartet; eine eigene Art für sich. Die Interviewee hat ein Problem damit, wie sie diesen Sachverhalt charakterisieren soll, also möglichst beschreiben soll ohne zu urteilen. Der Einzelne, das je individuelle Ich, ist natürlich koexistenzieller Teil aufgaben- wie personenorientierten Interaktion. Ohne seine eigene Existenz, sein ICH zu leugnen ist Bewusstsein für die Koexistenz (WIR), sowie das Thema (ES) und das Umfeld (GLOBE) erforderlich. Ist der Einzelne dazu nicht fähig, *da passiert es dann häufig, dass es auf die emotionale Ebene abrutscht,* der Einzelne sich in seinem So-Sein kritisiert *fühlt.* Nicht nur die feine Unterscheidung zwischen „Anweisung" und „Empfehlung" – Stichwort: Gratwanderung – ist ein Problem, sondern auch das Einordnen von „Rationalität" und „Emotionalität".[Immerhin erkennt man an dieser Unterscheidung noch, dass die Interviewee einen Konflikt ausmacht, ihn aber nicht treffend explizieren kann – SL]

224 LPH (Interviewer): Weil die Regeln fehlen?
225 IP: Ja, weil die Regeln fehlen und weil diese Freiräume ja auch die
226 Mitarbeiter haben, jeder, ohne Ansehen der Person oder Funktion.

Der Interviewer fragt nach, worin die geschilderten Probleme liegen könnten und spricht die Vermutung aus: *Weil die Regeln fehlen?* Dies wird von der Interviewee bejaht und ergänzt. Die Freiräume erstrecken sich auf das WIE, also die freie Wahl der Methode; also das WAS entweder so wie empfohlen oder auch anders und damit möglichst besser zu machen. Das gilt für die Mitarbeiter *ohne Ansehen der Person oder Funktion.* [Es muss aber zwischen tatsächlichem Handeln und Ideologie oder Konzept differenziert werden. Wenn nun schon im Konzept ein Widerspruch zur erforderten Handlungslogik im Unternehmen – rollenförmig vs. diffus – besteht, dann äußert er sich auch im Handeln selbst – SL]

227 Da ist unter Umständen sehr schwer damit umzugehen, wenn das
228 vernünftige Denken und die Logik fehlen, wenn man nur auf
229 emotionaler Basis darauf besteht: Ich bin hier Mensch. Das Recht,
230 darauf zu bestehen, hat eigentlich jeder.

Früher wurde das "ES" als "Thema" verstanden. In der aktuellen TZI-Literatur [1] wird differenziert: Das Thema, an welchem eine Gruppe arbeitet, ist von allen vier Faktoren beeinflusst und nicht bloß vom "ES". Darin besteht das Spezifische der TZI.

Quelle: http://de.wikipedia.org/wiki/Themenzentrierte_Interaktion - Abruf: 2008_06_03 und LÖHMER, C./STANDHARDT R. (2006) – *TZI – Die Kunst sich selbst und eine Gruppe zu leiten*. Stuttgart

Das WAS bedenke, mehr bedenke WIE[15] ist durch Empfehlungen möglich und erfordert sachgerechtes Denken und Methodenkompetenz, die unterschiedlich ausgeprägt sind und den einzelnen vor Fehleinschätzungen oder Selbstüberschätzung nicht schützt. Läuft die Sache schief, rutscht die Arbeitsbeziehung leicht auf die emotionale Ebene und führt zu Konflikten für die es keine Regeln, kein Konfliktmanagement zu deren Lösung gibt. Das „Fehlen“ – fachlich wie methodisch – wird persönlich genommen und als vermeintlich adäquate Problemlösung wird in der Arbeitssituation auf das allgemeine Menschsein zurückgegriffen. Das So-Sein als Mensch wird grundsätzlich zwar von Niemandem in Frage gestellt, löst in einer Konfliktsituation, weil etwas schief gegangen ist, nicht das Problem bzw. ist nicht zweckdienlich.

> *230 Denn das sind wir*
> *231 letztendlich alle, und dass mit einem vernünftigen Maß damit*
> *232 umgegangen wird, erwartet jeder, nur jeder geht halt anders damit*
> *233 um, das ist es. Jeder hat dafür seine Verständnisebene, und das ist*
> *234 auch nicht immer leicht, das unter effektiven Hut zu bringen, damit*
> *235 etwas Vernünftiges dabei rauskommt.*

Das Menschsein wird sich – der Interviewee – und allen anderen Mitmenschen zugesprochen und in der Arbeitssituation soll dem auch von jedem *mit einem vernünftigen Maß* Rechnung getragen werden. Der individuelle unterschiedliche Umgang führt aber zu Dissonanzen bzw. Konflikten, die nicht leicht wirksam *unter effektiven Hut* zu bringen sind, im Sinne von Obhut, Fürsorge. Aufgabe der Führungskraft ist es vorzusorgen, zu behüten, also zu bewahren, aufzupassen die gemeinsame Aufgabe schützend zu Bewachen, um vernünftig und effektiv zusammenarbeiten zu können.

> *247 Ein ganz großer Vorteil, der ist*
> *248 natürlich da, von dem profitieren wir ja auch alle: Ein Großteil der*
> *249 Mitarbeiter, der dies auch richtig umsetzen kann, egal auf welcher*
> *250 Ebene, profitiert davon: Von der Selbstständigkeit, vom Tun lassen,*
> *251 machen lassen, auch wenn dabei Fehler passieren.*

Keine Medaille ohne Kehrseite. Bei den differenziert beschriebenen Problemen und all den möglichen Problemen in der betrieblichen Arbeitsteilung und Zusammenarbeit gibt es auch einen *ganz großen Vorteil* der wohl all die geschilderten Probleme überwiegt. Es ist eben nicht nur ein Vorteil, sondern *ein ganz großer Vorteil,* der die geschilderten Probleme überwiegt und von dem alle profitieren – also einen Nutzen, Gewinn haben und damit weiterkommen, fortkommen und gewinnen. Diese Aussage wird mit *ein Großteil* relativiert und auf all die Mitarbeiter bezogen, die dies auch richtig umsetzen. Die unterschiedlichen Funktionen im Unternehmen werden zwar weiterhin hierarchisch in „Ebenen“ umschrieben. wenn auch mit *egal.* Alle – ob Vorgesetzte wie auch „Untergebene“ – in der Filiale der Interviewee werden egalitär bzw. gleichermaßen als Mitarbeiter bezeichnet, was so gedeutet werden kann , dass sie

[15] aus Goethes FAUST II Laboratoriumsszene

damit die Zusammenarbeit im gesamten Unternehmen meint. Der Gewinn an Selbständigkeit und Initiativentfaltung überwiegt – *auch wenn dabei Fehler passieren.*

> *257 Aber wenn ich sage: Gut,*
> *258 probiere es aus und wenn du es falsch machst, bin ich immer da um*
> *259 zu helfen.*

Die Interviewee selbst reicht diesen Initiativspielraum weiter und animiert ihre Mitarbeiterinnen und Mitarbeiter etwas Neues auszuprobieren wie auch zu unternehmen. Sollte dabei etwas falsch gemacht werden, ist die Interviewee mehr Coach als Vorgesetzte [hier unterstellen Sie, dass Vorgesetzte nur dazu dienen Anweisungen auszugeben und Abweichungen zu sanktionieren, das ist doch aber sehr schematisch, er hat doch auch eine Vorbildfunktion, er muss glaubwürdig verkörpern, was er von seinen Mitarbeitern verlangt – SL].

> *260 LPH (Interviewer): Und diese Funktion hat auch der Vorgesetzte in dem Konzept?*

Hier fragt der Interviewer noch einmal nach, um sich dieser Funktion zu versichern

> *261 IP: Eigentlich ja. So sollte das eigentlich verstanden werden.*

Die Interviewee verlangsamt mit *eigentlich* ihre Antwort und bejaht die Frage des Interviewers. Mit *das* ist die dialogische Führung als Führungskonzeption im objektiven Sinn gemeint und zu verstehen.

> *268 Diese Art der Führung, wie beim [b.U]*
> *269 halte ich für überaus erfolgreich, die bringt dem Unternehmen auch*
> *270 sehr viel, weil die Mitarbeiter an sich selber wachsen, egal wie der*
> *271 Stand des Intellekts ist.*

Wesen und Beschaffenheit der dialogischen Führung hält die Interviewee für *überaus erfolgreich. Erfolgreich* für sich allein formuliert wäre ja schon eine positive Bewertung. *Überaus* kommt einem Superlativ gleich. *Das bringt dem Unternehmen auch sehr viel.* Äußerst interessant ist die Begründung dieser Feststellung, nämlich *weil die Mitarbeiter an sich selber wachsen.* Das Wachstum der Mitarbeiter an sich selbst ließe sich auch mit einer Zunahme des „Humankapitals“ umschreiben. Dieses immaterielle Wachstum der Mitarbeiter wird als Wurzel des Unternehmenserfolgs gedeutet, ganz gleich, also *egal wie der Stand des Intellekts ist.* Das bedeutet, dass jeder der entwicklungswillig ist, seine Begabungen auch zu Fähigkeiten entwickeln kann.

276 Das stärkt auch die Loyalität zum
277 Unternehmen ungeheuer. Es ist ein freieres Arbeiten, wenn auch mit
278 den schon genannten Risiken, wenn sie etwas zu entscheiden haben
279 - und das sollte auch auf der Mitarbeiterebene sein, die sollen alleine
280 entscheiden können.

Dieser führungsbedingte Wachstumsraum stärkt die Treue der Mitarbeiter zum Unternehmen. Das Arbeiten braucht Frei-Raum und erfordert Entscheidungen, die mit Risiken verbunden sind. [Hier wird nun eine andere Seite des Konzepts diskutiert: die innerhalb des rollenförmigen Handelns erforderliche Eigenverantwortung, die, wenn sie gewährt wird, flexibleres Arbeiten und bessere Ausschöpfung der Potenziale der Mitarbeiter ermöglicht. Interessant, wie hier die Rede klarer wird, weniger unentschieden. – TL] Jeder in seiner Funktion braucht Handlungsspielräume, diese können nicht auf Führungskräfte begrenzt sein sondern für alle Mitarbeiter gelten, da ihnen selbständiges Entscheiden zugetraut bzw. sogar zugemutet wird. „Alleine“ lässt sich auch als All-Ein betonen: Das „All“ als Ersatzwort für das Universum – das Ganze und „ein“ im Sinne von „einen“ zu einer Einheit machen, verbinden. Die Verbindung der unterschiedlichsten Wahrnehmungen im Hinblick auf eine Lösung muss durch den Intellekt, also durch ein gedankliches Verbinden, geschehen. Im Idealfall arbeitet der Einzelne selbständig, intelligent im Sinne des unternehmerischen bzw. sozialen Ganzen.

280 Und der jeweilige Vorgesetzte muss das Team,
281 wie immer das auch gestaltet ist, dahin führen, dass die bei ihrem
282 Tagesgeschäft und auch darüber hinaus - die sollen schon über den
283 Suppentellerrand hinaus gucken und nicht nur in ihren vier Wänden
284 herum kramen - mitdenken, selbstständig sind.

Mit *der jeweilige Vorgesetzte* wird ausgedrückt, dass die Führungsfunktion prinzipiell immer die gleiche ist, jenseits von Hierarchien oder Organisationsformen, nämlich das Team, die Arbeitsgruppe und das Ziel gleichermaßen im Blick zu haben und die Teammitglieder zu animieren über die Arbeitsroutine hinaus mitzudenken und selbständig zu sein. Die Arbeits- und Sichtweise soll sich nicht nur selbstbezogen – ganz selbstversorgend – auf den Suppenteller und die vier Wände der Filiale beschränken. Die Mitarbeit ist kein *herum kramen,* also kein herumsuchen, planloses herumwühlen oder sich nur zu schaffen machen. Der „Krämer“ als Kleinhändler ist in einer Filiale nicht angesagt, obwohl eine Filiale für sich genommen ein teilautonomes, kleines Ladengeschäft darstellt.

293 Man muss aus
294 jedem Menschen das Beste heraus holen, und das auch
295 einigermaßen vernünftig im Sinne des Unternehmens kanalisieren.

Mit dieser Formulierung nimmt die Interviewee alle ihre Mitarbeiterinnen und Mitarbeiter nicht wie sie derzeit sind, sondern wie sie, von ihren Potenzialen her sein könnten. Sie nimmt auch hier den Superlativ, spricht damit den idealischen Menschen[16] im Mitarbeiter an, der in jedem Menschen schlummert [er ist Moment der Praxis, der Mensch ist Idealist im Sinne dessen, dass ein Anderssein immer möglich ist, aber das Ideal nie erreicht wird – SL] und im betrieblichen Alltag nie gänzlich zum Vorschein kommen kann. Aufgabe der Führungskraft ist eine synergetische, arbeitsteilige Zusammenarbeit im Sinne des – ganzen – Unternehmens herbeizuführen. Kanalisieren bedeutet in diesem Kontext „in eine bestimmte Richtung lenken". [eben: Hier wird dialogische Führung wirklich als ein Konzept der Unternehmensführung behandelt, das natürlich im Dienste des Unternehmens steht, das erkannt hat, dass es die Potenziale der Mitarbeiter zur Entfaltung bringen muss; es ist aber kein pädagogisches Konzept mehr, dass die Mitarbeiter erziehen soll, sich zum ganzen Menschen zu bilden. – TL] [hier wird auch deutlich, dass „Konzept" nur heißen kann, die Handlungserfordernisse einer spezifischen Praxis in Form von Maximen explizit zu machen, es handelt sich also eher um eine Ethik, eine Handlungslehre, als um ein Konzept – SL]

Man kann aus einem Ackergaul kein Rennpferd machen, aber man kann einen guten Ackergaul daraus machen. Den Spruch habe ich von meinem Großvater gehört, da war ich noch ein ganz kleines Mädchen. Der ist mir so im Gedächtnis geblieben, man kann ihn für so Vieles gebrauchen.

Die Interviewee greift auf ein Bild zurück und vergleicht Ackergaul mit Rennpferd. Beide bringen für ihr Einsatzgebiet unterschiedliche Voraussetzungen mit. Ein Ackergaul ist gewöhnlich ein Kaltblut, während Rennpferde Vollblüter sind. Allein schon daher ist es praktisch nicht möglich, einen Ackergaul für Pferderennen vorzusehen. Was aber möglich ist, die Potenziale eines Kaltblutes zur vollen Entfaltung zu bringen. Mit dem Ackergaul wurde auch die Arbeit in der Landwirtschaft geleistet. Die Interviewee greift hier auf eine frühe Lebenserfahrung zurück, die ihr Orientierung gibt; deshalb kann man *ihn für so Vieles gebrauchen.*

LPH (Interviewer): Dialogische Führung heißt jetzt also nicht aus einem Ackergaul muss ein Rennpferd gemacht werden. Das ist kein Dogma?

Der Interviewer [die positive Seite ... – TL] will diese Metapher auf die dialogische Führung übertragen wissen, in dem er sich ihrer bedient und herausfinden möchte, inwieweit die dialogische Führung womöglich die Menschen überfordert oder gar verpflichtende Führungsmaxime sein könnte. [Der Interviewer verteidigt hier die DF vor falschen Erwartungen, das ist auch sonderbar, er ist dem Konzept eben schon zu nah, bringt es zu wenig auf Distanz – SL] [Stellungnahme LPH: Ganz im Gegenteil! Der Dialog als non-direktive Kommunikationsform lässt sich nicht verordnen. Genauso ist es mit Führungskonzeptionen. **Auch für den Fall, dass eine „Dialogische Führung" konzeptionell strukturell-systemisch intendiert ist – also indirekt das Organisationsklima beeinflusst,**

[16] In jedem Menschen wohne ein „idealischer Mensch" sagt Friedrich v. Schiller (2004) in *Über die ästhetische Erziehung des Menschen: In einer Reihe von Briefen,* Stuttgart

gibt es nach Wunderer (2007, S. 12) die direkte, personal-interaktive Ebene. Hier kann ein Jeder nur seinen persönlichen Führungsstil praktizieren; so wie es seiner eigenen Art entspricht.]

IP: Nein, muss nicht. Es ist kein Dogma. Es muss nicht zwangsläufig ein Rennpferd werden, aber es sollte möglichst ein guter Ackergaul sein, ohne das jetzt abwertend zu meinen, absolut nicht. Ackergäule sind früher das A und O[17] *gewesen, wenn Sie da nicht ein paar gute im Stall hatten, hat Ihnen das Rennpferd weniger gebracht.*

Die Interviewee bestätigt dies in aller Deutlichkeit mit: *Nein, muss nicht,* dass die dialogische Führung *kein Dogma*, als keine streng bindende Führungskonzeption sei. [wieder wird aber einfach vorausgesetzt, dass Konzept und Handeln im Unternehmen deckungsgleich sind, das ist doch gar nicht ausgemacht – SL (siehe vorherige Stellungnahme – LPH)] Sie bleibt weiter bei dieser Metapher. Das Kaltblutpferd muss *nicht zwangsläufig*, notwendiger Weise durch die Gegebenheiten bedingt, unabwendbar zum Rennpferd gemacht werden. Allerdings sollten die jeweiligen Potenziale eines „Ackergauls" möglichst zur vollen Entfaltung kommen. [sie hebt gerade diese positive Seite des Bildes, dass die entsprechenden Qualitäten gehoben und gefördert werden müssen und können, wieder hervor; das ist umso aufschlussreicher, als der Interviewer nur die negative Seite: die Gefahr der Überforderung, betont hatte. – TL] Da es sich um eine Metapher handelt, könnte man meinen, die Interviewee spräche abwertend über Menschen oder Mitarbeiter – *absolut nicht.* Das ist ganz ein-deutig!

Mit *das A und O* untermauert die Interviewee die Wichtigkeit der Ackergäule für die Sicherung der bäuerlichen Existenz, die mit Rennpferden nicht gewährleistet ist.

In diesem Deutungshof ist die Aussage der Zeilen 293 – 295 zu verstehen.

Es funktioniert ja mit dieser dialogischen Führung. Wir haben ja auch bewiesen, dass es funktioniert. Und dann ist es schade, wenn es dann manchmal so ganz schief läuft.

Mit dem Neutrum *Es* beschreibt die Interviewee das gesamte Betriebsgeschehen mit seinen Strukturen, Prozessen, dem Betriebsklima und der Corporate Identity. Aufgabe von Management und Führung ist ja genau diese: die arbeitsteilige und synergetische Zusammenarbeit zu bewirken. Der wirtschaftliche Erfolg des Unternehmens wird von der Interviewee als ein Beleg für das Funktionieren der dialogischen Führung herangezogen. Dann ist es schade, *wenn es dann manchmal so ganz schief läuft.* Dieses unbestimmte *es* gilt es durch den Interviewer zu hinterfragen

[17] Das A und O – Alpha und Omega – sind der Anfang und das Ende des griechischen Alphabets. Die symbolische Bedeutung geht zurück auf die Offenbarung des Johannes im Neuen Testament 22,13 in der Jesus Christus spricht: „Ich bin das A und O, der Erste und der Letzte, der Anfang und das Ende."

391 LPH (Interviewer): Wie drückt sich das aus?

Der Interviewer will diese unbestimmte Aussage genauer beschrieben wissen und stellt seine Frage mit *wie*?

392 IP: Auf der menschlichen Ebene, wie dann doch letztendlich
393 Entscheidungen getroffen werden entgegen unserer Proklamation
394 „Hier bin ich Mensch...".

[Es reproduziert sich nun wirklich die bereits rekonstruierte Struktur und es fragt sich, ob die Darstellung nicht redundant wird. – TL- (das mag womöglich sein, lässt sich aber im Rahmen des offenen Gesprächsverlaufs nicht vermeiden – LPH)] Es geht dabei um die Frage: Wie gehen die Beteiligten miteinander um? Das ist sowohl eine Frage des Betriebs- und Führungsklimas als auch eine Frage des Umgangstons bzw. der Umgangsformen. Entscheidungen sind immer situativ zu treffen und sollten bewusst, d. h. möglichst rational getroffen werden. Doch keine Entscheidung lässt sich nur „cool" treffen. Es gilt auch immer die Balance zwischen Sympathie und Antipathie zu finden. Im juristischen Kontext ist Justitia deswegen blind – ohne Ansehen der Person. Als Interaktionspartner in einem asymmetrischen Kommunikationskontext von Vorgesetzten und Mitarbeitern ist die Führungskraft in der Rolle des Entscheidungsbefugten und deswegen nicht neutral wie ein Schlichter oder Richter.

Der Slogan *„Hier bin ich Mensch..."* wird nicht nur nach Außen, dem Kunden gegenüber öffentlich ausgerufen, sondern auch von den Mitarbeitern gehört, für Wahr genommen und letztlich eingefordert. Im Konfliktfällen geht es aber nicht um ein allgemeines Menschenrecht [es geht in Unternehmen doch überhaupt nicht um allgemeine Menschenrechte, solange sie nicht verletzt werden – SL] [Stellungnahme LPH: Die Problematik des Anstellungsvertrags – s. Kap. 1.5 und 1.6 – reicht aus, um ein strukturelles Spannungsfeld zu erzeugen.], sondern um Aufgaben und Befugnisse im Rahmen eines Arbeitsverhältnisses, in dem der Arbeitgeber bzw. die seine Funktion einnehmenden Führungskräfte mit einem Direktionsrecht ausgestattet sind [sic – das ist leider nicht immer so klar, wie Sie es hier schreiben – SL]. Der Einzelfall [aber nur manchmal, also eine tolerierbare Ausnahme; dass sie aber diese Ausnahme schon für ein Problem hält, ist symptomatisch für einen Perfektionismus. Auch hier ist wohl die Überbewertung der DF der Hintergrund – SL] ist in Dissonanz mit der offiziellen Führungsphilosophie. **„Dialogische Führung" als indirekte, strukturelle-systemische Führung kollidiert – systematisch betrachtet - mit „dialogischer Führung" als direkter, personal-interaktiver Menschenführung!**

394 Das ist die menschliche Ebene, die das
395 doch schon zeigt. Das tut manchmal weh, wenn ich denke: Das passt
396 jetzt überhaupt nicht. Wenn man auf der anderen Seite versucht, es
397 mal realistisch zu betrachten: Es gibt eben Situationen, da kann dann
398 einfach nicht anders entschieden werden.

Die Interviewee, selbst Führungskraft, spricht die zwischenmenschliche Ebene an und diesen „inneren Streit" zwischen Sympathie und Antipathie, zwischen Interesse am Menschen und seiner Situation und dem Verständnis für den Sachverhalt bei „realistischer Betrachtung". [das Hin und Her zwischen Überbewertung des Konzepts und in der Folge der Situationen, wo es „schief geht" auf der einen, und dem Relativieren dieses Schiefgehens auf der anderen; auch hier wiederholt sich etwas – SL siehe oben]

> *399 LPH (Interviewer): Ist das dann danach ein Thema? Wird das dialogisch behandelt* [Sie drängen sie mit dieser Frage wieder zum Konzept, statt zu fragen, wie wird damit umgegangen – SL – der Dialog ist ja gerade dazu da die WARUM Frage und die koexistenzielle Frage zu stellen, nach der Ursache zu fragen, um herauszufinden, warum etwas *ganz schief* gelaufen ist (s. Zeile 390 - LPH)]
> *400 im Nachhinein? Ist ja denkbar: Wenn es brennt, Feuerlöscher holen.*

Für den Interviewer ist es wichtig zu erfahren, ob der Dialog auch zur gemeinsamen Reflexion des „Warum" stattfindet. In bestimmten Situationen muss rasch gehandelt werden mit der Gefahr, dass die Handlung nicht situationsgerecht war.

> *406 Wenn ein Dialog stattfindet, dann geht*
> *407 er einfach nicht genug in die Tiefe bzw. es wird nicht richtig*
> *408 ausdiskutiert, warum das so war. Es gibt ja eigentlich immer Gründe,*
> *409 ob die jetzt verständlich sind oder nicht, sei dahin gestellt. Aber*
> *412 Gründe gibt es also immer, und die könnte man*
> *413 dann ja auch vernünftig zum Ausdruck bringen.*

Es ist nicht gesagt, dass darauf hin ein Dialog stattfindet, das drückt die Interviewee mit *wenn* aus und will damit sagen „wenn überhaupt". Und der Dialog scheint für reflexive Zwecke *einfach nicht genug in die Tiefe* zu gehen – *es wird nicht richtig ausdiskutiert.* Das „Warum" zu ergründen braucht einfach Tiefgang, denn Handlungsweisen haben immer Beweg-Gründe. Diese müssen dem Einzelnen zwar nicht immer verständlich sein, tragen aber zur Transparenz[18] bei, die eine wesentliche Säule der als „Dialogische Führung" bezeichneten Führungskonzeption darstellt.

> *413 Ob sie dann*
> *414 grundsätzlich jeder versteht, das ist eine andere Sache. Das*
> *415 Aufarbeiten ist auch nicht immer durchgängig, das halte ich auch für*
> *416 ein Problem. Man sollte auch Ursachenforschung betreiben.*

---

[18] Dietz, K.-M./Kracht, T. (2002) „Der Prozess der Transparenz hat zum Ziel, alle relevanten Tatsachen, Zusammenhänge und Vorgänge des Unternehmens vollständig zugänglich zu machen, sodass der Einzelne seine eigene Übersicht gewinnen und sich sein eigenes Urteil auf sicherer Kenntnisgrundlage bilden kann." S. 80

Dabei können durchaus Zweifel angebracht sein, ob der Einzelne durch Transparenz auch zur Ein-Sicht gelangt, *das ist eine andere Sache.* Die konsequente, gemeinsame Reflexion *ist auch nicht immer durchgängig.* Die Frage nach einem entsprechenden Konfliktmanagement scheint im befragten Unternehmen noch offen zu sein. Mit *man sollte auch Ursachenforschung betreiben* wird gleichsam an die Organisation und deren Mitglieder appelliert, die Ur-Sache für „Schief gegangene" Dinge zu erforschen.

> *440 LPH (Interviewer): Hat sich durch die Dialogische Führung auch die*
> *440 Orientierung* [Wieder, statt danach zu fragen, wie mit Situationen umgegangen wird, fragen sie nach dem Konzept; dadurch wird das Interview zu einer Art Prüfung, in der sie stets bescheid wissen muss – SL] [Stellungnahme LPH: Wenn eine Führungskonzeption – unter systemisch-strukturellen Gesichtspunkten – indirekt wirkt ist weniger der einzelne Fall von Interesse, sondern welches Betriebsklima sich dadurch einstellt: gibt es womöglich einen Wandel von der Hierarchieorientierung zur Prozessorientierung? Dafür bedarf es eines eigenen Standpunktes.]
> *441 verändert? Woran orientieren Sie sich eigentlich am meisten? Woran*
> *442 kann man sich orientieren, wenn die Vorschriften weg fallen?*

Die Reflexion dient dazu das „Warum" erforschen zu können. In der ätiologischen Fragestellung geht es immer um das Ursächliche, das Begründende; die Frage nach Wesen und Herkunft. Nur Reflexion – ätiologisch-retrospektiv – reicht im Führungskontext nicht aus. Dabei geht es immer auch um die Frage nach dem „Wozu" – also ätiologisch-prospektiv – vorausschauend, auf das Zukünftige gerichtet, d. h. keine Einsicht ohne Aussicht!

> *443 IP: Das ist eine gute Frage. Woran orientiert man sich, wenn alles*
> *444 um einem herum weg fällt? Auch ein bisschen an mir selber. Ich*
> *445 orientiere mich am Unternehmen, ich arbeite ja immer noch für*
> *446 dieses Unternehmen, egal welchen Führungsstil ich habe. Am*
> *447 Unternehmen und an den Unternehmenszielen, die sind nach wie vor*
> *448 für mich im Vordergrund.*

Die Interviewee bezeichnet den Frageimpuls des Interviewers als *eine gute Frage.* Sie wiederholt die Frage für sich; allerdings in „man". Sie nennt als erstes sich selbst als Orientierung, auch wenn sie diesen Äußerung mit *ein bisschen* kleinredet. Sie orientiert sich aber auch *am Unternehmen … und arbeitet immer noch für dieses Unternehmen.* Das Unternehmen als Ganzes mit seinen Strukturen, Prozessen, seinem Betriebsklima und seinen Grundsätzen ist die Hintergrundfolie zur Orientierung. Dabei ist es ihr ganz gleich welchen Führungsstil sie persönlich zu praktizieren in der Lage ist bzw. wie die Führungskonzeption des Unternehmens ist. Der persönliche Führungsstil bzw. die Führungskonzeption sind anscheinend für die Orientierung nicht ausschlaggebend. Das Unternehmen als Ganzes und die Unternehmensziele sind die Orientierungsmarken – und die für die Interviewee *nach wie vor … im Vordergrund* stehen. Den strukturell-systemischen, indirekten Bereich umschreibt Wunderer mit kulturellen Faktoren, strategiebezogenen Faktoren, organisatorischen Faktoren und der qualitativen Personalstruktur.[19] Diese Faktoren stellen die Koordinaten dar, durch die eine Orientierung möglich wird, wenn direkte Anweisungen weniger werden.

448 Dann orientiere ich mich an meinem
449 eigenen Verständnis. Was ich mache, mache ich auch zu einem
450 Großteil auch mit meiner Person, dass ich sage: Das ist unser
451 Unternehmen, wir haben die und die Ziele, wir wissen auch den Weg
452 - der Weg ist das Ziel. Es ist schwierig zu beantworten: Nach was
453 habe ich mich orientiert?

Die Interviewee orientiert sich an ihrem *eigenen Verständnis.* Sie hätte ja auch sagen können, sie orientiert sich an ihrem Gefühl oder auch an ihrer Erfahrung. Das eigene Verständnis bedeutet, dass ihr der Verstand, die Ratio wichtig ist. Das eigene Führungshandeln erfordert sowohl den internen Dialog *mit meiner Person*, also mit sich selbst, wie auch als Person in der Interaktion durch das Bewusstmachen der Unternehmensziele. Dadurch wird auch ein gangbarer Weg möglich. Sich auf den Weg machen, etwas unternehmen *ist das Ziel.* Die Interviewee tut sich schwer diese Frage zu beantworten und stellt sich die Frage erneut.

454 LPH (Interviewer): Wenn Sie jetzt weniger Anweisungen bekommen, was
454 heißt das
455 für Ihr tägliches Geschäft? An wem können Sie sich dann
456 orientieren?

Der Interviewer bohrt an dieser Stelle noch tiefer, indem er die Fragestellung etwas modifiziert mit *weniger Anweisungen bekommen* und konkretisiert mit *was heißt das für Ihr tägliches Geschäft?*

457 IP: Da kann ich mich eigentlich nur an meinem Können und meinem
458 Wissen orientieren. Ich versuche, das Hauptziel nicht aus den Augen
459 zu verlieren, logischerweise....

Orientierung erfordert einen Standpunkt und einen Zielpunkt. Die Interviewee orientiert sich *an meinem Können*[20] *und Wissen.* Sie besitzt Selbstvertrauen und weiß um ihr Können. Von diesem Standpunkt aus versucht sie *das Hauptziel nicht aus den Augen zu verlieren.* Das erscheint ihr logisch. Führung hat immer mit einer aktuellen Situation und einer Zieldimension zu tun.

460 LPH (Interviewer): Und was wäre das Hauptziel? Der Zweck der ganzen
461 Geschichte?

[19] Wunderer (2007), S. 12

[20] Die Chefredakteurin des Wirtschaftsmagazins brandeins, Gabriele Fischer, hat Können auf folgende Formel gebracht: „Können ist Wissen plus Training plus Individualität." brandeins Heft 11/2007, S. 4

Der Interviewer gibt nicht nach und will das Hauptziel wissen, den Zweck der ganzen Arbeit, der Bemühung, den Zweck des Unternehmens.

> *462 IP: Der Zweck der ganzen Geschichte? Jetzt haben Sie mich aber*
> *463 im Würgegriff. Der Zweck der ganzen Geschichte ist, dass ich halt*
> *464 dem Unternehmen nach wie vor meine Arbeit zur Verfügung stelle,*
> *465 dass ich sie genau im selben Maße mache wie vorher, dass ich es*
> *466 aber von meiner Person her schon besser einbringen kann, weil ich*
> *467 kann ja denken.*

Die Interviewee wiederholt die Frage und gibt mit *Jetzt haben Sie mich aber im Würgegriff* zu verstehen, dass der Interviewer die Frage eingeengt hat, und es für sie kein Entrinnen, keinen Allgemeinplatz, keine Ausrede mehr gibt. Sie bringt sich nach wie vor ins Unternehmen ein, kann aber ihre Person – sprich ihre Individualität – besser einbringen, *weil ich kann ja denken*. [sie nimmt auch den Interviewer ein wenig auf den Arm – SL- (das lässt auf eine entspannte Gesprächsatmosphäre schließen – LPH)]

> *467 Und eigentlich müsste von dem Moment an, wenn*
> *468 ich es vorher schon nicht gemacht habe und auch nicht durfte, dann*
> *469 müsste das aber zu dem Zeitpunkt ganz gravierend einsetzen, dieses*
> *470 eigenständige Denken.*[auch hier: ironisierend – SL – eher nein, deshalb zusätzlich die Zeilen 470 – 509 – LPH)]

Wer nicht denkt und mitdenkt erfasst Zusammenhänge nicht, wer bislang nicht mitdenken durfte (s. Zeile 29) und nur Anweisungen auszuführen hatte, dem wurden solche Zusammenhänge verwehrt. Gibt es auf einmal nur noch wenige Anweisungen, *dann müsste das aber zu dem Zeitpunkt ganz gravierend einsetzen, dies eigenständige Denken.* Ohne Anweisungen ist ein Punkt erreicht, der einschneidende – also gravierende – Furchen zeitigt oder einen Scheitel zieht. An diesem Scheitelpunkt – keine Anweisungen mehr – muss das *eigenständige Denken* zwangsläufig einsetzen.

> *469 Auch die Initiative, dass ich sage, ich muss*
> *470 dann auch erkennen, dass ich die und die und die Defizite habe,*
> *471 denn alles wissen, alles können, das geht nicht. Ich muss dann*
> *472 versuchen, mir das irgendwo her zu holen, dass ich den Weg alleine*
> *473 gehen kann auch ohne Anweisung, ohne dass dauernd jemand hinter*
> *474 mir steht und sagt, du musst das und jenes machen. Ich muss*
> *475 mir meine Selbstständigkeit einfach auch erarbeiten, mit allen Risiken.*
> *476 LPH: Wenn Sie da nicht weiter kommen, was passiert dann im*
> *477 Rahmen der Arbeit oder der Führung?*
> *478 IP: Dann muss ich mir jemanden suchen, der mir weiterhelfen kann.*
> *479 LPH: Das heißt, Sie brauchen sich nicht mehr dem Vorgesetzten*
> *480 zuwenden und fragen, mache ich es recht. Das ist ja dann nicht mehr*

481 Befehl und Anweisung. Aber wenn Sie dann nicht weiter kommen,
482 was passiert dann?
483 IP: Dann muss ich versuchen, entweder mit meinem Vorgesetzten in
484 Kontakt zu treten und fragen: Ich weiß nicht mehr weiter, wie gehen
485 wir vor? Oder ich kenne einen Kollegen oder irgendjemanden, von
486 dem ich weiß, der hilft mir weiter, der hilft mir auch vernünftig weiter.
487 LPH: Die Kollegen sind wie gefasst, wie nah oder wie weit?
488 IP: Ich rufe dann einen Kollegen in XY an, weil ich weiß, der kennt
489 sich aus, und frage ihn: Hör mal, ich habe ein Problem mit dem
490 Drucker, kannst du mir helfen. Und wenn der auch nichts weiß, dann
491 rufe ich einen Fachmann an, dann brauche ich professionelle Hilfe.
492 LPH: Wenn Sie sich nicht mehr an den Vorgesetzten wenden müssen,
493 wohin können Sie sich dann wenden? Einerseits an die Kollegen,
494 wenn es nicht mehr weiter geht. Wohin noch?
495 IP: Wir verstehen ja innerhalb der dialogischen Führung auch einen
496 Vorgesetzten, sei es jetzt ein Gebietsverantwortlicher oder ein
497 Regionalverantwortlicher, seien es die Herren und Damen in der
498 Zentrale, auch als Kollegen. Dass nur die Filialleiter die Kollegen
499 sind, so betrachten wir das nicht mehr. Auch im Team in der Filiale
500 sehen wir das nicht mehr so. Vorgesetzter hin und her, natürlich kann
501 ich meinen unmittelbaren Vorgesetzten nicht unbedingt einen
502 krummen Hund heißen, das geht auch nicht.
503 LPH: Aber der bekommt eine andere Funktion dadurch, oder?
504 IP: Er bekommt eine andere Funktion dadurch, ja. Nicht mehr dieses
505 Hierarchische, hier bin ich und hier herrsche ich. Es ist eine
506 ebenbürtigere Ebene. Und die ist auch im Team innerhalb der Filiale,
507 so sollte sie jedenfalls gelebt werden. Ich bin zwar die
508 Verantwortliche, aber ansonsten bin ich Kollegin.

[Ergänzende Stellungnahme LPH – weichend von der sequenziellen Analysemethode – durch Einwand von SL zu Zeile 470: Trotz des durch den Arbeitsvertrag konstituierten Strukturkonflikts Hierarchieorientierung vs. Prozessorientierung sind die Zeilen 470 – 509 ein Indiz dafür, dass dialogische Führung die koexistenzielle Frage zwischen Vorgesetztem und Mitarbeiter anklingen lässt, d.h. das Miteinander-Füreinander-Leisten dadurch bewusster wird und *Nicht mehr dieses Hierarchische* zur Geltung kommt, sondern es eine *ebenbürtigere Ebene* ist, d. h. die Prozessorientierung an Gewicht zunimmt.]

510 LPH: Jetzt gibt es ja bei […] zwei Sprüche: Hier bin ich Mensch... und
511 noch das, was hinten drauf steht. Was heißt das?[nun ist es wirklich eine Prüfungsfrage. Zieht man hier hinzu, dass Sie als Interviewer mittelbar durch die Unternehmensleitung angekündigt wurden und ihr Status nicht klar ist – siehe Anfang – dann muss die Interviewee sich spätestens hier wie in einer Schulprüfung vorkommen – SL [siehe Begründung in Kap. 6.7 weshalb der Zugang zu den Interviewees über das Unternehmen stattgefunden hat – LPH)]

Der Interviewer geht auf zwei Aussagen des Unternehmens ein, in dem die Interviewee arbeitet. Der Firmenslogan „Hier bin ich Mensch, hier kauf ich ein“ ist die

Abwandlung eines Goethezitats, nämlich von „Hier bin ich Mensch, hier darf ich's sein". Mit der Andeutung auf das *was hinten drauf steht* ist ein Ausspruch gemeint, den die Mitarbeiterinnen in den Filialen auf ihren weißen Drogistenmänteln aufgedruckt vorfinden: Wir machen den Unterschied. [Hier müssten sie analysieren, was es bedeutet, dass sie eine solche Prüfungsfrage stellen – SL] [Stellungnahme LPH: Inwieweit erlebt die Interviewee solche Aussagen ihres Unternehmens als Phrase bzw. Worthülse und wie authentisch geht sie damit um?]

> *IP: Wir machen schon den Unterschied, unbedingt, auf vielen Ebenen. Ob das jetzt die Reihenfolge ist, ist ja auch ganz egal. Wir machen den Unterschied in der Ausbildung.*

Die Interviewee bejaht dieses Ausspruch mit *schon* und *unbedingt, auf vielen Ebenen.* Eine Maßnahme, ein Bereich für sich reicht nicht aus um ein klares Markenprofil zu entwickeln. Doch was wäre eine Markenpolitik, wenn sie nicht von den Mitarbeiterinnen und Mitarbeitern „transportiert" würde? Für die Interviewee gibt es auch keine Reihenfolge dafür, sie gibt doch ein Beispiel mit der Ausbildung.

> *Auch die menschliche Förderung, da wird ja die Selbstständigkeit und die Kreativität gefördert bzw. wenn sie da ist, wird sie verstärkt. Aber es ist nicht das gleiche, wenn zwei dasselbe tun.*

In Aus- und Weiterbildung werden nicht nur Fachkompetenzen gefördert, sondern auch personale Kompetenzen, die ein selbständiges wie auch schöpferisches Handeln hervorbringen oder aber weiter ausbilden. Dennoch ist dadurch keine Standardisierung der Verhaltensweisen die zwangsläufige Folge. Die Aussage *Aber es ist nicht das gleiche, wenn zwei dasselbe tun* ließe sich auch so lesen: „all business is people". Soll heißen, dass die Bedeutung des handelnden Individuums als Vertreter eines Unternehmens beleibe nicht unterschätzt werden darf. Der eigentliche Produktivfaktor ist der Mensch.

> *LPH (Interviewer): Aber wieso steht das dann hinten drauf?*

Für den Interviewer stellt sich deshalb die Frage, weshalb eine solche allgemeine Aussage auch noch zum Ausstattungsstandard der Betriebskleidung gehört?

> *IP: Für Außenstehende, damit die das auch hundertprozentig wissen, dass wir den Unterschied machen. Es ist nur für die, die es eigentlich nichts angeht.*

Die Interviewee sieht Außenstehende, sprich Kunden, als Adressaten. Denen soll es vor Augen geführt werden. Die Kunden können diesen Ausspruch nur lesen, wenn die Filialmitarbeiter sich den Produkten oder der Regalpflege zuwenden, diese dadurch nicht im Blick haben. Was könnte damit gemeint sein? Dass sich die Mitarbeiter eines Discount-Konzepts nicht nur um die Ware kümmern? Dass damit die Hemmschwelle für Fragen seitens der Kunden gesenkt wird? Doch vielleicht sind damit auch nicht die Kunden gemeint? Wen könnte dieser Spruch sonst noch betreffen? Diese Aussage scheint widersprüchlich. Vielleicht sind mit „Wir machen den Unterschied" die Mitarbeiter gemeint?

523 Und diese Schürzen - es mag jetzt
524 Hochverrat sein -, aber ich mag sie nicht. Wenn ich den Unterschied
525 mache, dann muss ich das nicht hinten am Kreuz tragen oder am
526 Rücken. Dann mache ich den Unterschied.

Die so bedruckten Schürzen uniformieren die einzelnen Mitarbeiterinnen und Mitarbeiter drücken eine „Wir-Botschaft" aus, die von jedem geteilt bzw. gelebt werden sollte. Die Individualität des Einzelnen wird dadurch überformt. Diese Botschaft zu kritisieren gleicht Hochverrat. Die Vorsilbe „ver" gibt dem Wort „Rat" eine negative Bedeutung. „Verraten" bedeutet heute die Preisgabe von Geheimnissen oder von miteinander geteilten Werten, über die nicht gesprochen werden sollte. Durch „verraten" wird aber auch etwas erkennbar. In der Zusammensetzung „Hochverrat" erfährt das Grundwort eine Steigerung. Trotz uniformierter Aussage macht nur der/die Mitarbeiter/-in – individuell – den Unterschied. [Hochverrat macht wieder die Ambivalenz deutlich, dass hier das Unternehmen auf die ganze Person des Mitarbeiters übergreift – wie der Bürger dem Staat gegenüber als ganze Person loyal zu sein hat; Kritik wird dann gleich fundamental. Das bringt die Problematik des pädagogischen Anspruchs des Konzepts deutlicher zum Ausdruck, als alle Kritik an der Praktikabilität. – TL]

526 Und dann merkt man
527 das auch, nämlich an meinem Umgang mit allen Menschen. Ich gehe
528 mit den Menschen, die mit mir arbeiten, und auch mit den anderen
529 Menschen eigentlich gleich um.

Nur wenn die Persönlichkeit durch die Arbeitskleidung hindurchtönt, im Sinne von per-sonare, wird die Sache individuell und dadurch unterschiedlich – *und dann merkt man das auch, nämlich an meinem Umgang mit allen Menschen.* Die Interviewee sieht die Menschen, die mit ihr zusammenarbeiten, wie auch andere Menschen als Mit-Menschen an und macht deshalb im Umgang mit Ihnen keinen Unterschied; das ist ihre individuelle Note. [Das ist aber im Grunde selbstverständlich, warum sagt sie das also, was bedeutet es, dass sie es hier sagt? Sie weist damit auch das Ansinnen zurück, durch das befragte Unternehmen zum Menschen zu werden und durch ihre Zugehörigkeit als Mitarbeiterin, ein anderer Mensch zu sein – SL]

530 LPH: Sie machen also zwischen sich und ihren Kunden oder ihren
531 Mitarbeitern keinen Unterschied?

Diese Aussage regt zur Nachfrage an.

532 IP: Warum sollte ich?

Die Interviewee antwortet mit einer Gegenfrage! Wer kann ihr als „eigenständiges Ich" letztlich vorschreiben, was sie tun soll?

533 LPH: Vielleicht ist das der Unterschied!

Der Interviewer vermutet die Antwort.

534 IP: Vielleicht ist das der Unterschied. Ich kann doch nicht
535 propagieren, hier bin ich Mensch und da ist mein Kunde [ausgesprochen scharfsinnig, sie ist hellwach – SL]. Das ist
536 doch auch ein Mensch. Meine Mitarbeiter sind die gleichen
537 Menschen wie die Kunden. Warum muss ich das nach außen hin so
538 propagieren, überall, auf der Schürze und sonst wo?[so etwas von souverän die Mitarbeiterin, hier liegt das ganze Problem auf dem Tisch; der Slogan, so hatten wir das ja auch analysiert, besagt eben, wenn ich als Kunde zum befragten Menschen gehe, bin ich dort Mensch, draußen aber nicht oder bei anderen Unternehmen, das ist ziemlich anmaßend und sie nimmt das wahr – SL]

Die Interviewee antwortet mit den gleichen Worten und lässt damit noch ein kleines Geheimnis übrig. Doch dann kommt eine klare Ich-Botschaft, die aus Sicht des Interviewers keiner weiteren Deutung bedarf. [Bislang allerdings ist dieses Problem von Ihnen ja nicht aufgegriffen worden – SL – (Deswegen ja die Frage nach den beiden Firmenaussagen – LPH)]

538 Wenn ich mir
539 das verinnerliche, dass ich Mensch bin, dann gehe ich mit allen
540 Menschen gleich um.

Das menschliche Da-Sein und So-Sein zu verinnerlichen führt zu einem persönlichen Stand-Punkt von dem aus authentisches Handeln im Mit-Sein möglich wird. Von diesem Standpunkt aus sind alle Mit-Menschen und dadurch gleichberechtigt zu behandeln.

541 LPH (Interviewer): Es kommt immer auf die Situation an. [D.h. nun der Interviewer macht den Umgang, die Begegnung mit anderen Menschen auf gleicher Augenhöhe von der Situation abhängig?! Wie meinen Sie das denn, die Interviewee spricht ja gerade von einem gelebten Grundsatz – SL] [Stellungnahme LPH: Die Situationen sind unterschiedlich, gegenüber Kunden, Mitarbeitern, Vorgesetzten, Auszubildenden usw. – und bedürfen einer situationsgemäßen Handlungswiese; dennoch sind alle darin Beteiligten Mitmenschen – siehe die mittlere Ehrfurcht bei Goethe.]

Situationen sind aber spezifisch und können dadurch nicht die gleichen sein – und erfordern damit konkrete Handlungen oder Maßnahmen.

542 IP: Eben.

Mit dem einen Wort bestätigt die Interviewee diese Problematik.

543 LPH (Interviewer): Das heißt, Sie gehen mit Ihren Vorgesetzten, Ihren
543 Mitarbeitern
544 und den Kunden gleich um.

Der Interviewer hinterfragt nicht, sondern versteht obige Aussage als solche, indem er die möglichen Adressatenkreise, Vorgesetzte, Mitarbeiter und Kunden wiederholt, um die Aussagen *538 – 540* bestätigt zu kommen.

545 IP: Ja, aber das kriege ich auch nicht immer gebacken. Aber es
546 sollte schon so sein.

Die Interviewee bestätigt dies und schränkt es danach wieder ein wenig ein. Mit *nicht immer gebacken* zieht sie eine Metapher heran; nicht jedes Backvorhaben gelingt, obwohl die Zutaten, die Geräte und die Bäckerin bzw. der Bäcker die gleichen sind. Die jeweilige Situation ereignet sich immer wieder prozessual, so das es keine Garantie fürs Gelingen gibt. Dennoch ist sie als Führungskraft bestrebt, aus eigener Einsicht, von ihrem Stand-Punkt aus eine dialogische Perspektive einzunehmen.

547 LPH: Würde das heißen, dass Sie zwischen zwei Polen sind? Wie ist
548 das Verhältnis nach Innen und zu den Kunden, wenn jetzt nicht
549 dieses Befehlen und gehorsam sein gilt. Was hat sich da geändert?
550 Wie ist jetzt Ihre Orientierung?

Als Filialleiterin hat sie einerseits die Interessen des Unternehmens und ihrer Mitarbeiterinnen, wie auch die Interessen der Kunden zu berücksichtigen. Da Anweisung und Kontrolle möglichst gering sein sollen, dürften sich die Beziehungen verändert haben. Wo sind die Orientierungshilfen, wenn es praktisch kaum noch Anweisungen und Kontrollen gibt?

> *551 IP: Nach innen hat sich das gravierend geändert. Ich hole mir*
> *552 einfach und ich beanspruche einfach diese Hilfe. Wenn ich sie*
> *553 brauche, dann beanspruche ich sie. Und da scheue ich mich auch*
> *554 nicht.*

Die Interviewee geht erst auf das Binnenverhältnis ein und spricht davon, dass sich *das gravierend geändert* habe. Auch hier *gravierend* im Sinne von tiefgreifend. Sie, die Interviewee muss sich selbst Orientierung verschaffen und holt sich dafür Hilfestellung – ja sie beansprucht sie sogar *einfach.* Die Organisation, wie z.B. die – im Prozess – vorgelagerten Instanzen werden ganz funktional, für das Funktionieren der Arbeit konsultiert.

> *581 LPH (Interviewer): Wenn Sie jetzt mal abwägen würden, die ersten 10 Jahre*
> *582 gegenüber den zweiten 10 Jahren Ihres Wirkens hier? War damals*
> *583 die Orientierung mehr nach innen zu den Vorgesetzten und jetzt mehr*
> *584 zum Kunden? Was bringt das Ganze für Sie, für Ihre Arbeit? Sie*
> *585 arbeiten ja weniger mit der Zentrale zusammen, im tagtäglichen*
> *586 Geschäft.*

Die Interviewee hat in ihrer langjährigen Mitarbeit den Wandel von der direktoralen Führung hin zur dialogischen miterlebt. Durch diese Frage will der Interviewer herausfinden, ob sich die Hierarchieorientierung zur Kundenorientierung gewandelt hat und wie sich dadurch womöglich die tägliche Arbeit auch zur Firmenzentrale verändert hat.

> *587 IP: Ja gut, der Kunde steht logischerweise im Mittelpunkt, stärker*
> *588 denn je. Was es für mich bringt? Ich würde sagen, zum Teil eine*
> *589 andere Sichtweise dem Kunden gegenüber. Wie man den Kunden*
> *590 heute sieht im Vergleich zu früher.*

Mit *Ja gut* antwortet die Interviewee etwas zögerlich. In der darauf folgenden Sequenz wirkt sie bestimmt: *der Kunde steht logischerweise im Mittelpunkt, stärker den je.* Dem Einzelhandel – als Branche - ist der Kundenkontakt immanent, hier trifft Wertschöpfung auf Wertschätzung! Diese Logik wird *stärker denn je* bewusst – im Unternehmen selbst; wie auch in Zeiten von Käufermärkten.

Die Interviewee begibt sich auf ihren Stand-Punkt und gesteht *zum Teil eine andere Sichtweise dem Kunden gegenüber* ein. Die Kunden würden heute anders gesehen als früher.

> *591 LPH: Durch die Führung jetzt?*

Für den Interviewer ist von Interesse, ob diese andere Sichtweise, die Kundenorientierung auch durch die dialogische Führung bedingt sei.

> *592 IP: Ja, das hat sicherlich mit dazu beigetragen, weil man diese*
> *593 menschliche Ebene verstärkt hat. Ob das jetzt nach innen ins*
> *594 Unternehmen geht oder nach außen, dem Kunden zugewandt. Die*
> *595 menschliche Ebene und die Kommunikation, die wir jetzt viel stärker*
> *596 betreiben.*

Die Interviewee bestätigt die Frage zwar mit ja, schränkt aber mit *sicherlich mit dazu beigetragen* ihr *Ja* ein, da es keinen monokausalen Zusammenhang gibt bzw. geben kann. Sie spricht die menschliche Ebene an, die auch im Firmenslogan „Hier bin ich Mensch, hier kauf ich ein" anklingt. Mit *Ob* wägt sie ab: nach innen oder außen, *dem Kunden zugewandt.* Die Interviewee verstärkt das durch Wiederholung: Das Verhältnis untereinander findet auf einer zwischenmenschlichen Ebene statt und wohl weniger hierarchisch-funktional. Die intensivere Kommunikation ist ein weiterer Aspekt für Kundenorientierung.

> *597 LPH (Interviewer): Auch im tagtäglichen Geschäft mit Ihren Kunden?*

Der Interviewer will diese Aussage noch erhärten, in dem er nach dem *tagtäglichen Geschäft* fragt

> *598 IP: Ja. Der Tagesablauf war früher ganz anders gestaltet, wir hatten*
> *599 die Freiräume nicht.*

Die Antwort ist eindeutig und wird in der Folge von der Interviewee erläutert. *Der Tagesablauf* ist auch ein Resultat der Führungskonzeption und der daraus resultierenden Führungsstruktur, die *früher ganz* Hart-Discounterkriterien entsprach. Es gab wenige *Freiräume.*

> *605 Da waren wir*
> *606 Discounter, da gab es keine Beratung, auch kein Gespräch mit dem*
> *607 Kunden, selbst wenn es sachbezogen war und um die Ware ging.*

Kein Wunder, dass die Interviewee noch einmal auf *Discounter* rekurriert und die dafür typischen Merkmale nennt. Selbst sachbezogene Anlässe durften nicht zu Gesprächen mit Kunden führen. Die Ware soll sich praktisch von alleine über den Preisabschlag verkaufen.

> *608 Diese Freiräume haben sich gravierend geändert, das ist auch*
> *609 wirklich zu unserem Vorteil, weil die Kunden sich bei uns wohl*
> *610 fühlen.*

Auch bei den Freiräumen hier eine tiefgreifenden Änderung. Sie werden von der Interviewee als vorteilhaft erlebt. Mit *wirklich zu unserem Vorteil,* drückt sie die positiv anhaltende Wirkung aus und mit uns ist nicht nur die Belegschaft in einer Filiale gemeint, sondern das ganze Unternehmen. Interessant ist, dass der Vorteil nicht im „Eigennutz" der Mitarbeiter, der Filiale, des ganzen Unternehmens ausgedrückt wird, sondern, *weil die Kunden sich bei uns wohl fühlen.* Mit *weil* drückt sich auch implizit die Kundenorientierung der Mitarbeiter und des Unternehmens aus. Hier wird offenbar, dass eine dialogische Führung einen Perspektivenwechsel von der Hierarchieorientierung zur Kundenorientierung bewirkt haben mag bzw. bewirken kann.

610 Das ist das, was ich auch selber wahrnehme für mich bzw.
611 dass ich fühle, dass ich wahr genommen werde.

Diese Aussage ist selbstreflexiv: die Interviewee nimmt an sich selbst wahr, dass die durch sie wahrgenommenen Kundenreaktionen auch sie selbst beeindrucken, indem *ich selbst wahrgenommen werde.* Hier bleibt offen ob nur von den Kunden oder auch von Ihren Vorgesetzten.

611 Ich bin Mitarbeiterin
612 in diesem Unternehmen, und ich werde wahr genommen, meine
613 Arbeit wird wahr genommen. Und genau so wird der Kunde wahr
614 genommen, und das spürt er auch.

Die Interviewee definiert und erlebt sich auch als Mit-Arbeiterin – und nicht wie zu Beginn als „Kraft" *in diesem Unternehmen* und nicht nur dieser Filiale. Sie präzisiert nicht, wer sie als Person und ihre Mitarbeit wahrnimmt: die Vorgesetzten oder die Kunden oder gar beide Personengruppen? *Und genauso* – als Mensch – wird der Kunde wahrgenommen. Der Kunde *spürt* das auch. Das Substantiv „Spur" bedeutet im übertragenen Sinn ein „hinterlassenes Zeichen". Der Freiraum im Umgang mit den Kunden ist für die Kunden spürbar; d.h. fühlbar bzw. merklich.

614 Die Resonanz ist ja auch da. Die
615 bekommen Sie ja auch nicht nur gefühlsmäßig mit, sondern die wird
616 Ihnen vom Kunden richtiggehend signalisiert, schriftlich und
617 telefonisch. Auch Kritik, denn Kritik ist genau so wichtig, denn ich
618 kann nichts verändern, wenn ich nicht weiß, was ich falsch mache.

Die durch eine dialogische Führung ermöglichten Freiräume in der Kundenansprache führten zu einem Widerhall, der nicht nur *gefühlsmäßig* zu spüren ist, sondern Anklang wie Verständnis findet und Wirkung zeitigt. Während das „Spüren" noch dem Gefühlsleben zugeschrieben werden kann, ist das „Signalisieren" bzw. das dazugehörige Signal ein Zeichen mit festgelegter Bedeutung. Die Kunden drücken ihre Einkaufserlebnisse schriftlich und telefonisch gegenüber dem Unternehmen aus – *auch Kritik.* Durch seine Kritik beurteilt der Kunde die Arbeit – und nicht der Vorgesetzte.

Verständnis zeigen ist die eine Seite der Medaille, Kritik die andere – und *genau so wichtig.* Kritik von Kundenseite weist darauf hin, ob das Leistungsangebot des Unternehmens und die Arbeitsleistung der Mitarbeiter die Kundenbedürfnisse getroffen oder verfehlt haben. Ist letzteres der Fall, sind aufgrund von Fehlern Veränderungen erforderlich. Die Interviewee erlebt die Kritik aus Kundensicht als sachdienlich.

> *624 LPH (Interviewer): Also das ist ein Unterschied zu früher?*

Mit dieser Nachfrage versucht der Interviewer einen Unterschied herauszuarbeiten, der durch eine dialogische Führung bedingt sein könnte.

> *625 IP: Ja. Den Unterschied machen wir auf jeden Fall, und der*
> *626 Unterschied wird wahr genommen, der wird von den Kunden wahr*
> *627 genommen. Da stehe ich auch voll und ganz dahinter. Auch die*
> *628 Sache nach innen, nur die hat manchmal ein paar Widerhaken. Da ist*
> *629 nicht immer alles so goldig, was glänzt. Aber auf der anderen Seite:*
> *630 Wo ist es das schon?*

Auch hier antwortet die Interviewee mit einem *Ja* und bekräftigt dies mit *auf jeden Fall* durch *von den Kunden wahr genommen.* Das gilt auch für das Binnenverhältnis, wenn auch da *manchmal ein paar Widerhaken*[21] vorhanden sind. In manchen Situationen ist dies nicht der Fall; im Für und Wider haken sich die Mitarbeiter fest, weil sie sich nicht auf der mitmenschlichen Ebene wahrnehmen, sondern als Vertreter womöglich unterschiedlicher Abteilungsinteressen. Aus Kundensicht stellt eine Filiale auch eine Art Kulisse dar, welche den Blick „hinter die glänzende Bühne", dem Binnenverhältnis, versperrt. Aus der Ferne angeleuchtet mag Messing zwar wie Gold glänzen, ist es aber letztlich nicht: Erscheinung und Wesen müssen nicht immer übereinstimmen. Die Interviewee ist lebens- und berufserfahren genug, um zwischen dem wünschenswerten Idealzustand und dem Machbaren einer dialogischen Führung zu unterscheiden.

> *631 LPH (Interviewer): Sie haben ja auch mit vielen anderen Händlern zu tun,*
> *631 nicht nur*
> *632 in der Branche. Wenn man zu denen geht, dann merkt man, wie die*
> *633 es machen. Wie ist denn da der Unterschied?*

Der Interviewer ist weiterhin daran interessiert, ob eine dialogische Führung einen spürbaren Unterschied – Hierarchieorientierung vs. Prozessorientierung - bewirkt.

[21] Ein Haken ist ein winklig oder rund gebogenes Metallteilchen, das als Haltvorrichtung dient. Der Widerhaken ist rückwärtsgerichtet an einem Gegenstand angebracht und verhindert dadurch, dass dieser aus etwas herausgezogen bzw. rückwärts bewegt werden kann – z. B. bei Pfeilen oder Angelhaken.

634 IP: Das ist genau der Unterschied. Genau der ist es.

Der Unterschied zu anderen Händlern liegt nicht darin was die Firma der Interviewee im Vergleich macht, vielmehr liegt er im „Wie“. Die Interviewee bestätigt dieses „Wie“ mit *genau* und wiederholt dies mit ihren eigenen Worten: *Genau der ist es.* Der Einzelhandel, gleich welcher Branche, vertreibt im Prinzip standardisierte Waren bzw. vergleichbare Waren. Die Sortimente mögen sich womöglich unterscheiden, entscheidend für den Unterschied zu anderen Händlern sind sie letztlich nicht.

646 IP: Den Erfolg sehe ich
647 tagtäglich, ich brauche nur meinen Umsatz anzusehen.

Der – dialogische – Umgang zwischen Führungskräften und Mitarbeitern wie auch mit den Kunden ist für die Interviewee sichtbar am Umsatz und am Geschäftserfolg. Umsätze sind harte Fakten, wenn auch durch vielerlei Einfluss- bzw. Erfolgsfaktoren bedingt. Eine strikte Kausalität kann zwar nicht gegeben sein. Im Umkehrschluss würde das bedeuten, dass die dialogische Führung keinerlei Einfluss auf den Geschäftserfolg hätte. Ein solcher erscheint aber wenig plausibel, selbst wenn auch hier keine strikte Kausalität gegeben ist.

648 LPH (Interviewer): Als Folge des anders sein?

Auch hier noch einmal eine vertiefende Nachfrage seitens des Interviewers.

649 IP: Als Folge des Anders seins, ja. Und das schlägt sich auch in Euro
650 nieder. Das ist ja auch nicht ganz unwichtig. In dem Punkt machen
651 wir absolut den Unterschied.

Die Interviewee sieht den Geschäftserfolg auch als eine Folge des durch dialogische Führung möglichen anderen Umgangs mit Kunden und Mitarbeitern, der sich *in Euro* niederschlägt. Mag der Verkaufserlös, die in Geld ausgedrückte Wertschätzung, womöglich nicht der finale Zweck – *nicht unwichtig* – des Unternehmens sein, so ist Gewinn immer Bedingung. Im – dialogischen – Umgang scheint der Unterschied *absolut* zu liegen.

651 IP: Ich versuche es, klar, immer gelingt es
652 mir auch nicht, das so umzusetzen, weil ich ja auch nicht jeden Tag
653 gleich gut drauf bin. Die Kunden spüren den Unterschied, auch diese
654 Identifikation: Das ist mein [b.U.]. Und diese Kunden lassen auch
655 gerne ihre Euro da, kommen auch immer wieder. Sie können auch
656 unterscheiden - und das ist mir sehr wichtig -, dass es auch mal nicht
657 so toll ist, weil der Mensch im Vordergrund steht, und der Mensch
658 ist nicht jeden Tag und jede Stunde gleich.

Die Interviewee sucht nach dem Ideal – nur die stets anders gelagerten, konkreten Situationen hindern daran, dass die Realisierung nicht *immer gelingt.* Interessant, dass nicht die äußeren Umstände dafür herhalten müssen, sondern die eigene, von Tag zu Tag unterschiedliche innere Verfassung. Die Kunden spüren die innere Verfasstheit wie auch die Identifikation; den emotionalen Erwartungszusammenhang mit der Arbeitsaufgabe. Aus der Verbundenheit mit der Arbeitsaufgabe erwachsen auch Bindekräfte zwischen den Mitarbeitern des Unternehmens und seinen Kunden. Die Kunden fragen diese Dienstleistung nicht nur nach, sondern tun dies wiederholt. Wiederholte Wahrnehmungen der Gestimmtheit der Mitarbeiter ermöglichen es den Kunden Unterschiede auszumachen – positive wie auch negative; es ist eben nicht alles Gold was glänzt. Für die Interviewee sind auch die als negativ wahrgenommen Unterschiede wichtig, *weil der Mensch im Vordergrund steht.*[22] Der Mensch ist wichtiger als die Sache – und von Tag zu Tag unterschiedlich disponiert.

> *660 IP: Die Kunden, die so denken und*
> *661 empfinden: Das ist mein [b. U.], die kriegen auch die richtige*
> *662 Sortierung hin. Wissen Sie, wie ich es meine? Die nehmen uns*
> *663 anders wahr, und wir aber diejenigen auch. Und wir haben einen*
> *664 Großteil solcher Kunden.*

Wenn der Mensch im Vordergrund steht und *die[se eben]so denken und empfinden,* sind die Kunden fähig die Arbeitsleistung bzw. das Leistungsverhalten *sortieren,* d. h. in Güteklassen einteilen zu können. Die Interviewee vergewissert sich mit *Wissen Sie, wie ich es meine?* ob dem Interviewer die latente Sinnstruktur im Hinblick auf das wechselseitige Wahrnehmen von Mensch zu Mensch deutlich wird.

> *680 LPH (Interviewer): Es ist wohl so: Jeder hat seine Wahrnehmung, aber er*
> *680 tauscht sie*
> *681 aus im Dialog. Dann kommt es zum miteinander Denken. Geht es in*
> *682 diese Richtung? Wahrnehmung, Gespräch/Dialog und dann kommt*
> *683 man dazu, so sollte man es machen. Und so ist es jedem klar*
> *684 dadurch, durch die vielfältigen Wahrnehmungen und das*
> *685 Aussprechen dieser Wahrnehmungen: Aha, so ist die Denkweise*
> *686 und so ist die Handlungsweise.*

Der Interviewer versucht den Prozess zu beschreiben, der aufgrund der Wahrnehmungen entsteht – und wie aus dem Miteinanderdenken ein Miteinander handeln werden kann.

> *687 IP: Ja, so könnte man es darstellen. Was natürlich auch einen sehr*
> *688 großen Anteil hat, dass im Zuge der Strukturänderung die*
> *689 verschiedenen Ebenen im Unternehmen ein Mitspracherecht auch*
> *690 auf anderen Ebenen bekommen haben.*

[22] *Vorder* ist eine allein im Deutschen erhaltene germanische Komparativbildung zu *vor.*

Die Interviewee antwortet mit *Ja, so könnte man es darstellen.* Sie bleibt in der Möglichkeitsform und beschränkt sich damit nicht auf eine Deutungsmöglichkeit. Etwas anderes kann *natürlich auch einen sehr großen Anteil* haben. Was könnte „natürlich" sein und *auch einen sehr großen Anteil* ausmachen? Eben nicht nur die Möglichkeit das Wahrgenommene im Gespräch auszutauschen und zu bedenken, sondern eine *Strukturänderung* in der Führung bedingt und ermöglicht andere kommunikative Settings. Eine andere Führungsstruktur verändert nicht nur die Geschäftsprozesse, sondern auch das soziale Klima bzw. die Kommunikation zwischen den einzelnen Führungs- und Funktionsbereichen. Ein *Mitspracherecht auch auf anderen Ebenen* stellt ebenso den Rahmen (strukturell-systemische Perspektive) für eine dialogische Führung dar.

696 Mitspracherecht beim
697 Sortiment oder wenn in der Zentrale ein Arbeitskreis sich bildet, da
698 kann man dann mit mischen. Es ist schön, eingebunden zu sein und
699 gefragt zu werden und nicht nur Anweisungen auszuführen, auch die
700 Kommunikation untereinander: Wie machst du es? Könnte ich es
701 auch so machen? Im großen Rahmen, im kleinen Rahmen, einfach
702 miteinander reden. Manchmal kommt ja auch etwas Gescheites
703 dabei heraus, wenn man nicht gezielt miteinander spricht, sondern
704 nur so herum redet. Dabei sind manchmal schon vernünftige Ideen
705 entstanden. Man muss sich nicht immer nur auf einem hoch
706 psychologischen Niveau unterhalten, sondern nur einfach so
707 miteinander reden.

Das Mitspracherecht in der Sache und über die Filialgrenzen hinaus bedeutet in das Betriebsgeschehen *eingebunden zu sein.* Das wird als *schön* erlebt. *Gefragt zu werden* bedeutet auch, dass der Einzelne sich als kompetent erleben kann, seine Fähigkeiten gefragt sind – die Kommunikation horizontal verläuft und nicht nur hierarchisch wie es bei Anweisungen der Fall ist. Die Zeilen 700 bis 707 beschreiben wunderbar einfach, wie der Dialog[23] als „freier Sinnfluss" entstehen und wirken kann. Miteinander sprechen ist implizit auch miteinander Denken und die Voraussetzung, dass ein Dialog zu einem freien Sinnfluss werden kann.

707 Aber es ist schwer, das tagtäglich umzusetzen. Es
708 ist alles ganz wunderbar, und die Idee ist wunderbar, aber das
709 Umsetzen erfordert einfach Mühe von jedem Einzelnen.

Aber es ist schwer, das zwanglose miteinander Reden. *Tagtäglich* so miteinander umzugehen ergibt sich nicht von selbst, auch wenn *alles ganz wunderbar* ist. Die *Idee ist wunderbar;* das geistig Vorgestellte, der Leitgedanke, die Vorstellung, die also schön, entzückend ist – und der Plan zur praktischen Verwirklichung des Gedachten. *Das Umsetzen* weißt auf Aktivität hin. Die Interviewee hätte auch „die Umsetzung" sagen können und sich damit davon gewissermaßen ein Stück zu distanzieren. *Das Umsetzen* geschieht nicht von allein, sondern *erfordert einfach Mühe*

[23] vgl. Bohm. D. (2002)

von jedem Einzelnen. Dialogische Führung lässt sich nicht einfach verordnen, sondern sie *erfordert einfach Mühe von jedem Einzelnen;* also auch Zeit, Geduld und Können.

> *Noch ein Punkt, der mir einfällt: Es ist auch nicht für alle selbstverständlich zuzugeben, dass sie mit diesem System nicht klar kommen. Es gibt immer noch Kolleginnen und Kollegen, die sich nicht trauen, die sich schämen, vielleicht irgendetwas Blödes zu sagen, oder vielleicht schief angeguckt zu werden: Was, du weißt das nicht? Das sind immer noch so Knackpunkte.*

Ein weiterer Punkt „fällt ein" – in der Bedeutung von „plötzlicher Gedanke". Die Interviewee ist hier ganz und gar spontan. Die Äußerung erfolgt aus einem eigenen innerem Antrieb, einer plötzlichen Eingebung folgend; unmittelbar; freiwillig; von selbst. Diese Spontaneität deutet auf Selbstbestimmung und freie Willensäußerung hin. Die darauf folgende Äußerung ist gleichsam der Gegenbeweis dafür, dass diese Spontaneität nicht bei allen Menschen der Fall ist, wenn diese zugeben müssten, dass sie mit einer dialogischen Führung nicht zu recht kommen. Mit jeder „Äußerung" im dialogischen Prozess kann sich ein(e) jede(r) auch entblößen, insofern diese Äußerung sofort gewichtet und bewertet wird. Doch das Besondere im Dialogprozess ist das „in der Schwebe halten"[24] zu können. Aussagen auch einmal einfach stehen zu lassen. Zur Entblößung gesellt sich – in der Regel das Schamgefühl und damit ein seelisches Erleben, mit dem man sich im Arbeitszusammenhang nicht so einfach bloß stellen möchte. *Das sind immer noch so Knackpunkte.* Der Knackpunkt ist die Stelle an der etwas einen Riss, einen Sprung bekommt, wo es platzt und kracht. Die Interviewee hätte auch „springende Punkte" sagen können; also entscheidende, ausschlaggebende Stellen, an den die Hauptschwierigkeiten sind.

> *Das geht nicht von heute auf morgen. In den letzten zehn Jahren wurde wahnsinnig viel bewegt, aber es gibt immer noch etwas zu lernen. Da kann man jetzt philosophieren: Solange die Menschen existieren, werden sie lernen müssen. Und solange es Menschen gibt, wird es Probleme und Fehler geben. Es gibt nichts Hundertprozentiges, aber ein Prozess. Und wenn da jeder mit macht, jeder so, wie er kann - ich erinnere an die Pferdegeschichte, Rennpferd und Ackergaul*[25] *-, dann wird das eine runde Sache.*

Organisationales Lernen, Organisationsentwicklung, eine dialogische Unternehmenskultur *geht nicht von heute auf morgen.* Das kann die berufs- und lebenserfahrene Interviewee durch ihre längjährige Mitarbeit überblicken. *In den letzten zehn Jahren wurde wahnsinnig viel,* also übermäßig Großes oder Starkes, *bewegt* im Sinne von veranlasst bzw. die Lage von etwas oder jemanden ändern. Mit *aber* relati-

[24] vgl. Bohm (2002)
[25] s. Zeile 296

viert die Interviewee die letzten zehn Jahre, indem sie darauf hinweist, dass es *immer noch etwas zu lernen*[26] gebe.

Sich über das Alltägliche Gedanken zu machen, das Selbstverständliche zu reflektieren ist im Grunde Philosophieren[27] – und dies bleibt bei der Interviewee nicht aus.

Aus dieser kurzen philosophischen Betrachtung 733 – 736 kommt die Interviewee zu folgendem Schluss: *Und wenn da jeder mitmacht, so wie er kann ...dann wird das eine runde Sache.* Das synergetische Zusammenwirken macht letztlich den Erfolg der arbeitsteiligen Organisation eines Unternehmens aus.

Mit dem Rückgriff auf das Bild von „Ackergaul und Rennpferd“ macht die Interviewee deutlich, das der Maßstab der einzelne Mensch ist und dessen Potenzialentfaltung. Die *runde Sache* ein Hinweis auf harmonisches Zusammenarbeiten – eine Dienstsache ohne Streit.

> *738 Jeder muss sich da einbringen,*
> *739 auch damit, was er selber mit sich vereinbaren kann. Es wird sich*
> *740 sicher keiner umstülpen können wie ein alter Handschuh, das geht*
> *741 auch nicht, ist auch nicht Sinn und Zweck der Sache.*

Die Arbeitsteilung erfordert den individuellen Leistungsbeitrag eines Jeden. Interessant ist die Formulierung *was er selber mit sich vereinbaren kann.* Hiermit wird letztlich der freie Wille eines jeden Menschen angesprochen, das Commitment, die Übernahme von Verpflichtungen, mit sich selbst. Ein *umstülpen* ist nicht erforderlich. Nur alte Handschuhe sind nicht mehr steif und lassen sich dadurch umstülpen. Niemand muss sich verbiegen oder gar sein Rückgrat, seine Wirbel-Säule verbiegen. Er kann standhaft, authentisch sein. Wie die Sache, der Zweck, die das Miteinander-Füreinander-Leisten ist, dann kann der Sinn nicht darin liegen Menschen durch „Führungsmodelle“ womöglich umstülpen zu wollen.

> *741 In einer*
> *742 Arbeitsgemeinschaft gibt es viele verschiedene Menschen, die*

[26] **Lernen**, alle individuellen, relativ dauerhaften Veränderungen des Verhaltens und Erlebens, die auf Erfahrung beruhen; im engeren Sinne bewusste und planvolle Bemühungen, sich Wissen oder spezifische Fertigkeiten anzueignen. Aus moderner kognitiver Sicht wird Lernen meistens als ein Prozess der Informationsverarbeitung betrachtet. Dabei wird Information encodiert (d. h. in eine innere Repräsentation überführt), im Gedächtnis gespeichert und bei Bedarf von dort abgerufen. – Man unterscheidet verschiedene Lernarten, die sich nicht nur auf Einsicht- und Kenntnisgewinnung, sondern auch auf die Schulung der Wahrnehmungsfähigkeit und den Spracherwerb, auf die Einübung von Bewegungsabläufen und sozialen Verhaltensweisen beziehen. Der Lernerfolg ist von zahlreichen Faktoren abhängig: Neben individuellen Determinanten (z. B. Vorwissen, Lernmotivation, Lernstrategien, intellektuelle Leistungsfähigkeit) spielen auch institutionelle und Unterrichtsbedingungen sowie der kulturelle Kontext eine wichtige Rolle.
http://lexikon.meyers.de/meyers/Lernen - Abruf 2008_01_07

[27] s. Rohrhirsch, F.(2005) *Unternimm dich selbst*, S. 4
„Der Philosoph stellt die Wesensfrage und interessiert sich für das Selbstverständliche. Das Selbstverständliche ist das Nächste, das uns so nahe ist, dass wir es ständig übersehen. Das Selbstverständliche ist und bleibt der Grund, auf den alle Lebens- und Unternehmensvollzüge gestellt sind.“

743 müssen versuchen, sich zusammen zu finden, manchmal ist es auch
744 ein Zusammenraufen. Es ist nicht immer ein harmonischer Prozess.
745 Aber wenn sie sich zusammengerauft haben, dann kann es nur
746 produktiv sein.

Für die Interviewee ist die Vielfalt innerhalb einer Arbeitsgemeinschaft geradezu ein konstitutionierendes Merkmal. Die einzelnen müssen *sich zusammenfinden* und bemerkenswerter Weise nicht durch die Führungskraft, sondern aus eigner, im dialogischen Prozess gewonnener, Einsicht in die Sache. Dass dies nicht immer einfach ist wird mit *ein Zusammenraufen* ausgedrückt. Zum Raufen braucht man den Anderen als Gegner[28] – im arbeitsteiligen Mitsein für eine produktive Zusammenarbeit. Beileibe ist das *Zusammenraufen* kein *harmonischer Prozess,* faktisch bedeutet er jedoch ein Beisammensein.

746 Ich fühle mich wohl mit all den Haaren, die man in
747 der Suppe findet, die es überall gibt, mit dem ewigen auf und ab. Ich
748 fühle mich wohl, weil ich mein Können, mein Wissen, meine Art mit
749 allem Drum und Dran, einfach mein Ich einbringen kann, weil man
750 mit allen Ecken und Kanten akzeptiert wird.

Wie erlebt die Interviewee *die Suppe mit all den Haaren?* Die Suppe ist Symbol für eine gemeinsame Sache, die es auch so auszulöffeln gilt – wenn sich „haarige" Situationen ergeben. Äußerst bemerkenswert ist die Formulierung *weil ich .... einfach mein Ich einbringen kann* – also sich selbst als Person und nicht nur als Produktivfaktor. *Ecken und Kanten* sind Sinnbild dafür, dass das man sich daran anstoßen kann und dass sich das Zusammenarbeiten eben nicht einfach und leicht ergibt. Doch *man akzeptiert* dies. Mit *man* dürften sowohl vorgesetzte Führungskräfte, Kollegen, Mitarbeiter und Kunden gemeint sein.

770 Aber seit zehn Jahren ist es anders, es
771 ist angenehmer. Den Druck - na ja, den haben sie auch mit der
772 dialogischen Führung, aber sie empfinden es anders, als wenn sie
773 nur auf Anweisung ständig reagieren. Das ist ein ganz anderer Stress,
774 und das ist ein ganz anderer Druck, wie wenn sie sich den selber
775 machen können.

In den letzten *zehn Jahren* hat sich das Klima innerhalb des Unternehmens geändert. Das heißt nicht, dass dadurch die Arbeitsbelastung gesunken sein muss. Die Arbeit ist so oder so zu leisten – *auch mit der dialogischen Führung.* Der Unterschied liegt im Betriebsklima und eine Klimaänderung ist spürbar in Form einer anders erlebten Belastung.

---

[28] vgl. Rohrhirsch, F./ Häußner, L. P. (2007) *Unternimm mit anderen* , S. 47

Nach der neuen Struktur machen wir uns den Druck und den Stress eigentlich selber, aber das ist ein positiver Auslöser, jedenfalls für mich. Es sollte auch so sein. Das machen sie sich ja selber, wenn sie mit dem Unternehmen leben, wenn sie als Mensch kreativ mitarbeiten dürfen, ihr Denken und alles andere einbringen können. Dann machen sie sich den Stress selber, weil sie denken: Will ich das und das noch erreichen oder das und das verbessern? Das ist ja dann positiv, während die frühere Unternehmensstruktur zum Teil schon negativ war: Mach mal und denke nicht.

Durch die neue Führungsstruktur (hierarchisch formuliert in einer gestrichenen Führungsebene) haben sich auch die sozialen Prozesse im Unternehmen zwangsläufig verändert. Weniger Anweisungen bedeuten „die Ungenauigkeit nimmt Präzision an“ und bedarf daher einem Mehr an Kommunikation und damit auch an dialogischen Prozessen. Der einzelne muss mit einer gewissen „Unschärferelation“ leben können und ein höheres Maß an Ungewissheitstoleranz erwerben. Das mag zu einer erhöhten Beanspruchung physischer oder psychischer Art führen. Entscheidend aber ist, wie diese erhöhte Beanspruchung erlebt wird: negativ oder positiv. Eine leichte, selbst veranlasste Überforderung scheint eher positiv erlebt zu werden, als eine eher hierarchisch-direktional geprägte Führungsstruktur mit ihren Anweisungen, die zu kognitiver Unterforderung führen kann.

<u>Interview 1021 – Transkription</u>

IP = Interviewpartner (weiblich)

LPH = Interviewer

<u>IP:</u> *Ich habe vor 20 Jahren angefangen bei [b.U], nicht als Filialleiterin, sondern als 20-Stunden-Kraft. Vorausschicken möchte ich noch: Ich habe vorher in einem Riesenunternehmen gearbeitet, war ganz andere Strukturen gewöhnt 10 Jahre lang, auch mit Führungsaufgaben. Ich kam dann zu [b.U.] – aber vor 20 Jahren hatten wir noch den absoluten Discount-Charakter. Da war Priorität vor allem „auffüllen", mitdenken war da noch nicht so gefragt, auch nicht das Selbstständige – gut, man musste die Ware selbstständig ins Regal räumen. Beim Bestellen gab es einen gewissen Spielraum – eigentlich ist das auch wieder zu viel gesagt, da gab es beim Bestellen eine gewisse Rechenmethode, die man einhalten musste. Aber Entscheidungen und Mitdenken war absolut nicht gefragt. Man musste malochen vor 20 Jahren, das war wirklich Knochenarbeit. Die Riege, die damals für die anderen gedacht hat, das waren die damaligen Bezirksleiter und –leiterinnen, die haben für die Mitarbeiter und auch für die Filialleiter gedacht. Deren Denken musste man sich anschließen oder auch nicht, aber das hat man nicht unbedingt laut gesagt, wenn man die Denkweise nicht hatte. Es gab Anweisungen und diese hatte man ohne wenn und aber auszuführen. Da ging es dann auch ums Prinzip, das habe ich anfänglich auch sehr oft gehört. Wenn dann mal die Arbeit nicht nach den Anweisungen hundertprozentig ausgeführt wurde und man wurde darauf hingewiesen, dann hieß es, es geht ja nicht darum, sondern es geht ausschließlich ums Prinzip. Die Führungsstrategie war grandios. Denken sollte man nicht, musste man nicht, durfte man auch nicht* Mit dem ganzen Zahlenspiel hatte man nichts zu tun, das war alles Bezirksleiterebene, die Vorgaben des Umsatzes und..und..und... Da habe ich mich am Anfang schon etwas fremd gefühlt, denn das war ich von anderen Unternehmen nicht gewöhnt. Da hatten wir zwar auch Regeln, die es überall geben muss, aber da war ich einen gewissen Freiraum schon eher gewöhnt. *Ich habe angefangen als*

20-Stunden-Kraft, da meine Tochter noch relativ klein war, und ich muss sagen, ich habe mich am Anfang nicht wohl gefühlt, weil es eigentlich auch nicht mein Naturell ist, nur Anweisungen auszuführen. Ich bin kein Mensch, der sagt, na ja, das mache ich halt, es ist mir wurst, ob es sinnvoll ist oder nicht. Ich möchte wenigstens einen Sinn, im weitesten Sinne, in der Arbeit entdecken können. Das hat mir am Anfang gar nicht gefallen, da habe ich mich sehr schwer getan.

LPH: *Und Sie sind doch geblieben?*

IP: *Ja, und ich bin doch geblieben. Es sind 20 Jahre jetzt. Ja, warum bin ich geblieben?* Das ist vielleicht auch ein Generationsproblem. Ich gehöre einer Generation an, die nicht einfach hin schmeißt, was ihr nicht passt, oder weil man irgendwo ein Haar in der Suppe findet. Vielleicht liegt es an der Erziehung, vielleicht an dem, wie es einem vorgelebt wurde. Etwas hin schmeißen, weil es mir nicht passt, das wäre für mich nicht in Frage gekommen. Da habe ich mir gesagt, entweder guckst du, dass irgendwie vernünftig aus der Sache raus kommst. Das ging dann nicht. *Allerdings muss ich sagen, ich habe nach 4 Wochen gekündigt. Ich habe gesagt, das kann ich nicht, ich komme einfach nicht klar damit. Ich habe dann mit einem Bezirksleiter, der heute nicht mehr im Unternehmen ist, ein Gespräch gehabt. Es lag damals auch sehr stark an dem Filialleiter. Der Bezirksleiter hat mich gebeten: Halten Sie durch! Der hat mich wirklich motiviert und sagte, so jemanden wie Sie brauchen wir einfach. Es sind dann mehrere Gespräche gelaufen in der Probezeit, und der Punkt, wo es weh getan hat, der war dann irgendwann auch einfach überwunden. So nach einem knappen Jahr hat sich dann heraus kristallisiert, dass ich schon gemerkt habe, man hat mich eigentlich wahr genommen, mein Tun und meine Einstellung zur Arbeit in der Firma. Das wurde mir dann bewusst und ich dachte: Hoppla, so ganz verkehrt kann es doch nicht sein, was du denkst und was du machst. Das hat dann die Kehrtwendung gebracht, dass ich dachte, es ist doch noch nicht alles verloren, machst halt weiter. Nach etwas mehr als einem Jahr habe ich dann eine Filialleitung angeboten bekommen, habe das aber noch etwas rausgezögert, weil* mir – wie gesagt – meine Tochter noch zu klein war. Dann wurde mir die Stellvertretung angeboten, um die damals noch ganz junge und nicht aus dem Fach kommende Filialleitung zu unterstützen. Das habe ich dann auch gemacht in einer neuen Filiale, ca. ein halbes Jahr lang. Danach habe ich die Filialleitung übernommen. Da habe ich dann gesagt, okay, ich versuche es jetzt mal selber. Was natürlich auch ein kleines bisschen eine Rolle gespielt hat – vielleicht auch ein größeres bisschen –, dass ich vorher jahrelang als Führungskraft tätig war und nachher eben mich – ich will nicht sagen total – unterordnen musste. Ich wollte wieder mein eigener Herr sein, das war mir ein Bedürfnis. Daher habe ich damals die erste Filiale übernommen. Die Kämpfe waren natürlich weiterhin da, weil die Ebene und die Struktur war damals zu dem Zeitpunkt immer noch. Ich glaube, wir hatten 1994 – o Gott, bei 20 Jahren, da muss ich mich auf jedes Jahr besinnen – die Strukturveränderung gleichzeitig mit Einführung der Dauerpreise. Das war gerade die Halbzeit (meiner 20jährigen Firmenzugehörigkeit), 10 Jahre habe ich (das hört sich jetzt furchtbar an) nach dem alten Regime gearbeitet, und in den letzten 10 Jahren haben wir ja dann die Strukturänderung gehabt, diese Freiräume, diese Eigenständigkeit, die man sich so peu à peu aufbauen konnte. Mittlerweile würde ich schon sagen, die letzten 10 Jahre waren gegenüber den ersten 10 Jahren traumhaft. Man muss das vielleicht auch ein bisschen differenzieren. Wie wir damals in der ersten Runde der Strukturänderung diesen Wasserkopf in der Zentrale reduziert haben, geschrumpft haben, wurde es für die Filialleiter auf der einen Seite schwieriger, wenn sie es nicht gepackt haben, weil sie plötzlich mehr Verantwortung hatten, mehr Entscheidungsfreiheit, hinter der sie dann natürlich auch stehen mussten. Wenn ich das von weitem angucke – von Herrn Werner aus gesehen –, war das schon ein Risiko. Es war ein Risiko, die Unternehmensstruktur so radikal zu verändern. Ich kann es mit hundertprozentigen Zahlen nicht belegen, aber heute haben wir ca. 700 Filialen, damals hatten wir vielleicht 400 oder 420 Filialen. Wenn ich nur die Riege der Filialleiter nehme, die damals im Unternehmen waren, wenn ich die so raus picke, dann war es eigentlich von Anfang an mehr oder weniger klar, wie sich das verändern wird. Ich habe immer gesagt, ein Drittel wird es packen, die Änderung der Struktur. Das zweite Drittel wird Zeit brauchen, wird es aber über die Zeit auch schaffen können. Und das letzte Drittel: Die fallen durchs Raster. Ich denke, dass das auch tatsächlich so war, dass es viele nicht geschafft haben, das so umzusetzen. Wobei es eigentlich gemischt war, gemischt in dem Sinne, dass Ältere, die schon länger dabei waren, die an Lebensalter und an Zugehörigkeit zum Unternehmen schon älter waren, diese Änderung einfach nicht realisieren konnten. Die waren einfach in ihrem Trott drin, haben schon ewig auf Anweisung gearbeitet, denen war die Selbstständigkeit einfach abhanden gekommen oder sie hatten sie noch nie. Das war eigentlich gemischt, ich könnte jetzt nicht sagen, es waren nur die Alten, die unbeweglich waren. *Mit dieser neuen Unternehmensstruktur muss man – und es wird eigentlich mit jedem Tag, mit jedem Monat, mit jedem Jahr schwieriger in der heutigen Zeit – umgehen können, das ist das Riesenproblem. Ich halte auch die dialogische Führung für qualitativ hochwertig, für die heutige Zeit eigentlich nötig, denn nach den alten Strukturen bewegen Sie heute so gut wie gar nichts mehr. Die Zufriedenheit der Mitarbeiter ist eigentlich das Wichtigste, auf das ein Unternehmen setzen kann. Allerdings bedarf es für die dialogische Führung – und deshalb ist es ein Problem, das ist auch bei uns nicht weg zu diskutieren – die geeigneten Menschen. Genau wie man am Fließband bestimmte Menschen braucht, oder in verschiedenen Branchen. Es gibt Branchen, da können Sie nicht jeden gebrauchen oder hinstellen. Das halte ich für ein Problem, auch heute noch, wenn die dialogische Führung von den Menschen nicht richtig wahrgenommen wird und von Mitarbeitern, egal welcher Couleur, nicht umgesetzt werden kann. Dieses „Hier bin ich Mensch, hier darf ich's sein", das ist ganz wunderbar, aber in erster Linie sind wir ja zum Arbeiten da. Und jeder möchte gerne seine Euro verdienen. Das steht nun mal an erster Stelle, und da ist es nun mal nicht immer himmelblau und rosarot. Und der uralte Satz hat immer noch Gültigkeit: Wo Menschen sind, da menschelt es. Wir sind alle nur Menschen.*

LPH: *Das kann kein Führungskonzept lösen.*

IP: *Nein. Die Gefahr – für mein Empfinden, was ich jetzt erlebt habe – besteht darin, dass es für beide Seiten eine Gratwanderung ist. Die Menschen, die unter dieser Führung arbeiten, sind so verschieden.* Die einen (was ich jetzt sage, klingt furchtbar) nützen es aus bis zum „Gehtnichtmehr“: Ja, hier bin ich Mensch, und bevor alles andere kommt, komme ich. Da tritt es in den Hintergrund, dass man eigentlich sagen müsste: Ich arbeite hier und bekomme auch etwas dafür. Das ist die Gefahr, dass man so damit umgeht. Das ist auch für die Führungsriege, egal auf welcher Ebene, nicht ganz einfach. Da macht man manchmal einen Spagat, der sehr weh tun kann. Wobei ich das in keiner Weise in Frage stellen will oder die alte Richtung wieder haben möchte, absolut nicht. Aber man darf die Gefahr nicht unterschätzen, die mit so einer Unternehmensstrategie einher geht. Es ist natürlich ein Teil meiner Einstellung, ganz klar. Wenn ich für ein Unternehmen arbeite, egal unter welcher Struktur, dann bekomme ich für meine Arbeit etwas. Und dann muss sich das aber auch die Waage halten. Wenn ich für meine Arbeit etwas bekomme, dann muss ich auch dafür etwas tun. Dass ich natürlich nicht wie ein Hund behandelt werden möchte und dass die Kommunikation ein bestimmtes Niveau haben sollte, das ist natürlich klar. In einem großen Unternehmen, das wir mittlerweile sind, da gibt es – wie man so schön sagt – „sotte und sotte“. Und manchmal gibt es mehr „sotte“ wie „sotte“. Und das ist manchmal für eine Führungskraft verdammt kitzlig. Es gibt auch da Knackpunkte. So himmelblau und rosarot ist es nun auch wieder nicht. Vielleicht wiederhole ich mich jetzt: Der Satz „Hier bin ich Mensch....“ hat ja bei uns oberste Priorität, aber manchmal gibt es Situationen, da fragt man sich, wo hört der Mensch auf und wo fängt er an. *Es gibt gewisse Ebenen, da habe ich das Gefühl, da existiert der Mensch nicht so. Es ist absolut nicht als Kritik zu verstehen, es ist einfach die Wahrnehmung und die tagtäglichen Schwierigkeiten, mit denen man zu kämpfen hat, nach allen Seiten, ob sie sich jetzt als Unternehmen oder als Vertretung des Unternehmens nach außen hin darstellen müssen, oder ob sie innerhalb des Unternehmens ihre – früher hieß es Anweisungen,* *heute heißt es – Empfehlungen geben. Es sind dann doch nicht immer nur Empfehlungen, manche sollte man schon in die Schublade der Anweisungen stecken. Wenn man lange genug dabei ist, dann weiß man das auch einzuordnen, was eine tatsächliche Anweisung ist, die wir ja eigentlich absolut gar nicht mehr haben wollen. Aber der Mensch braucht Regeln.*

LPH: *Bei der Kasse brauchen Sie das doch auch oder bei der Inventur, da gibt es doch klare Regeln, oder?*

IP: *Ja, klar. Natürlich gibt es Anweisungen, es gib Rahmenbedingungen, an die muss man sich einfach halten.* Ich kann jetzt nicht einfach den Tresor mit nach Hause nehmen, weil ich die 60.000 Euro für ein paar Tage brauche. Man kann mir empfehlen, mache das nicht, aber da ist es mir schon ganz recht, dass ich eine Anweisung habe, denn das geht nicht. Das geht ja auch so ein bisschen in die Schiene: Menschen brauchen Regeln. Jedes Kind braucht Regeln und muss wissen: So ist der Weg, und bei uns gibt es das nicht. Die antiautoritäre Erziehung wurde ja eine ganze Zeitlang erprobt und was ist dabei herausgekommen? Bei den wenigsten ist es gut gegangen. Manchmal ist es mir fast ein bisschen – ich möchte nicht sagen zu viel Freiheit, das sicherlich nicht, aber sich nur auf das Mitdenken und – jetzt mal auf die Ebene der Filialleiter bezogen – das betriebliche Denken und unternehmerische Denken zu verlassen, da hätte ich manchmal schlaflose Nächte, wenn ich unser Herr Werner wäre. Der wird sich oft denken, was da so manchmal vor sich geht – ich wüsste nicht, ob ich da so ruhig schlafen könnte. *Es ist ein zweischneidiges Schwert. Die andere Seite, die ich auch schon erwähnt habe, ist, dass wir in der heutigen Zeit schon einen gravierenden Unterschied machen müssen, das ist zweifellos unbestritten.*

LPH: *Sie meinen jetzt, einen Unterschied in der Führung machen müssen.*

IP: *Ja. Das ist unbestritten und lässt sich nicht wegdiskutieren. Wir sind da absoluter Vorreiter. Vorreiter sowieso, aber wir sind auch eine Ausnahme.*

LPH: *Wie erleben Sie das?*

IP: *Für mich erlebe ich das sehr positiv. Ich kann damit umgehen, ich* *fühle mich damit wohl.* Ich kann auch hinter meinen Entscheidungen stehen, auch wenn sie manchmal nicht so ganz richtig waren. Wenn ich dann mal eine Kritik einstecken muss und sie berechtigt ist, kann ich damit umgehen. *Sachlichkeit ist halt für mich wichtig. Probleme gibt es bei der emotionalen Schiene. Das ist auch so ein Gefahrenpunkt. Da muss man bei der dialogischen Führung auch immer ein bisschen Acht geben. Die Menschen, die nicht so geartet sind – oh je, da kriege ich jetzt ein Problem, wie ich das richtig ausdrücke – sagen wir mal, die nicht das Verständnis dafür haben, nicht den IQ haben und die das einfach nicht einordnen können, da passiert es dann häufig, dass es auf die emotionale Ebene abrutscht. Das ist dann auch wieder so ein Problem.*

<u>LPH:</u> *Weil die Regeln fehlen?*

<u>IP:</u> *Ja, weil die Regeln fehlen und weil diese Freiräume ja auch die Mitarbeiter haben, jeder, ohne Ansehen der Person oder Funktion. Da ist unter Umständen sehr schwer damit umzugehen, wenn das vernünftige Denken und die Logik fehlen, wenn man nur auf emotionaler Basis darauf besteht: Ich bin hier Mensch. Das Recht, darauf zu bestehen, hat eigentlich jeder. Denn das sind wir letztendlich alle, und dass mit einem vernünftigen Maß damit umgegangen wird, erwartet jeder, nur jeder geht halt anders damit um, das ist es. Jeder hat dafür seine Verständnisebene, und das ist auch nicht immer leicht, das unter effektiven Hut zu bringen, damit etwas Vernünftiges dabei rauskommt.* Und genau so wie auf Filialleiterebene geht es auch auf GV-Ebene, die haben mit den Filialleitern auch so ihre Probleme, die auch nicht alle so geartet sind, dass sie es richtig einordnen können und manchmal vielleicht auch nicht wollen, ohne jemanden irgendetwas zu unterstellen. Die andere Seite ist die, die Sache auszunützen, das gibt's natürlich auch, in der Art: Jetzt bin ich der große Macher. Ich entscheide ... und überhaupt ... und egal, was. Das ist auch wieder eine Gefahr, dieses Machtgehabe. Das passt auf der einen Seite nicht, auf der anderen Seite muss man auf der Führungsebene auch manchmal auf den Tisch klopfen: So, jetzt ist es aber mal wieder gut. Jetzt werden wir uns mal wieder an bestimmte Richtlinien und Vorgaben halten müssen. Das bleibt auch nicht aus. *Ein ganz großer Vorteil, der ist natürlich da, von dem profitieren wir ja auch alle: Ein Großteil der Mitarbeiter, der dies auch richtig umsetzen kann, egal auf welcher Ebene, profitiert davon: Von der Selbstständigkeit, vom Tun lassen, machen lassen, auch wenn dabei Fehler passieren.* Das spielt ja auch eine Rolle bei unserer Lernling-Ausbildung, bei der Erwachsenenbildung, Ausbildung überhaupt. Machen lassen: Ich kann es nur lernen, wenn ich es selber mache. Davon halte ich grundsätzlich sehr viel. Das hat ja im weitesten Sinne etwas mit Erziehung zu tun. Wenn ich jemanden alles verbiete und der probiert es dann doch, dann ist es passiert. *Aber wenn ich sage: Gut, probiere es aus und wenn du es falsch machst, bin ich immer da um zu helfen.*

LPH: *Und diese Funktion hat auch der Vorgesetzte in dem Konzept?*

IP: *Eigentlich ja. So sollte das eigentlich verstanden werden.* Sie haben ihre bestimmten Anweisungen, sei es Kasse, sei es der Umgang mit Geld usw. Sie sollten aber die Menschen machen lassen, erstens mal ist dann natürlich eine ganz andere Motivation, wie wenn ich morgens komme und sage: Du machst das und das und das. Was ist das? Wie beim Lehrer die Hand hoch, wer weiß was oder nicht. Und dann kriegst du schlechte Noten und bist für dein ganzes Leben abgestempelt. *Diese Art der Führung (wie beim b.U) halte ich für überaus erfolgreich, die bringt dem Unternehmen auch sehr viel, weil die Mitarbeiter an sich selber wachsen, egal wie der Stand des Intellekts ist.* Auch die Menschen, die nicht mit so viel Verstand gesegnet sind, merken auch, wenn sie etwas richtig machen. Und wenn sie kritisiert oder gelobt werden, das merken sie auch. Da braucht man nicht so viel Verstand, das spürt man. Und aus dem Grund meine ich, das ist schon eine Bereicherung, da haben wir schon sehr, sehr viele Vorteile. *Das stärkt auch die Loyalität zum Unternehmen ungeheuer. Es ist ein freieres Arbeiten, wenn auch mit den schon genannten Risiken, wenn sie etwas zu entscheiden haben – und das sollte auch auf der Mitarbeiterebene sein, die sollen alleine entscheiden können. Und der jeweilige Vorgesetzte muss das Team, wie immer das auch gestaltet ist, dahin führen, dass die bei ihrem*

Tagesgeschäft und auch darüber hinaus – die sollen schon über den Suppentellerrand hinaus gucken und nicht nur in ihren 4 Wänden herum kramen – mitdenken, selbstständig sind. Das ist heutzutage wichtig, egal auf welcher Etage, auch im Privatleben, dass man nicht nur mit Scheuklappen denkt: Ich mache das, weil ich es schon vor 50 Jahren so gemacht habe, und darum mache ich es auch so weiter. Ich habe noch nie Fehler gemacht und will auch keine Fehler machen, ich will nicht kritisiert werden. Gut, die gibt es auch. Aber die müssen wir halt lassen. Meine Auffassung ist: Man kann nicht nur Häuptlinge haben, man braucht auch Indianer. Was machen wir, wenn wir nur Häuptlinge haben? Da reitet jeder mit seinem Pferd in der Gegend herum, und wer versorgt die Pferde? *Man muss aus jedem Menschen das Beste heraus holen, und das auch einigermaßen vernünftig im Sinne des Unternehmens kanalisieren.*

Man kann aus einem Ackergaul kein Rennpferd machen, aber man kann einen guten Ackergaul daraus machen. Den Spruch habe ich von meinem Großvater gehört, da war ich noch ein ganz kleines Mädchen. Der ist mir so im Gedächtnis geblieben, man kann ihn für so vieles gebrauchen.

LPH: *Dialogische Führung heißt jetzt also nicht, aus einem Ackergaul muss ein Rennpferd gemacht werden. Das ist kein Dogma?*

IP: *Nein, muss nicht. Es ist kein Dogma. Es muss nicht zwangsläufig ein Rennpferd werden, aber es sollte möglichst ein guter Ackergaul sein, ohne das jetzt abwertend zu meinen, absolut nicht. Ackergäule sind früher das A und O gewesen, wenn Sie da nicht ein paar gute im Stall hatten, hat Ihnen das Rennpferd weniger gebracht.* Der Ackergaul war wichtiger. Die ganze Geschichte hat mittlerweile einen hoch psychologischen Touch gekriegt. Und das ist natürlich auch wieder ein Problem, das richtig umzusetzen. Denn wer von uns ist Betriebspsychologe? Eigentlich keiner. Wo nimmt man es her? Na ja, gut, die Alten können noch sagen, aus Erfahrung, weil ich schon so lange im Beruf bin, vielleicht auch im Unternehmen, weil ich ein bestimmtes Lebensalter habe, das mich irgendwie auch schon gebügelt hat. Da könnte man sagen, ja gut, da lässt sich eher damit umgehen.

LPH: Wenn Sie sich einfach rein versetzen: Der jetzige Führungsstil und Sie 20 Jahre jünger, was würden Sie da machen?

IP: Ich glaube, ich hätte auch vor 20 Jahren mit dem Führungsstil kein Problem gehabt. Ich hatte anfänglich eher mit der Führung von damals ein Problem, ganz einfach, weil denken für mich das Normalste auf der Welt ist.

LPH: Nun sind Sie ja keine Psychologin und trotzdem führen Sie Menschen. Aber die wenigsten Psychologen sind Führungskräfte.

IP: Ja, das ist ja das Verrückte dabei. Die meisten Führungskräfte – gut, sehen wir mal ab von diesen Seminaren, die man im Laufe seiner Betriebszugehörigkeit macht – sind Menschen, die mit Psychologie absolut nichts am Hut haben. Das ist ein Widerspruch in sich. Sie brauchen unheimlich viel psychologisches Gespür und Feeling, Menschenkenntnis und Einfühlungsvermögen. Gelernt habe ich das nicht, ich bin gelernte Drogistin. Ich habe 1968 angefangen und man kann sagen, fast 3 Jahrzehnte in einer Führungsposition verbracht, was mich aber noch nicht zu einem Psychologen macht. Unter uns gesagt, ganz ehrlich: Manchmal hätte ich einen nötig, so ab und an.

LPH: Aber Sie haben doch sicher auch Seminare gemacht, wenn Sie das erwähnen, oder wie ist es damit?

IP: Die Seminare, die ich gemacht habe, die lagen – wenn ich jetzt die 20 Jahre einteile – im ersten und im zweiten Drittel, Schwerpunkt im ersten Drittel, im zweiten Drittel wurde das ein bisschen schwächer. Im letzten Drittel hat man uns Alten die Seminare – es gibt einen Seminarkatalog, da sind dann Kreuzchen drin – gelöscht unter dem Gesichtspunkt: Die Alten können noch etwas Neues lernen. Dem widerspreche ich auch gar nicht. Ich beharre auch nicht darauf, ich habe ja schon viele gemacht, warum muss ich dann noch mal eins machen. Die Seminare, die ich besucht habe, waren für mich durchweg positiv. Die Seminare im ersten Drittel waren schon auch ein bisschen psychologisch angehaucht, auch unter der alten Struktur. Das lag sicher auch an dem Unternehmensberater, den wir damals hatten, der schlichtweg gern Mensch war, der das auch gelebt hat, was er sagte. Das ist für mich – und bestimmt auch für andere – ein Punkt, wenn ich sehe, dass es gelebt wird und ich das auch spüre, dann habe ich überhaupt kein Problem damit. Dann beginnt der Prozess, wo ich mich wohl fühle, wenn ich merke: Aha, das ist nicht nur Geschwafel und leeres Gerede, nach außen hin Kuschelkonzern und medienwirksames Gelaber – es wird gelebt und ich merke es. Dann beginnt dieser Wohlfühlprozess. Ich brauche auch nicht ständig irgendwelche Streicheleinheiten, ich habe einen ganz bestimmten Level, wo ich merke: Okay, du wirst wahr genommen, es ist in Ordnung, was du machst, du wirst nicht nur als Arbeitskraft wahr genommen, sondern auch als Mensch. Man kennt sich. Das ist für mich das Hauptmerkmal, dass man mich und meine Arbeit anerkennt. Dann habe ich kein Problem mit Kritik, ich habe auch kein Problem, wenn mir dann mal eine Anweisung in die Quere kommt. Damit kann ich auch umgehen, mache ich auch.

LPH: Das waren aber noch die alten, die früheren Seminare?

IP: Ja. Von den neueren habe ich mir eher erzählen lassen, muss ich gestehen. Ich habe ein einziges genossen in der Zeit. Das war mir ein bisschen zu weit her geholt.

LPH: Oder zu weit weg von der Praxis?

IP: Oder zu weit weg. Die Gefahr besteht natürlich auch: Die Theorie und die Praxis sind verschiedene Welten. Da muss man nicht groß drum herum reden, es ist manchmal schnell schön geredet, und die Praxis lässt zu wünschen übrig. Ich würde mir schon wünschen, dass es sich wieder annähert. Zu Anfang der neuen Struktur waren sie sich relativ nahe, die Theorie und die Praxis. Na gut, wir werden einfach größer und wachsen in einer Dimension, die das manchmal einfach auseinander driften lässt, die Theorie und die Praxis. Das ist ein Wermutstropfen in dieser ganzen Geschichte. Das ist schon feststellbar, das kann man schon behaupten. Da fragt man sich: Wo stehen wir denn eigentlich? Sind wir tatsächlich noch auf dem Weg, den wir anfänglich mal eingeschlagen haben und für den wir die Fahne hoch gehalten haben. Diese neue Struktur und alles, was damit zu tun hatte, hat sich manchmal schon sehr verflacht. Manchmal tut es richtig weh, wenn man sieht, auf der einen Seite diese Propaganda und auf der anderen Seite, wie tatsächlich damit umgegangen wird. Das ist manchmal auch schwarz und weiß. Und das ist schade, weil es funktioniert. *Es funktioniert ja mit dieser dialogischen Führung. Wir haben ja auch bewiesen, dass es funktioniert. Und dann ist es schade, wenn es dann manchmal so ganz schief läuft.*

LPH: *Wie drückt sich das aus?*

IP: *Auf der menschlichen Ebene, wie dann doch letztendlich Entscheidungen getroffen werden entgegen unserer Proklamation „Hier bin ich Mensch...“. Das ist die menschliche Ebene, die das doch schon zeigt. Das tut manchmal weh, wenn ich denke: Das passt jetzt überhaupt nicht. Wenn man auf der anderen Seite versucht, es mal realistisch zu betrachten: Es gibt eben Situationen, da kann dann einfach nicht anders entschieden werden.*

LPH: *Ist das dann danach ein Thema? Wird das dialogisch behandelt im nachhinein?* Ist ja denkbar: Wenn es brennt, Feuerlöscher holen.

IP: Ja, dann holt man Feuerlöscher, dann löscht man die ganze Geschichte, löscht das Feuer, räumt die Schweinerei weg, und dann gehen wir doch wieder zur Tagesordnung über. Dieser Dialog wird – wenn er überhaupt stattfindet – .... (nicht verständlich), aber da ist die Brandstelle schon gelöscht, wieder aufgeräumt, und man sieht in der Regel kaum noch Spuren. *Wenn ein Dialog stattfindet, dann geht er einfach nicht genug in die Tiefe bzw. es wird nicht richtig ausdiskutiert, warum das so war. Es gibt ja eigentlich immer Gründe, ob die jetzt verständlich sind oder nicht, sei dahin gestellt. Aber Gründe für ein bestimmtes Handeln gibt es eigentlich immer. Bei jeder Gerichtsverhandlung werden Gründe gesucht, für jeden Schwerverbrecher. Gründe gibt es also immer, und die könnte man dann ja auch vernünftig zum Ausdruck bringen. Ob sie dann grundsätzlich jeder versteht, das ist eine andere Sache. Das Aufarbeiten ist auch nicht immer durchgängig, das halte ich auch für ein Problem. Man sollte auch Ursachenforschung betreiben.* Das ist wie bei einer Krankheit: Schlucken Sie erst mal ein Medikament, das beseitigt die Symptome, aber nicht die Ursachen. Als Hauptproblem halte ich nach wie vor – das hört sich jetzt wieder böse an, aber so ist es nicht gemeint – den Standard oder die Qualität der Menschen, die mit diesem Führungsstil umzugehen haben. Ich von meinem Standpunkt aus kann mir auch nicht vorstellen, dass das so hundertprozentig wird – aber was ist schon hundertprozentig? –, dass das so durchgängig klappt, weil wir es mit so vielen verschiedenen Ebenen und Menschen zu tun haben. Man kann auch nicht auf jede Ebene runter und auch nicht auf jede Ebene hoch. Das halte ich nach wie vor für die größte Schwierigkeit, die dialogische Führung umzusetzen. Es müsste noch besser werden, noch effektiver werden. Mit dem kämpfe ich auch nach wie vor, immer mal wieder. Manche Ebenen sind mir auch in meinem Lebensalter noch ein wenig fremd, da fühle ich mich auch nicht unbedingt wohl. Nach oben hin sind ja keine Grenzen gesetzt, da ist das Problem nicht so groß, aber nach unten ist es schon ein Problem. Also jetzt nicht im Negativen, dass ich sage, vom Intellekt her oder die ist bloß Putzfrau oder so. Nein, nein, so meine ich das nicht. Wissen Sie, so die ganz normalen Umgangsformen, da fängt es manchmal schon an. So die ganz untere Ebene der Kommunikation, das kann ja schon ein Wahnsinnsstolperstein sein. Damit muss man auch dialogisch fertig werden.

LPH: *Hat sich durch die dialogische Führung auch die Orientierung verändert? Woran orientieren Sie sich eigentlich am meisten? Woran kann man sich orientieren, wenn die Vorschriften weg fallen?*

IP: *Das ist eine gute Frage. Woran orientiert man sich, wenn alles um einem herum weg fällt? Auch ein bisschen an mir selber. Ich orientiere mich am Unternehmen, ich arbeite ja immer noch für dieses Unternehmen, egal welchen Führungsstil ich habe. Am Unternehmen und an den Unternehmenszielen, die sind nach wie vor für mich im Vordergrund. Dann orientiere ich mich an meinem eigenen Verständnis. Was ich mache, mache ich auch zu einem Großteil auch mit meiner Person, dass ich sage: Das ist unser Unternehmen, wir haben die und die Ziele, wir wissen auch den Weg – der Weg ist das Ziel. Es ist schwierig zu beantworten: Nach was habe ich mich orientiert?*

LPH: *Wenn Sie jetzt weniger Anweisungen bekommen, was heißt das für Ihr tägliches Geschäft? An wem können Sie sich dann orientieren?*

IP: *Da kann ich mich eigentlich nur an meinem Können und meinem Wissen orientieren. Ich versuche, das Hauptziel nicht aus den Augen zu verlieren, logischerweise....*

LPH: *Und was wäre das Hauptziel? Der Zweck der ganzen Geschichte?*

IP: *Der Zweck der ganzen Geschichte? Jetzt haben Sie mich aber im Würgegriff. Der Zweck der ganzen Geschichte ist, dass ich halt dem Unternehmen nach wie vor meine Arbeit zur Verfügung stelle, dass ich sie genau im selben Maße mache wie vorher, dass ich es aber von meiner Person her schon besser einbringen kann, weil ich kann ja denken. Und eigentlich müsste von dem Moment an, wenn ich es vorher schon nicht gemacht habe und auch nicht durfte, dann müsste das aber zu dem Zeitpunkt ganz gravierend einsetzen, dieses eigenständige Denken. Auch die Initiative, dass ich sage, ich muss dann auch erkennen, dass ich die und die und die Defizite habe, denn alles wissen, alles können, das geht nicht. Ich muss dann versuchen, mir das irgendwo her zu holen, dass ich den Weg alleine gehen kann auch ohne Anweisung, ohne dass dauernd jemand hinter mir steht und sagt, du musst das und jenes machen. Ich muss mir meine Selbstständigkeit einfach auch erarbeiten, mit allen Risiken.*

LPH: *Wenn Sie da nicht weiter kommen, was passiert dann im Rahmen der Arbeit oder der Führung?*

IP: *Dann muss ich mir jemanden suchen, der mir weiterhelfen kann.*

LPH: *Das heißt, Sie brauchen sich nicht mehr dem Vorgesetzten zuwenden und fragen, mache ich es recht. Das ist ja dann nicht mehr Befehl und Anweisung. Aber wenn Sie dann nicht weiter kommen, was passiert dann?*

IP: *Dann muss ich versuchen, entweder mit meinem Vorgesetzten in Kontakt zu treten und fragen: Ich weiß nicht mehr weiter, wie gehen wir vor? Oder ich kenne einen Kollegen oder irgendjemanden, von dem ich weiß, der hilft mir weiter, der hilft mir auch vernünftig weiter.*

LPH: *Die Kollegen sind wie gefasst, wie nah oder wie weit?*

IP: *Ich rufe dann einen Kollegen in XY an, weil ich weiß, der kennt sich aus, und frage ihn: Hör mal, ich habe ein Problem mit dem Drucker, kannst du mir helfen. Und wenn der auch nichts weiß, dann* *rufe ich einen Fachmann an, dann brauche ich professionelle Hilfe.*

LPH: *Wenn Sie sich nicht mehr an den Vorgesetzten wenden müssen, wohin können Sie sich dann wenden? Einerseits an die Kollegen, wenn es nicht mehr weiter geht. Wohin noch?*

IP: *Wir verstehen ja innerhalb der dialogischen Führung auch einen Vorgesetzten, sei es jetzt ein Gebietsverantwortlicher oder ein Regionalverantwortlicher, seien es die Herren und Damen in der Zentrale, auch als Kollegen. Dass nur die Filialleiter die Kollegen sind, so betrachten wir das nicht mehr. Auch im Team in der Filiale sehen wir das nicht mehr so. Vorgesetzter hin und her, natürlich kann ich meinen unmittelbaren Vorgesetzten nicht unbedingt einen krummen Hund heißen, das geht auch nicht.*

LPH: *Aber der bekommt eine andere Funktion dadurch, oder?*

IP: *Er bekommt eine andere Funktion dadurch, ja. Nicht mehr dieses Hierarchische, hier bin ich und hier herrsche ich. Es ist eine ebenbürtigere Ebene. Und die ist auch im Team innerhalb der Filiale, so sollte sie jedenfalls gelebt werden. Ich bin zwar die Verantwortliche, aber ansonsten bin ich Kollegin.*

LPH: Jetzt gibt es ja bei DM zwei Sprüche: Hier bin ich Mensch ... und noch das, was hinten drauf steht. Was heißt das?

IP: Wir machen schon den Unterschied, unbedingt, auf vielen Ebenen. Ob das jetzt die Reihenfolge ist, ist ja auch ganz egal. Wir machen den Unterschied in der Ausbildung. Dieses Abenteuer Kultur, man mag dazu stehen, wie man will, das ist ein Unterschied, das gibt es sonst nirgendwo. Auch die menschliche Förderung, da wird ja die Selbstständigkeit und die Kreativität gefördert bzw. wenn sie da ist, wird sie verstärkt. Aber es ist nicht das gleiche, wenn zwei dasselbe tun.

LPH: Aber wieso steht das dann hinten drauf?

IP: Für Außenstehende, damit die das auch hundertprozentig wissen, dass wir den Unterschied machen. Es ist nur für die, die es eigentlich nichts angeht. Und diese Schürzen – es mag jetzt Hochverrat sein –, aber ich mag sie nicht. Wenn ich den Unterschied mache, dann muss ich das nicht hinten am Kreuz tragen oder am Rücken. Dann *mache* ich den Unterschied. Und dann merkt man das auch, nämlich an meinem Umgang mit *allen* Menschen. Ich gehe mit den Menschen, die mit mir arbeiten, und auch mit den anderen Menschen eigentlich gleich um.

LPH: Sie machen also zwischen sich und ihren Kunden oder ihren Mitarbeitern keinen Unterschied?

IP: Warum sollte ich?

LPH: Vielleicht ist *das* der Unterschied!

IP: Vielleicht ist das der Unterschied. Ich kann doch nicht propagieren, hier bin ich Mensch und da ist mein Kunde. Das ist doch auch ein Mensch. Meine Mitarbeiter sind die gleichen Menschen wie die Kunden. Warum muss ich das nach außen hin so propagieren, überall, auf der Schürze und sonst wo. Wenn ich mir das verinnerliche, dass ich Mensch bin, dann gehe ich mit allen Menschen gleich um.

LPH: Es kommt immer auf die Situation an.

IP: Eben.

LPH: Das heißt, Sie gehen mit Ihren Vorgesetzten, Ihren Mitarbeitern und den Kunden gleich um.

IP: Ja, aber das kriege ich auch nicht immer gebacken. Aber es sollte schon so sein.

LPH: Würde das heißen, dass Sie zwischen zwei Polen sind? Wie ist das Verhältnis nach innen und zu den Kunden, wenn jetzt nicht dieses Befehlen und gehorsam sein gilt. Was hat sich da geändert? Wie ist jetzt Ihre Orientierung?

IP: Nach innen hat sich das gravierend geändert. Ich hole mir einfach und ich beanspruche einfach diese Hilfe. Wenn ich sie brauche, dann beanspruche ich sie. Und da scheue ich mich auch nicht. Wenn ich Hilfe brauche, dann habe ich auch nicht das Gefühl, dass ich mir etwas vergebe, dass ich meine, was denken die wohl usw. Natürlich muss man auch ganz objektiv sagen, bevor ich meinen Chef anrufe oder irgendeinen der anderen Herren, da gucke ich vorher schon, dass ich es irgendwie anders regeln kann. Nur wenn es dann gar nicht mehr anders geht, dann muss ich auch diese Hilfe in Anspruch nehmen. Ich habe kein Problem damit. Das müssten viele noch lernen, das sage ich jetzt mal ganz vermessen.

Denn man vergibt sich damit gar nichts, wenn man zu seinen Fehlern steht und zu den Wissenslücken, die jeder hat, egal wie viele Titel er hat oder wie viel Studienjahre er hinter sich gebracht hat. Es ist keiner allwissend, und es vergibt sich keiner etwas, wenn er einen anderen fragt.

LPH: Die Kunden fragen Sie ja auch.

IP: Eben, die Kunden fragen mich auch. Die wissen auch nicht alles, und für die Wissenslücke bin ich zuständig. Und für meine Wissenslücken ist dann jemand anders zuständig. Dafür bin ich mir nicht zu schade. Das ist schon der Unterschied, das ist der Unterschied zu früher, da hätte man sich gehütet, den Vorgesetzten zu fragen: Hören Sie mal, ich habe da ein Defizit. Könnten Sie mir da helfen? Aber das ist jetzt anders. Das hat sich sicher auch geändert, dass diese Ebene sich angeglichen hat aufgrund der Struktur, dass wir sagen, irgendeinen Leithammel muss es geben, aber nicht mehr so hierarchisch abgetrennt, wie es früher war. Die Ebenen haben sich angeglichen. Auch seitens der Führungsriege in der Zentrale muss man sagen, da hat sich sehr vieles zum Positiven und zum Vorteil geändert.

LPH: *Wenn Sie jetzt mal abwägen würden, die ersten 10 Jahre gegenüber den zweiten 10 Jahren Ihres Wirkens hier? War damals die Orientierung mehr nach innen zu den Vorgesetzten und jetzt mehr zum Kunden? Was bringt das Ganze für Sie, für Ihre Arbeit? Sie arbeiten ja weniger mit der Zentrale zusammen, im tagtäglichen Geschäft.*

IP: *Ja gut, der Kunde steht logischerweise im Mittelpunkt, stärker denn je. Was es für mich bringt? Ich würde sagen, zum Teil eine andere Sichtweise dem Kunden gegenüber. Wie man den Kunden heute sieht im Vergleich zu früher.*

LPH: *Durch die Führung jetzt?*

IP: *Ja, das hat sicherlich mit dazu beigetragen, weil man diese menschliche Ebene verstärkt hat. Ob das jetzt nach innen ins Unternehmen geht oder nach außen, dem Kunden zugewandt. Die menschliche Ebene und die Kommunikation, die wir jetzt viel stärker betreiben.*

<u>LPH:</u> *Auch im tagtäglichen Geschäft mit Ihren Kunden?*

<u>IP:</u> *Ja. Der Tagesablauf war früher ganz anders gestaltet, wir hatten die Freiräume nicht.* Zum Beispiel sich mal 5 Minuten mit einem Kunden zu unterhalten, ob das jetzt zum Beratungsgespräch passt oder nicht, wenn er einem seine Probleme erzählt. Dafür hatte man früher gar keine Zeit, es war ja auch nicht gewollt. Eine große Kommunikation mit den Kunden war nicht angesagt. Die Hauptsache war, Regale einräumen und schauen, dass der Kunde Ware bekommt, mehr sollte nicht stattfinden. *Da waren wir Discounter, da gab es keine Beratung, auch kein Gespräch mit dem Kunden, selbst wenn es sachbezogen war und um die Ware ging. Diese Freiräume haben sich gravierend geändert, das ist auch wirklich zu unserem Vorteil, weil die Kunden sich bei uns wohl fühlen. Das ist das, was ich auch selber wahrnehme für mich bzw. dass ich fühle, dass ich wahr genommen werde. Ich bin Mitarbeiterin in diesem Unternehmen, und ich werde wahr genommen, meine Arbeit wird wahr genommen. Und genau so wird der Kunde wahr genommen, und das spürt er auch. Die Resonanz ist ja auch da. Die bekommen Sie ja auch nicht nur gefühlsmäßig mit, sondern die wird Ihnen vom Kunden richtiggehend signalisiert, schriftlich und telefonisch. Auch Kritik, denn Kritik ist genau so wichtig, denn ich kann nichts verändern, wenn ich nicht weiß, was ich falsch mache.* Dann kann ich es nicht besser machen oder das Problem abstellen. Also muss ich auch Kritik annehmen können und mich damit auseinander setzen. Nur dann kann ich es besser machen oder abstellen oder ich kann es rechtfertigen, wenn es keine Problemlösung gibt.

<u>LPH:</u> *Also das ist ein Unterschied zu früher?*

<u>IP:</u> *Ja. Den Unterschied machen wir auf jeden Fall, und der Unterschied wird wahr genommen, der wird von den Kunden wahr genommen. Da stehe ich auch voll und ganz dahinter. Auch die Sache nach innen, nur die hat manchmal ein paar Widerhaken. Da ist nicht immer alles so goldig, was glänzt. Aber auf der anderen Seite: Wo ist es das schon?*

<u>LPH:</u> *Sie haben ja auch mit vielen anderen Händlern zu tun, nicht nur in* *der Branche. Wenn man zu denen geht, dann merkt man, wie die es machen. Wie ist denn da der Unterschied?*

IP: *Das ist genau der Unterschied. Genau der ist es.* Ich bin jetzt 15 Jahre hier [Anmerkung LPH: Die folgenden Zeilen der Transkription werden mit X ausgeblendet, da durch die Ortsangaben die Anonymität der Interviewee nicht mehr gewährleistet wäre] XXXXXXXXXXXXXXXXXXXXXXXXXXXXXXXXXXXXXXXXXXXXXX XXXXXXXXXXXXXXXXXXXXXXXXXXXXXXXXXXXXXXXXXXXXXX XXXXXXXXXXXXXXXXXXXXXXXXXXXXXXXXXXXXXXXXXXXXXX XXXXXXXXXXXXXXXXXXXXXXXXXXXXXXXXXXXXXXXXXXXXXX XXXXXXXXXXXXXXXXXXXXXXXXXXXXXXXXXXXXXXXXXXXXXX XXXXXXXXXXXXXXXXXXXXXXXXXXXXXXXXXXXXXXXXXXXXXX XXXXXXXXXXXXXXXXXXXXXXXXXXXXXXXXXXXXXXXXXXXXXX XXXXXXXXXXXX.] Es ist bekannt; XXXXXXXXXXXXXXXXXXXXXXXX, dass es bei uns anders ist. Den Erfolg sehe ich tagtäglich, ich brauche nur meinen Umsatz anzusehen.

LPH: *Als Folge des anders sein?*

IP: *Als Folge des anders sein, ja. Und das schlägt sich auch in Euro nieder. Das ist ja auch nicht ganz unwichtig. In dem Punkt machen wir absolut den Unterschied. Ich versuche es, klar, immer gelingt es mir auch nicht, das so umzusetzen, weil ich ja auch nicht jeden Tag gleich gut drauf bin. Die Kunden spüren den Unterschied, auch diese Identifikation: Das ist mein [b.U.]. Und diese Kunden lassen auch gerne ihre Euro da, kommen auch immer wieder. Sie können auch unterscheiden – und das ist mir sehr wichtig –, dass es auch mal nicht so toll ist, weil der Mensch im Vordergrund steht, und der Mensch ist nicht jeden Tag und jede Stunde gleich.* Es gibt mal solche Phasen, und es gibt mal andere Phasen. Das Leben ist ein ständiges Auf und Ab mit Höhen und Tiefen. *Die Kunden, die so denken und empfinden: Das ist mein [b.U.], die kriegen auch die richtige Sortierung hin. Wissen Sie, wie ich es meine? Die nehmen uns anders wahr, und wir aber diejenigen auch. Und wir haben einen Großteil solcher Kunden.*

LPH: Hat sich in dieser Zeit eine Änderung der Wahrnehmung ergeben? Kann man das schulen oder wie passiert so etwas?

IP: Schulen kann man so etwas nicht, weil jeder die Sache etwas anders wahr nimmt. Jeder hat seine eigenen Wahrnehmungen, der eine stärker, der andere weniger. Jeder hat seinen eigenen Schwerpunkt, wo er sagt, das ist mir aufgefallen.

LPH: Das kann er sagen?

IP: Ja, das kann er sagen.

LPH: Also nehmen sie besser wahr als in anderen Unternehmen, und sie drücken es aus?

IP: Ja, also wir nehmen es auf jeden Fall wahr, und wir drücken es anders aus. Da stehe ich voll und ganz dazu. Und die Kunden merken es. Ein Satz, den ich sehr oft von meinen Kunden höre, ist: Bei euch liegt es in der Luft. Ich gehe in ein Geschäft und spüre, dass da alles passt.

LPH: *Es ist wohl so: Jeder hat seine Wahrnehmung, aber er tauscht sie aus im Dialog. Dann kommt es zum miteinander Denken. Geht es in diese Richtung? Wahrnehmung, Gespräch/Dialog und dann kommt man dazu, so sollte man es machen. Und so ist es jedem klar dadurch, durch die vielfältigen Wahrnehmungen und das Aussprechen dieser Wahrnehmungen: Aha, so ist die Denkweise und so ist die Handlungsweise.*

IP: *Ja, so könnte man es darstellen. Was natürlich auch einen sehr großen Anteil hat, dass im Zuge der Strukturänderung die verschiedenen Ebenen im Unternehmen ein Mitspracherecht auch auf anderen Ebenen bekommen haben.* Man hat uns auch gefragt: Wie könnten sie sich das vorstellen? Oder Wahrnehmung: Wie nehmen sie es wahr? Ist es für Sie positiv oder negativ? Wie sehen sie es? Dieses Eingebundenwerden in Entscheidungsprozesse, die ja nun jeden betreffen im Unternehmen, mal mehr und mal weniger. Oder Entscheidungen, die mich oder das Team betreffen, dass es dann heißt, okay, wir binden euch da mit ein. *Mitspracherecht beim Sortiment oder wenn in der Zentrale ein Arbeitskreis sich bildet, da kann man dann mit mischen. Es ist schön, eingebunden zu sein und gefragt zu werden und nicht nur Anweisungen auszuführen, auch die Kommunikation untereinander: Wie machst du es? Könnte ich es auch so machen? Im großen Rahmen, im kleinen Rahmen, einfach* *miteinander reden. Manchmal kommt ja auch etwas Gescheites dabei heraus, wenn man nicht gezielt miteinander spricht, sondern nur so herum redet. Dabei sind manchmal schon vernünftige Ideen entstanden. Man muss sich nicht immer nur auf einem hoch psychologischen Niveau unterhalten, sondern nur einfach so miteinander reden. Aber es ist schwer, das tagtäglich umzusetzen. Es ist alles ganz wunderbar, und die Idee ist wunderbar, aber das Umsetzen erfordert einfach Mühe von jedem Einzelnen. Noch ein Punkt, der mir einfällt: Es ist auch nicht für alle selbstverständlich zuzugeben, dass sie mit diesem System nicht klar kommen. Es gibt immer noch Kolleginnen und Kollegen, die sich nicht trauen, die sich schämen, vielleicht irgendetwas Blödes zu sagen, oder vielleicht schief angeguckt zu werden: Was, du weißt das nicht? Das sind immer noch so Knackpunkte.* Im größeren Kreis sagen sie schon gar nichts, weil sie sich fürchten oder Angst vor Repressalien haben. Im kleinen Kreis ist es manchmal besser, je nachdem. Was natürlich immer noch der Fall ist – das ist auch nicht weg zu diskutieren –: Wenn ein Vorgesetzter dabei ist, das fängt beim GV an, da wird es meistens problematisch in der Kommunikation, weil die Annäherung noch nicht verinnerlicht ist. Daran muss man halt arbeiten. In einem Gremium, in dem die Vorgesetzten-Riege nicht dabei ist, da ist die Hemmschwelle nicht so hoch. Aber vom GV an nach oben traut man sich dann doch nicht so, da könnte doch vielleicht einer denken .... Ja, dann lasst man ihn halt denken. Ich habe schon oft genug gesagt: Na und? Dann denkt halt der eine oder andere, die ist blöd. Aber dann hat sie ihr Problem gelöst. Wenn sie jedoch nicht damit rausrückt, bleibt sie ewig auf ihrem Problem sitzen, nur weil sie glaubt, dass die anderen etwas Schlechtes von ihr denken könnten. Es ist ein ewiger Lernprozess, wie unser Herr Werner so schön sagt. *Das geht nicht von heute auf morgen. In den letzten 10 Jahren wurde wahnsinnig viel bewegt, aber es gibt immer noch etwas zu lernen. Da kann man jetzt philosophieren: Solange die Menschen existieren, werden sie lernen müssen. Und solange es Menschen gibt, wird es Probleme und Fehler geben. Es gibt nichts Hundertprozentiges, aber ein Prozess. Und wenn da jeder mit macht, jeder so, wie er kann –*

ich erinnere an die Pferdegeschichte, Rennpferd und Ackergaul –, dann wird das eine runde Sache. Jeder muss sich da einbringen, auch damit, was er selber mit sich vereinbaren kann. Es wird sich sicher keiner umstülpen können wie ein alter Handschuh, das geht auch nicht, ist auch nicht Sinn und Zweck der Sache. In einer Arbeitsgemeinschaft gibt es viele verschiedene Menschen, die müssen versuchen, sich zusammen zu finden, manchmal ist es auch ein Zusammenraufen. Es ist nicht immer ein harmonischer Prozess. Aber wenn sie sich zusammengerauft haben, dann kann es nur produktiv sein. Ich fühle mich wohl mit all den Haaren, die man in der Suppe findet, die es überall gibt, mit dem ewigen auf und ab. Ich fühle mich wohl, weil ich mein Können, mein Wissen, meine Art mit allem Drum und Dran, einfach mein Ich einbringen kann, weil man mit allen Ecken und Kanten akzeptiert wird. Ich denke, das bleibt auch in den letzten Arbeitsjahren noch so, ich würde es mir auf jeden Fall wünschen. Aber ich denke schon, dass meine letzten Berufsjahre in diesem Sinne weitergehen. Ich bin allem Neuen gegenüber aufgeschlossen, probiere mal dies und jenes aus. Das ist bei mir immer noch so nach all der langen Zeit, ich sage nicht: Das habe ich schon immer so gemacht, warum sollte ich das jetzt ändern. Das klingt zwar überheblich, aber ich denke, dass ich für mein Lebensalter noch sehr flexibel bin und nicht irgendetwas blockiere, nur weil es neu ist, weil man Angst davor hat und sich fragt: Geht es gut oder geht es nicht gut? Natürlich geht nur eines, entweder es geht gut oder es geht nicht gut. Dass man die Risiken natürlich anders abwägt, das ist auch klar. Man denkt anders darüber nach wie in jungen Jahren, man wägt die Risiken mit einem anderen Hintergrund ab. Aber wenn ich es 20 Jahre so gemacht habe, steht nirgends geschrieben, dass ich es die nächsten 20 Jahre genau so machen muss. Das hat uns ja auch die Unternehmensstruktur gelehrt. Gut, die ersten 20 Jahre haben wir auch tolle Umsätze gemacht – jetzt ist das Unternehmen 30 Jahre alt, in den ersten 20 Jahren war es auch ein tolles Unternehmen mit Super-Wachstum, gutem Umsatz, Filial-Neueröffnungen und..und..und.. *Aber seit 10 Jahren ist es anders, es ist angenehmer. Den Druck – na ja, den haben sie auch mit der dialogischen Führung, aber Sie empfinden es anders, als wenn sie nur auf Anweisung ständig reagieren. Das ist ein ganz anderer Stress, und das ist ein ganz anderer Druck, wie wenn Sie sich den selber machen können. Nach der neuen Struktur machen wir uns den Druck und den Stress eigentlich selber, aber das ist ein positiver Auslöser, jedenfalls für mich. Es sollte auch so sein. Das machen sie sich ja selber, wenn sie mit dem Unternehmen leben, wenn sie als Mensch kreativ mitarbeiten dürfen, ihr Denken und alles andere einbringen können. Dann machen sie sich den Stress selber, weil sie denken: Will ich das und das noch erreichen oder das und das verbessern. Das ist ja dann positiv, während die frühere Unternehmensstruktur zum Teil schon negativ war: Mach mal und denke nicht.* So wie man es Vierbeinern vorschreibt: Sie werden eingespannt und sollen den Karren ziehen. Die Pferde haben zwar die größeren Köpfe, aber denken können sie trotzdem nicht.

Interview 1046 Analyse und Deutung – Interviewee, männlich

6 IP: Ich bin jetzt schon relativ lange bei[m b.U.] 16
7 Jahre.

Mit *Ich bin jetzt schon relativ lange bei* beschreibt der Interviewee seine Firmenzugehörigkeit zuerst vage und zögerlich [Es ist geradezu Understatement, 16 Jahre als „relativ lange" zu bezeichnen; „relativ" impliziert eine Normalitätsfolie, in der Stellenwechsel vorkommen – SL]. Es könnten fünf, zehn oder gar mehr Jahre sein. [Die Bedeutung der unterschiedlichen Normalitätserwartungen wäre zu explizieren – TL] Dann folgt die genaue Antwort. 16 Jahre. Ein wirklich relativ [das übernimmt die Deutung des Interviewees, statt sie zu explizieren – TL] [Stellungnahme LPH: Auf was oder wen bezieht sich der Interviewee? Auf sein Lebensalter oder auf seine Kolleginnen und Kollegen, auf Menschen in seinem Freundeskreis oder auf Informationen in den Medien? Das bleibt unklar, ist aber für die weitere Deutung nicht wesentlich.] langer Zeitraum, den es zu vergegenwärtigen gilt und der erst im Rahmen des Interviews so nach und nach bewusst wird. [Das ist ein Vorgriff, der hier nicht gedeckt ist – SL (– dazu Fußnote –LPH[29])]

7 Am Anfang kam es mir eigentlich sehr sektenhaft[30]
8 vor.

Diese Formulierung überrascht im Kontext eines Wirtschaftsunternehmens. Was „eignet" dem Unternehmen - was ist es ursprünglich, wirklich, genau genommen? Nach welchen Richtlinien wird darin gearbeitet? Liegt dem Unternehmen eine bestimmte Weltanschauung zugrunde? [Sie gehen auf die Äußerung gar nicht ein; „Am Anfang" im Kontrast zu „heute": Hat er sich nun daran gewöhnt? „Sektenhaft" heißt hier auch „hermetisch", auf etwas Bestimmtes ideologisch eingeschworen, starke Innen-Außen-Abgrenzung, jeder ist als ganze Person relevant und muss sich bewähren; schon sind wir wieder beim Phänomen der Entgrenzung von Rollenförmigkeit und Diffusität – SL] [Stellungnahme LPH: Soll es zu einem freien Gesprächs- und Gedankenfluss kommen, hat der Interviewer passiv anregend zu sein – zumal der Interviewee erst am Anfang seiner Äußerungen ist. Der Deutungshof von „Sekte" basierend auf „secta" ist nach Duden größer als im üblichen Sprachgebrauch. Kein Unternehmen kann ohne Richtlinien oder Leitbilder auskommen.]

8 Ich habe immer gedacht: Bin ich hier in einer Sekte
9 gelandet oder was?

[Zunächst einmal ist die Rahmung des in direkter Rede Wiedergegebenen interessant: Dass er es gedacht – und nicht etwa gesagt – hat, zeigt, dass er mit einer inne-

[29] Diese Äußerung wird möglich durch Heinrich von Kleists kleine Schrift „Über die allmähliche Verfertigung der Gedanken beim Reden" (Kleist 1997).
[30] „Sekte" beruht nach DUDEN auf einer gelehrten Entlehnung aus *secta* „befolgter Grundsatz, Richtlinie; Partei; philosophische Lehre; Sekte"

ren Distanz zur Arbeit gegangen ist; gleichwohl aber ist er ja weiter hingegangen – warum? – TL] Die Wahrnehmungen führten zu der festen Vorstellung bzw. Frage des Interviewees: *Bin ich hier in einer Sekte gelandet oder was?* Dabei erstaunt der Begriff *Sekte*, der gewöhnlich mit religiösen Gemeinschaften assoziiert wird. [klar ist auch, angesteuert hat er einen anderen Hafen: eben ein Unternehmen, als den, wo er gelandet ist – TL] Was war der Anlass für diese Wahrnehmungen und die sich daraus ergebenden Vorstellungen?

9 Mitarbeitergrundsätze, das kannte ich
10 vorher gar nicht.

Mitarbeitergrundsätze waren dem Interviewee bislang unbekannt. Leitbilder für große Unternehmen sind an sich nichts Außergewöhnliches. Inwieweit sie tatsächlich befolgt bzw. gelebt werden ist für einen neuen Mitarbeiter durchaus ungewöhnlich. [das ist aber nicht, was der Interviewee sagt; dass ihm Mitarbeitergrundsätze fremd waren, erklärt nicht, weshalb ihm das Unternehmen sektenhaft vorkam. Da muss also noch mehr gewesen sein als bloß die Grundsätze; es könnte sein, dass er aufgrund der pragmatischen Rahmung nun hinter dem Berg hält, vielleicht auch ist er selbst überrascht, wie deutlich er sich zuvor geäußert hat – SL (– sic LPH)] [zu vermuten ist, dass die Mitarbeitergrundsätze inhaltlich etwas beschwörendes haben, das auf Sekte schließen lässt (analysieren Sie eigentlich auch die Grundsätze? – TL (Die Grundsätze werden lediglich aufgeführt, s. Kap. 5.3.1, weil sie nicht im direktem Zusammenhang zum Interview über Dialog, Führung und Zusammenarbeit stehen - LPH)]

10 Voneinander lernen und all solche
11 Ansatzpunkte, die darin beschrieben werden. Ich kannte
12 das von anderen Unternehmen nicht, das war mir alles
13 fremd.

Um diese Äußerungen des Interviewees im Rahmen der Analyse einordnen zu können, sind die Grundsätze des befragten Unternehmens von dessen Internetseite an dieser Stelle eingefügt. [sehr wichtig, nun können die Grundsätze mit den Äußerungen abgeglichen werden. Auch was er hier nennt, rechtfertigt die Rede vom Sektenhaften noch nicht – SL]

Grundsätze des befragten Unternehmens

Wir sehen als Wirtschaftsgemeinschaft die ständige Herausforderung, ein Unternehmen zu gestalten, durch das wir [Wirtschaftsgemeinschaft und Unternehmen sind also nicht dasselbe, WG weist wieder in Richtung „ganze Person“ – SL]

- die Konsumbedürfnisse unserer Kunden veredeln [das ist in der Tat ein ungewöhnlicher Ausdruck, die Konsumbedürfnisse werden doch bedient und nicht durch die Konsumgüter von DM auf eine höhere Stufe aufgewertet: auch hier wird der umfassende Anspruch, den Menschen zu erreichen, deutlich – SL] den
- zusammenarbeitenden Menschen [sic, nicht Mitarbeiter oder Kollegen, wie es angemessener wäre – SL] Entwicklungsmöglichkeiten [als Menschen oder als Mitarbeiter? – SL] bieten und
- als Gemeinschaft [sic] – SL] vorbildlich [in welchem Sinne? – SL] in unserem Umfeld wirken wollen

Kundengrundsätze des befragten Unternehmens

Wir wollen uns beim Konsumenten - dem Wettbewerb gegenüber - mit allen geeigneten Marketinginstrumenten profilieren, um eine bewusst einkaufende Stammkundschaft zu gewinnen, deren Bedürfnisse wir mit unserem Waren-, Produkt- und Dienstleistungsangebot veredeln.

Sich die Probleme des Konsumenten zu Eigen machen

Mitarbeitergrundsätze des befragten Unternehmens

Wir wollen allen Mitarbeitern helfen [Wer ist wir? Gehören die Mitarbeiter dazu oder nicht? [Stellungnahme LPH: ‚Wir' beinhaltet sowohl Management wie auch Nicht-Management – also alle im Unternehmen Mitwirkenden.] [das ist sehr aufschlussreich, wird hier doch implizit, in der intentionalen Verfolgung des Gemeinschaftsgedankens, deutlich, dass es eben doch ein Entscheidungszentrum gibt, das auf die Mitarbeiter (pädagogisch) einwirkt – TL] Wie helfen? – SL], Umfang und Struktur unseres Unternehmens zu erkennen und jedem die Gewissheit geben, in seiner Aufgabe objektiv wahrgenommen zu werden. [Wie sollte das möglich sein? Der Anspruch ist gewaltig und hier nun ist deutlich, weshalb der Interviewee es als sektenhaft empfand – SL]

Transparenz und Geradlinigkeit

Wir wollen allen Mitarbeitern die Möglichkeit geben,
gemeinsam voneinander zu lernen einander als Menschen [sic – SL] zu begegnen die Individualität des anderen anzuerkennen [sic – SL], um die Voraussetzungen zu schaffen sich selbst zu erkennen [ein Unternehmen als totale Anstalt, das muss jeden abschrecken, der sich als Mitarbeiter und nicht als Mensch im Unternehmen versteht – SL] und entwickeln zu wollen und sich mit den gestellten Aufgaben verbinden zu können.

Bereitschaft zur Zusammenarbeit in Gruppen

Partnergrundsätze des befragten Unternehmens

Wir wollen mit unseren Partnern eine langfristige, zuverlässige und faire Zusammenarbeit pflegen, damit für sie erkennbar wird, dass wir ein Partner sind, mit dem sie ihre Zielsetzungen verwirklichen können.

Erkennen seines Wesens
Anerkennen seiner Eigentümlichkeit

Miteinander arbeiten, möglichst als Team, ist eine gängige Anforderung, die Unternehmen heute an ihre Mitarbeiter stellen. Insofern ist *Voneinander lernen* im Kontext eines Unternehmens eine Richtlinie, die eher in eine Schule denn ein Wirtschaftsunternehmen passen würde [aber nur, wenn sie so ausdrücklich gemacht wird, als solches ist sie selbstverständlich, denn wo Mitarbeiter miteinander arbeiten, lernt man auch voneinander; entscheidend ist nicht, ob es eine Richtlinie, sondern ob es eine Praxis gibt, in der das Voneinanderlernen selbstverständlich ist; der Interviewee wundert sich also eher über die Grundsätze als über die Praxis im Sinne von „warum wird da so ein Gedöns drum gemacht" – SL]. [Dort wo der Inhalt der Grundsätze im Grunde selbstverständlich ist, wird die Aufrichtung des Selbstverständlichen als Grundsatz zu etwas Beschwörendem (Sektenhaften); aber darüber hinaus wird auch unterstellt, die Mitarbeiter lernten nicht voneinander, wenn es die Grundsätze nicht gäbe. (Dies ist ein Problem der ganzen Corporate Governance-Debatte) – TL] Unternehmen auch als lernende Organisationen zu erkennen und zu gestalten, ist allerdings noch lange nicht die gängige Praxis – auch wenn es dazu Klassiker wie

Senges[31] „Die fünfte Disziplin" und weitere, zahlreiche (Lehr-)Bücher gibt. [sind eben nur Bücher und zum Glück ist die Praxis auch resistent gegenüber all den Moden, die darin verbraten werden – SL (Die Lesart gibt die Textsequenz nicht her – LPH)]

14 LPH (Interviewer): Sie haben also vorher keine Firma kennen gelernt, die
15 eine schriftliche Firmenphilosophie hat?

Der Interviewer will sich vergewissern, ob dem Interviewee tatsächlich keine schriftlich verfasste Unternehmensleitsätze (Firmenphilosophie) anderer Unternehmen schon vor dem Eintritt in das untersuchte Unternehmen bekannt gewesen seien. [Dass von Firmenphilosophie die Rede ist, statt das Wort des Interviewee (Mitarbeitergrundsätze) aufzunehmen, stellt einen Versuch der Normalisierung der Rede von „Sekte" dar; besser wäre es gewesen, hier nachzufragen, was er denn mit „Sekte" meint. – TL] [Stellungnahme LPH: Die Firmenphilosophie oder auch Unternehmens- oder Managementphilosophie bildet die normative Grundlage für Führungs- und Managementhandeln. Mitarbeitergrundsätze sind ein Teil davon.]

16 IP: Schon, aber nicht in diesem Maße, wo die Mitarbeiter
17 so gefördert werden sollen, dass sie sich persönlich
18 entwickeln können, dass der Mitarbeiter sich einbringen
19 kann, alles verstehen soll.

Mit *schon* in seiner alten Bedeutung von „ in schöner, gehöriger Weise" über „vollständig" zu der heutigen Bedeutung von „bereits" [diese zählt hier – SL] gibt der Interviewee zu erkennen, dass er von schriftlich fixierten Firmenphilosophien bereits gehört habe [der Interviewer fragt nach „kennenlernen", also praktisch damit zu tun gehabt haben – SL]. Über das Maß der Mitarbeiterorientierung, deren Förderung und persönlicher Entwicklung fehlte ihm bislang der Bezugsrahmen [er sagt doch, „nicht in diesem Maße", also der Umfang und Aufwand, der beim b.U. betrieben wird, ist ihm fremd, dass Mitarbeiter sich „persönlich" entwickeln sollen; sehr prägnant, sehr klarsichtig benennt er das ihn Irritierende – SL] Dass ein Mitarbeiter nicht nach Anweisungen arbeiten soll, sondern *sich einbringen kann, alles verstehen soll* war für ihn offenbar ein Novum [den Gegensatz führen Sie hier ein, er nicht; es geht um den umfassenden Anspruch des b.U., nicht um den Gegensatz von „Anweisung" und „Eigeninitiative" – SL (*Sich einbringen* lässt darauf schließen, dass Eigeninitiative ermöglicht und erwarten wird – LPH)]. Das Verständnis für die Arbeitszusammenhänge ist umso wichtiger, wenn es kaum noch Anweisungen für die zu erledigenden Arbeiten gibt. Entwicklung bedeutet in erster Linie anders werden. Persönliche Entwicklung ist die Voraussetzung für die organisationale. Nimmt man das Schlagwort ‚Personalentwicklung' wirklich wörtlich, dann nimmt es ein anderes Ausmaß an, als die in der vorherrschenden funktionalen Bedeutung als Terminus Technicus. Keine Abteilung ‚Personalentwicklung' kann Menschen ‚entwickeln' – das *sich einbringen* der Mitarbeiter in den Unternehmenszusammenhang ist ausschlaggebend, sowohl für die persönliche wir organisationale Entwicklung.

[31] Senge, P. (2003), 9.Auflage, Stuttgart

19 In den anderen Firmen war es
20 und ist auch heute noch üblich: Vertrauen ist gut, Kontrolle
21 ist besser. Da wird wirklich mehr nach diesem Motto
22 verfahren. Das war für mich völlig neu.

[Hier widerspricht er sich aber, denn oben hieß es, es sei ihm in „diesem Maße“ fremd, nicht aber als solches; hier nun wird das b.U. den anderen gegenübergestellt – SL] Der Interviewee verweist auf andere Firmen, womöglich aus eigenen Erfahrungen oder Erzählungen [er gebraucht den bestimmten Artikel, also muss er die Erfahrung selbst gemacht haben, was er über die Gegenwart sagt, schließt er aus diesen Erfahrungen oder aus Erzählungen – SL] aus seinem sozialen Umfeld, wie es da war und *auch heute noch üblich sei: Vertrauen ist gut, Kontrolle ist besser.*[32] Diese latente Führungsmaxime ist Bestandteil des kollektiven Unbewussten [der Terminus „unbewusst“ ist hier missverständlich, es geht wohl mehr um einen Habitus und ein ihm entsprechendes Deutungsmuster – SL] und wirkt in einer Tiefenschicht in die sozialen Beziehungen – bis hin zu ihrer Instrumentalisierung mit neuesten technischen Verfahren [Sie meinen hier Verfahren zur Erzeugung von Kennzahlen, um den Output der Mitarbeiter zu kontrollieren oder was haben Sie im Auge? – SL (– zum Beispiel. durch Überwachungskameras – LPH)]. Der Interviewee verstärkt seine Aussage noch mit *Da wird wirklich mehr nach diesem Motto verfahren* – als Leitspruch.

Mit *Da* scheint nicht das derzeitige Unternehmen des Interviewees gemeint sein, sondern vielmehr die *anderen Firmen*, weil er mit *Das war für mich völlig neu* auf die Firmengrundsätze rekurriert. [Das verweist auf das Gesamte: Grundsätze samt Unternehmenskultur – SL] [Interessant ist ja, dass er mit „das“ im Unklaren lässt, was ihm neu war: Dass es beim b.U. anders ist (das erschließen wir mit dem „principle of charity“) oder, dass ihm neu war, dass in den anderen Firmen nach dem genannten Motto verfahren wird (was er ja erfahren hat, aber offensichtlich nicht entsprechend gedeutet hat, erst jetzt, nach der Erfahrung im b.U., so deuten kann.) – TL] Gelebte Unternehmensgrundsätze beeinflussen das soziale Klima wesentlich und spürbar. So etwas zu erleben war für den Interviewee nicht nur neu, sondern *völlig neu* – also ganz ohne Einschränkungen. [„mehr“ ist relational, also mehr bzw. eher als beim b.U., d.h. aber nicht, dass es beim b.U. keine Rolle spielt; dann sagt er wieder, es sei ihm „völlig neu“ gewesen; sein Erstaunen ob der Differenz ist hier authentisch, sie wird zugleich aber in der Rückschau überhöht, wie seine Äußerungen selbst erkennen lassen; ist auch das der Rahmung zuzuschreiben? – SL] [Stellungnahme LPH: Das Interview ermöglicht ja auch die Reflexion der langjährigen Mitarbeit im b.U., so dass dadurch den Interviewee Erlebnisse erst durch deren Aus-Sprache bewusst werden.]

22 Am Anfang wurde
23 das bestimmt noch nicht so gelebt, wie es gedacht war.

Mit *Am Anfang wurde das* meint der Interviewee die Mitarbeitergrundsätze und versetzt sich in eine Zeit, in der er noch gar nicht im Unternehmen gewesen ist. [da er

[32] Die aktuelle Berichterstattung in den Medien zur Bespitzelung von Mitarbeitern in führenden Einzelhandelsunternehmen lässt diese „Führungsmaxime“ als sehr zwielichtig erscheinen.
vgl. http://www.stern.de/politik/deutschland/:Mitarbeiter-Bespitzelung-Ein-Fall-Gammelhirn/617509.html Abruf: 2008_04_16

mutmaßt, muss es vor seiner Zeit gewesen sein; warum aber mutmaßt er das, es ist für hier eigentlich nicht relevant? [Man muss vermuten, dass er hier die Diskrepanz zwischen Konzept und Realisierung in die Zeitdimension verlegt (am Anfang vs. jetzt), die seiner aktuellen Erfahrung (Konzept vs. Praxis) entspricht. – TL] [Schließt er das aus einer Diskrepanz von Grundsätzen und Alltag beim b. U. oder daraus, dass ihm die Grundsätze so fremd sind und er damit seine Schwierigkeiten damit dem Interviewer gegenüber mindert? – SL] [Anmerkung LPH: Firmenphilosophie und –alltag stehen häufig in einem widersprüchlichen Verhältnis, da sie als Referenzrahmen die normative Grundlage für das Management- und Führungshandeln bildet. Auf Nachfrage des Interviewers beim b.U. wurde am 06.08.2008 per E-Mail mitgeteilt, dass die zunächst als „Leitbild" verfassten Unternehmensgrundsätze im Jahr 1983 verfasst worden seien.] Aus seiner Aussage geht nicht hervor, wie lange vor seinem Eintritt es die niedergeschriebenen Firmengrundsätze schon gegeben haben könnte.

Mit *bestimmt* geht er fest davon aus, dass im Vergleich zum Zeitpunkt seines Eintritts die Praxis eine andere war und *noch nicht so gelebt* worden sei, *wie es gedacht war.*

Wenn man bei „secta" von „philosophischer Lehre, befolgter Grundsatz" [Für eine Sekte als Praxis wäre es dann konstitutiv, nach festen Grundsätzen zu leben, die jeder zu befolgen hat; es ist aber eine Praxis, erst für sie werden Grundsätze und ihr Verhältnis zu ihnen relevant – SL] [Stellungnahme LPH: Es ist die Aufgabe von Führung und Management die Leitlinien und Grundsätze der Unternehmenspolitik aufzuzeigen, an die nicht nur die Mitarbeiter gebunden sind, sondern Führung und Management selbst diese Grundsätze zu befolgen haben. – LPH) ausgeht, dann macht diese Äußerung Sinn. Am Anfang standen nicht die gelebte Praxis, sondern die Gedanken, wie ein Unternehmen grundsätzlich zu gestalten sei und wie die Leitsätze für den Umgang untereinander sein müssten. Bei Eintritt des Interviewee war die niedergeschriebene Firmenphilosophie für die bereits vorhandenen Mitarbeiter aber schon handlungsorientierend für Management und Mitarbeiter – und für den Interviewee schon spürbar.

> *24 Aber ich glaube, das ist auch gar nicht so schlimm, denn so*
> *25 ein Unternehmen sollte sich ja auch langsam entwickeln, so*
> *26 wie jeder Mensch sich langsam entwickelt, das kann man*
> *27 nicht von heute auf morgen.*

In dieser Sequenz reflektiert der Interviewee die von ihm geschilderte Situation und drückt dies anfänglich mit *Aber ich glaube* aus. „Glauben" wurzelt in „für lieb halten, gutheißen" und so ist es nicht verwunderlich, wenn er den Satz mit *das ist auch gar nicht so schlimm* fortsetzt. „Glauben" bedeutet aber auch „annehmen, vermuten". Der Interviewee vermutet, dass die langsame Entwicklung auch ihr Gutes habe. [Mit „aber" setzt er eine Einschränkung. Die Diskrepanz ist zwischen Grundsätzen und Praxis ist also nicht so bedeutend; [man muss gründlicher fragen, wogegen sich das adversative „aber" richtet. Es scheint hier die eigene, auf Erfahrung beruhende Einschätzung, dass es sehr schwierig ist, die Konzepte in der Praxis zu realisieren, dasjenige zu sein, das er nun, modulierend, zurückweist. Mir scheint hier ein Gutheißen des nicht für gut Befundenen vorzuliegen. Fragt man nach dem Motiv, könnte die pragmatische Rahmung relevant sein: gegenüber einem als Vertreter des Unternehmens (und des Konzepts) wahrgenommenen Interviewers will man nicht als zu kritisch erscheinen. – TL (die Rolle des Interviewers wird in Kapitel 6.8 dargelegt - LPH)] er ist überzeugt „ich glaube“, dass die Praxis das verkraften wird, auch wenn er dafür keinen Beleg anführen kann, auch wenn es nicht garantiert ist, er vertraut in ein Gelingen – SL] Interessanterweise gesteht er dem Unternehmen Zeit für Entwicklung zu [er hält es sogar für geboten, dass es sich langsam entwickelt -SL], das er aus dem individuellen Entwicklungsgeschehen eines Menschen herleitet Sich entfalten, sich entwickeln ist ein stufenweises Herausbilden durch größer werden und vor allem anders werden im Zeitverlauf. Das langsame Entwickeln wird vom Interviewee einmal betont, in dem er das kontrastiert durch *das kann man nicht von heute auf morgen.*

Nach 1 ½ oder 2 Jahren war ich dann Filialleiter, dann haben wir diese Unternehmensphilosophie durchgenommen, da hat man das schon eher verstanden. Was wird da von einem verlangt, was heißt das überhaupt, was da drin steht? So langsam ist man dann rein gewachsen, auch mit der Verantwortung, die man hier übernehmen kann und darf und auch bekommt.

Der Interviewee war anfänglich noch nicht als Filialleiter tätig. Erst als Filialleiter wurde er mit der Unternehmensphilosophie konfrontiert: *dann haben wir diese Unternehmensphilosophie durchgenommen.* [d.h. er hat sich sehr engagiert, wenn er so schnell aufgestiegen ist – SL (das ist in einem stark wachsenden Unternehmen durchaus der Fall – LPH)] Dabei wird nicht klar, wer das *wir* ist. Vermutlich im Rahmen von Treffen mit anderen Führungskräften. *Durchgenommen* klingt nach verpflichtender und/oder intensiver Beschäftigung [es klingt vor allem nach Unterricht und nicht nach Mitarbeitergesprächen, die Grundsätze werden also nicht nur praktiziert, sie werden auch gelehrt, es gibt Schulungen; heißt das, unterhalb der Filialleiterebene gibt es keine Gespräche darüber oder Schulungen? Offenbar waren die Grundsätze dennoch schwer zu verstehen, er sagt, man hat „das schon eher“ verstanden; zuerst hieß es, er kenne das nicht in dem „Maße“, dann war es „völlig neu“ und hier nun macht er deutlich, dass es nicht so einfach zu verstehen war – SL]. Durch die neu eingenommene Rolle als Führungskraft hat der Interviewee auf einmal „Mitarbeiter“ und muss sich deshalb auch mit den „Mitarbeitergrundsätzen“ befassen. [er spricht von „Unternehmensphilosophie – SL (sind Bestandteil einer Unternehmensphilosophie – siehe auch Anmerkungen LPH zu den Zeilen 14 und 15 zur Firmenphilosophie – LPH)] [Das bestätigt meine Vermutung: Er verwendet nun den vom Interviewer eingeführten Ausdruck „philosophie“, allerdings in Modifikation zu „Unternehmensphilosophie“, was darauf schießen lässt, dass dieser Ausdruck in den Seminaren verwendet wurde – TL] Welche Rollenerwartungen [wenn es nur solche wären, als Mensch hat er sich einzubringen – SL] hat die Führungskraft aus Unternehmensperspektive zu erfüllen und welche Bedeutung haben diese Grundsätze für das Führungshandeln und die Zusammenarbeit. Dies ist ein Prozess. *So langsam ist man dann rein gewachsen.* Dies gilt nicht nur für die Führungsaufgaben, sondern auch hinsichtlich der Verantwortung für die Filiale als Ganzer. Der zu verantwortende Bereich entsteht wechselseitig durch Delegation und selbständig Initiative zu ergreifen. [hier wird deutlich, dass spezifische Erwartungen vom Unternehmen an die Mitarbeiter herangetragen werden und es eine Quelle von Verunsicherung ist, wenn die Erwartungen nicht klar oder schwer zu verstehen sind; er ist sehr pragmatisch, sieht, dass Veränderungen Zeit brauchen und Verantwortung den Mitarbeitern nicht nur versprochen, sondern tatsächlich auch gegeben wird – SL]

> *42 Irgendwann kam dann auch die*
> *43 „Dialogische Führung" von Dietz und Kracht, die ich*
> *44 zusammen mit unserer Gebietsverantwortlichen und dem*
> *45 ganzen Gebiet kennen gelernt habe. Das war so der*
> *46 Schnupperkontakt mit dieser dialogischen Führung.*
> *47 Mittlerweile habe ich schon 2-3 Seminare von denen*
> *48 besucht.*

Mit *Irgendwann kam* beschreibt der Interviewee ein Datum, das er nicht genau bestimmen kann [die DF war dann einfach da, sie wurde nicht explizit eingeführt, wenngleich ja eine Entscheidung getroffen worden sein muss, er stellt es aber so da, dass Dinge einfach geschehen – SL]. Die *Dialogische Führung* kam *von* [DF wird aber vor den Autoren genannt, d.h. sie kam nicht von ihnen gebracht in das Unternehmen, sondern die Personen werden als Verfasser der DF zugeordnet – SL] (den Herren) [von Herren spricht der Interviewee nicht (deshalb in Klammer – LPH)] *Dietz und Kracht*[33] deutet darauf hin, dass diese Sichtweise von Führung nicht per Geschäftsleitungsbeschluss verordnet wurde [sie war einfach da, d.h. der Grund für ihr Dasein ist nicht transparent, es muss aber veranlasst worden sein – SL], [das Ganze erscheint als ein anonymes Geschehen, was dem Inhalt der DF ja widerspricht: sie wurde offensichtlich nicht dialogisch eingeführt, sondern kam schicksalhaft… – TL (siehe Kapitel 5.2 – LPH)] sondern dass es ein Kennenlernen gemeinsam mit Vorgesetzten und anderen Kollegen war – ein *Schnupperkontakt*[34]. Die Berührung mit der dialogischen Führen entstand durch „Schnuppern" – also durch eigene Wahrnehmung bzw. eigene Aktivität. Andererseits ließe sich dieses Kennenlernen auch anders umschreiben: Den Mitarbeitern wird ein neues Führungskonzept vorgesetzt – diese können dann daran schnuppern. [er hat die DF gemeinsam mit anderen kennen gelernt, spricht aber nur von Gebietsleiterin, nicht aber von anderen Filialleitern; „Schnupperkontakt" klingt, als wurde er langsam herangeführt, damit er nicht verschreckt wird – SL]; [es impliziert auch, dass eine Wahl besteht: wer erst einmal schnuppert, kann danach entscheiden, ob er das erschnupperte konsumieren will. Aber das ist hier nicht der Fall. Er übernimmt hier möglicherweise eine Pseudodialogizität, die der Realität widerspricht. – TL]

> *48 Das ist wirklich immer sehr, sehr interessant,*
> *49 dieser Ansatz, den man eigentlich so gar nicht kennt. Ich*
> *50 gehe auch immer gerne dahin, denn meiner Meinung nach*
> *51 kann man das nicht von heute auf morgen umsetzen oder*

---

[33] Die Philosophen Karl-Martin Dietz und Thomas Kracht sind Gründer des Friedrich von Hardenberg Instituts für Kulturwissenschaften in Heidelberg und seit Anfang der 1990er Jahre beratend für das befragte Unternehmen tätig (s. Kap.5.2)

[34] *Schnuppern* bedeutet die Luft kurz und nachdrücklich durch die Nase einziehen, um einen Geruch wahrzunehmen.

52 begreifen. Da muss man mehr Schritt für Schritt sich ran
53 arbeiten.

Mit *Das* mag wohl die „dialogische Führung“ gemeint sein [die Seminare oder Workshops, die Auseinandersetzung damit; – SL]. Der Interviewee bestätigt, durch *ist wirklich immer sehr, sehr interessant* eindringlich seine Sichtweise im Hinblick auf die dialogische Führung – einen Ansatz, *den man eigentlich so gar nicht kennt* [es ist aber eine intellektuelle Interessensbekundung, er sagt damit nichts über die Praxis – SL]. Dialogische Führung ist bislang hauptsächlich durch die gleichnamige Publikation von Dietz/Kracht[35] bekannt geworden. Dass der Interviewee gerne zu solchen Weiterbildungsveranstaltungen [also werden sie durch das Unternehmen nahegelegt oder suchen sich Mitarbeiter frei aus, welche Art von Weiterbildungen sie machen? – SL (Im b.U. gibt es Lernangebote[36] - LPH)] geht, ist im Rahmen dieser Untersuchung nachrangig. Vorrangig ist die Aussage, dass man das *nicht von heute auf morgen umsetzen* kann und dass es von der Aufnahmebereitschaft des Einzelnen abhängt und *man mehr Schritt für Schritt sich ran arbeiten* muss. Die Offenheit und Unvoreingenommenheit des Einzelnen ist gefragt, um sich an die dialogische Führung heranzuarbeiten. [es geht ja noch immer eher um Konzeptfragen und weniger um praktische Folgen, das ist vielleicht auch der pragmatischen Einbettung zuzuschreiben – SL] [vor allem klingt es auch sehr klischeehaft und angelernt, den Erfahrungen jedenfalls, die vorher deutlich wurden, entspricht es nicht. – TL]

53 Da gibt es auch ein schönes Beispiel, das ich mir
54 immer vor Augen führe. Da geht es um die Bauhütte einer
55 Kathedrale, San Piedro. Da gibt es verschiedene
56 Aussagen von den Mitarbeitern, die da sind. Der eine ist
57 ein Maurer und sagt: Ich arbeite hier, um Geld zu verdienen.
58 Der andere sagt: Ich arbeite hier, weil ich der beste
59 Steinhauer bin. Und der dritte sagt: Ich arbeite hier, weil ich
60 eine Kathedrale bauen will.

Der Interviewee illustriert dies an einem Beispiel, um die Vielschichtigkeit von Führungshandeln zu verbildlichen. [Was hat nun das verwendete Beispiel mit der Sache zu tun? Erstaunlich ist auch, dass er keine Beispiele aus seiner Erfahrung bemüht, als wolle er hier niemandem auf den Schlips treten – SL] [zudem ist es ein Lehrbuchbeispiel, vermutlich aus dem Kontext der Seminare, also bedient er die konzeptuelle Ebene, die unverfänglich ist – TL]

60 So steigert sich das Ganze, und
61 so sind auch die verschiedenen Menschen auf

[35] Dietz. K.M./Kracht, T. (2002 und 2007, 2. Auflage) Dialogische Führung; Frankfurt

[36] Das Ressort MITARBEITER des befragten Unternehmens gibt regelmäßig eine Broschüre mit Lernangeboten heraus: Die Teilnehmer müssen für die Teilnahme im Rahmen der innerbetrieblichen Wertbildungsrechnung (WBR) Leistungspreise entrichten, d.h. ist die einzelne Filiale bereit, für ihre Teilnehmer die entsprechenden internen Leistungspreise auch zu tragen? Die Lernangebote umfassen Seminare zur Unternehmenskultur, Lern-Werkstätten und Kurse.

> *verschiedenen Ebenen, die man in der Dialogischen Führung auch anders anfassen muss. Wenn man das umsetzen will, kann man nicht zu allen sagen: Okay, wir haben immer nur das Ganze im Bild [Blick? - SL], wir kennen alles schon, und dann können wir drauf los stürmen. Das geht einfach nicht.*

Der Interviewee hat *das Ganze* im Blick – nimmt allerdings verschiedene Blickwinkel ein im Hin-Blick auf *die verschiedenen Menschen auf verschiedenen Ebenen.* [Ein wenig klingt das aber, als habe er gut aufgepasst und gibt wieder, was die DF sagt – SL] [Er widerspricht ja, ohne es zu markieren, also ohne es zu bemerken, dem Bild von der Kathedrale, wo es gerade darauf ankommt, das Ganze im Blick zu haben. Auch dass er Bild statt Blick sagt zeigt, dass es Unverdautes wiedergibt (es könnte sich um eine Konfundierung der erinnerten Worte mit dem im Seminar gesehenen handeln) – TL] Ein Unternehmen lässt sich nicht mehr – gleich einem Mechanismus – als klar gegliedertes Räderwerk beschreiben [das sagt er aber nicht, er bezieht sich darauf, dass der Blick aufs Ganze nicht über die Mitarbeiter in ihrer Eigenheit hinweg gewonnen werden kann; noch ist die DF wie ein Konzept, das umgesetzt werden muss, nicht eines, dass eine Entsprechung im Handeln der Mitarbeiter hat, ihm entgegenkommt oder strukturverwandt ist – SL], sondern besteht – insbesondere ein Handelsunternehmen – vor allem aus Menschen und interdependenten Prozessen. Beim Bau einer Kathedrale geht es zwar ums Ganze; doch es muss Stück für Stück realisiert werden; mit *drauf los* Stürmen wäre es nicht zu erreichen: *Das geht einfach nicht.* Das Bild des Kathedralenbaus ist einfach und macht das „soziale Gebäude“ Unternehmen und Führung im übertragenden Sinne einsichtig.

> *Also muss man jeden Mitarbeiter in dieser dialogischen Führung anders abholen. Der eine ist wirklich nur da, um sein Geld zu verdienen. Den muss ich anders behandeln als meine Stellvertretung, die das Ganze schon im Blick hat und weiß, worum es geht. Das ist schon ein Unterschied. Die Geschichte finde ich toll, die hilft einem immer, die dialogische Führung zu verstehen und auch leben zu können, weil einfach ist das Ganze gar nicht. Es ist schon sehr, sehr schwierig.*

Mit *Also* folgert der Interviewee, dass bei [„in“, also der DF zufolge, wenn man der DF folgt, es geht aber immer noch um das Konzept und nicht um die Handlungswirklichkeit – SL] [dass er die DF mit dem deiktischen Pronomen bezeichnet, markiert – ungewollt – eine innere Distanz, angeeignet hat er sich das Konzept nicht (s. meine vorhergehende Bemerkung) – TL] der dialogischen Führung ebenso differenziert vorzugehen sei. *Jeder Mitarbeiter* ist *anders abzuholen.* Insbesondere *abzuholen* ist eine Formulierung, die auf einen bisherigen Standpunkt bzw. –ort hinweist. Durch den Führenden wird der Geführte von einem Ort zu einem anderen Ort gebracht. [er modifiziert aber die Redeweise: statt jemanden „dort abzuholen, wo er steht“, also auf seine Position bezogen, muss hier nun auf eine andere Weise, Modus, abgeholt werden; liest man die erste Bedeutung wohlwollend, dann geht es um ein Entgegenkommen, die Eigenheit der Person anzuerkennen und zugleich sie bezogen auf ein Neues herauszufordern, es geht um eine Sache; in der zweiten Bedeutung hingegen wird das Wie herausgehoben, als müsse die Person besonders behandelt werden – da drängt das Pädagogische ins Zentrum – SL]. Dies untermauert auch die Formulierung *Der eine ist wirklich nur da, …Den muss ich anders behandeln* [Das wäre aber zu hinterfragen; ich muss ihn deswegen nicht anders *behandeln*, sondern seine personenbezogene Haltung richtig einschätzen, ihm andere Fragen stellen, auf anderes aufmerksam sein; dass er ein Beispiel benötigt, um das Konzept zu verstehen, spricht nicht für das Konzept, es scheint erfahrungsfern zu sein – SL]. Der Interviewee weiß um den Standpunkt des Einzelnen und behandelt ihn anders. In dieser Formulierung schimmert durch, dass er den Mitarbeiter zwar „behandelt" aber nicht von dessen Standpunkt abbringen möchte. Mit seiner Stellvertreterin ist das anders, diese hat *das Ganze schon im Blick … und weiß, worum es geht.* Er hätte auch sagen können „worum es sich handelt". Damit wird ein Sinnzusammenhang angesprochen, der sich auch dem Ganzen ergibt. Wer darum weiß, sollte von der Führungskraft auch anders behandelt werden. Damit ist nicht der „Reifegrad" innerhalb einer situativen Führung angesprochen, sondern der Arbeitszusammenhang und das Maß an leistbarer Selbstverpflichtung. *Das ist schon ein Unterschied* erfordert sowohl „Individuelle Begegnung" als auch „Transparenz" als zwei von vier dialogischen Prozessen nach Dietz/Kracht[37]. [Ja, es passt schön zur Konzeption, angelerntes Wissen. – TL] Für den Interviewee ist diese Geschichte im wahrsten Sinne des Wortes ein Leit-Bild, *weil einfach ist das Ganze gar nicht.* Im Gegenteil: *Es ist schon sehr, sehr schwierig.* Schwierig allein reicht als Beschreibung nicht aus und wird mit *sehr, sehr* wie ein Superlativ umschrieben. [Diese gesteigerte Begeisterung wirkt wenig bodenständig. Weshalb rekurriert er, angesichts seiner 16 Jahre Betriebszugehörigkeit, nicht auf seine Erfahrung, das ist doch erklärungsbedürftig. Gerade vor diesem Hintergrund könnte er Unklarheiten des Konzepts kritisieren, er macht einen deutlich weniger souveränen Eindruck als die Interviewee aus 1021 – SL]

> *Meiner Meinung nach kann man das auch nicht von heute auf morgen erlernen. Das dauert wirklich seine Zeit. Dafür muss man auch Ruhe und Geduld haben, man kann es nicht übers Knie brechen. Da muss auch ein Verständnis in einem selber wachsen. Was wollen Dietz und Kracht damit, was soll das Ganze?*

Der Interviewee hat sich dazu auch seine eigene Meinung gebildet und sieht dies in einem größeren Zeithorizont. Dialogische Führung ist ein Lernprozess. Und Prozesse verlaufen immer in der Zeit. Dafür besteht Zeitbedarf. Weil es dauert, *muss man auch Ruhe und Geduld haben.* Der Interviewee umschreibt in diesen drei Sätzen immer wieder das Gleiche: Dauer, Zeit, Ruhe und Geduld. Allein diese Umschreibungen dauern ihre Zeit. [aber noch immer völlig praxisfern, wie erklärt man das? Es scheint, als könne er sich von dem Konzept viel weniger lösen oder es mit seiner Erfahrung abgleichen als die Interviewee aus 1021; er reagiert auf die pragmatische Rahmung (siehe dazu Kapitel 6.6 – LPH) offenbar auch noch stärker, hat den Eindruck,

[37] vgl. Dietz/Kracht (2007) S. 96 ff.

er müsse beweisen, dass er die DF verstanden hat und sich bemüht, sie umzusetzen; nur in Z. 80 erkennt man Vorbehalte, die DF erschließt sich nicht so einfach – SL] Insofern ist seine Meinung gefestigt durch diese eher überpersönlichen Sachverhalte. Das soziale Umfeld des Unternehmens braucht seine Zeit – und gleichermaßen bedarf es eines dem Äußerlichen entsprechenden innerlichen Bewusstwerdungsprozesses: *Da muss auch ein Verständnis in einem selber wachsen.* Mit *wachsen* drückt der Interviewee nochmals den Zeitbedarf aus. Das äußerlich sichtbare Wachstum hat bzw. braucht immer seine innere bzw. nicht sichtbare Entsprechung. So wachsen Pflanzen zwar äußerlich sichtbar, doch hat dieses seine Entsprechung in der nicht direkt wahrnehmbaren Wurzelbildung. Der Interviewee stellt sich nun selbst eine Frage – und lässt diese erst einmal unbeantwortet.

105 Manchmal ist
106 es ein bisschen weit hergeholt oder sehr schwierig
107 umzusetzen, aber man muss da wirklich an sich arbeiten.
108 Und das ist kein Prozess, der von heute auf morgen
109 funktioniert. Dazu braucht man viel Zeit, auch Geduld und
110 Übung. Was mir auch sehr gut gefällt, das sind die
111 Geschichten[38], die die beiden immer bringen. Die helfen
112 einem, das Ganze umzusetzen.

Für den Interviewee ist eine philosophische Herangehensweise an das Thema Führung manchmal *ein bisschen weit hergeholt oder sehr schwierig umzusetzen.* Das wundert kaum und erfordert die Offenheit und Bereitschaft an sich zu arbeiten [Sie geben hier einfach wieder, was er wörtlich sagt; was aber bedeutet es, dass er das sagt? Noch immer rekurriert er nicht auf seine Erfahrung; was die „Geschichten" sagen wollen, müsste er doch aus seiner Erfahrung als Filialleiter kennen, es geht um eine allzumenschliche Erfahrung; offenbar kann er das DF-Konzept und seine Erfahrung nicht zusammenführen, reduziert damit die Schwierigkeiten darauf, dass er es noch nicht versteht, es schwierig sei usw.; seine Ausführungen werden hier redundant; *pragmatische Rahmung berücksichtigen* – SL]; vorhandene Denk- und Deutungsmuster zu erkennen und ggf. sogar zu revidieren *ist kein Prozess, der von heute auf morgen funktioniert.* Er wiederholt nicht nur den Bedarf an Zeit und die dafür erforderliche Geduld, sondern nach ihm bedarf es auch der *Übung*. Geschichten und Bilder dienen zur Übung, wenn auch zuerst als Gedankenübung zur Hilfestellung durch die beiden philosophischen Berater. Es sind diese Geschichten, *Die helfen einem, das Ganze umzusetzen.* [das bleibt, ich wiederhole nur, was SL schon ausführte, sehr abstrakt; er traut sich nicht mehr, seine eigene Erfahrung ins Spiel zu bringen. – TL]

120 Also
121 müsste man eigentlich, wenn man das auf uns überträgt, in

[38] Da gibt es eine Geschichte von einem Indianerjungen, der ein Adlerei findet. Dieses Ei setzt er den Hühnern unter, die brüten das aus. Der Adler wird eigentlich wie ein Huhn aufgezogen. Irgendwann sieht der Adler oben in der Luft einen Adler fliegen und fragt ein Huhn: Was ist das da oben? Das Huhn erklärt ihm: Das ist der Herr der Lüfte, ein Adler. Aber guck gar nicht da hin, wir beide sind Hühner und du wirst nie ein Adler werden. So lebt dann der Adler im Glauben, ein Huhn zu sein.

122 jedem einen Adler sehen. Das Potential, das vielleicht in
123 diesem Mitarbeiter steckt. Das muss ja kein Huhn sein, das
124 kann ja auch ein Adler werden. Wer weiß das denn schon?

Ausgehend von der Geschichte mit dem Indianerjungen und dem Adlerei kommt der Interviewee selbst ins Philosophieren, indem er versucht diese sinnige Geschichte mit ihrer Symbolik auf seine Arbeitssituation zu übertragen: *Also müsste man eigentlich, wenn man das auf uns überträgt, in jedem einen Adler sehen.* Der Adler ist seit Alters her das Symbol für alles Edle und Lichte, Freiheit der Seele und der Denkkräfte. Im Kontrast dazu gilt ein Huhn als nicht sonderlich klug – und kann als Laufvogel kaum mehr fliegen. Es liegt an der Einstellung der Führungskraft, welche Bilder sie von ihren Mitarbeitern entwickelt. In Führung wie Pädagogik gilt es zuerst das Potential der Mitarbeiter, der Kinder und Schüler zu ahnen, als sich nur mit dem Gegebenen zufrieden zu geben. [Einen Mitarbeiter nicht zu unterschätzen, ist ebenso wichtig, wie ihn nicht zu überschätzen, insofern ist die Geschichte auch irreführend. Es handelt sich hierbei ja um autonome Erwachsene und nicht um Kinder, das macht einen Unterschied ums Ganze. Potential ist eben immer dasjenige einer Person vor dem Hintergrund ihrer Lebensgeschichte und nicht abstrakt. Der Interviewee sieht auch, dass es zwischen der Geschichte und seiner Erfahrung eine Diskrepanz gibt „also müsste man eigentlich“, das Eigentliche aber im Tatsächlichen nicht realisiert werden kann (?); hier spricht er womöglich aus Erfahrung, nach wie vor vermag er nicht, die DF vor der Folie seiner Erfahrung einzuschätzen – SL] [Das zeigt sehr deutlich, dass zwei Ebenen: die Erfahrung der realen Praxis und das Konzept, nicht integriert werden können. Im Interview wird, aus Gründen der pragmatischen Rahmung wahrscheinlich, die Erfahrungsebene von der Ebene der wiedergegebenen, angelernten Konzepte überwiegend verdeckt (traditionell „social desirability effect“ genannt) – TL]

125 Diese Geschichten versuche ich mir auch immer bildhaft
126 darzustellen und zu überlegen: Wie sind denn die Potentiale
127 dieses Mitarbeiters? Kann der mehr oder ist das nur einer
128 der Mitarbeiter, die nur zum Geld verdienen da sind? Das
129 ist vielleicht auch eine Berechtigung, brauchen wir vielleicht
130 auch im Unternehmen. Einer, der an der Kasse sitzt und
131 seine Arbeit gut macht, ist auch in Ordnung.

Der Interviewee versucht nicht nur den Sinngehalt der Geschichten zu ergründen, sondern „malt“ sie sich bildhaft aus und stellt sich bewusst die Frage: *Wie sind denn die Potentiale dieses Mitarbeiters?* [und das kann er nur mit Hilfe der DF? Erstaunlich für einen Filialleiter. Wäre die pragmatische Rahmung analysiert worden, müsste man sich ja fragen, ob er nicht auf der falschen Stelle eingesetzt wird angesichts der geringen Souveränität. Auch hier hat man den Eindruck, er gibt gelernte Inhalte wieder. Warum verbindet er gerade den Kassendienst mit bloßem Geldverdienen? – SL] Als Filialleiter muss er zwar von den Gegebenheiten, den vorhandenen Fähigkeiten und den Einstellungen der Mitarbeiterinnen und Mitarbeiter ausgehen, kann sich aber damit nicht begnügen. Er muss sowohl das Erwerbsmotiv würdigen, als auch mögliche Entwicklungsmotive in seiner Arbeitsgruppe erkunden. Dabei ist es wichtig, dass die zu erledigenden Aufgaben richtig gemacht werden: *Einer, der an der Kasse sitzt und seine Arbeit gut macht, ist auch in Ordnung.* Diese notwendige Bedingung ist allerdings nicht zwangsläufig hinreichend in Bezug auf eine künftig erfolgreiche Arbeit.

131 Aber wenn da
132 einer ist, ein junger Mensch, der etwas machen will aus
133 sich, der vielleicht ein Adler ist, den man aber immer nur als
134 Huhn gesehen hat - warum nicht?

Der Interviewee führt seinen Gedankengang mit *Aber* weiter. W*enn da einer ist, ein junger Mensch,* dann darf man diesen nicht in eine Schablone pressen bzw. in eine Schublade stecken. Dieser junge Mensch könnte *vielleicht ein Adler* sein, auch wenn er in der Schablone „Huhn“ geführt wird. Durch das *warum nicht?* wird dieser in seiner Potentialität hinterfragt: ursächlich, begründend. [Das „Warum nicht?“ ist aber auch distanziert, uninteressiert, nicht gerade empathisch-fördernd – „warum nicht, soll er doch, wenn er meint?“ – SL]

134 So hat mir das immer
135 mehr geholfen, meine Filialführung in diese Richtung zu
136 lenken. Es ist aber verdammt schwierig, das alles
137 umzusetzen.

Mit *das* meint der Interviewee die Seminare zur Unternehmenskultur – und dass sie ihm *immer mehr geholfen* hätten. Damit drückt er Lern- bzw. Entwicklungsschritte bei sich selbst aus. Die Seminare erscheinen als Hilfe für eine Führungspraxis in diese Richtung. Er gesteht dabei auch die Schwierigkeiten ein, aus diesen Erkenntnissen heraus zu handeln; *das alles umzusetzen.* [Es fragt sich doch, wie genau ihm das geholfen hat? Wenn er so theoretisch damit umgeht, es so wenig mit seiner Erfahrung verbinden kann, dann muss die DF in seiner Filialführung wie ein Fremdkörper wirken, genauso wie in seinen Darlegungen. Sein Herzblut hängt nicht daran; der Eindruck, es handele sich wieder um eine Prüfungssituation, drängt sich auf – SL] [Stellungnahme LPH: Ob ein Interview letztlich als Prüfungssituation empfunden wird, lässt sich nie ganz ausschließen. Die Tonträgeraufzeichnung gibt dafür keinerlei Anlass, der Interviewee wurde vom Interviewer als ruhig, gelassen und sehr konzentriert erlebt.]

137 So eine wirklich gelebte dialogische Führung
138 ist schwer. Das ist so die Erfahrung, die ich gemacht habe.

Führungskonzeptionen oder Führungsgrundsätze werden gerne in Hochglanzbroschüren veröffentlicht – und verstauben dort auch in aller Regel im betrieblichen Alltag. Von der gewonnenen Erkenntnis bis zu einem aus Erkenntnis Handeln bedarf es erheblicher Mühe – das drückt der Interviewee mit *schwer* aus. Es genügt – im Goetheschen Sinne – nicht nur zu wissen, man muss auch anwenden, [ja, ganz genau, darüber erfährt man aber nichts, nicht ein konkretes Handlungsproblem hat er wirklich dargelegt, es bleibt alles abstrakt – SL] so wie auch das bloße Wollen nicht reicht, sondern auf das Tun kommt es an. Diese Schwierigkeiten in der angestrebten dialogischen Führungspraxis hat der Interviewee erfahren.

191 LPH (Interviewer): Wenn Sie es im Vergleich zum Anfang sehen, was hat
192 sich da gewandelt?

Die Frage zielt auf das Anders werden ab – im Vergleich zum Anfang, vor 16 Jahren.

193 IP (Interviewee): Gewandelt hat sich im Grunde alles. Wenn ich an die
194 Anfangszeit denke, da kam der Bezirksleiter herein, hatte
195 einen Zollstock in der Hand, hat die Palette nachgemessen:
196 Die ist jetzt 80 cm hoch, ich komme in einer halben Stunde
197 wieder, dann darf sie nur noch 20 cm hoch sein. Das war
198 aber wirklich nur am Anfang, in den ersten zwei Jahren. Es
199 hat sich dann relativ schnell gewandelt.

Innerhalb der 16 Jahre Mitarbeit habe *sich im Grunde alles* gewandelt. Der Interviewee umschreibt damit einen fundamentalen Wandel in der Führungspraxis des Unternehmens. Er verdeutlicht anhand eines Beispiels, dass Anweisung und Kontrolle gang und gäbe waren. In die Anfangszeit seiner langjährigen Mitarbeit fällt auch der Wandel, den er als *dann relativ schnell* beschreibt. [Das passt ja nun nicht mehr zum Sektenhaften; also muss es am Anfang zwei Richtungen im Unternehmen gegeben haben: die traditionelle Unternehmensführung und die (sektenhafte) Richtung, die auf Einführung der DF aus war. Im anderen Interview, das ich leider gerade nicht zur Hand habe, war meiner Erinnerung nach ein ähnlicher Hinweis zu finden. – TL (Richtig, die Interviewee sprach auch von zwei Strömungen – LPH)]

200 LPH (Interviewer): Wie war das für Sie?

Das „Was“ im Äußeren ist eine Seite der Medaille, doch wie wird der im Arbeitsfeld stattgefundene Wandel [man kann ja nicht fremderleben – SL] erlebt?

201 IP (Interviewee): Eigentlich habe ich auf so etwas gewartet. Es gab auch
202 damals schon viele Filialleiter, die die
203 Unternehmensphilosophie kannten und sich auch so ein
204 bisschen danach gerichtet haben. Das Weitere, was mich
205 an diesem Unternehmen gefesselt hat, war die
206 Verantwortung, die man als Filialleiter übernehmen konnte,
207 die vielen Freiheiten, die wir hatten.

[Merkwürdig: es gab die Unternehmensphilosophie schon, also sie war mehr als nur auf dem Papier existent, sie war vielen Filialleitern bekannt und danach gerichtet haben sie sich auch „so ein bisschen" – dazu passt sein Beispiel nicht, wenn es exemplarisch gelten soll; der Anfang, auf den er zurückschaut, war also schon einer, als im Unternehmen eine Wandlung sich vollzog – SL]
Der Interviewee war für einen Wandel im Führungsdenken offen: *Eigentlich habe ich auf so etwas gewartet.* [Anfangs hatte er noch gesagt, dass es neu für ihn war; dass er darauf gewartet habe, ist so nicht glaubwürdig. Warum sagt er es? Er erscheint so als Parteigänger der zweiten, schließlich siegreichen Richtung. – TL] Wenn man auf die mittelhochdeutsche Bedeutung von „eigentlich" rekurriert, in Form von „[leib]eigen" dann, war eine solche Führungsauffassung bereits schon sein „eigen" – im Sinne von dafür disponiert sein. Damit war er anscheinend nicht allein, denn die Unternehmensphilosophie war auch vielen Filialleitern bekannt und für sie Orientierungsmarke im Sinne von „sich nach etwas ausrichten". Auch wenn zum Beispiel nicht jeder Bürger unseres Gemeinwesens mit dem Grundgesetz unter dem Arm herumläuft, hat dieses imponderable Auswirkungen. So dürfte es sich auch durch eine niedergeschriebene Unternehmensphilosophie ergeben, in dem viele Filialleiter *sich auch so ein bisschen danach gerichtet haben.* Die eigene Haltung bzw. das eigene Verhalten wird durch innere Aktivität an gemeinsamen Zielen, an miteinander geteilten Werten ausgerichtet. Obwohl eine Unternehmensphilosophie bestenfalls Orientierungsmarke sein kann, bedarf es des eigenen Entschlusses, sich daran auszurichten. Offenbar ist dieses Freiheitsmoment in der dialogischen Führung gegeben [das mag wohl sein, entscheidender ist aber, dass im Unternehmen offenbar jenseits aller Konzepte oder Philosophien tatsächlich Freiräume eröffnet werden, ein Konzept führt nicht automatisch dazu – SL]. Diese Entscheidungsfreiheit führt zur Verbindlichkeit im Sinne von sich auf etwas einstellen, sich verbinden. Für den Interviewee gibt es ein weiteres verbindendes Moment, *was mich an diesem Unternehmen gefesselt hat, war die Verantwortung.* Er hätte ja auch sagen können, *„was mich an dieses Unternehmen gefesselt hat"*– in Form von Mitarbeiterbindung [mehr als das – SL]. Damit wäre er womöglich gegen seinen Willen ans Unternehmen gefesselt worden. Freiheit und Verantwortung müssen sich nicht zwangsläufig widersprechen. Verantwortung bedeutet auch immer Antwort geben – in Form von entgegen bringen; also sich mit dem Unternehmen verbinden. [der Ausdruck, etwas ist „fesselnd" benennt eine Sogwirkung, deren Grund man nicht explizieren kann; ein Film ist fesselnd, er ist suggestiv, zieht einen in seinen Bann, es geht um etwas einen als Person Bannendes, diffus Vereinnahmendes, ohne aber die Autonomie aufzuheben, es ist eine unpraktische Praxis; dieses Prädikat für ein Unternehmen zu verwenden, in dessen Dienst man steht, in dem man für Entscheidungen Verantwortung zu übernehmen hat und Rechenschaft ablegen muss, ist doch mindestens erklärungsbedürftig: das Unternehmen wird zu einer vereinnahmenden Praxis [bzw. zu einem fasziniert zu betrachtenden Gegenstand, wobei dieses Betrachten und das mittuende Handeln sich ausschließen. – TL] – SL]

So ist das zustande gekommen,
diese Art zu führen, die dialogische Führung. So richtig
miterlebt haben wir es eigentlich mit unserer
Gebietsverantwortlichen. Sie ist eigentlich die treibende
Kraft, die das vorantreibt. Sie ist jetzt ungefähr 6, 7 Jahre
bei uns, und seitdem versucht sie, uns zu fördern und zu
fordern.

Der Interviewee fasst mit *So ist das zustande gekommen* nicht nur den bisherigen Verlauf zusammen, sondern beschreibt aus seiner Sicht auch einen Zustand als vorläufiges Ergebnis. Mit *diese Art zu führen* beschreibt er eher ein „Wie" als ein „Was" – auch wenn *die dialogische Führung* noch einmal erwähnt wird. Während der Dialog das Substantiv ist, ist in diesem Kontext „dialogisch" das Adjektiv[39] - also wie wird geführt? [aber schon Bestandteil eines Namens – SL] Das lässt sich zwar in Büchern beschreiben, doch erst das Erleben macht es *So richtig.* Wie führt eine für ein bestimmtes Filialgebiet zuständige Führungskraft? Im Hinblick auf den Interviewee ist wohl die Gebietsverantwortliche *die treibende Kraft* – auch wenn sie ca. zehn Jahre später als der Interviewee ihre Mitarbeit im untersuchten Unternehmen begonnen hat. Sie versucht *uns zu fördern und zu fordern.* „Fördern" bedeutet „weiter nach vorn bringen" und „Fordern" verlangen, dass jemand oder etwas hervorkommt. In diesem Zusammenhang wird sicherlich auch die Leistungsbereitschaft angesprochen, doch auch das Hervorkommen von bislang schlummernden Potenzialen. [Wie ist das nun zustandegekommen? Durch die Orientierung an der Unternehmensphilosophie, die schon ein „bisschen" bei „vielen" da war, dann hätte sich die DF eher in etwas verstärkend eingefügt. Dafür spricht auch, dass der Interviewee viel länger Filialleiter ist, als die Gebietsleiterin in ihrer Funktion tätig ist. Sie hat dann noch mal die Orientierung daran verstärkt. „Eigentlich miterlebt" bedeutet, dann wurde es explizit an diesem Konzept orientiert, vorher war es eher eine Praxis des Unternehmens. Es bleibt aber nach wie vor die Kluft zwischen dem Konzept und der Erfahrung des Interviewees, die er nicht miteinander zu verbinden vermag; es ist also etwas aus dem Unternehmen emergiert, was mit dem Konzept der DF verstärkt wurde, so zumindest klingt es hier – SL] [auch ist der Schluss dieser Äußerung floskelhaft – TL]

246 LPH (Interviewer): Wie macht sie das?

Der Interviewer stellt die Wie-Frage. Wie ist die Beziehung zwischen der Gebietsverantwortlichen und den Filialleiterinnen und Filialleitern? [vor allem fragt der Interviewer hier gezielt nach der konkreten Erfahrung – TL]

247 IP (Interviewee): Angefangen hat es mit dem Besuch, den wir zusammen
248 in unserem Gebiet gemacht haben, dann die
249 Filialleitersitzungen, die Gespräche, die sie mit uns geführt
250 hat. Sie hat versucht, mit uns dialogische Führung zu
251 machen.

Der Interviewee beschreibt hier die Stationen an denen die *dialogische Führung* versucht worden ist und nicht das „Wie", [Warum tut er dies nicht? Es bestätigt die Deutung, dass das Konzept für ihn blutleer und in der Praxis ohne konkrete Wirkung blieb. – TL]

[39] Das Adjektiv (lat.), deutsch: Eigenschafts- oder Beiwort, ist in der Sprachwissenschaft die Wortart, welche die Beschaffenheit oder eine Beziehung eines Dinges oder einer Sache beschreibt.

260 LPH (Interviewer): Wie geht das vor sich - der Prozess?

Deshalb noch einmal die Nachfrage seitens des Interviewers.

261 IP: Ich denke mal, man überlegt immer, was ist eigentlich
262 gemeint mit der dialogischen Führung und vergleicht es mit
263 seiner eigenen Arbeit. Zumindest geht es mir so. Dann
264 schaue ich, was kann ich denn überhaupt anwenden, was
265 geht denn überhaupt. Wie könnte ich das denn umsetzen?

Der Interviewee spricht mit *Ich denke mal* eher eine Vermutung aus und beschreibt seine eigenen Überlegungen – seine Erwägungen, seine Gedanken - im Hinblick auf die dialogische Führung und *was ist eigentlich gemeint mit*. [es bleibt abstrakt, immerhin gleicht er es mit seiner Arbeit ab; es bestätigt sich hier der Eindruck, dass die DF zu seiner alltäglichen Praxis sehr entfernt ist, insbesondere da schon 6-7 Jahre daran gearbeitet wird; es ist wirklich erstaunlich, wie wenig konkret er über die Erfahrung mit der DF spricht – SL] Nicht nur der Interviewee richtet seine Gedanken durch Überlegen auf die dialogische Führung, sondern will damit seine Gedanken darauf richten, was die Unternehmensführung und die beiden philosophischen Berater mit der dialogischen Führung im Sinn haben.

266 Das Prinzip der Dialogischen Führung ist für mich eigentlich
267 verständlich, da stehe ich auch dahinter, ich finde es sehr
268 gut.

[ja wie, zuvor hat er doch gesagt, dass es durchaus schwierig sei, es zu verstehen – SL] [Es gibt nur noch Bestätigung der Hypothese, das hier jemand spricht, der sehr unsouverän sich dem Interviewer als Vertreter des Konzepts DF präsentieren möchte, das aber für seine Praxis keine Rolle spielt (allenfalls eine negative, wie da und dort sich zeigt, wo Skepsis gegenüber dem Vereinnahmenden, Pädagogischen des Konzepts sich Bahn schafft). Spätestens ab hier kann man gezielt nach widerlegenden Stellen suchen und sich die genaue Auslegung weiterer Belegstellen sparen. – TL] [Stellungnahme LPH: Das wäre etwas vorschnell.]
Durch die eigenen Überlegungen ist dem Interviewee *Das Prinzip … verständlich*. Doch was ist das Prinzip?

268 Ich denke, ein Mensch, der versteht warum er etwas
269 macht, seine Arbeit viel besser macht als wenn ich ihn mit
270 Zuckerbrot und Peitsche dazu zwinge. Das ist meiner
271 Meinung nach so, wenn ich weiß, warum ich was mache, ist
272 es einfacher. Ich denke, dafür ist die dialogische Führung
273 ideal.

Im Prinzip geht es um die „know why“ Frage – um das „Warum“. Das „Was“ die zu erledigenden Arbeiten – im Rahmen der Arbeitsteilung – können durch das „Warum“ von den Mitarbeitern in einen gedanklichen Zusammenhang gebracht und dann entweder als sinnlos oder sinnvoll bewertet werden. Erscheint die anstehende Arbeit als sinnvoll – und zwar als gemeinsam geteilter sozialer Sinn, wird sie vom Mitarbeiter besser bewerkstelligt, *als wenn ich ihn mit Zuckerbrot und Peitsche dazu zwinge.* Damit ist Belohnung und Sanktionierung gemeint. Nachdem der Interviewee für sich die dialogische Führung erkannt hat, fällt er seine Meinung, sein Urteil und kommt zu der Ansicht, dass es – die Arbeit – einfacher fällt, wenn er aus eigener Einsicht *weiß, warum ich was mache.* Mit *Ich denke* drückt der Interviewee seine ihm bewussten Empfindungen im Hinblick auf die dialogische Führung aus und bezeichnet die dialogische Führung auf das „Warum“ hin als *ideal* – im Sinne von vollkommen, mustergültig, vorbildlich.

273 So ist der Prozess einmal bei mir entstanden und dann
274 ist er immer fortgeführt worden. Ich habe die Dinge immer
275 weiter vertieft. Beim ersten Mal habe ich nicht so richtig
276 begriffen und dachte, was will der denn eigentlich von uns? Was
277 soll ich denn da jetzt ändern? Ich glaube, man muss erst mal
278 seine innere Einstellung überdenken und dann vergleichen,
279 wie sieht es denn bei mir aus?

Der Interviewee geht auf den Entstehungsprozess und dessen Fortführung ein. Dadurch konnte er *die Dinge immer weiter* vertiefen. Er beschreibt Verlauf und Entwicklung – Entwicklung als anders werden. Hergang wie Fortgang habe er beim *ersten Mal nicht so richtig begriffen* – konnte er das Phänomen nicht fest greifen. Dies drückt sich aus durch: *was will der denn* und durch *was soll ich denn da jetzt ändern?*

Warum-Fragen initiieren die Reflexion – ein in sich gehen und sich eigener Einstellungen gewahr werden [Sie fragen nach einer Begründung – SL (siehe Kapitel 6.4.1 – LPH)]. Der Interviewee beschreibt die Notwendigkeit zur Selbstreflexion im Hinblick auf Führungsfragen.

279 Wie hole ich die,
280 Menschen ab, sind das alles nur meine Arbeiter, die ihr Geld
281 hier verdienen? Oder kann ich da mit andern auch ganz anders
282 reden, sind das eigentlich diejenigen, die die Kathedrale
283 selber bauen, die wissen, worum es geht? Die haben ja noch
284 ein ganz anderes Potenzial.

Mit *Wie hole ich die Menschen ab* [interessant, es geht wieder um den Modus, das Pädagogische, nicht darum, wo sie stehen; der Interviewee tritt auf der Stelle; *hier hätte schon längst nachgefragt werden müssen, wo er denn praktisch einen Nutzen der DF erkennt* – SL] drückt der Interviewee aus, dass er sich als Führungskraft verantwortlich fühlt. Jemanden abholen bedeutet sich zuerst auf dessen Standort hin zu bewegen [es geht aber um das „Wie“ zusätzlich zum „Wo“ – SL] und von dort gemeinsam ein neues Ziel anzugehen. Die Sichtweise der Führungskraft ist wesentlich. Sieht sie ihre Mitarbeiter wie einen Besitz, eine Sache an oder als Mitmenschen *[das sagt er nicht, die andern sind immer noch Arbeiter – SL]*, die mit bestimmten Absichten zur Arbeit kommen. Der Gelderwerb spielt sicherlich eine wesentliche Rolle. Als Führungskraft kann der Interviewee aber auch andere Sichtweisen im Hin-Blick auf seine Mitarbeiter entwickeln – und mit ihnen *auch ganz anders reden.* Sind es womöglich Mitarbeiter, die selbständig, intelligent und im Sinne des unternehmerischen Ganzen handeln, *die Kathedrale selber bauen* möchten? Falls ja, dann brauchen sie weder Anweisung und Kontrolle, denn sie wissen *worum es geht.* [Anweisung ist aber nicht Gleichzusetzen mit Befehl, in einem arbeitsteiligen Unternehmen ist Anweisung nicht fehl am Platze, wenn es um die Definition von Aufgaben geht. Die Filialleiter dürfen ja auch beim b.U. nicht alles – SL] Bei solchen Mitarbeitern bietet sich dialogische Führung gerade zu an. Wer sich selbst die Mitarbeit am „Bau einer Kathedrale" zutraut [das kann aber auch eine Selbsttäuschung sein, der Bauleiter hat die Verantwortung herauszufinden, ob derjenige dazu auch fähig ist – SL], spürt in sich *ein ganz anderes Potenzial*, hat ein entsprechendes Selbstwertgefühl. Die Führungskraft kann dann von diesem Potenzial ausgehen und den Mitarbeiter dialogisch führen.

284 So hat sich das eigentlich immer
285 weiter bei mir vertieft in meinem Wissen und meiner
286 Erkenntnis darüber, und ich habe versucht, das immer weiter
287 umzusetzen, Schritt für Schritt. Das ist wie bei einer großen
288 Wanderung, man fängt mit einem ersten Schritt an, und
289 vielleicht kommt man irgendwann mal an. Wobei ich das
290 manchmal bezweifle, weil man immer wieder in dieselben
291 Fallen tritt. Aber ich denke mal, das ist ganz menschlich.

[das klingt aber eher so, als habe er sich monologisch geführt; Stillstand im Interview – SL]

Der Interviewee geht vom „Abholen" auf das Bild der Wanderung über. Wer kennt für Bergwanderungen nicht den Bedarf an einem Bergführer. Nicht der Bergführer ist Beweggrund für die Gipfelbesteigung, sondern lediglich Weg- oder im Führungskontext Prozessbegleiter. Das Antriebsmoment, einen Gipfel besteigen zu wollen, muss aber aus dem Innern eines jeden von selbst kommen. Vor möglichen Fehltritten ist natürlich keiner gefeit. Wollen alle Beteiligten sich auf die Wanderung begeben, so teilen sie miteinander implizit die Sinnhaftigkeit des gemeinsamen Ziels. [er spricht von „Fallen": im Zusammenhang der Wanderung ist eine Falle etwas, das von anderen eingerichtet wird, um ein Tier zu fangen; damit deutet der Interviewee aber seinen Weg der Umsetzung der DF im Unternehmen als einen Weg, der mit Fallen gesäumt ist; ihm wird also misstraut, er wird geprüft und muss immer aufpassen; das verweist wieder auf die Übergriffigkeit des Unternehmens; damit wäre auch ein Grund gefunden, weshalb er so wenig von seiner Erfahrung preisgibt, er ahnt die Fallen, die ihm im Interview gestellt werden könnten >>*pragmatische Rahmung* – SL] [Stellungnahme LPH: Von „Fallen stellen" durch den Interviewer kann natürlich nicht die Rede sein – s. Kap 6.6.]

> *352 Ob das LIDA[40] für den Azubi ist oder auch*
> *353 dialogische Führung, was für mich auch immer eine*
> *354 Persönlichkeitsentwicklung ist. Man kann nicht alles*
> *355 umsetzen, man muss sich auch selber weiter entwickeln.*
> *356 Das hilft einem auch im privaten Bereich.*

Der Interviewee verweist auf ein weiteres Merkmal der Unternehmenskultur, das Ausbildungskonzept LidA, das einen deutlichen Kontrast zur „klassischen" Vier-Stufen-Methode in Ausbildung und Betriebspädagogik darstellt. Beides, LidA wie auch dialogische Führung, ermöglichen die Entwicklung der eigenen Persönlichkeit [Gott bewahre, damit überschreitet das Unternehmen seine Zuständigkeit; wie die bisherigen Analysen zeigen, müsste man in dem Unternehmen zahlreiche Schwelbrände auffinden können – SL]. So betrachtet bekommt Personal-Entwicklung eine ganz andere Bedeutung. Der Interviewee schränkt ein, dass nicht alle Anregungen umgesetzt werden können und wohl auch nicht müssen. Zum „Müssen" kann sich nur der Einzelne selbst „befehligen". Dass eine so gelebte Firmenkultur, die in der Arbeit Entwicklungsräume nicht nur zulässt, sondern ermöglicht, auch in andere Lebensbereiche ausstrahlt wird vom Interviewee geäußert: *Das hilft einem auch im privaten Bereich.* [sicher, Erfahrungen, die man im Beruf macht, affizieren die ganze Person, das ist aber eher ein mittelbarer Effekt. Wird er direkt angestrebt durch das Unternehmen, wird es totalitär; *die Bedeutung der DF wird damit auch überschätzt, denn ein Erwachsener, der habituell nicht zum Dialog in der Lage ist bzw. für den Dialog immer eine prekäre Interaktion bedeutet, wandelt sich nicht durch ein Konzept, allenfalls durch eine zu bewältigende Krise* – SL] [Stellungnahme LPH: Das ist nicht zu leugnen. Zur Erinnerung die Interviewee im Interview 1021 verwies darauf, dass durch die vorgenommene Strukturänderung und Schritte hin zu einer dialogischen Führung ein bestimmter Teil der Führungskräfte ausgeschieden wären.]

---

[40] LidA – Lernen in der Arbeit

Mit LidA setzt das befragte Unternehmen seit Herbst 2001 ein Ausbildungskonzept um, dem „entdeckendes Lernen" zugrunde liegt. Um dies zu betonen, heißen die Auszubildenden und Studenten dort „Lernlinge", da sie sich ihre Fähigkeiten auf aktivem Wege aneignen und nicht passiv etwas „beigebracht" bekommen.

Bei einem Übergabegespräch erhalten die Lernlinge Aufgaben, die sie in Eigeninitiative unter realen Arbeitsbedingungen bewältigen müssen. Sie sind auf ihren ganz individuellen Lernbedarf zugeschnitten und hängen von ihren bisherigen Kenntnissen und der jeweiligen Situation an Ihrem Ausbildungsplatz ab.

Indem die Lehrlinge zu ihrem eigenen Lösungsweg finden müssen, setzen sie sich viel intensiver mit den Problemstellungen auseinander und können sich die Lösung besser einprägen. Wenn die Lernlinge einmal an ihre Grenzen stoßen, führt sie ihr Ausbilder in Zwischengesprächen anhand von Tipps oder Gegenfragen auf die richtige Fährte. Bei einem Auswertungsgespräch am Ende jeder Lernaufgabe kann der Lernling seine Erfahrungen und Eindrücke äußern und erhält von seinem Ausbilder ein ausführliches Feedback.

Neben der Förderung individueller Fähigkeiten setzen die Ausbilder auf einen regen Austausch unter den Lernlingen. Mit etwas Erfahrung und Routine nach den ersten Anläufen fällt die Eigenorganisation bald schon leichter. Die jungen Mitarbeiter können sich untereinander unterstützen und schon sehr früh Verantwortung übernehmen, was ihr Selbstbewusstsein enorm stärkt. Deshalb ist LidA ein Ausbildungskonzept mit einer Erfolg versprechenden Zukunft. [Sie machen hier aber keine Werbung oder bieten etwas feil? – SL]

Quelle: http://www.erlebnis-ausbildung.de/cgi-bin/lida.pl?k=erlebnisausbildung&hp=1204136096 – Abruf: 2008_02_27

357 LPH (Interviewer): Inwiefern?

Eine solche Aussage provoziert den Interviewer zur Nachfrage [*warum?* Weil es problematisch ist, wenn das Unternehmen sich in das Privatleben seiner Mitarbeiter einmischt; feudale Verhältnisse drohen. – TL] [Stellungnahme LPH zu ‚*warum?*': Weil Arbeitszeit auch Lebenszeit ist.]

358 IP (Interviewee): Man wird gelassener, man ist nicht mehr so auf seinen
359 Standpunkt aus, sondern versucht wirklich, erst einmal den
360 anderen zu verstehen.

Als Führungskraft wird man gelassener, sprich beherrschter, gleichmütiger [das sagt er nicht; vielmehr wird man offener für den anderen – SL]. In der Sprache der Mystiker bedeutete es ‚gottergeben', dann allgemein ‚ruhig' im Gemüt; der Logos kann seine Wirksamkeit entfalten. [Wie kommen Sie nun darauf? – SL (das ist die Tiefenschicht im Deutungshof von ‚gelassen' nach DUDEN und im Kontext von Dialog äußerst hilfreich. LPH)] Als Führungskraft ist der Interviewee nicht mehr länger „Vorturner", auch *nicht mehr so auf seinen Standpunkt aus,* die vielgerühmte Durchsetzungsfähigkeit ist nicht mehr vor-dringlich. [Hier wird ein Wandel suggeriert, der doch höchst unrealistisch ist; jemand, der habituell einer war, der „Recht" behalten wollte, wird z.B. durch eine Therapie für diese neurotische Haltung sensibler, er wird aber kein anderer Mensch; die DF kann also zu einer Sensibilisierung führen, aber nur bei Mitarbeitern, die schon eine Antenne dafür hatten – SL] [Stellungnahme LPH: Im Protokoll ist die Formulierung des Interviewee so festgehalten. Der Interviewee deutet mit dieser Formulierung einen Wandel in der Führungsperspektive an von der mehr monologischen hin zur dialogischen. Damit ist nicht gesagt, dass er sich zwangsläufig als Mensch wandeln muss. Die Sensibilisierung für eine dialogische Führungsperspektive reicht aus, mehr sagt der Interviewee auch nicht. Das Klima im b.U. scheint sich aber gewandelt zu haben.]

Mit *sondern versucht wirklich, erst einmal den anderen zu verstehen* nimmt der Interviewee die dialogische Perspektive ein, das dialogische Einbeziehen der Interessen [das sagt er nicht – es geht um den anderen, als ganze Person, nicht um das, was der andere sagt, nicht um seine Interessen – SL (Person und Gesagtes lassen sich schwerlich trennen – LPH)] des anderen Subjekts im Hinblick auf die gemeinsam zu bewältigenden Arbeiten.

360 Was sagt der jetzt, habe ich ihn
361 richtig verstanden?

Die Aussage, das äußerlich Wahrnehmbare erzeugt einen Eindruck und erfordert einen gedanklichen Zu-Griff. [die Bedeutung muss rekonstruiert werden – SL] Wie kann man die Aussage des anderen be-greifen? Die Wahrnehmung allein reicht nicht, sie muss auch verstanden werden – in Form von geistig auffassen, erkennen. [Ergänzung LPH: Mit *Was* spricht er die phänomenologische Fragestellung aus: um zu erfragen was Sache, was Tat-Bestand ist; was der andere sagt. Das Gesagte und das damit Gemeinte gilt es zu verstehen. Dieses Verstehen wollen ist ein Akt der individuellen Begegnung. Die individuelle Begegnung ihrerseits ist wesentlich für den Dialog zwischen dem eigenen Ich und dem anderen Du.]

361 Man fragt erst mal nach. Viele Sachen
362 kommen aus Missverständnissen heraus, wo man das Bild
363 des Gegenübers gar nicht im Kopf hat.

Der Interviewee beschreibt den dialogischen Prozess. Ist das Gesagte (die vielen Sachen – LPH) nicht begreiflich, dann *fragt [man] erst mal nach,* um sich ver-stehen zu können. Ansonsten kommt es zu *Missverständnissen*, weil jeder seinen Stand-Punkt [das sagt er nicht, es geht ums Verstehen des anderen, nicht um das Behaupten von Standpunkten – SL (und deshalb die Sichtweise des anderen auf die Sache nicht hat – Ergänzung LPH)] und *man das Bild des Gegenübers gar nicht im Kopf hat.* Wie sieht der Gegenüber die *Sachen*, welches Bild macht er sich davon, welche Perspektive, welchen Blickwinkel nimmt der andere ein? [wenn es nur ein konkretes Beispiel für die reale Bedeutung des schön wiedergegebenen Konzepts gäbe… – TL]

363 Man hat sein eigenes
364 Bild und will seines durchsetzen. [hier kommt das erst – SL] Man will seinen
364 Willen
365 einfach durchsetzen und beachtet dabei gar nicht, dass der
366 andere es vielleicht ganz anders sieht.

Als Führungskraft *hat [man] sein eigenes Bild und will es durchsetzen.* Durchsetzungsfähigkeit gilt ja gemeinhin für eine Führungskraft mit monologischer Führungsperspektive als ein wesentliches Merkmal. [Durchsetzungsfähigkeit ist aber nicht gleichzusetzen damit, bloß den eigenen Willen, das eigene Bild durchzusetzen; Durchsetzungsfähigkeit steht ja im Dienste eines Allgemeinen, also im Dienste eines Unternehmens, man muss Gehör für etwas finden, sonst lässt es sich auch nicht durchsetzen, man muss die anderen also für sich gewinnen; der Interviewee sieht aber das Übergreifende gar nicht – SL] Den eigenen Willen *einfach durchsetzen* mag auf dem ersten Blick einfach sein, doch so einfach Dinge oder Lösungen zuerst auch erscheinen mögen, sind sie es aber in einen dynamischen bzw. komplexen Kontext nicht. *[D]er andere [sieht] es ganz anders,* so wie z. B. eine Medaille zwei Seiten hat. Es ist eine Frage der Beachtung des anderen, wie auch eine der Achtsamkeit [aber nicht Beachtung des anderen als ganzer Person, sondern Beachtung dessen, was er zur Problemlösung beitragen kann, also diffus vs. rollenförmig – SL]. Indem man den Stand-Punkt des anderen nicht beachtet [also, die Argumente, sachhaltige Vorschläge usw. – SL], also nicht bemerkt, nicht darüber nachdenkt bzw. sich dazu nichts überlegt, setzt *man seinen Willen einfach* durch.

366 Von seinem
367 Standpunkt sieht es vielleicht ganz anders aus. Da muss
368 man sich halt mal wirklich an seine Stelle versetzen und die

369 Sache von da aus betrachten. Das ist ganz wichtig, dass
370 man das einfach mal macht.

Der Interviewee nimmt die dialogische Perspektive, den Standpunkt des andern ein und kann womöglich feststellen, dass es *vielleicht ganz anders aus[sieht]. Da muss man sich halt mal wirklich an seine Stelle versetzen und die Sache von da aus betrachten.* Den Standpunkt des anderen einmal einnehmen bzw. sich gedanklich *an seine Stelle versetzen* bedeutet ja nicht, dass die Führungskraft ihren eigenen Standpunkt aufgeben müsste. Der Interviewee hält es für *ganz wichtig, dass man das einfach mal macht.* [ja, dazu scheint er sich aber überwinden zu müssen, es ist nichts, was ihm in Fleisch und Blut übergegangen ist – SL] [Stellungnahme LPH: Das wird dem Interviewee im Aussprechen klar und gehört zur Selbstführung. Aus dieser Erkenntnis kann eine andere Handlungsweise entstehen.] Der Perspektivenwechsel ist nicht nur wichtig, sondern wird vom Interviewee mit *ganz* sogar noch gesteigert. [im Sinne von „sehr" – SL] Erst durch die ergänzende Perspektive des Anderen wird die Sache ganz!

370 Diese Seminare haben mir
371 immer sehr viel Spaß gemacht und auch sehr viel geholfen,
372 mich selbst weiter zu entwickeln.

Diese Seminare werden von dem Interviewee äußerst positiv bewertet, nicht nur bezüglich des Erlebens des Seminarverlaufs, sondern auch in Bezug auf die Entwicklung der eigenen Persönlichkeit. So gesehen ist Personal-Entwicklung weit mehr als ein Fachausdruck im Bereich Human Resources Management. [Er redet aber meist nur von sich und kaum darüber, was das für die Praxis, also die Kooperation mit den Kollegen gebracht hat, das ist doch entscheidend – SL]

373 LPH (Interviewer): Wie würden Sie die Schritte beschreiben oder
374 bezeichnen in dem ganzen Prozess?[sehr abstrakte Frage – SL]

Für den Interviewer ist es interessant zu erfahren, wie sich der Prozess, der Verlauf, der Hergang, der Ablauf ergeben hat.

375 IP: Die Schritte?[entsprechend fragt er nach – SL] Dialogische Führung
375 oder meine
376 Entwicklung?

Der Interviewee fragt nach, um sich zu vergewissern, ob damit die Dialogische Führung gemeint sei oder seine persönliche Entwicklung.

377 LPH (Interviewer): Beides. Oder Phasen oder Etappen!

Die persönliche Entwicklung ist im Arbeitskontext der Führungskraft von der Entwicklung der Führungskultur kaum zu trennen [das behaupten Sie hier einfach, wie begründen Sie das angesichts der Probleme, die die Verquickung, wie in den Interviews zu sehen, aufwirft? – SL (sic – Sie drücken es mit ‚Verquickung'[41] treffend aus. Dass Probleme entstehen liegt in der Natur der Sache. Keine Organisationsentwicklung verläuft problemlos, da Entwicklung immer ein anders Werden bedeutet. Organisationsentwicklung ist ohne die Entwicklung der einzelnen Akteure schlicht unmöglich. Selbst wenn sich der einzelne Mensch in der arbeitsteiligen Welt seiner Arbeit gegenüber als entfremdet erleben sollte, liegt das Problem im noch nicht hinreichenden Bewusstsein für die betrieblichen wie überbetrieblichen Wertschöpfungsströme. Beispiel: In einer Tafel Schokolade steckt die gesamte Weltwirtschaft – LPH)], deshalb: *Beides.*

397 Meine
398 persönliche Entwicklung, wenn man die schrittweise
399 durchgeht: Angefangen habe ich als junger Mann, man hat
400 ein klares Aufgabenfeld bekommen, das und das musst du
401 tun, fertig, aus. Das hatte eigentlich nicht viel mit Führung zu
402 tun. Man kannte nur dieses Schema: Anweisung,
403 Ausführung, fertig.

Der Interviewee versucht nach solchen Seminaren das Erlernte bzw. Behandelte in seine Führungspraxis umzusetzen. Er geht allerdings stärker auf seine persönliche Entwicklung ein und diesen Verlauf schrittweise durch. Am Anfang war *nur dieses Schema: Anweisung, Ausführung, fertig.* [aber wo hat er angefangen, beim b.U oder wo sonst? Zu Beginn sagt er aber, dass nur ganz am Anfang es noch so zuging, später dann räumt er ein, dass es schon länger eine Orientierung an der Unternehmensphilosophie gab – SL (Diese Aussage lässt sich aufgrund seiner Zugehörigkeit zum Unternehmen rekonstruieren. Die Anfänge seiner Mitarbeit reichen die die Zeit vor der Umstrukturierung des Unternehmens um das Jahr 1990 zurück und decken sich zeitlich mit den Äußerungen der Interviewee in Interview 1021. – LPH)]

403 Dann kam es für mich zum ersten
404 Kennenlernen der Unternehmensphilosophie. Im Nachhinein
405 denke ich, ich habe auf diese Schritte gewartet, wenn man
406 sich das im nachträglichen Betrachten mal so anschaut.

Der Interviewee zeichnet den Hergang nach und weist auf das *Kennenlernen der Unternehmensphilosophie* hin. Die vorhandene Firmenphilosophie steckte den potenziellen Gestaltungsrahmen ab. Die Firmenphilosophie[42] war zur Anfangzeit der Mitarbeit des Interviewees womöglich weiter als die tägliche Führungspraxis [aber sie war vorhanden (sic – um das Jahr 1990 – LPH) und viele Filialleiter orientierten sich ein bisschen an ihr – SL (sic – mehr oder weniger. Das ist ja auch Sinn und Zweck, jede Firmenphilosophie, ganz gleich ob schriftlich niedergelegt oder nicht, stellt den Orientierungs-

[41] Nach DUDEN bedeutet ‚verquicken': vermengen, fest vereinigen

[42] Das Leitbild des befragten Unternehmens wurde 1983 erstmals schriftlich fixiert – so die E-Mail-Antwort vom 06.08.2008 auf die Anfrage des Forschers v. 03.08.2008.

rahmen dar. – LPH)]. Unternehmen wie Management mussten weitere Schritte zur Weiterentwicklung der Führungskultur initiieren. *[I]ch habe auf diese Schritte gewartet,* zeigt dass beide „Parteien" – Management wie auch Mitarbeiter – die Grenzen von Führen durch Anweisungen und Kontrolle geahnt haben dürften. Im Nachhinein, durch Reflexion in diesem Interview, wird dies dem Interviewee klar. [oder er verklärt es, denn zu Beginn sagt er, es sei für ihn völlig neu gewesen – SL (das ist eine mögliche Lesart, der Text gibt dies nicht her. Der Interviewee reflektiert das *Im Nachhinein* durch *wenn man sich das im nachträglichen Betrachten mal so anschaut* – LPH)]

407 Angefangen habe ich als Stellvertretung, ein Jahr lang.
408 Dann habe ich ein Jahr Filialleitung gemacht, bin etwas
409 heftig mit dem Bezirksleiter aneinander geraten. Ich wollte
410 eigentlich damals aufhören. Mein damaliger
411 Gebietsverantwortlicher sagte mir, eigentlich wollen wir dich
412 behalten. Du kommst in eine andere Filiale. [das klingt ganz nach Interview 1021 – SL (sic –Kein Unternehmen ist konfliktfrei.- LPH)] *Dann ging es*
413 darum, entweder weiter Filialleiter zu bleiben oder hier in
414 der Filiale XXX Stellvertretung zu machen. Das letztere habe
415 ich dann gemacht, bin also einen Schritt nach hinten
416 gegangen - von der Verantwortung her vielleicht, aber für
417 meine Persönlichkeitsentwicklung war es eigentlich ein
418 Schritt nach vorne.

Der Interviewee beschreibt seinen beruflichen Fort-Gang, der beinahe sogar zu einem Verlassen des Unternehmens geführt hätte. (Ergänzung LPH: Trotz aller Schwächen, die das Arbeitsrecht in Bezug auf eine symmetrische Kommunikation hat, kann ein jeder sein Arbeitsverhältnis durch eine einseitige Willenserklärung lösen. In Konfliktsituationen wird diese Option gewöhnlich in Betracht gezogen.) Entwicklung ist nicht immer Fort-Gang, sondern manchmal nur durch einen Rück-Schritt möglich: *bin also einen Schritt nach hinten gegangen.* Dieser nach außen sichtbare Rück-Schritt *aber für meine Persönlichkeitsentwicklung war es eigentlich ein Schritt nach vorne* – in Richtung Selbstführung.

428 Dass es eine große Filiale ist,
429 hat mich persönlich sehr weit gebracht. Eigentlich habe ich
430 auf so etwas gewartet [das sagt er immer wieder, obwohl er zu Beginn das Gegenteil äußerte – SL (sic – das zeigt aber auch, dass sich die Gedanken allmählich im Gespräch verfertigen – s. o. Kleist – LPH)] *und innerlich vielleicht auch erhofft,* (Ergänzung LPH: Im Gespräch reflektiert und äußert der Interviewee, was er *innerlich vielleicht erhofft* haben mag. Das *Vielleicht* deutet darauf hin, das er sich beim Aus-Sprechen der Beweg-Gründe nicht ganz sicher sein kann.
431 dass da jemand ist, der mich persönlich fordert und meine
432 Entwicklung weiter bringt. Es war vielleicht äußerlich ein
433 Schritt zurück, aber innerlich eigentlich nicht.

Der Interviewee belegt bzw. bestätigt dies noch einmal, denn in einer großen Filiale kann man für sich persönlich viel lernen, auch wenn man „nur" stellvertretender Filialleiter ist. Auf ein solches Angebot an „Personalentwicklung" habe er *gewartet und auch innerlich erhofft.* Dies zeigt, dass Entwicklungsfähigkeit und Entwicklungswilligkeit in jedem einzelnen Menschen potenziell vorhanden sind und *dass da jemand ist,* der diese Potenziale ganz individuell erahnt und den jeweiligen Mitarbeiter *persönlich fordert* und ihn damit in seiner *Entwicklung weiter bringt.* Der Interviewee wiederholt noch einmal den Rück-Schritt nach außen und den Fort-Schritt in der persönlichen Entwicklung. [Sie nehmen hier einfach wörtlich dem Interviewee ab, was er inhaltlich sagt, ohne das Wie der Äußerung zu betrachten; er widerspricht sich doch im Verlaufe des Interviews, das müssen Sie einbeziehen – SL] [Stellungnahme LPH: Weshalb sollte der Interviewer die Äußerungen nicht so stehen lassen? Keine Entwicklung verläuft geradlinig und ist nicht frei von tatsächlichen oder vermeintlichen Widersprüchen. Tat-Sache ist, dass der Interviewee noch im Unternehmen mitarbeitet und in der Reflexion zu diesen Äußerungen kommt. Durch Wechsel in einem großen Unternehmen eröffnen sich neue personelle Konstellationen und Entwicklungsmöglichkeiten. Im Nachhinein erscheinen einem Verläufe folge-richtig, die in der jeweiligen Situation in ihrer Konsequenz bestenfalls erahnt werden können.[43]]

445 LPH (Interviewer): Was entwickelt sich da persönlich?

Der Interviewer möchte vertiefende Äußerungen zur persönlichen Entwicklung.

446 IP: Unter anderem das Selbstbewusstsein. Das war
447 damals mit dem Schritt zurück sehr in den Keller gegangen.
448 Vom Filialleiter zurück zum Stellvertreter - da zerreißen
449 sich die Kollegen das Maul.

Für den Interviewee hat sich *das Selbstbewusstsein* weiter entwickelt. [obwohl er sich an den Kollegen orientiert, so souverän ist er dann doch nicht, drüber zu stehen; ist es denn in den Keller gegangen, weil er einen Schritt zurück gemacht hat und dazu nicht stand oder weil er gegenüber den Kollegen einen Statusverlust erlitten hat? Was war der Grund für die Auseinandersetzung mit dem Bezirksleiter? – SL (das gibt der Text nicht her – LPH)] Das Selbstwertgefühl wurde durch den äußeren Rück-Schritt erschüttert, und ist *sehr in den Keller gegangen.* Der Keller befindet sich nicht nur im Innern eines Hauses, sondern in der Regel unter der Erde. Er symbolisiert das Dunkle, das Unbekannte, das Unbewusste. *Vom Filialleiter zurück zum Stellvertreter,* das ist ein beruflicher Abstieg – gleichsam in den Keller. Solche Karriereabstiege bleiben von den Kollegen nicht unkommentiert, die bisherige Anerkennung und Wertschätzung bleibt womöglich aus, in dem sie über ihn in dessen Abwesenheit schlecht reden, lästern. (Ergänzung LPH: Solche Tiefpunkte in der (Berufs-)Biografie sind gleichzeitig auch Wendepunkte und bieten die Möglichkeit zur personaler – Stichwort: Personal Mastery bei SENGE 2003 – wie auch organisationaler Entwicklung.)

[43] dazu die Aussage von Kierkegaard: „Man kann das Leben allein im Rückblick verstehen, leben kann man es nur mit Blick nach vorne."

452 Mein damaliger Filialleiter hat mich unterstützt in
453 dem Punkt, auch die Dialogische Führung eingesetzt und
454 gesagt: Mach dir keine Gedanken darüber, das ist im
455 Grunde ganz egal, was die von dir denken.

In solchen Krisensituationen ist das Mitarbeitergespräch unterlässlich, um Unterstützung zu leisten. Der Interviewee behauptet zwar, dass es sich in dieser Situation um dialogische Führung gehandelt habe, konkret wird er leider nicht. [Er denkt sehr konzeptorientiert und wenig erfahrungsbasiert, das ist sehr auffällig – SL] Der Interviewee hat diese An-Sprache seines Filialleiters individuell so erlebt. Das Selbstwertgefühl ist eben letztlich nicht unabhängig von der Beurteilung durch die anderen. [ja, aber der Filialleiter stand hinter ihm und er ist nicht zurückgestuft worden, sondern zurückgegangen – SL] [Ergänzung LPH: Durch die „Rückstufung" zum stellvertretenden Filialleiter hat der Interviewee einen anderen Vorgesetzten in der größeren aber auch anderen Filiale erhalten. Was mit dem Bezirksleiter – s. Zeile 409 – geschehen ist, bleibt unklar, muss sich im Rahmen der Umstrukturierung ereignet haben, weil der Interviewee von ‚Bezirksleiter' spricht. Durch die Umstrukturierung wurde die Hierarchiestufe ‚Bezirksleiter' abgeschafft. Manche der Bezirksleiter wurden Gebietsverantwortliche, so der neue Sprachgebrauch, andere wurden zu Filialleitern und wiederum andere, die diese Umstrukturierung nicht verkraften konnten, weshalb auch immer, haben das b. U. verlassen. Siehe dazu auch die Äußerung der Interviewee in Interview 1021.]

462 Das hat mich persönlich eigentlich weiter
463 gebracht, damit umgehen zu können. Das ist wirklich nicht
464 einfach. Das hat mein Selbstbewusstsein gestärkt, dass ich
465 meine Arbeit wieder gut machen kann. Und ich war offen für
466 Neues.

Diese An-Sprache hat dem Interviewee dazu verholfen, seine Entwicklungskrise bewältigen zu können. Die Krise zu leben und auch noch zu überwinden, *ist wirklich nicht einfach.* Doch der Interviewee ist mit gestärktem Selbstwertgefühl aus der Krise, dem „Keller", dem Tief- und Wendepunkt herausgekommen. Dadurch kann die anfallende Arbeit wieder gut gemacht werden [wenn das Selbstvertrauen derart gelitten hat durch einen Statusverlust, den er gewollt (das gibt der Text nicht her. Der Gebietsverantwortliche hat dem Interviewee den Wechsel angeraten – LPH) hat, dann lag dem aber eine tiefer gehende, persönliche Krise zugrunde – SL] und der Geist *ist offen für Neues.*

466 Mit einem guten Selbstbewusstsein klappt alles
467 besser. Ich habe meine Arbeit getan und hatte auch Zeit für
468 andere Sachen.

Durch das wieder gestärkte Selbstwertgefühl war der Interviewee in seiner Arbeit nicht nur effektiver, sondern hatte dadurch auch mehr *Zeit für andere Sachen.* Offen bleibt, ob es sich hierbei um berufliche oder private Dinge gehandelt hat.

468 Da habe ich auch gelernt, Verantwortung
469 zu übergeben. Das war auch so ein Schritt, den ich langsam
470 lernen musste, weil man am Anfang alles selber machen
471 will, obwohl man den anderen auch Verantwortung geben
472 kann, auch muss.

Als Führungskraft, wenn auch in der Funktion als stellvertretender Filialleiter, kann man die anstehenden Arbeiten nicht alleine leisten [das sagt er nicht, er hat sie ja alleine geleistet oder leisten wollen – SL (Alles machen wollen und für das Ganze verantwortlich zu sein sind zwei verschiedene Dinge. Viele Führungskräfte versuchen Letzteres durch Ersteres zu erreichen – LPH)]. Arbeiten sind zu delegieren [darum geht es nicht, sondern um eine Veränderung: er musste erst lernen, Verantwortung ab- oder weiterzugeben – SL (sic – siehe unmittelbar folgenden Satz – LPH)]. Dies ist ein Lernprozess! Führen und Leisten gehören zwar zusammen, doch die eigentliche [das klingt nach dem alten Verständnis von Arbeit, dass nur Arbeit ist, wo es stinkt, kracht und Lärm gemacht wird – SL] Arbeitsleistung wird von den Mit-Arbeitern erbracht und nicht von der Führungskraft. Mit der Aufgabendelegation verbunden ist auch, dass damit *Verantwortung zu übergeben* ist. Führungs-Aufgabe ist so gesehen auch ein Aufgeben; ein Auftragen zu tun, ein Erledigen lassen. [Anderen etwas zuzutrauen fällt ihm schwer – SL] [Ergänzung LPH. Das mag so sein, doch die Sachnotwendigkeit lässt letztlich nichts anderes zu. Die Führungskraft muss sich die Fähigkeit erwerben, loslassen zu können – LPH]

472 Auch ist die Einsicht in mir langsam
473 gereift, dass ich eigentlich nichts bin, dass ich ersetzbar
474 bin. Das ist das Wichtigste. Wir sind ein Team, darauf lege
475 ich großen Wert, dass es nie die Leistung eines Einzelnen
476 ist, das was nachher auf der WBR[44] steht.

Die *Einsicht* entsteht im Nachhinein, durch Reflexion, also prüfendes Nachdenken gemachter Erfahrungen. Reifen ist der Prozess, der am Ende eines Wachstums- und Bildungsprozesses steht – Bildung als das Hervorbringen wie auch das Hervorgebrachte. Im Reifungsprozess entsteht die Frucht. Für den Interviewee war *das Wichtigste: Wir sind ein Team, darauf lege ich großen Wert, dass es nie die Leistung eines Einzelnen ist.* Arbeitsteilung und Zusammenarbeit gehören zusammen wie die zwei Seiten einer Medaille. In der Zusammenarbeit im Team, in einer Arbeitsgemeinschaft, kann der Einzelne über sich hinauswachsen. Das Ergebnis der gemeinsamen Arbeit steht danach in der WBR. [Er äußert sich beinahe autoaggressiv, wenn er sagt, dass er nichts sei, denn er ist Mitarbeiter und wenn er nicht mehr Mitarbeiter ist, bleibt er Mensch; die Austauschbarkeit im Unternehmen qua Rollenträgerschaft ist nicht mit einer Entwertung der Person verbunden; diese Selbstentwertung fügt sich komplementär zum Selbstwertgefühl, das in den Keller gegangen ist; Team: im Team sind alle auf gleicher Augenhöhe, also nur Mitarbeiter auf derselben Hierarchiestufe können ein Team sein; ein Vorgesetzter kann nicht zum Team gehören, weil er Verantwortung für das Team hat, weil er im Zweifel Anweisungen geben muss; es lässt

[44] WBR = Wertbildungsrechnung im untersuchten Unternehmen, statt konventioneller Kosten- und Leistungsrechnung

sich also fragen, ob es in Organisationen überhaupt Teams geben kann – SL] [Er bringt deutlich zum Ausdruck, was im Interview die ganze Zeit schon sich zeigt: otherdirectedness würde Riesman das nennen (Riesman, David (1969): The Lonely Crowd. A study of the changing American character. New Haven, London: Yale University Press (with Nathan Glazer & Reue Denney, abridged edition with a 1969 preface) – TL (Zum Kontrast die psychologische Perspektive [45] - LPH)]

477 LPH (Interviewer): WBR ist Wertbildungsrechnung.

Der Interviewer klärt einen firmenspezifischen Begriff.

478 IP: Ja, das ist nichts anderes als Gewinn- und
479 Verlustrechnung. Das ist die Arbeit des Teams. Gut, ich
480 habe vielleicht die Verantwortung dafür, aber wenn unten
481 etwas dabei raus kommt, dann ist das nicht allein mein
482 Verdienst, sondern Verdienst von allen. Es ist ganz wichtig,
483 das auch so rüber zu bringen

Auch wenn der Interviewee in der WBR *nichts anderes als Gewinn- und Verlustrechnung* sieht, ist es im befragten Unternehmen das Managementinstrument, um aufzuzeigen, was gemeinsame Sache, *die Arbeit des Teams,* ist. Der Interviewee weiß um seine Ergebnisverantwortung, das gemeinsame Werk, als Arbeitsergebnis, ist *Verdienst von allen* [das widerspricht der Hierarchie nicht, es entspricht der Arbeitsteilung – SL]. Dieses Miteinander-Füreinander-Leisten *rüber zu bringen,* also imstande zu sein, diese Sichtweise, die sich bei ihm entwickelt hat, den anderen mitzuteilen *ist ganz wichtig.* Der Erfolg ist immer ein miteinander erarbeiteter Erfolg durch das Leisten für Andere – sprich Kunden. Arbeitsteilung ist die eine Seite der Medaille – Zusammenarbeit die andere. Dafür einen miteinander geteilten Sinn zu entwickeln, sich dies gemeinsam bewusst zu werden und danach zu handeln, ist die eigentliche Führungsaufgabe „für eine neue Zeit" (MALIK 2001).

---

[45] Otherdirectedness aus psychologischer Perspektive: Maslow's Self-Actualization Theory

As with the ancient Greeks, Maslow believes that humans have innate biological tendencies that are basically good. Human nature, given the right environment, is good. We are biologically programmed to be happy, and will be happy, if we are given the right environment.

"Unlike the Greeks, Maslow places a lot less emphasis upon developing the mind and our reasoning ability to be happy. Maslow believes that to be happy, a person must go beyond just wanting things for oneself and that this will naturally happen if our basic needs are met. In other words, the biggest mistake people make is thinking that happiness involves things we need to get. Sure material things are important, but material things should be instruments for security, a basic need, and to be really happy, to fulfill our biological potential, we need to feel what Maslow calls "otherdirectedness." So there are things we need to receive – food, sex, affection, security, self-esteem (basic needs), and there are things we need to feel (Maslow calls these meta-needs). **Otherdirectedness means that we need to feel a sense of caring for something outside ourselves.** We need to care, love, and have concern for others, be concerned about justice for others, have a desire to gain knowledge for its own sake, or be involved in the development of something (a cause, a family, a business) for its own sake."

http://home.honolulu.hawaii.edu/~pine/Phil100/sum.htm – Abruf: 2008_05_24

483 Das ist wie bei der
484 Kathedrale, jeder einzelne Baustein ist wichtig, sonst fällt
485 die Kathedrale zusammen. In diesen fünf Jahren in der Filiale
486 XXX hat mich das in meinem Bewusstsein weiter gebracht,
487 auch in meiner persönlichen Haltung gegenüber den
488 Menschen.

Der Interviewee greift auf die sinnige Geschichte mit der Kathedrale zurück. Der Leistungsbeitrag eines Jeden ist für das Gesamt-Werk *wichtig, sonst fällt die Kathedrale* – als Sinn-Bild für die Arbeitsgemeinschaft – *zusammen.* Immer wieder das (soziale) Ganze zu sehen, auch aus der Stellvertreterperspektive, hat den Interviewee *in [s]einem Bewusstsein weiter gebracht;* nicht nur auf die zu managende Sache, sondern auch in seiner *persönlichen Haltung gegenüber den Menschen.* Führung bedeutet auch immer eine innere Haltung im Hin-Blick auf die Menschen zu entwickeln.[46]

540 LPH (Interviewer): Was bewirkt das Ganze?

Der Interviewer meint damit Firmenphilosophie und Dialogische Führung [Das steht aber nicht da – SL (sic – der Interviewer gibt hier seine Intention preis. Schließlich geht es in dieser Untersuchung um die Themenbereiche Wahrnehmen, Denken, Dialog, Führung und mitunternehmerisches Handeln. – LPH)]

541 IP: Bei mir Zufriedenheit und dass ich meinen Job liebe. Ich
542 gehe gerne zur Arbeit. Mir geht es manchmal so, dass ich
543 auf die Uhr schaue und denke: Was, ich habe schon
544 Feierabend? Ich mache meine Arbeit gerne, das ist so die
545 Entwicklung, die ich bei mir sehe.

Zufriedenheit als heitere Ruhe und innerer Frieden, wie auch als Ausdruck von Glück. Eine Formulierung, dass ich meinen Job liebe, klingt beinahe widersprüchlich. Der Interviewee präzisiert seine Aussage mit: *Ich gehe gerne zur Arbeit.* Leben in der Liebe zum Handeln, ist etwas anderes als die personale Liebe. Dennoch ist „Lieben" im Sinne Erich Fromms ein produktives Tätigsein. Im Tätigsein – im Flow – vergisst der Einzelne oft die chronologische Dimension der Zeit. Der Interviewee wiederholt sich und bestätigt damit seine Aussage, dass er seine *Arbeit gerne* mache – und das dies das vorläufige Ergebnis eines Entwicklungsprozesses ist.

545 Ich denke, bei den
546 anderen ist das auch so. Die merken, sie dürfen auch etwas
547 sagen, sie werden in den Prozess mit einbezogen, sie
548 dürfen etwas mit dazu tun. Da werden Ideen von ihnen
549 übernommen. Das stärkt den Mitarbeitern das
550 Selbstbewusstsein.

[46] vgl. Dietz, K.-M./Kracht, T, (2007, S. 106 - 114)

Der Interviewee *denkt*. Er denkt über die Form der Zusammenarbeit und damit sich und andere nach. Er denkt *bei den anderen ist das auch so,* hinsichtlich seiner Erfahrungen mit der dialogischen Führung bzw. der Unternehmenskultur. Mit *Die merken* bezieht er sich auf seine Mitarbeiterinnen und Mitarbeiter. „Merken" hängt mit dem Wort „Marke" gleich Zeichen zusammen und bedeutet zunächst „mit einem Zeichen versehen, kenntlich machen" [hier aber doch von „bemerken", nehmen wahr – SL (sic – LPH)], dann „ das kenntlich Gemachte, beachten, Acht geben". Die Mitarbeiter nehmen war, dass sie *auch etwas sagen [dürfen],* also in einen sachbezogenen Dialog treten dürfen. „Dürfen" bedeutete ursprünglich „brauchen, nötig haben". [impliziert aber, eine Erlaubnis erhalten zu haben, einer Erlaubnis zu bedürfen; der Interviewee karikiert damit ungewollt seine Offenheit, wenn die Mitarbeiter „auch etwas sagen dürfen" und nicht schweigen müssen; vorher sagte er noch, er sei nichts, hier nun dürfen die Mitarbeiter etwas „dazu tun", wahrlich eine Degradierung – SL] Die arbeitsteilige Zusammenarbeit braucht das Gespräch, hat es nötig. [er erlaubt es ihnen, das ist etwas anderes – SL] Aus der Sache, der Arbeitsteilung, entsteht der Bedarf am Dialog. In der Bedeutung von „die Erlaubnis haben" ist es den Mitarbeitern gestattet *etwas mit dazu tun.*[sic – er hält sie an der kurzen Leine – SL] Durch generative Dialoge entstehen neue Ideen, die *von ihnen übernommen werden.* Der Beitrag des Einzelnen zum unternehmerischen Ganzen wird bemerkt [Sie übergehen hier einfach die aggressive Entwertung der Mitarbeiter – SL (Der Arbeitsvertrag sieht ja den unselbständigen, weisungsgebundenen Arbeitnehmer vor, dabei bedarf die Arbeitsteilung der Mitwirkung und Initiative, das ist ja gerade der Strukturkonflikt. Um es kontrastiv zu formulieren, die **Bedürftigkeit** nach Mitwirkung und Zusammenarbeit zwingt die Führungskraft – ganz funktional – zu einer zunehmend symmetrischen Kommunikation – LPH)] – sowohl von den Führungskräften, wie auch von den Mitarbeiterinnen und Mitarbeitern selbst. Sie werden sich ihres Leistungsbeitrags selbst bewusst – und das stärkt das Selbstwertgefühl.

568 LPH (Interviewer): Aber die Regale müssen ja weiterhin gepflegt werden,
569 damals wie heute.

Der Interviewer versucht mit dieser Frage auf die alltäglichen Routinearbeiten zu sprechen zu kommen. Dialogisch würde es ja dann, wenn das keiner Anweisungen bedürfte.

570 IP: Richtig. Warum müssen die gepflegt werden, fragt man
571 dann.

Mit *Richtig* stellt der Interviewee klar, dass es keinen Zweifel daran gibt WAS zu tun ist. Hierfür würde eine monologische Führung mit „Anweisung und Kontrolle" ausreichen. Das WARUM ist im Rahmen der dialogischen Führung eine wesentliche Führungsfrage.

572 LPH (Interviewer): Sie oder die Mitarbeiter?

Der Interviewer will wissen wer die WARUM Frage stellt. Das WARUM könnte nämlich inhaltlicher Bestandteil einer Anweisung sein. Für den Dialog ist es aber wichtig, dass dies wechselseitig geschehen kann und auch darf.

573 IP: Wir als Team. Ohne Regale kein Umsatz, ohne Umsatz
574 keine Entschuldung, Verschuldung. Und ohne Entschuldung[47]*,*
575 Verschuldung geht das Unternehmen irgendwann den Bach
576 runter. Ich versuche, es immer so als Ganzes zu sehen und
577 den anderen auch zu zeigen.

Der Interviewee schließt mit *Wir als Team* alle in dieser Filiale Mitwirkenden ein. Außer der Ich-Mitarbeiter-Perspektive gibt es einen „Wir-Bereich", der Raum schafft für einen miteinander geteilten, sozialen Sinn. Der Interviewee versucht, anknüpfend an die Frage nach den Regalen eine Begründungskette. Erst Ware und Preis führen zu Umsatz bzw. Verkaufserlösen. Aus diesen Verkaufserlösen, werden letztlich alle Aufwendungen des Unternehmens wie auch die Mitarbeitereinkommen abgerechnet. Ansonsten würde das Unternehmen *den Bach runter [gehen]*, also im Niedergang begriffen sein und letztlich Pleite gehen. Wenn dieser eigentlich klare Sachverhalt transparent gemacht wird, z. B. über die Wertbildungsrechnung (WBR), dann können alle Mitwirkenden nicht nur die WAS, WANN, WIE und WO Fragen mit beantworten, sondern auch die WARUM Frage, also die gemeinsame Aufgabenstellung sich als notwendig und sinnvoll erschließen. Mit *Ich versuche, es immer so als Ganzes zu sehen und den anderen auch zu zeigen* versucht der Interviewee den Sinn fürs Ganze miteinander zu teilen; miteinander geteilter Sinn ist sozialer Sinn. Durch die Formulierung *Ich versuche* drückt der Interviewee aus, dass er sich und mit den anderen auf die Suche nach dem Gesamtzweck dienenden Lösungen begibt.

583 Das
584 sehen die Mitarbeiter auch schon als Ganzes. Dann ist
585 ihnen auch bewusst: Wenn wir keine Ware auffüllen,
586 machen wir auch keinen Umsatz. Das steht schon mit an
587 erster Stelle. Ohne Ware kann man auch keinen Kunden
588 beraten, was ja auch ein wichtiger Punkt ist im Umgang mit
589 dem Kunden. Das sehen meine Mitarbeiter schon so, dass
590 das sehr wichtig ist. Da muss auch jeder mit ran. Und wenn
591 ich da bin und habe Zeit dafür, gehe ich genauso an die
592 Ware wie jeder andere auch. Ich setze mich an die Kasse
593 wie jeder andere auch, um den anderen auch die Freiheiten
594 zu geben. Bei der Größe meiner Filiale ist man noch so
595 Mädchen für alles. [Mit DF hat dies nichts mehr zu tun; man muss, wegen der Größe der Filiale, alles machen (können). – TL (siehe unten fett – LPH)]

[47] In der im untersuchten Unternehmen praktizierten Wertbildungsrechnung (WBR), wird im Gegensatz zur konventionellen Kosten- und Leistungsrechnung nicht von Gewinn und Verlust, sondern von Entschuldung und Verschuldung gesprochen.

Mit *Das sehen die Mitarbeiter schon als Ganzes* meint der Interviewee nicht nur das Regale auffüllen, sondern dass das Regale auffüllen eine notwendige Bedingung für den Erfolg einer Filiale ist. Er hätte auch sagen können „Ware und Umsatz sind Grundbedingungen für jede Geschäftstätigkeit". *Das sehen meine Mitarbeiter schon so, dass das sehr wichtig ist.* Mit *Das sehen* drückt der Interviewee aus, dass etwas wahrnehmbar ist – im Kontext einer Filiale die Warenpräsentation für die Kunden. Wenn die Aufgaben augenfällig sind, dann [muss] *Da … auch jeder mit ran.* Eine Filiale ist so überschaubar, um hierin ein Ganzes erkennen zu können, d. h. jeder ist gefordert die anfallenden Arbeiten nicht nur wahrzunehmen, sondern auch zu ergreifen. *Und wenn ich da bin und habe Zeit dafür, gehe ich genauso an die Ware wie jeder andere auch.* Der Interviewee nimmt sich nicht davon aus, sondern lebt Sachdienlichkeit und Kundenorientierung, aber nicht nur das, sondern *um den anderen auch die Freiheiten zu geben.* Das ist das Gegenteil von Anweisungen und Kontrollen, sondern ermöglicht den Freiraum, damit die Mitarbeiter freimütig die Initiative zu ergreifen. Die Äußerung *Bei der Größe meiner Filiale ist man so Mädchen für alles* schränkt das vorher Gesagte im ersten Moment ein. Für alles zuständig zu sein, ist etwas anderes, als sich für das Ganze verantwortlich zu fühlen. Durch die Filialgröße ist der Interviewee sicherlich in der Lage, nicht nur alle erforderlichen Aufgaben zu überblicken, sondern auch zu erledigen. **Er gebraucht aber das *Mädchen für alles* auch nicht im Sinne von „zu gebrauchen sein", sondern für ein „um zu", nämlich *um den anderen auch die Freiheiten zu geben.***

> *596 LPH (Interviewer)I: Wie viel Mitarbeiter sind in Ihrer Filiale?*

Der Interviewee will sich der Anzahl der Mitarbeiter vergewissern.

> *597 IP: Acht Mitarbeiter und sechs Aushilfen. Da muss man den anderen*
> *598 auch Freiheiten geben.*

Acht Mitarbeiter, selbst mit sechs Aushilfen, machen eine normale, überschaubare Gruppengröße aus, die zwar der Führung und Organisation bedarf, aber noch keine Hierarchie erfordert [Hierarchie ist immer gegeben, wo Verantwortung mit einer Position verbunden wird, sonst wird es anomisch – SL (sicherlich durch das Arbeitsrecht: Positionsorientierung vs. Prozessorientierung – LPH)]. Schon deshalb *muss man den anderen auch Freiheiten geben* im Hinblick auf die Sachfragen des Was, Wie, Wann und Wo, wie auch in Bezug auf die dialogische Perspektive Wer und Wer noch und die ätiologische Dimension, also die Frage nach den Ursachen, dem Warum (retrospektiv) und Wozu (prospektiv).

> *606 Heutzutage sehe ich es so, dass man sich*
> *607 immer wieder neu entwickeln muss* [man kann sich ja nicht selbst entwickeln (doch durch das „Ich selbst" – LPH), sondern entwickelt sich an oder durch etwas, also durch Bewältigung einer Krise; Entwickeln suggeriert auch etwas Kontinuierliches; durch „neu" wird Altes und Neues dichotom gegenübergestellt, wobei das Neue doch immer aus einem Alten

hervorgeht; es klingt so, als wolle er das Alte hinter sich lassen und nicht in das Neue aufheben, technokratisch auch, wenn er ständig von einem „Müssen“ spricht – SL (Entwicklung als ein anders werden entspricht mehr einer Metamorphose – einer Pflanze: das Neue entsteht so, dass es sich nicht aus dem Alten ableiten lässt, sondern dass das Alte – Stengel und Blätter – sich an das Neue – die Blüten – anschließen kann – LPH)]

607 und immer hinterfragen
608 muss: Stimmt das so noch, was ich da mache?

Mit *Heutzutage*, also heute, in der Gegenwart sieht der Interviewee bestimmte Dinge womöglich anders als zu Beginn seiner Mitarbeit im untersuchten Unternehmen. Heute *sehe ich es so*, dass sich Sicht-Weisen ändern müssen, weil sich viele Dinge ändern, im Marketing, in der Informationstechnik in den Konsumgewohnheiten. Anderswerden bedeutet immer: sich entwickeln. Oftmals kommt der Änderungsdruck aus dem Arbeitsumfeld oder auch aus der Gesellschaft, um sich ändern zu müssen. Das *[H]interfagen,* der bisherigen Arbeits- und Funktionswiese ist nicht nur ein Zurückblicken, sondern auch ein Fragen nach dahinter liegenden Beweggründen: *Stimmt das so noch, was ich das mache?* Stimmen als festsetzen, benennen kann im Zusammenhang mit dem Interviewee auch als übereinstimmen vom Wünschenswerten mit dem Machbaren verstanden werden. Ist das eigene Arbeits- und Führungsverhalten mit den Anforderungen der Kunden und des Unternehmens noch stimmig? Abstimmen bedeutet immer ein Urteil abgeben oder auch sich abstimmen mit anderen im Sinne von Koordinieren und Harmonisieren.
Das Sosein ist ein Gewordenes und ggf. umzugestalten. Mit *was* spricht der Interviewee die wahrnehmbaren Phänomene, mögliche Veränderungen an, die durch ein Hinterfragen der Ur-Sache begreifbar und damit bewusst werden können. [Sie nehmen die Auffälligkeit gar nicht auf, siehe oben – SL (dazu die Stellungnahmen, siehe oben – LPH)]

612 Man muss die Dinge immer
613 wieder anders anpacken und anders sehen. Man muss
614 hinterfragen: Ist das so richtig oder muss ich mich
615 umstellen? Da hilft einem die dialogische Führung dabei,
616 die Dinge wieder mal zu hinterfragen.

Die Dinge dürften in erster Linie die zu handhabenden Waren und Arbeitsmittel gemeint sein. Diese sind *immer wieder anders an[zu]packen und [zu] sehen.* Der Manager als Sachwalter muss das Vorhandene aufgreifen und verwandeln, andere Sichtweisen entwickeln. Das Pronomen „Man“ dient der Verallgemeinerung eines persönlichen Subjekts. Das Hinterfragen ist nicht nur für den Filialeiter, sondern auch für die Mitwirkenden geboten. Dieses Hinterfragen kann aber in einer Arbeitssituation nur der Einzelne je für sich machen. Der Interviewee geht nach der Verallgemeinerung durch das „man“ auf sich zurück, indem er sich die Frage stellt. Er ist praktisch mit sich im Dialog, ob er *richtig* handelt oder ob eine Um-Stellung erforderlich ist. Die dialogische Führung ist ihm hierzu eine Hilfe, um *die Dinge wieder mal zu hinterfragen*, sie hilft ihm offenbar bei der Reflexion der Sachverhalte wie auch bei der Selbstreflexion.

628 LPH (Interviewer): Welchen Einfluss hat solch eine Führung im Hinblick auf
629 die Kunden, wenn Sie Ihre 16 Jahre so durchgehen?

Der Interviewer will den Perspektivenwechsel – hin zum Kunden

630 IP: Am Anfang war es ein störender Faktor. Es wurde nicht
631 gern gesehen, dass man mit dem Kunden ans Regal geht,
632 wenn er ein bestimmtes Produkt gesucht hat.

Zu Anfang der Mitarbeit des Interviewees war das Unternehmen noch stärker als Hart-Discounter positioniert. Der Kunde war *ein störender Faktor* [„es" referiert auf „solch eine Führung" nicht auf den Kunden! – TL (sic – ergibt aber so keinen Sinn – LPH)] für den Waren- und Arbeitsfluss, obwohl es der finale Sinn jeder Händlertätigkeit ist, die Bedürfnisse der Kunden zu befriedigen. Als Sachwalter hat man mehr die Ware und weniger den Kunden im Blick, obgleich dieser im wahrsten Sinne des Wortes nach der Ware fragt. Das Hart-Discounter-Konzept sieht aber die konsequente Selbstbedienung des Kunden vor. Aus diesem Grund *wurde [es] nicht gerne gesehen, dass man mit dem Kunden ans Regal geht.*

641 Aber man muss bedenken, unser Arbeitgeber ist
642 der Kunde. Ich bekomme mein Geld vom Kunden, nicht [(das) b.U.]
643 bezahlt mich, ganz krass gesagt, es ist so. Wenn der Kunde
644 nicht mehr zum Einkaufen kommt, dann verdiene ich nichts
645 mehr. Da hat sich der Blickwinkel schon weitgehend geändert.

Dass der Kunde mit seiner Nach-Frage die Arbeitsabläufe stört, ist wahrnehmbar, aber das reicht nicht aus: *man muss bedenken,* das letztlich die Arbeit für den Kunden verrichtet wird; *unser Arbeit-Geber ist der Kunde.*
Der Interviewee nimmt nun völlig die Kundenperspektive ein, das ist für ein Einzelhandelsunternehmen eigentlich nicht schwierig – und dennoch in ihrer Konsequenz eher selten. Der Interviewee *bekommt [s]ein Geld vom Kunden,* ganz augenscheinlich an der Ladenkasse. Bleibt der Kunde aus, bleibt die Kasse leer. Mit *Blickwinkel*[48] drückt der Interviewee unterschiedliche Sichtweisen aus, durch die Situationen umfänglich erfasst werden können: von der Warenorientierung hin zur Kundenorientierung. Mit *weitgehend geändert* drückt der Interviewee eine in hohem Maße erfolgte Änderung aus – von der Hierarchieorientierung hin zur Prozessorientierung. Daraus lässt sich folgern, dass die dialogische Führungsperspektive auch einen *weitgehend geändert[en]* Blickwinkel ermöglicht hat.

666 LPH (Interviewer): Wie sehen das Ihre Mitarbeiter?

[48] Unter Blickwinkel ist der Winkel zu verstehen, um den sich das Auge dreht, wenn der Blick von einem Objekt zu andern wandert.

Der Interviewer möchte mit dieser Frage erfahren, ob dieser geänderte Blickwinkel auch von den in der Filiale Mitarbeitenden geteilt wird.

> *667 IP: Eigentlich genau so, obwohl die manchmal mehr leiden*
> *668 müssen als ich. Wenn eine Mitarbeiterin an der Kasse von*
> *669 einem Kunden angeraunzt wird, das ist schon mehr als*
> *670 unangenehm, das erlebt man leider ab und zu doch schon*
> *671 mal. Aber das ist halt der Lauf der Dinge, das ist normal.*

Mit *Eigentlich genauso* verstärkt der Interviewee seine Aussage. *Eigentlich* bedeutet genau genommen und er meint damit die Kundenperspektive. Trotz aller Kundenorientierung kann man die Wünsche und Bedürfnisse nicht immer zufrieden stellen und manchmal in barschem Ton angesprochen werden. Launige Kunden gehören hie und da einfach zum normalen Geschäft.

> *678 LPH (Interviewer): Aber Sie haben doch mit der Zentrale auch zu tun,*
> *679 oder?*

Der Interviewer möchte wissen, ob der Perspektivenwechsel von der Waren- hin zur Kundenorientierung auch Auswirkungen in der Zusammenarbeit nach innen hat: von den Filialen hin zur Zentrale.

> *680 IP: Ja natürlich. Die machen ja auch viele Sachen für mich.*
> *681 Wie sehe ich das? Um es mal vorsichtig auszudrücken, ist*
> *682 es manchmal relativ unterschiedlich. In manchen Punkten ist*
> *683 man zufrieden, sie machen das, was man bekommen muss,*
> *684 um seine Arbeit tun zu können. Aber manchmal gibt es*
> *685 Sachen, die man gerne besser haben würde, wenn man*
> *686 Sachen eingibt, die manchmal ignoriert werden. Da denke*
> *687 ich, es fehlt manchmal die Sichtweise des anderen. Der*
> *688 eine kann sich nicht auf meinen Blickpunkt einstellen, und*
> *689 ich nicht in den vom Gegenüber.*

Der Interviewee bejaht diese Frage und ist sich bewusst, dass „die in der Zentrale" *ja auch viele Sachen für mich* machen. Doch er stellt sich selbst eine Frage: *Wie sehe ich das?* In seinem Versuch einer Antwort ist er *vorsichtig.* Die Zusammenarbeit mit der Zentrale gestaltet sich vergleichsweise, nach dem jeweiligen Standpunkt *unterschiedlich.* Er bleibt unkonkret und ist einerseits zufrieden und andererseits wieder weniger zufrieden, weil es manchmal Sachen gibt, *die man gerne besser haben möchte.* Wie wird mit solchen Fragen an die Zentrale von den dort Tätigen, immerhin des gleichen Unternehmens, umgegangen? Die werden *manchmal ignoriert,* also mehr oder weniger nicht beachtet, übersehen. Der Interviewee führt dies auf die fehlende *Sichtweise des anderen* zurück: *Der eine kann sich nicht auf meinen Blickpunkt einstellen, und ich nicht in den vom Gegenüber.* Die dialogische Perspektive ist durch die räumliche Trennung nur schwer einzunehmen. Womöglich kommt die Dialogische Führung hier an ihre Grenzen, weil der räumlich weit entfernte Kollege nicht als *Gegenüber* gegenwärtig ist.

699 Das sieht der vielleicht auch nicht. Da
700 fehlt es manchmal ein bisschen am gegenseitigen
701 Verständnis. Aber ich denke, das wird auch immer so
702 bleiben, weil das Unternehmen langsam auch zu groß wird,
703 auch die Informationsflut, die auf uns zukommt. Ich merke
704 das manchmal selber an mir, man geht nachher nur noch hin
705 und löscht die Mails, die einem unwichtig erscheinen.

Der Interviewee räumt ein, dass der räumlich weit entfernte Kollege in der Zentrale das *vielleicht auch gar nicht [sehen]* könne; die Kunden schon gar nicht. Etwas fehlt durch die räumliche Trennung: die Gegen-Seite. Dadurch ist die dialogische Perspektive schwerer einzunehmen und das gegen-seitige Verständnis erschwert. Diese Problematik ist dem Interviewee bewusst und er sieht durch das Wachstum des Unternehmens die strukturelle Gefahr, dass die Gegen-Seitigkeit abnimmt. Die dialogische Kommunikation in Form des Gesprächs wird durch Tele-Kommunikation überflutet. Um in dieser Flut nicht unterzugehen, werden *die Mails, die einem unwichtig erscheinen* einfach gelöscht. [es wäre interessant, das weiter zu verfolgen, worin das Problem genau besteht, ob es tatsächlich so viele Mails sind und weshalb Mails verschickt werden – SL] [Stellungnahme LPH: **In der Tat. Das wäre praktisch eine eigene Untersuchung wert: inwieweit sich womöglich durch E-Mails wieder monologisch-direktive Elemente ergeben?** Vor fünfzehn oder zwanzig Jahren gab es bei Unternehmen mit Niederlassungen oder Filialen in der Regel wöchentliche Rundschreiben von der Zentrale an die Peripherie, die in vielen Fällen außer Informationen auch eine Fülle von Anweisungen enthielten. Weshalb sollte das gerade durch E-Mails anders sein? Letztlich können E-Mails sublime Anweisungen sein. Die Kontrollspanne lässt sich sogar erhöhen – durch das Einfordern einer Empfangsbestätigung oder das Kontrollieren des Abrufs im Rahmen eines Intranets. Durch eine E-Mail kann die Zentrale klar dokumentieren, zu welchem Zeitpunkt die Information vorgelegen hat und implizit davon ausgehen, dass der Inhalt einer E-Mail auch zu bearbeiten bzw. auszuführen ist. Die Führungsspanne eines Gebietsverantwortlichens erhöht sich dadurch womöglich. Allerdings können auch die Filialen leichter Rückfragen, falls Unklarheiten auftauchen. Es ist jedoch eher davon auszugehen, dass das Informationsgefälle von der Zentrale über die Gebietsverantwortlichen hin zu den Filialen verläuft. Dieser Frage kann im Rahmen dieser Forschungsarbeit leider nicht weiter nachgegangen werden, wäre aber eine weitere Untersuchung wert. – LPH]

714 Aber letztendlich muss man die Zentrale
715 so sehen, dass die Dienstleister für uns sind. Ich kenne es
716 jetzt vom Verteilzentrum, von Herrn ... aus, der auch immer
717 zu seinen Mitarbeitern sagt: Wir bedienen die, wir dienen
718 den Filialen. Ohne die machen wir keinen Umsatz und
719 können nicht leben. So wie wir für den Kunden da sind, so
720 wie der Kunde unser Arbeitgeber ist. So sagt der: Unsere
721 Filialen sind unsere Arbeitgeber und kein anderer. Für die

722 müssen wir alles tun. Wenn das für die einfacher ist, dann
723 sollten wir darauf hin arbeiten, dass wir es auch so hin
724 kriegen, sich wieder in die Sichtweise des anderen rein
725 versetzen, um das Bestmögliche zu erreichen.

Der Interviewee spricht die Kundenorientierung an, die sich innerhalb des Unternehmens fortsetzen muss. Aus seinem Blickpunkt ist er bzw. seine Filiale der Kunde für die Kollegen in der Zentrale. Im Perspektivenwechsel bedeutet dies, *dass [man] die Zentrale so sehen [muss], dass die Dienstleister für uns sind*. Gedanklich-geistig kann der Interviewee den Blickpunkt des räumlich weit entfernten Kollegen in der Zentrale bewusst einnehmen. [er nimmt ihn nicht ein, er sagt, wie man es sehen muss, das ist noch abstrakt, eher theoretisch – SL (wichtiger ist hierbei für Führung und Zusammenarbeit, dass dem Interviewee das Unternehmen als Ganzes bewusst wird. – LPH)]
Er verdeutlicht diese interne Kunden-Lieferanten-Beziehung an einem Kollegen aus dem Verteil- bzw. Logistikzentrum. Prozessual, vom Supply-Chain-Blick-Punkt aus betrachtet sind die Filialen wirklich die – internen – Kunden. Denkbar wäre es ja auch, dass die Hersteller von Shampoos ab Werk in die einzelnen Filialen liefern könnten oder dass die Warenlogistikfunktion an einen externen Dienstleister – im Wortsinn – ausgelagert wären. Die Leistung des Verteilzentrums dient den Filialen und erhält dadurch eine Richtung.
[ist die Zentrale Dienstleister oder muss man sie so sehen? (Ergänzung LPH: Beides: aus organisationaler Perspektive ja, doch erfordert dies auch eine prozessuale Sichtweise des Einzelnen.] Hier nimmt er die Deutlichkeit seiner Kritik zurück und wird vorsichtig. Die zuvor noch klar benannte Diskrepanz wird geglättet, indem er jemanden aus dem Verteilzentrum zitiert, so als raste wieder das DF-Konzept ein oder die pragmatische Rahmung macht sich geltend – SL (Womöglich ist ihm in der Interviewsituation kein besseres Beispiel eingefallen – auch ist die Dienstleistungsfunktion eines Warenverteilzentrums augenscheinlicher als die einer Zentrale, die in erster Linie Informationen liefert. – LPH)]

So wie wir – der Interviewee mit seinen Mitarbeitern, also die Filiale – *für den Kunden da sind, so wie der Kunde unser Arbeitgeber* – der Filialen – ist, so ist das aus der Perspektive Verteilzentrum hin zu den Filialen genauso.
Der Kollege im Verteilzentrum (VZ) wird vom Interviewee so beschrieben, dass jener die Lieferanten – Kunden Perspektive nicht nur einnimmt, sondern die Filialen als die Arbeitgeber des Verteilzentrums ein-sieht. Der Interviewee beschreibt den VZ-Kollegen so, dass dieser sich immer wieder in die *Sichtweise des anderen* – hier der jeweiligen Filiale – ebenfalls gedanklich-geistig bewusst hineinversetzt, um das *Bestmögliche zu erreichen;* für den internen Kunden „Filiale" und letztlich für die vielen, vielen externen Kunden.

Die Passage soll zum Anlass für einen Brückenschlag zur Philosophie des Unternehmensgründers und damit zur Unternehmensführung genommen werden. In einem Interview[49] antwortet der Firmengründer und geschäftsführende Gesellschafter des befragten Unternehmens auf folgende Frage eines Journalisten so (s. Kap. 2.3.5):

[49] http://www.iep.uni-karlsruhe.de/download/a_tempo_Dezember_2004.pdf - Abruf: 2008_03_14

Frage des Journalisten:
Sie definieren Leistung mit einer besonderen Nuance, mit «dienen». Dienen ist mehr als Leisten.

Antwort des Unternehmers:
Dienen drückt aus, dass das Leisten kein Selbstzweck ist, sondern eben, dass das Leisten einem anderen dient. Man muss sich im Unternehmen, in dieser Arbeitsgemeinschaft, immer klarmachen, für wen diese Leistung eigentlich ist. Man muss so dienen, dass die Kunden nicht nur einmal kommen, sondern immer wieder. Die Arbeitsziele, die man hat, müssen von den Bedürfnissen der Kunden abgeleitet werden.
Das darf allerdings nicht mit Gewinnzielen verwechselt werden. Gewinn kann nie ein Ziel sein, sondern Gewinn ist eine Bedingung. Dass ein Unternehmen Überschuss erwirtschaftet, also finanziellen Gewinn macht, ist eine Lebensnotwendigkeit, so wie wir Menschen Luft zum Atmen brauchen. Ohne diese Grundbedingung, Überschuss zu erwirtschaften, kann es seine Leistung gar nicht wiederholen und kann auf Dauer auch nicht «zu Diensten» sein.

Aus diesen drei Aussagen wird Koinonia [50]sichtbar, ein miteinander geteilter Sinn; der Geist eines Unternehmens, der neudeutsch mit Corporate Spirit umschrieben wird. Das unternehmerische Ganze konkretisiert sich in der Filiale und im Konkreten ist auch das Ganze als Koinonia gegenwärtig (siehe Kapitel 3.8).

LPH (Interviewer): Wie sehen Sie die Arbeit und das übrige Leben?

Für den Interviewer ist von Interesse, ob die dialogische Führung Auswirkungen auf die Einstellung zur Arbeit und zum Leben habe. [Der Interviewer rückt damit die Arbeit ins Zentrum und das Nicht-Arbeitsleben an den Rand des Lebens – SL] [Stellungnahme LPH: Die Arbeitszeit ist weiterhin ein bedeutender Teil der Lebenszeit und kann deshalb nicht als isolierter Bereich betrachtet werden. Zudem wird das Interview nicht zum Thema Freizeit und persönliche Lebensgestaltung geführt.]

IP: Meine Arbeit ist mir sehr wichtig. Ich müsste eigentlich lügen, wenn ich sagte, das steht vor meiner Familie. Das hat schon eine Gleichberechtigung. Das habe ich aber auch immer so meiner Familie gesagt. Letztendlich brauche ich meine Arbeit auch, um meine Familie zu ernähren. Und ich bin froh, dass ich diesen Beruf ergriffen habe und auch erlernt habe, denn viele meiner Freunde oder ehemaligen Schulkameraden sind sehr unglücklich in ihrer Arbeit.

Bei dieser Art von Tätigkeit handelt es sich um Erwerbsarbeit, die auch die Existenzgrundlage sichert: seine Existenz [nein, seine Arbeit, die Sache, um die es geht – SL] wie die seiner Familienmitglieder sind ihm gleich wichtig. Das Erwerbsmotiv ist ein Aspekt der beruflichen Tätigkeit. [zuerst hebt er die Arbeit heraus „sehr wichtig", oh-

[50] vgl. Rohrhirsch, F./ Häußner, L. P. (2007) S. 65 und 71. *Koinonos* bezeichnet einen Geschäftsteilhaber bzw. Gesellschafter im antiken Griechenland und *Koinonia* einen Zustand von „impersonal fellowship rather than personal friendship".

ne dass eine einschränkende Partikel folgt; dann stellt er die Familie der Arbeit in ihrer Bedeutung gleich. Das zweite „das", das sich auf die Familie bezieht, ist aber in eine Gegenbewegung eingebunden: denn mit „schon" betont er die Gleichberechtigung von etwas, dessen Vorrang vorher zurückgewiesen wurde. Damit erhält es wieder Vorrang, weil es keinesfalls hinter der Familie stehen soll, in den folgenden Zeilen wird das deutlich – SL] [es scheint, als gäbe es in der Familie durchaus Konflikte um den Stellenwert der Arbeit… – TL] Mit *Beruf* wird gewöhnlich nur die bloße Erwerbstätigkeit bezeichnet [wie kommen Sie darauf, es bezeichnet doch gerade die Sachorientierung an der Erwerbstätigkeit – SL].[Stellungnahme LPH: Durch das DUDEN (2001; S. 83) Herkunftswörterbuch[51] - deshalb die andere Lesart von „Beruf"] Einen Beruf ergreifen und zu erlernen, geht über die bloße Erwerbstätigkeit hinaus [sic – SL]. Der Interviewee hätte aber auch sagen können, dass er froh sei einen solchen Job zum Zweck des Geldverdienens zu haben. Im „Ergreifen" steckt Initiative ergreifen, eine Maßnahme ergreifen, Hand anlegen, aber auch im übertragenen Sinn von etwas, z.B. einer Aufgabe, ergriffen sein und deshalb einen bestimmten Beruf zu wählen. Darüber ist er *froh,* also freudig und heiter gestimmt. Offenbar ist das beim Interviewee der Fall und bei vielen Freunden wie auch bei ehemaligen Schulkameraden im Hinblick auf deren Arbeit nicht der Fall. Sie sind *sehr unglücklich in ihrer Arbeit,* weil sie dieser nicht soviel Sinn beimessen können wie der Interviewee. [Wir wissen aber nicht, weshalb das so ist – SL] [Stellungnahme LPH: Stimmt! Deshalb die folgende Frage]

788 LPH (Interviewer): Warum sind die in ihrer Arbeit unzufrieden im Vergleich
789 zu Ihnen?

Deshalb will der Interviewer dieser Aussage auf den Grund gehen.

790 IP: Die sind nicht ausgefüllt, gehen zur Arbeit, wissen nicht,
791 was sie tun müssen, dürfen oder sollen. Dann gehen sie
792 unzufrieden nach Hause. Die sind so unausgefüllt, eine
793 innere Unzufriedenheit bei vielen.

Mit *Die sind nicht ausgefüllt* drückt der Interviewee einerseits aus, inwieweit für diese genügend Arbeit vorhanden sein mag und auf der anderen Seite, inwieweit Arbeitsinhalte und Arbeitsbedingungen gegeben sind, in die sich die Menschen einbringen können, damit sie ihre Arbeit als notwendig und sinnvoll erleben können. Auch scheinen die Kompetenzen nicht klar zu sein, sind die Menschen womöglich unterfordert und dadurch nicht ausgefüllt. Die Folge davon ist, dass die Menschen *unausgefüllt [sind], eine innere Unzufriedenheit* erleben.

[51] „Beruf (mhd. beruof <<Leumund>> hat Luther geprägt, der es in der Bibel zunächst als <<Berufung>> durch Gott für griechisch *klesis*, lat. *vocatio* gebrauchte, dann auch für Stand und Amt des Menschen in der Welt, die schon Meister Eckhart als göttlichen Auftrag erkannt hatte. Dieser ethische Zusammenhang von Berufung und Beruf ist bis heute wirksam geblieben, wenn das Wort jetzt auch gewöhnlich nur die bloße Erwerbstätigkeit meint.

794 LPH (Interviewer): Jetzt könnte Ihnen einer sagen: Regale füllen beim b.U.
795 macht doch nicht glücklich. Das könnte doch jemand sagen,
796 oder?

Der Interviewer versucht mit dieser Aussage den Interviewee etwas zu provozieren.

797 IP: Das könnte jemand sagen. Ich weiß auch nicht, ob das
798 für jeden etwas ist. Es ist auf jeden Fall abwechslungsreich,
799 es ist nicht wie ein Bürojob, wenn man zum Beispiel als
800 Finanzbeamter jeden Tag dieselben Formulare bearbeiten
801 muss. Das könnte ich nicht. Da muss auch jeder Mensch
802 seine eigenen Prioritäten setzen und sich sagen: Okay, das
803 ist was für mich, das mache ich unheimlich gerne.

Der Interviewee hält eine solche Aussage eines unpersönlichen Dritten für durchaus möglich. Im weiteren Verlauf seiner Antwort geht er aber von seinem persönlichen Stand-Punkt aus: *Ich weiß auch nicht, ob das für jeden etwas ist.* Durch Kontrastierung *auf jeden Fall abwechslungsreich* mit *als Finanzbeamter jeden Tag dieselben Formulare bearbeiten* hebt der Interviewee die provokative Schwarz-Weiß-Malerei des Interviewers auf und weißt auf die unzähligen Grautöne im Berufsleben hin. Der Interviewee überlässt die Entscheidung jedem Einzelnen; dieser müsse *seine eigenen Prioritäten setzen und sich sagen: Okay das ist was für mich, das mache ich unheimlich gerne.* Der Sinn einer Arbeit lässt sich nicht verordnen. Deshalb kann das nur der Einzelne für sich selbst bewerkstelligen. Er muss sich seine *Prioritäten* selbst *setzen* und zu *sich* selbst *sagen* was er *unheimlich gerne* machen möchte; also außergewöhnlich gern macht und nicht aus Gewohnheit.

811 IP: Ich glaube, da spielt aber auch
812 die Persönlichkeit eine Rolle. Da sollte man wirklich sich
813 selbst mal fragen, ob das der Beruf ist, den man machen
814 möchte. Wenn man da wirklich ehrlich zu sich ist, dann ist
815 es doch in Ordnung.

Der Interviewee misst der Persönlichkeit, also dem jeweils Individuellem mit Talenten, Interessen, Neigungen *eine Rolle* zu, indem die Individualität darin wirksam wird [dass die Persönlichkeit in diesen Fragen eine „Rolle spielt" ist ziemlich untertrieben, für die Berufswahl ist sie entscheidend – SL]. [Stellungnahme LPH: Deshalb auch das Nachschürfen bei „Beruf" – siehe oben.] Der Interviewee bleibt konsequent weiter bei der individuellen Perspektive. Der Einzelne soll sein berufliches Wollen hinterfragen und zu sich *wirklich ehrlich* sein, *dann ist es doch in Ordnung,* im Sinne eines Beziehungsgefüges des Einzelnen zum sozialen Ganzen wie auch einer geordneten Arbeit nachgehen zu können. [Merkwürdig ist die Verbindung, die er hier zwischen Ehrlichkeit mit sich selbst und Beruf herstellt, ich bekomme es aber nicht in die Hand – SL] [Stellungnahme LPH: In der Tat merk-würdig! Wahrscheinlich ist Ihr Deutungsproblem mit der pragmatischen Rahmung verbunden. Der Forscher kam definitiv nicht als „Abgesandter" des Unternehmens, sondern weil er das Thema „Dialog, Führung und Zusammenarbeit erforschen will – vgl. dazu Kap. 1 und Kap. 6.6.)]

816 LPH (Interviewer): Und wie ist das für Ihre Mitarbeiter, die Arbeit hier? Wie
817 schätzen Sie das ein?

Der Interviewer möchte die persönliche Sichtweise des Interviewee auf seine Mitarbeiterinnen und Mitarbeiter gerichtet wissen.

818 IP: Unterschiedlich. Da ist es so ähnlich wie in der
819 Geschichte mit der Bauhütte. Ich habe auch ein, zwei
820 Mitarbeiter, die wollen nur ihr Geld hier verdienen. Das ist
821 so. Anderen kann ich spezielle Aufgaben übergeben, denen
822 kann ich Verantwortung übertragen. Und bei meiner
823 Assistentin, da sage ich gar nichts mehr. Die sieht ihre
824 Arbeit. Der brauche ich nicht zu sagen: Hör mal, das und
825 das muss noch gemacht werden. Da ist mehr die beratende
826 Funktion, was wir beide machen. Manchmal setzen wir uns
827 bei einem Kaffee zusammen und beraten, was ist noch zu
828 tun, wann machen wir etwas Bestimmtes, was außerhalb
829 des Rahmens fällt.

Der Interviewee geht eher von Unterschieden als von einer Konformität der Betrachtungsweisen aus. Hierzu greift er auf die Geschichte mit der Bauhütte zurück. Er findet Mitarbeiter vor, die aus unterschiedlichen Beweggründen mitarbeiten. Sicherlich ist das Erwerbsmotiv bei allen vorhanden, doch in unterschiedlicher Intensität. Über diese Defizitmotive (MASLOW 2008)[52] hinaus gibt es auch Wachstumsmotive (MASLOW 2008), die je nach Mitarbeiter/-in unterschiedlich ausgeprägt sind. Bei seiner Assistentin ist der Sinn für das Filialganze ausgeprägt und bildet damit die gemeinsame Grundlage für eine dialogische Perspektive wie auch Vorgehensweise.

837 Letztendlich bin ich schon
838 verantwortlich. Wenn mein Gebietsverantwortlicher zu mir
839 kommt und sagt: Die Zahlen für Kosmetik sind schlecht,
840 dann muss ich mich kümmern.

Bei aller dialogisch-kommunikativen bzw. dialogisch-assoziativen Grundhaltung ist sich der Interviewee seiner Verantwortung als Leiter dieser Filiale wie auch seiner Rolle als Führungskraft bewusst [Hierarchie – SL] [Stellungnahme LPH: Darin liegt ja die ganze Problematik, das Spannungsfeld von Hierarchie-Orientierung und Prozess- bzw. Kunden-Orientierung – siehe hierzu Kap. 1.6, die mit dieser Forschungsarbeit untersucht wird.] Für seine Vorgesetzte ist er erster Ansprechpartner, wenn es um die Perfor-

[52] vgl. auch Kap. 2.2: In seinen Hauptwerk „Motivation und Persönlichkeit“ entwickelt Maslow seine Theorie der Persönlichkeit.

mance bzw. Kennzahlen seiner Filiale geht: *dann muss ich mich kümmern*; also der Sache nachgehen, sich damit befassen bzw. beschäftigen.

841 LPH (Interviewer): Aber eigentlich sehen Sie das doch selber, oder?

Wenn jemand tagtäglich vor Ort ist, kann er Feinheiten, wie auch Abweichungen bemerken und gegensteuern.

842 IP: Das sehe ich selber. Aber er hat schon die beratende
843 Funktion. Wir gehen da schon in den Dialog und
844 analysieren unseren Monatsbericht, unsere Zahlen. Ich
845 schreibe da schon einen Kommentar an unseren GV, was
846 wir ändern wollen, was wir ändern können, wo Fehler
847 passiert sind, die wir abstellen wollen.

Der Interviewee sieht das natürlich selber, bräuchte dafür eigentlich nicht die Spiegelung durch seine Gebietsverantwortliche [er räumt aber die beratende Aufgabe ein, er räumt also auch ein, dass er manches womöglich nicht sieht, was erst im Gespräch deutlich wird – SL]. [Stellungnahme LPH: Darum geht es ja im Dialog, weil jeder nur seine Perspektive[53] haben kann und damit nicht das soziale Ganze bzw. die Komplexität eines Unternehmens erfassen kann. Der Dialog und der darin möglicherweise erscheinende miteinander geteilte – soziale – Sinn, sind der „Leim" für die Zusammenarbeit.]. Das heißt aber nicht, dass seine Vorgesetzte überflüssig wäre, denn sie *hat schon die beratende Funktion.* Er sieht seine Vorgesetzte weniger hierarchisch [das ist kein Gegensatz, weil die Beratung in die Hierarchie eingelagert ist und sie bei aller Beratung seine Vorgesetzte bleibt – SL] [Stellungnahme LPH: In der dialogischen Führung (Dietz/Kracht 2007, S. 101 - 103.) gehört die Beratung[54] zu den vier Prozessen der Zusammenarbeit.], sondern als dazu da, um die Sachverhalte gemeinsam besprechen zu

[53] Das geht auch uns als Sozialforschern so, deshalb die unterschiedlichen Lesarten von LPH, SL und TL und die Notwendigkeit einer objektiven Hermeneutik. SL und TL haben im Rahmen dieser Forschungsarbeit ganz praktisch die gleiche Rolle, hier unter Kollegen. Im befragten Unternehmen nimmt der Gebietsverantwortliche – allerdings als Vorgesetzter des Filialleiters – eine andere Perspektive ein. Genau daraus – aus der Position – entsteht die Problematik: Hierarchie-Orientierung vs. Prozess-Orientierung, Direktion vs. Evokation. Im Arbeitsrecht liegt aber die Legitimation der betrieblichen Hierarchie begründet. – vgl. die Kap. 1.5, 1.6 u. 1.7.

[54] DIETZ/KRACHT (2007, S. 102) beschreiben dies wie folgt: „Im Beratungsprozess kulminiert die Zusammenarbeit. In ihm reifen die Früchte der individuellen Begegnung und der Transparenz. Und die Qualität des nachfolgenden Entschlusses ist maßgeblich von der Beratungsleistung abhängig. Warum suche ich Beratung? Ich will mein Denken und Handeln optimieren und bitte um uneigennützige Beiträge dazu. Oder: Ich kann nicht isoliert handeln und versuche deshalb, andere in mein Vorhaben einzubeziehen. Schließlich: Ich suche Anregung dazu, neue Ideen zu finden, und umgekehrt: Ich suche Anregung dazu, neue Ideen zu finden, und umgekehrt: Wie kann ich dem anderen so zuhören, dass ihm etwas einfällt? [...] Beratung soll eine sachgerechte Entscheidung vorbereiten. Es geht darum klare Alternativen zu entwickeln und sie konsequent gedanklich durchzuführen als Grundlage für die Entscheidungsfindung: Wie kommen die unterschiedlichen Kompetenzen der einzelnen Menschen in möglichst großer *Vielfalt* zum Tragen? Wie kommen die unterschiedlichen Ansätze *zusammen* und gestalten an einer *Ganzheit* mit? Wie kommt dieses Ganze (das Unternehmen, das Vorhaben und so weiter) zur *Fruchtbarkeit?"*

können. Die Beratung ist nicht irgendeine Funktion der Gebietsverantwortlichen, sondern wird mit dem bestimmten Artikel *die* beschrieben.

848 LPH (Interviewer): Sie teilen auch Fehler mit?

Fehler so ohne weiteres mitzuteilen ist eher ungewöhnlich. Mit dieser Frage drückt der Interviewer eine gewisse Verwunderung aus

849 IP: Ja natürlich. Ohne Fehler gibt es niemanden. Das ist
850 meiner Meinung nach völlig normal und völlig legitim. Das
851 fördern wir ja auch beim Lernen in der Arbeit. Wieso soll
852 das für uns nicht gelten?

Der Interviewee antwortet nicht nur mit *Ja*, sondern mit *Ja natürlich.* Fehler machen liegt in der menschlichen Natur. Dies drückt der Interviewee mit *Ohne Fehler gibt es niemanden* aus. Er geht dabei von sich aus *meiner Meinung nach* und leitet dies nicht von einer allgemeinen Warte aus ab oder moralisiert gar. Für ihn ist es nicht nur *völlig normal,* sondern auch *völlig legitim.* Er kann darin nichts Unrechtsmäßiges erkennen. Dass Menschen Fehler unterlaufen wird anerkannt. Bewusst Fehler zu machen, würde streng genommen schon Sabotage darstellen. Das Unternehmen ist offenbar sehr fehlerfreundlich: *Das fördern wir ja auch beim Lernen in der Arbeit.* Redewendungen wie „Aus Fehlern wird man klug" oder „aus Fehlern lernen" weisen darauf hin, dass „fehlen", also sich Irren, etwas falsch machen, den Anstoß für Lernprozesse gibt. Zu einer fehlerfreundlichen Unternehmenskultur gehört dann auch, dass Führungskräfte Fehler machen dürfen; Fehler, die ohnehin niemand ausschließen kann. Eine fehlerfreundliche Unternehmenskultur kann nicht nur für Auszubildenden gelten, sondern muss die Führungskräfte mit einschließen.

852 Es ist doch so, je mehr man vorher
853 darüber nachdenkt, was man macht, desto weniger Fehler
854 macht man auch. Wenn ich in die Beratung gehe und
855 überlege, was ich mache, dann minimiert sich das auch.
856 Aber ich denke, es ist ganz normal und legitim, auch Fehler
857 zu machen.

Fehler lassen sich nie gänzlich vermeiden. sondern nur verringern. Häufig passieren Fehler durch Unbedachtheit. Dies beschreibt der Interviewee mit *je mehr man vorher darüber nachdenkt, was man macht, desto weniger Fehler macht man auch.* Mit *man* verallgemeinert der Interviewee seine persönliche Sichtweise und überträgt diese auf seine Mitarbeiter wie auch Mitmenschen. Ein Mittel, Fehler zu verringern, ist für den Interviewee die Beratung. In den im gemeinsamen Gespräch angestellten Überlegungen können mögliche Fehlerquellen *minimiert* werden. Der Interviewee rundet seinen Gedankengang mit einem wiederholenden *ganz normal und legitim* ab.

857 Frau XXX ist nicht diejenige, die uns dann den
858 Kopf abreißt, absolut nicht. Das habe ich in den letzten
859 Jahren auch so erlebt, dass damit sehr tolerant
860 umgegangen wird, manchmal war man vielleicht zu tolerant
861 mit Fehlern.

Der Interviewee gibt auch zu erkennen, dass unterlaufene Fehler überhaupt nicht hart sanktioniert werden: der Kopf würde einem von der Gebietsverantwortlichen Führungskraft nicht abgerissen werden. Fehlertoleranz ist offenbar ein Teil der Unternehmenskultur, dass selbst der Interviewee das Ausmaß dieser Toleranz mit *manchmal war man vielleicht zu tolerant* umschreibt und damit sogar als zu Viel der Duldung empfindet. [„tolerant" ist hier ein merkwürdiges Prädikat; wenn das Fehlermachen als selbstverständlich betrachtet wird, dann bedarf es keiner „toleranten" Haltung; damit wird das Gestatten von Fehlern doch zu einer ethischen Sonderleistung – SL (weniger zur „ethischen Sonderleistung", sondern eher zum Ausdruck einer fehlerfreundlichen Unternehmenskultur – LPH)]

861 Gut, das sind dann nicht Entscheidungen von
862 mir, sondern von GV und RV, wo man denkt: Das Ding hätte
863 ich mir mal leisten müssen, ich glaube, da hätte ich mich
864 selbst rausgeschmissen. Ich gehe manchmal relativ hart mit
865 mir ins Gericht. Wobei ich das in letzter Zeit auch immer
866 lässiger und lockerer sehe. Dafür sind wir halt Menschen.
867 Ohne Fehler würden wir ja auch nichts mehr lernen. Den
868 gleichen Fehler macht man nicht noch mal.

Aus der Perspektive des Interviewees gibt es Entscheidungen von GV und RV, die seinen Tolerierungsbereich wie auch seine persönliche Toleranzgrenze überschreiten [was dann ein persönliches Problem ist, keines der Unternehmenskultur, es sei denn, dort würde das Fehlermachen zur Maxime erhoben – SL], [Stellungnahme LPH: Fehler machen kann nie zu Maxime gemacht werden. Fehler unterlaufen den Menschen. Würden sie mutwillig gemacht, dann würde es sich um Sabotage handeln. Der Interviewee spricht hier den Ermessenspielraum an. Je nach Person und Hierarchiestufe ist dieser größer oder kleiner und hängt mit der Kompetenz des Einzelnen zusammen; in der Doppelbedeutung von Befugnis und Befähigung.] die allein mit einer fehlerfreundlichen Unternehmenskultur nicht umschrieben werden können. Womöglich treffender wäre es von einer Vertrauenskultur zu sprechen. Er selbst sehe das *in letzter Zeit auch immer lässiger und lockerer* deutet darauf hin, dass auch er den Mitarbeitern inzwischen mehr Vertrauen entgegen bringt [es ist ein Extrem zu seiner zuvor geschilderten Haltung; man hat hier doch den Eindruck, dass die Lässigkeit aufgesetzt ist und nicht authentisch; außerdem ist Lässigkeit auch nicht der angemessen Ausdruck, Gelassenheit oder Ausgeglichenheit wäre treffender, aber genau die hat er nicht – SL]. Im *Dafür sind wir halt Menschen* tönt der Firmenslogan „Hier bin ich Mensch – hier kauf ich ein" durch. [Nein, es ist abwertend, lieber wären ihm Menschen, die keine Fehler machen – SL] [Stellungnahme LPH: unterschiedliche Lesart LPH zu SL.] Aus Fehlern Lernchancen zu machen scheint für den Interviewee evident. Zudem liegt im Fehler machen auch eine inhärente Fehlerbegrenzung verborgen: *Den gleichen Fehler macht man nicht noch mal.* [Auffällig ist bei ihm die Spannung zwischen der „Fehlerkultur", die er für wichtig befindet und seiner Haltung zu Fehlern, wenn er sagt, dass er hart mit sich ins Gericht gehe. Zugleich geht es wieder um ein Statusproblem; „sind wir halt Menschen" klingt auf den ersten Blick gelassen, hat aber auch etwas Degradierendes – SL] [Stellungnahme LPH: unterschiedliche Lesart LPH zu SL.]

868 Und das ist ja
869 auch dasselbe bei LIDA, bei den Azubis. Wenn da einer ein
870 Regal umbaut, wofür man normalerweise einen halben Tag
871 braucht, und er ist nach zwei Tagen noch nicht fertig, dann
872 ist er nachher selbst frustriert. Das nächste Mal überlegt er
873 sich das anders. Wobei man selbst dann verkrampft da sitzt
874 und denkt: Was macht der nur? Aber der größte Fehler, den
875 man dann machen kann, wäre der, dass man sagt: Hör mal,
876 das musst du so und so machen. Das ist ja auch nicht Sinn
877 von LIDA, sondern das, was sie machen. Da muss man
878 manchmal die Augen schließen und nachher im Feedback-
879 Gespräch sagen: Was hast du gefühlt, was hast du
880 gemacht? Dann kommt der schon selber damit raus, dass
881 er sagt: Das war so ein Mist. Ich wusste gar nicht mehr, wo
882 ich anfangen sollte. Ich habe mich da so verrannt. Es ist
883 wichtig, dass er das selbst einsieht und merkt, was für
884 Fehler er gemacht hat. So einen Fehler macht man nicht
885 noch mal.

Der Interviewee dehnt diese Fehlerfreundlichkeit auch auf die Auszubildenden aus. Es sei gerade ein Merkmal des LIDA Ausbildungskonzepts, dass die Auszubildenden Fehler machen dürften und aus diesen auch lernen sollen. Dazu ist ein gehöriges Maß an Frustrationstoleranz erforderlich beim Auszubildenden wie auch an Geduld beim Ausbilder; in diesem Falle beim Filialleiter und ggf. sogar bei den übrigen Mitarbeitern. Aus gemachten Fehlern für das nächste Mal selbst Lehren ziehen ist ein Ausbildungsziel. Deshalb wäre es aber *der größte Fehler, den man machen kann,* wenn die Führungskraft in einer solchen Situation des selbstorganisierten Lernens eingreifen würde. Im Feedback-Gespräch kann die Arbeitssituation aus einer dialogischen Perspektive bearbeitet werden – in der Hoffnung, dass der Auszubildende dadurch zur eigenen Einsicht gelangt: Es ist wichtig, dass er das selbst einsieht und merkt, was für Fehler er gemacht hat.

885 Das ist mir persönlich auch so gegangen. Wenn
886 ich einen Riesen-Bockmist gebaut habe, habe ich mir
887 gesagt: O Mann, was hast du da für eine Scheiße gemacht.
888 Das passiert mir nicht noch mal.

Nach der Orientierung auf die Auszubildenden lenkt der Interviewee seine Sichtweise wieder auf sich zurück, indem er sich auf eigenen *Riesen-Bockmist* besinnt und auf die Reflexion dessen. Daraus entsteht der Wille zu Veränderung, damit *das mir nicht noch mal [passiert].*

889 LPH (Interviewer) Ganz ohne Anweisung wird es ja auch nicht gehen, oder?
891 Klare Anweisungen, wie Kassenanweisung. Wie macht
892 man Kasse, das ist ja nicht beliebig.

Der Interviewer gibt sich damit aber noch nicht zufrieden.

893 IP: Es gibt ein paar Sachen, die bleiben Anweisung, wie
894 zum Beispiel die Kassenanweisung, Umgang mit Bargeld,
895 was auch völlig legitim und richtig ist. Aber ich brauche nicht
896 mehr zu sagen, heute machst du Kasse, morgen du usw.,
897 das machen die Mitarbeiter unter sich aus. Ich habe im PC
898 einen Tagesplan, wo immer wiederkehrende Aufgaben drin
899 stehen, da pickt sich jeder etwas raus.

Der Interviewee bestätigt diese Frage mit *Es gibt ein paar Sachen, die bleiben Anweisung.* Für die Sachaufgabe „Kassenabrechnung" gibt es eine klare Verfahrensweise, da es sich um einen sensiblen Bereich handelt. Das dies Aufgabe erledigt werden muss, ist allen klar. Interessant ist aber, was der Interviewee nicht mehr anweisen muss; nämlich: *heute machst du Kasse morgen, du usw., das machen die Mitarbeiter unter sich aus.* Die Mitarbeiter wissen um die anstehenden Routineaufgaben und organisieren sich selbst im Interesse des Filialganzen; in dem *sich jeder etwas [heraus]pickt.* [das ist nun eine interessante praktische Vorgehensweise, die mit dem Konzept der DF nur noch wenig zu tun hat; vielmehr orientiert sie sich auf die sachlichen Erfordernisse und die Passung von diesen zu den handelnden Personen und den Handlungsstrukturen, die aufgabenspezifisch anweisungsbezogen sei können oder müssen, oder eben nicht. – TL] [Stellungnahme LPH: Führung hat nach WUNDERER (2007, S. 12) eine direkte und indirekte Dimension. Die in dieser Sequenz geschilderte Situation ist ein Beispiel für die indirekte Dimension von (dialogischer?) Führung.]

907 Derjenige, der es macht, wird dann angeklickt. Es ist ein
908 sehr eingespieltes Team bei mir, deswegen läuft das
909 eigentlich sehr gut, das ist ein Selbstläufer. Da brauche ich
910 nicht großartig mehr was zu sagen, [das ist ja, rein wörtlich, nun gar nicht dialogisch, vielmehr vertrauend auf die Sachkompetenz der Mitarbeiter – TL] [Stellungnahme LPH: Siehe Zeilen 898 und 899 sowie unterschiedliches Dialog- und Führungsverständnis TL zu LPH – Unterscheidbarkeit in direkte und indirekte Führung sowie Dialog als Zwiegespräch bzw. generativer Dialog als ein Miteinander-Denken im Sinne BOHMs – vgl. Kap. 3]
910 nur wenn etwas
911 Besonderes kommt. Oder meine Assistentin macht das für
912 mich und ich habe den Freiraum, etwas anderes zu
913 machen. Oder ich mache es selber und gebe den anderen
914 den Freiraum, ihre besonderen Fähigkeiten einzubringen.

Der Interviewee zeigt die Aufgabentransparenz auf und verweist darauf, dass es sich um *ein sehr eingespieltes Team* handele, *das ist ein Selbstläufer.* Er kann sich entweder auf Besonderheiten konzentrieren oder die Aufgabenverteilung an seine Assistentin abgeben. Er erhält dadurch Freiraum oder ist in der Lage, den anderen Freiräume zu gewähren, damit diese *ihre besonderen Fähigkeiten ein[...]bringen* können.

> *915 Wir arbeiten schon sehr lange zusammen, das merkt man*
> *916 auch, deshalb ist das für mich relativ problemlos, diese*
> *917 Filiale zu führen, weil die Leute auch meine Ansichten*
> *918 kennen und ich auch immer sehr offen bin und frage: Wie*
> *919 siehst du das? Hast du einen besonderen Vorschlag, eine*
> *920 andere Idee? Dann kommen die schon selbst mit Sachen,*
> *921 die sie geändert haben wollen. Da bleibt auch nichts*
> *922 anderes übrig, so viele Änderungen, wie es bei uns in*
> *923 letzter Zeit gab. Da muss man viele Ideen haben und*
> *924 Kreativität entwickeln, um alles unterzukriegen.*

[Gehört es zur Unternehmenskultur sich zu duzen? – SL] [Stellungnahme LPH: Dem Forscher ist dies für das untersuchte Unternehmen nicht bekannt, wie es z.B. bei IKEA ein Teil der Unternehmenskultur ist. In dieser Filiale scheint das Duzen Praxis zu sein.]
Der Interviewee verweist auf die lange Zusammenarbeit und die wirksame Synergie – auch *weil die Leute [...] meine Ansichten kennen.* Hier ließe sich folgern, dass die Mitarbeiter sich einfach mit der Führungskraft arrangiert haben und ohne zu Murren die Aufgaben erledigen, also eine implizite Weisungsgebundenheit vorliegt. Der Interviewee fügt durch *und ich auch immer sehr offen bin und frage* die dialogische Perspektive hinzu. Durch dieses Fragen ist der Interviewee weniger „Leiter“ bzw. „Direktor“ sondern Gesprächspartner und Evokator. Aus den jeweils eigenen Wahrnehmungen und Überlegungen der Mitarbeiter *kommen die schon selbst mit Sachen, die sie geändert haben wollen.* Die Mitarbeiter legen eine konstruktive Unzufriedenheit an den Tag. Dies sei auch notwendig, bei so vielen Änderungen in *letzter Zeit.* Wenn es viele Änderungen gibt, braucht es auch *viele Ideen* – und die können sich nur aus jedem Einzelnen im Filialteam schöpferisch *entwickeln.*

> *933 LPH (Interviewer): Das erfordert ja auch eine ganz schöne EDV.*

Der Interviewer will mit dieser Aussage den Blick noch auf einen ganz anderen Aspekt – für Dialog, Führung und Zusammenarbeit – lenken.

> *971 IP (Interviewee) Und bei der EDV hat sich*
> *972 auch sehr viel getan in den letzten Jahren, wobei das bei*
> *973 uns nie ein Problem war.*

Der Interviewee bestätigt, dass sich im Bereich EDV *sehr viel getan* habe – dies aber offensichtlich für das Filialteam kein Problem war. [Ergänzung LPH: *Kein Problem könnte zweierlei bedeuten: entweder rein technisch damit klar zu kommen oder im Hinblick auf Führung und Zusammenarbeit.]*

974 LPH (Interviewer): Hatte das Einfluss auf Ihre Arbeit, auf das
975 Führungsverhalten?

Der Interviewer möchte mit dieser Frage nachspüren, inwieweit sich durch neue IT-Prozesse Arbeitsinhalte, Arbeitsweisen, Arbeitsklima und das Führungsverhalten geändert haben?

976 IP (Interviewee): Auf die Arbeit schon, aber Führungsverhalten? Ja,
977 vielleicht schon, weil die Arbeit dadurch leichter wurde. Man
978 hat mehr Freiraum.

Auf die Arbeit hatten die neuen IT-Prozesse schon einen verändernden Einfluss. Für das Führungsverhalten stellt sich die Frage für den Interviewee erst durch die Frage des Interviewers. Er schränkt mögliche Veränderungen im *Führungsverhalten* mit *vielleicht schon* ein. Die Arbeit wurde durch die Informationstechnologie *leichter. Man hat mehr Freiraum*

979 LPH (Interviewer): Für was?

Diese Aussage erstaunt den Interviewer, deshalb die Nachfrage.

980 IP: Für solche Dinge. Man ist nicht bis obenhin mit Arbeit
981 zu. Man konnte sich auch mal zurückziehen mit einer
982 Mitarbeiterin, um mit ihr etwas zu besprechen. Man hat
983 mehr Freiraum, etwas zu gestalten.

[An einer früheren Stelle äußert er sich doch aber genervt über die Informationsflut – SL (sic – die Informationstechnologie hat eben ihre Licht- und Schattenseiten – LPH)]
Mit *Für solche Dinge* dürfte der Interviewee Führungsverhalten und Führungsfragen meinen. Durch die IT werden Arbeitsroutinen rationalisiert, die in einer Filiale in erster Linie den Waren- und Arbeitsfluss optimieren sollen: das Was, das Wie, das Wann und das Wo. Aus der Sicht des Interviewees bleiben dann Freiräume für das Warum, das Wozu, das Wer und das Wer noch? Aus der Sicht des Interviewees unterstützt bzw. ermöglicht die IT eine dialogische Perspektive in der Zusammenarbeit bzw. für die Führung einer Filiale.

1008 Die Arbeit hat sich durch die EDV geändert, wir
1009 haben jetzt einfach mehr Freiraum.

Diese Aussage aus den Zeilen 976 – 978 wird dadurch noch einmal untermauert.

Interview 1046 – Transkription

IP = Interviewpartner (männlich)
LPH = Interviewer

IP: *Ich bin jetzt schon relativ lange bei [b.U.], 16 Jahre. Am Anfang kam es mir eigentlich sehr sektenhaft vor. Ich habe immer gedacht: Bin ich hier in einer Sekte gelandet oder was? Mitarbeitergrundsätze, das kannte ich vorher gar nicht. Voneinander lernen und all solche Ansatzpunkte, die darin beschrieben werden. Ich kannte das von anderen Unternehmen nicht, das war mir alles fremd.*

LPH: *Sie haben also vorher keine Firma kennen gelernt, die eine schriftliche Firmenphilosophie hat?*

IP: *Schon, aber nicht in diesem Maße, wo die Mitarbeiter so gefördert werden sollen, dass sie sich persönlich entwickeln können, dass der Mitarbeiter sich einbringen kann, alles verstehen soll. In den anderen Firmen war es und ist auch heute noch üblich: Vertrauen ist gut, Kontrolle ist besser. Da wird wirklich mehr nach diesem Motto verfahren. Das war für mich völlig neu. Am Anfang wurde das bestimmt noch nicht so gelebt, wie es gedacht war. Aber ich glaube, das ist auch gar nicht so schlimm, denn so ein Unternehmen sollte sich ja auch langsam entwickeln, so wie jeder Mensch sich langsam entwickelt, das kann man nicht von heute auf morgen. Nach 1 ½ oder 2 Jahren war ich dann Filialleiter, dann haben wir diese Unternehmensphilosophie durchgenommen, da hat man das schon eher verstanden. Was wird da von einem verlangt, was heißt das überhaupt, was da drin steht? So langsam ist man dann rein gewachsen, auch mit der Verantwortung, die man hier übernehmen kann und darf und auch bekommt.* Am Anfang hatten wir noch ein sogenanntes

Grundseminar mit Herrn Siethoff[55].

LPH: Den haben Sie noch kennen gelernt?

IP: Persönlich leider nicht mehr. Gerade als ich mich angemeldet habe, ist er dann in Rente gegangen oder ist – glaube ich – nach Afrika wieder gegangen. Ich war leider noch nicht da, aber mein ehemaliger Chef war da und hat mir einiges davon erzählt. Das waren auch sehr interessante Ansätze. *Irgendwann kam dann auch die „Dialogische Führung“ von Dietz und Kracht, die ich zusammen mit unserer Gebietsverantwortlichen und dem ganzen Gebiet kennen gelernt habe. Das war so der Schnupperkontakt mit dieser dialogischen Führung. Mittlerweile habe ich schon 2-3 Seminare von denen besucht. Das ist wirklich immer sehr, sehr interessant, dieser Ansatz, den man eigentlich so gar nicht kennt. Ich gehe auch immer gerne dahin, denn meiner Meinung nach kann man das nicht von heute auf morgen umsetzen oder begreifen. Da muss man mehr Schritt für Schritt sich ran arbeiten. Da gibt es auch ein schönes Beispiel, das ich mir immer vor Augen führe. Da geht es um die Bauhütte einer Kathedrale, San Piedro. Da gibt es verschiedene Aussagen von den Mitarbeitern, die da sind. Der eine ist ein Maurer und sagt: Ich arbeite hier, um Geld zu verdienen. Der andere sagt: Ich arbeite hier, weil ich der beste Steinhauer bin. Und der dritte sagt: Ich arbeite hier, weil ich eine Kathedrale bauen will. So steigert sich das Ganze, und so sind auch die verschiedenen Menschen auf verschiedenen Ebenen, die man in der dialogischen Führung auch anders anfassen muss. Wenn man das umsetzen will, kann man nicht zu allen sagen: Okay, wir haben immer nur das Ganze im Bild, wir kennen alles schon, und dann können wir drauf los stürmen. Das geht einfach nicht. Also muss man jeden Mitarbeiter in dieser*

[55] Siethoff, Hellmuth J. ten (1996) Mehr Erfolg durch soziales Handeln, Stuttgart

dialogischen Führung anders abholen. Der eine ist wirklich nur da, um sein Geld zu verdienen. Den muss ich anders behandeln als meine Stellvertretung, die das Ganze schon im Blick hat und weiß, worum es geht. Das ist schon ein Unterschied. Die Geschichte finde ich toll, die hilft einem immer, die dialogische Führung zu verstehen und auch leben zu können, weil einfach ist das Ganze gar nicht. Es ist schon sehr, sehr schwierig. Meiner Meinung nach kann man das auch nicht von heute auf morgen erlernen. Das dauert wirklich seine Zeit. Dafür muss man auch Ruhe und Geduld haben, man kann es nicht übers Knie brechen. Da muss auch ein Verständnis in einem selber wachsen. Was wollen Dietz und Kracht damit, was soll das Ganze? Es ist schon sehr spannend, was man da lernen kann. Man merkt auch, wenn man dort ist, man hat mal wieder Zeit, sich zurückzunehmen, zu überlegen, wie hast du denn deine Arbeit früher gemacht. Oft ist es ja so, man wird überrannt von den Kunden, von der Arbeit und manchmal reagiert man nur noch auf das, was kommt. Man kann gar nicht mehr agieren. So sitzt man aber dort und es wird einem bewusst, was da eigentlich passiert, wenn man einen anderen behandelt: Man sieht ihn, steckt ihn in eine Schublade und lässt ihn auch nicht mehr raus. Das lernt man eigentlich bei Dietz und Kracht wunderschön, dass man jeden so sehen muss wie ein neutrales Blatt, völlig unbeschrieben, und nicht irgendwo rein stecken und dann nie mehr raus lassen. Das passiert mir auch heute bestimmt immer wieder, das ist vielleicht auch ganz menschlich, dass man vom Äußeren aufs Innere schließt: So einen habe ich schon mal kennen gelernt, der passt bestimmt auch in die Schublade. Und schon ist das Ding zu und wird nicht mehr aufgemacht. Schlimm genug ist es schon, dass man ihn in eine Schublade steckt, aber ich glaube, das passiert einem immer wieder. Das finde ich wichtig, dass man jeden als weißes Blatt sieht. Dass man ihn so unvoreingenommen sehen kann, wage ich manchmal zu bezweifeln, der Weg dahin ist sehr, sehr schwierig. Das finde ich das Schöne bei den beiden, die erklären das immer sehr gut. *Manchmal ist es ein bisschen weit hergeholt oder sehr schwierig umzusetzen, aber man muss da wirklich an sich arbeiten. Und das ist kein Prozess, der von heute auf morgen funktioniert. Dazu braucht man viel Zeit, auch Geduld und Übung. Was mir auch sehr gut gefällt, das sind die Geschichten, die die beiden immer bringen. Die helfen einem, das Ganze umzusetzen.* Da gibt es eine Geschichte von einem Indianerjungen, der ein Adlerei findet. Dieses Ei setzt er den Hühnern unter, die brüten das aus. Der Adler wird eigentlich wie ein Huhn aufgezogen. Irgendwann sieht der Adler oben in der Luft einen Adler fliegen und fragt ein Huhn: Was ist das da oben? Das Huhn erklärt ihm: Das ist der Herr der Lüfte, ein Adler. Aber guck gar nicht da hin, wir beide sind Hühner und du wirst nie ein Adler werden. So lebt dann der Adler im Glauben, ein Huhn zu sein. *Also müsste man eigentlich, wenn man das auf uns überträgt, in jedem einen Adler sehen. Das Potential, das vielleicht in diesem Mitarbeiter steckt. Das muss ja kein Huhn sein, das kann ja auch ein Adler werden. Wer weiß das denn schon? Diese Geschichten versuche ich mir auch immer bildhaft darzustellen und zu überlegen: Wie sind denn die Potentiale dieses Mitarbeiters? Kann der mehr oder ist das nur einer der Mitarbeiter, die nur zum Geld verdienen da sind? Das ist vielleicht auch eine Berechtigung, brauchen wir vielleicht auch im Unternehmen. Einer, der an der Kasse sitzt und seine Arbeit gut macht, ist auch in Ordnung. Aber wenn da einer ist, ein junger Mensch, der etwas machen will aus sich, der vielleicht ein Adler ist, den man aber immer nur als Huhn gesehen hat – warum nicht? So hat mir das immer mehr geholfen, meine Filialführung in diese Richtung zu lenken. Es ist aber verdammt schwierig, das alles umzusetzen. So eine wirklich gelebte dialogische Führung ist schwer. Das ist so die Erfahrung, die ich gemacht habe.*

Es ist schon sehr interessant, was die beiden da machen. Was meiner Meinung nach auch sehr schön bei den beiden ist: Man kann sich ein bisschen künstlerisch betätigen. Die Bilder, die man da zusammen malt, manchmal auch gegeneinander arbeitet – da kommen doch sehr erstaunliche Dinge heraus. Erstaunlich ist auch, wenn die Gruppe sich Gedanken macht, was ist denn in diesem Bild passiert. Wer hat zuerst gemalt, wer hat zu zweit gemalt – oft haben die anderen doch erkannt, was da passiert ist, wenn man dahinter schaut und überlegt, was ist da passiert. Es geht ja nicht darum, ein Bild zusammen zu malen, sondern das kann etwas ganz Abstraktes sein, nur Formen und Farben. Das ist schon Klasse gemacht, die Seminare von Dietz und Kracht gefallen mir eigentlich sehr gut. Das ist im Grunde genommen das, was in der Unternehmensphilosophie steht, den anderen zu erkennen, zu fördern. Zusammen mit meinen Kollegen hier im Gebiet machen wir auch so etwas, wir nennen das „Abenteuer Lernen". Da geht es auch um solche Sachen, zumindest in der Gruppe X mit erfahrenen Mitarbeitern, wo wir versuchen, das in unserem Rahmen umzusetzen. In der Gruppe X gibt es erfahrene Mitarbeiter, die schon Stellvertretung oder junge Filialleiter sind, wo wir dieses Thema auch vertiefen, zusammen mit unserer Gebietsverantwortlichen. Wir haben auch einen Museumsbesuch gemacht, das war über XXXXX., sehr interessant war das. Interessant sind auch die ganzen Menschenbilder, die dahinter standen, die Entwicklung vom 15. Jahrhundert bis ins Moderne hinein, die verschiedenen Menschenbilder, die die Gesellschaft hatte. Auch wie die Künstler das ausgedrückt haben, wie sich auch die Malerei verändert hat. Vor dem 15. Jahrhundert wurden ja nur Kaiser, Könige und Adlige dargestellt. Dann änderte sich das, es wurden auch Bankiers, wie die Fugger, abgebildet, noch später dann auch einfache Leute dargestellt. Ich glaube, Rembrandt hat seinen eigenen Vater gemalt, obwohl er Handwerker war. Es wurde deutlich, wie sich im Laufe der Jahrhunderte das Menschenbild gewandelt hat. Es war schon sehr interessant, das auch mal auf diese Art zu sehen, um seine Sicht zu erweitern und Neues zu erfahren. Das ist auch das Interessante bei den Seminaren von Dietz und Kracht und eigentlich auch das Interessante bei der Arbeit, die dialogische Führung. Obwohl es manchmal sehr schwierig ist. Ich habe zur Zeit einen Azubi, der sehr widerspenstig ist, da kommt man ganz schwer ran. Da merkt man auch, welche Schwierigkeiten man hat und dass es manchmal fast unmöglich ist, ein vernünftiges Gespräch zu führen, wenn das Gegenüber einfach los heult. Da muss ich oft sagen: Wir brechen das Gespräch ab. Das ist so mein Erlebnis mit der dialogischen Führung. Ich weiß nicht, was ich noch großartig dazu sagen könnte, weil der Rest würde sich wiederholen, denke ich mir.

<u>LPH:</u> *Wenn Sie es im Vergleich zum Anfang sehen, was hat sich da gewandelt?*

<u>IP:</u> *Gewandelt hat sich im Grunde alles. Wenn ich an die Anfangszeit denke, da kam der Bezirksleiter herein, hatte einen Zollstock in der Hand, hat die Palette nachgemessen: Die ist jetzt 80 cm hoch, ich komme in einer halben Stunde wieder, dann darf sie nur noch 20 cm hoch sein. Das war aber wirklich nur am Anfang, in den ersten zwei Jahren. Es hat sich dann relativ schnell gewandelt.*

<u>LPH:</u> *Wie war das für Sie?*

<u>IP:</u> *Eigentlich habe ich auf so etwas gewartet. Es gab auch damals schon viele Filialleiter, die die Unternehmensphilosophie kannten und sich auch so ein bisschen danach gerichtet haben. Das Weitere, was mich an diesem Unternehmen gefesselt hat, war die Verantwortung, die man als Filialleiter übernehmen konnte, die vielen Freiheiten, die wir hatten.*

LPH: Schon mit dem Bezirksleiter oder erst später?

IP: Auch mit dem Bezirksleiter, später halt noch mehr und noch mehr Verantwortung. Ich kenne das nicht von anderen Unternehmen, die müssen ja für jeden Kuli Rechenschaft ablegen. Umsatzzahlen zur Verfügung haben, das gibt es dort gar nicht. Hier müssen wir ja mit allen arbeiten, mit Mitarbeitereinkommen, Eigenleistung, Vorleistung, Fremdleistung. Gut, das hat sich mit der Zeit auch alles gewandelt, wurde anders dargestellt, aber das ist es schon ziemlich lange, ich kann mich gar nicht daran erinnern, dass es je anders war. Am Anfang war ich Stellvertretung, da hatte ich nicht so viel damit zu tun. Aber seit ich Filialleiter war, war ich verantwortlich für die Planung, die musste ich damals schon abgeben, und zwar für ein Jahr. Das hat sich auch gewandelt, mittlerweile geben wir sie für ein Tertial ab. Aber Verantwortung mussten wir da immer übernehmen, durften wir übernehmen, nicht mussten sondern durften wir übernehmen. Denn das war nicht üblich und ist auch heute noch nicht üblich. Ich kenne kein anderes Unternehmen, wo man die Zahlen zur Verfügung hat und wo für die Mitarbeiter so viel getan wird, zumindest was den Einzelhandel betrifft. Es gibt bestimmt noch andere Unternehmen, aber im Einzelhandel ist das – glaube ich – einmalig. Das habe ich noch nie erlebt woanders. So hat sich das gewandelt. Das fing an mit dem Grundseminar bei Herrn Siethoff, das waren die ersten Schritte. Ich glaube, mit ihm hat Herr Werner damals – ich bin mir nicht ganz sicher – das Grundseminar entworfen. Herr Siethoff war ja Unternehmensberater, ich glaube, er kam aus der Schweiz. Wie er dann aufgehört hat, hat Herr Werner – glaube ich – Dietz und Kracht mal besucht und gesagt, ja, das wäre was für meine Mitarbeiter. *So ist das zustande gekommen, diese Art zu führen, die dialogische Führung. So richtig miterlebt haben wir es eigentlich mit unserer Gebietsverantwortlichen. Sie ist eigentlich die treibende*

Kraft, die das voran treibt. Sie ist jetzt ungefähr 6, 7 Jahre bei uns, und seitdem versucht sie, uns zu fördern und zu fordern.

<u>LPH:</u> *Wie macht sie das?*

<u>IP:</u> *Angefangen hat es mit dem Besuch, den wir zusammen in unserem Gebiet gemacht haben, dann die Filialleitersitzungen, die Gespräche, die sie mit uns geführt hat. Sie hat versucht, mit uns dialogische Führung zu machen.* Sie kommt offen zu uns herein, nicht mit erhobenem Zeigefinger. Sie will, dass wir selber die Augen aufmachen und schauen, was passiert da, wie geht man miteinander um. So haben wir viele Sachen selber dann gemacht, das, was Dietz und Kracht gemacht haben, in kleinem Rahmen weitergeführt. Das hat sie schon toll gemacht. So ein Seminar selber machen, ist ja schon etwas anderes. Aber das kann die Frau XXX (die GV – Gebietsverantwortliche – Anmerkung:LPH) sehr gut.

<u>LPH:</u> *Wie geht das vor sich?*

<u>IP:</u> *Ich denke mal, man überlegt immer, was ist eigentlich gemeint mit der dialogischen Führung und vergleicht es mit seiner eigenen Arbeit. Zumindest geht es mir so. Dann schaue ich, was kann ich denn überhaupt anwenden, was geht denn überhaupt. Wie könnte ich das denn umsetzen? Das Prinzip der dialogischen Führung ist für mich eigentlich verständlich, da stehe ich auch dahinter, ich finde es sehr gut. Ich denke, ein Mensch, der versteht warum er etwas macht, seine Arbeit viel besser macht als wenn ich ihn mit Zuckerbrot und Peitsche dazu zwinge. Das ist meiner Meinung nach so, wenn ich weiß, warum ich was mache, ist es einfacher. Ich denke, dafür ist die dialogische Führung ideal. So ist der Prozess einmal bei mir entstanden und dann ist er immer fortgeführt worden. Ich habe die Dinge immer weiter vertieft. Beim ersten Mal habe ich nicht so richtig begriffen und dachte, was will der den eigentlich von uns? Was soll ich denn da jetzt ändern? Ich glaube, man muss erst* *mal seine innere Einstellung überdenken und dann vergleichen, wie sieht es denn bei mir aus? Wie hole ich die Menschen ab, sind das alles nur meine Arbeiter, die ihr Geld hier verdienen? Oder kann ich damit andern auch ganz anders reden, sind das eigentlich diejenigen, die die Kathedrale selber bauen, die wissen, worum es geht? Die haben ja noch ein ganz anderes Potential. So hat sich das eigentlich immer weiter bei mir vertieft in meinem Wissen und meiner Erkenntnis darüber, und ich habe versucht, das immer weiter umzusetzen, Schritt für Schritt. Das ist wie bei einer großen Wanderung, man fängt mit einem ersten Schritt an, und vielleicht kommt man irgendwann mal an. Wobei ich das manchmal bezweifle, weil man immer wieder in dieselben Fallen tritt. Aber ich denke mal, das ist ganz menschlich.* Ich erwische mich manchmal leider auch immer wieder dabei, dass ich die Menschen in eine Schublade stecke, rein und zu. So geht es mir manchmal. Ich denke, ich werde immer weniger in diese Falle tappen, aber ab und zu passiert es halt. Dann versuche ich, es mir immer ins Bewusstsein zu rufen: Moment, vielleicht ist das gar nicht so.

LPH: Wenn Sie jetzt sagen dialogische Führung – ein Seminar mit Ihrer Gebietsverantwortlichen und Ihren Mitarbeitern in der Filiale, wie geht das vor sich?

IP: Dialogische Führung ist halt das, was Frau XXX (die GV – Anmerkung: LPH)) mit uns macht, und wir machen das im Rahmen unserer Filiale. Wie das in der Praxis vor sich geht? Um es einmal ganz einfach auszudrücken: Früher ist man hingegangen und hat gesagt, das und das muss gemacht werden. Ich mache das so und so, mach du es auch so. Und dann hat man das so gemacht, dabei hatte die Verkäuferin, die 20 Stunden an der Kasse sitzt, eine ganz tolle Idee. Sie weiß genau, dass ein Artikel viel besser gehen würde, wenn er an einem anderen Ort stehen würde. Man hat es aber nicht gesehen, man wollte es nicht sehen. Hätte man aber vorher eine Sitzung gemacht und gesagt:

Das und das ist mein Ziel, jetzt sagt mal, was haltet ihr davon? Wie könnte man es noch machen? Oder hat jemand eine Idee, wie wir es noch anders machen können? Auf diese Art kriegt man sehr viel mehr Ideen rein, um nachher eine Entscheidung zu treffen. Man entscheidet sich dann für etwas, wo sehr viel weniger Fehler drin sind, man trifft eine positive Entscheidung. Man ist dann offener, man sagt nicht: Das ist mein Ziel, da geht die Eisenbahn drüber, so ist das früher gesagt worden, aber das ist nicht mehr so.

LPH: Da ist die Eisenbahn drüber gefahren.

IP: Das war so ein Spruch der früheren Jahre. Wenn der Bezirksleiter rein kam: Das wird jetzt so und so gemacht, da konnte man argumentieren, wie man wollte, da fuhr dann die Eisenbahn drüber. Das war in den ersten zwei Jahren. Frau XXX hat in den Gesprächen versucht, die Möglichkeiten offen zu lassen und nicht die Entscheidung schon vorweg zu nehmen. Vor 3 Jahren habe ich den Laden umgebaut, es ging darum, das neue Ladenbild einzuführen. Ich glaube, für die Entscheidung des Ladenplanes haben wir ungefähr ein dreiviertel Jahr gebraucht, allein für den Entscheidungsprozess. Wir haben die Pläne immer wieder umgestoßen und haben sie zusammen – Frau xxx, ich und meine Assistentin – dann erstellt. Wobei uns Herr xxx auch noch geholfen hat, das war schon spannend, was da passiert ist. Da habe ich das zum ersten Mal richtig live erlebt, dialogische Führung mit der Chefin. Das war auch zu dem Zeitpunkt, wo wir das erste Seminar mit Dietz und Kracht hatten. Nach unserer Entscheidung waren wir eigentlich alle zufrieden. Wir haben lange überlegt, aber es ist etwas Gutes dabei herausgekommen. So versuchen wir es halt auch im Kleinen. Im Grunde hat ja auch LIDA einen ähnlichen Charakter „Lernen in der Arbeit“. Man sagt dem Azubi nicht mehr: Das ist ein Stuhl, der muss so und so aussehen, sondern man gibt ihm Material und sagt: Mach mal einen Stuhl. Ob er drei Beine hat oder vier Beine hat, das bleibt mal erst dahingestellt. Man soll und darf auch Fehler machen, um daraus zu lernen. Diese Offenheit, damit umzugehen, das verzahnt sich bei uns immer mehr, das wird immer fließender, diese ganzen Sachen, die wir da einführen. *Ob das LIDA für den Azubi ist oder auch dialogische Führung, was für mich auch immer eine Persönlichkeitsentwicklung ist. Man kann nicht alles umsetzen, man muss sich auch selber weiter entwickeln. Das hilft einem auch im privaten Bereich.*

LPH: *Inwiefern?*

IP: *Man wird gelassener, man ist nicht mehr so auf seinen Standpunkt aus, sondern versucht wirklich, erst einmal den anderen zu verstehen. Was sagt der jetzt, habe ich ihn richtig verstanden? Man fragt erst mal nach. Viele Sachen kommen aus Missverständnissen heraus, wo man das Bild des Gegenüber gar nicht im Kopf hat. Man hat sein eigenes Bild und will seines durchsetzen. Man will seinen Willen einfach durchsetzen und beachtet dabei gar nicht, dass der andere es vielleicht ganz anders sieht. Von seinem Standpunkt sieht es vielleicht ganz anders aus. Da muss man sich halt mal wirklich an seine Stelle versetzen und die Sache von da aus betrachten. Das ist ganz wichtig, dass man das einfach mal macht. Diese Seminare haben mir immer sehr viel Spaß gemacht und auch sehr viel geholfen, mich selbst weiter zu entwickeln.*

LPH: *Wie würden Sie die Schritte beschreiben oder bezeichnen in dem ganzen Prozess?*

IP: *Die Schritte? Dialogische Führung oder meine Entwicklung?*

LPH: *Beides. Oder Phasen oder Etappen!*

IP: Ein erster Schritt ist das Kennenlernen oder Anschnuppern. Man hört etwas darüber, man liest etwas darüber, aber so richtig verstehen tut man es eigentlich nicht. Dann hat man als nächsten Schritt in der Filialleitersitzung die Unternehmensphilosophie kennen gelernt und verstanden, was man damit erreichen will. Wie gesagt, am Anfang habe ich gedacht, das sei irgend so ein spiritistischer Unsinn, weil es in krassem Gegensatz zu dem stand: Zentimetermaß Palette und jetzt ab. Das war wirklich ein Gegensatz, ganz am Anfang. Aber das hat sich ja gewandelt. Dann hat man erfahren, was Unternehmensphilosophie überhaupt soll, man hat das Grundseminar kennen gelernt und später kam die dialogische Führung von Dietz und Kracht. Die Schritte waren: erst mal hören, anschnuppern, kennen lernen, vertiefen, das weitere Vertiefen mit unserer Gebietsverantwortlichen, wo man weiter tiefer in das Thema einstieg. Dann versucht man, mit seiner Stellvertretung dieses Thema zu vertiefen, mit seinen Mitarbeitern. Anschließend versucht man die Umsetzung. *Meine persönliche Entwicklung, wenn man die schrittweise durchgeht: Angefangen habe ich als junger Mann, man hat ein klares Aufgabenfeld bekommen, das und das musst du tun, fertig, aus. Das hatte eigentlich nicht viel mit Führung zu tun. Man kannte nur dieses Schema: Anweisung, Ausführung, fertig. Dann kam es für mich zum ersten Kennenlernen der Unternehmensphilosophie. Im Nachhinein denke ich, ich habe auf diese Schritte gewartet, wenn man sich das im nachträglichen Betrachten mal so anschaut. Angefangen habe ich als Stellvertretung, ein Jahr lang. Dann habe ich ein Jahr Filialleitung gemacht, bin etwas heftig mit dem Bezirksleiter aneinander geraten. Ich wollte eigentlich damals aufhören. Mein damaliger Gebietsverantwortlicher sagte mir, eigentlich wollen wir dich behalten. Du kommst in eine andere Filiale. Dann ging es darum, entweder weiter Filialleiter zu bleiben oder hier in der Filiale XXX Stellvertretung zu machen. Das letztere habe ich dann gemacht, bin also einen Schritt nach hinten gegangen – von der Verantwortung her vielleicht, aber für meine Persönlichkeitsentwicklung war es eigentlich ein*

Schritt nach vorne. Weil ich sah, so ging es halt nicht, es war eine fest gefahrene Situation. Dann habe ich gesagt: Gut, dann will ich es auch nicht mehr, dann mache ich lieber Stellvertretung als eine kleine Stelle als Filialleiter. Das hätte mir nichts gebracht. Letztendlich war es für mich die richtige Entscheidung, diese große Filiale kennen zu lernen. Ich hatte zwei gute Chefs, zum Schluss den Herrn XXX, von dem ich auch sehr viel gelernt habe, der mir auch gezeigt hat, hier darfst du Verantwortung übernehmen, hier kannst du Verantwortung übernehmen, hier musst du sogar Verantwortung übernehmen. *Dass es eine große Filiale ist, hat mich persönlich sehr weit gebracht. Eigentlich habe ich auf so etwas gewartet und innerlich vielleicht auch erhofft, dass da jemand ist, der mich persönlich fordert und meine Entwicklung weiter bringt. Es war vielleicht äußerlich ein Schritt zurück, aber innerlich eigentlich nicht.* Die ersten 1 ½ Jahre waren relativ schwierig, man wurde von den Kollegen schon komisch angeguckt, aber das wir mir damals auch egal. Letztendlich habe ich diesen Schritt nie bereut, diesen Schritt zurück zu machen hat mir sehr gut getan. Im Nachhinein habe ich es als Glücksfall betrachtet, dass ich es so gemacht habe. Man weiß ja nie im Voraus, wie die eigene Entscheidung ausgeht. Ich hätte auch kündigen können oder als Filialleiter in eine kleine Filiale gehen können, aber ich habe keine Ahnung, wie das ausgegangen wäre. Aber ich bin zufrieden mit meiner Entscheidung, dass ich das so gemacht habe.

LPH: *Was entwickelt sich da persönlich?*

IP: *Unter anderem das Selbstbewusstsein. Das war damals mit dem Schritt zurück sehr in den Keller gegangen. Vom Filialleiter zurück zum Stellvertreter – da zerreißen sich die Kollegen das Maul.* Der Bezirksleiter guckt einem schief an: Was ist das für ein Kerl, für ein Versager? Man stellt sich das vor, vielleicht haben das einige damals gesagt. *Mein damaliger Filialleiter hat mich unterstützt in* *dem Punkt, auch die dialogische Führung eingesetzt und gesagt: Mach dir keine Gedanken darüber, das ist im Grunde ganz egal, was die von dir denken.* Ich mache die Schublade auf und lasse dich raus. Du darfst hier Verantwortung übernehmen, du musst Verantwortung übernehmen. Das hat er mir damals gesagt und das ist auch so eingetreten. Und gerade hier mit sehr vielen Menschen zu arbeiten, ist ja relativ schwierig. Wir haben hier nicht nur 10 Mitarbeiter, hier laufen schon 50-60 Mitarbeiter rum. *Das hat mich persönlich eigentlich weiter gebracht, damit umgehen zu können. Das ist wirklich nicht einfach. Das hat mein Selbstbewusstsein gestärkt, dass ich meine Arbeit wieder gut machen kann. Und ich war offen für Neues. Mit einem guten Selbstbewusstsein klappt alles besser. Ich habe meine Arbeit getan und hatte auch Zeit für andere Sachen. Da habe ich auch gelernt, Verantwortung zu übergeben. Das war auch so ein Schritt, den ich langsam lernen musste, weil man am Anfang alles selber machen will, obwohl man den anderen auch Verantwortung geben kann, auch muss. Auch ist die Einsicht in mir langsam gereift, dass ich eigentlich nichts bin, dass ich ersetzbar bin. Das ist das Wichtigste. Wir sind ein Team, darauf lege ich großen Wert, dass es nie die Leistung eines Einzelnen ist, das was nachher auf der WBR nachher steht.*

LPH: *WBR ist Wertbildungsrechnung.*

IP: *Ja, das ist nichts anderes als Gewinn- und Verlustrechnung. Das ist die Arbeit des Teams. Gut, ich habe vielleicht die Verantwortung dafür, aber wenn unten etwas dabei raus kommt, dann ist das nicht allein mein Verdienst, sondern Verdienst von allen. Es ist ganz wichtig, das auch so rüber zu bringen. Das ist wie bei der Kathedrale, jeder einzelne Baustein ist wichtig, sonst fällt die Kathedrale zusammen. In diesen 5 Jahren in der Filiale XXX hat mich das in meinem Bewusstsein weiter gebracht, auch in meiner persönlichen Haltung gegenüber den*

Menschen. Ich bin auch viel lockerer geworden, ich interessiere mich gar nicht mehr dafür, was die anderen von mir denken oder was sie von mir halten. Das war mir früher viel wichtiger als heutzutage. Vielleicht liegt es daran, dass es in XXX war, da geht die Buschtrommel viel heftiger zur Sache. Man kennt das [anonymisiert – LPH] – haben sie das schon mal gehört? Den gibt es da noch. Hier ist das nicht so schlimm.

<u>LPH:</u> Liegt das an der Mentalität?

<u>IP:</u> Vielleicht. Das ist so meine Entwicklung, die ich bei [b.U.] hinter mir habe. Im Moment habe ich auch sehr viel Verantwortung. Ich habe schon angedeutet, dass ich mit den Kollegen das Projekt „Abenteuer Lernen“ mache, wo wir junge Menschen fördern und fordern, versuchen, ihre Potentiale offen zu legen. Das sind nicht nur Stellvertretungen, das sind auch junge Auszubildende, die gerade fertig geworden sind, oder andere Mitarbeiter, von denen man glaubt, dass sie gefördert werden sollten. Die haben wir dann in diesem Gebiet in vier Gruppen eingeteilt, so ein bisschen nach Wissensstand, damit das nicht so weit auseinander klafft. Ich habe früher auch die Stellvertretersitzungen geleitet in diesem Gebiet, da haben wir festgestellt, dass bei 23 Filialen der Wissensstand der einzelnen Mitarbeiter weit auseinander driftet, das ist schon unglaublich. Da gibt es Stellvertreter, die das bereits seit einigen Jahren machen und schon auf dialogische Führung geschult sind, und dann gibt es welche, die sind erst ein halbes Jahr da. Da gibt es schon Unterschiede im Wissensstand, der eine ist unterfordert, der andere ist überfordert. Darum haben wir gesagt, wir teilen in 4 verschiedene Gruppen ein, je nach Wissensstand, und jeder von uns betreut eine Gruppe. Dialogische Führung ist dabei auch ein Thema, das machen wir bei den erfahrenen Mitarbeitern in Gruppe 3 und 4. Damit können sie bei Gruppe 1, bei den Mitarbeitern, die erst ein halbes Jahr da sind, nicht kommen, das wird schwierig. Die muss man langsam heranführen.

<u>LPH:</u> Wie erleben die Neuen das Ganze?

<u>IP:</u> Ich habe die Erfahrenen, die Lerngruppe 3. Ich denke mal, die werden das ähnlich erfahren wie ich damals. Die werden erst mal da stehen, den Kopf schütteln und denken: Was will der von uns? Ich glaube, das ist sehr häufig eine erste Reaktion. Wir haben uns auch untereinander damals ausgesprochen und gefragt: Wie empfandet ihr denn das? Viele meiner Kollegen sagten: Was wollen die eigentlich von uns? Was sollen wir damit machen? Beim ersten Seminar bin ich genauso herausgegangen, habe gedacht: Was wollen die von uns, wie soll ich das umsetzen, in welchem Rahmen soll ich das umsetzen? Das ist schon starker Tobak, was da rüber kommt, zumal man im Seminar sieht, in welche Fallen man da stolpern kann. Das geht ganz schnell.

<u>LPH:</u> *Was bewirkt das Ganze?*

<u>IP:</u> *Bei mir Zufriedenheit und dass ich meinen Job liebe. Ich gehe gerne zur Arbeit. Mir geht es manchmal so, dass ich auf die Uhr schaue und denke: Was, ich habe schon Feierabend? Ich mache meine Arbeit gerne, das ist so die Entwicklung, die ich bei mir sehe. Ich denke, bei den anderen ist das auch so. Die merken, sie dürfen auch etwas sagen, sie werden in den Prozess mit einbezogen, sie dürfen etwas mit dazu tun. Da werden Ideen von ihnen übernommen. Das stärkt den Mitarbeitern das Selbstbewusstsein.* Die gehen dann viel offener miteinander um, bringen auch Vorschläge mit. Meine Stellvertretung fragt zum Teil gar nicht mehr, sie macht das einfach und sagt dann, ich habe das so und so gemacht aus dem und dem Grund. Dann sage ich: Okay, alles klar, ich weiß Bescheid. Und es hat auch Hand und Fuß, was sie macht. Im Grunde wird für mich die Arbeit immer leichter.

<u>LPH:</u> Wie werden Sie denn da gesehen in der Filiale? Sie sind ja doch der Filialleiter von der Position oder Funktion her.

IP: Ich werde auch als Filialleiter gesehen. Ich denke da nicht anders als früher, nur dass es einfach offener zugeht, dass sich halt jeder daran beteiligen kann und darf. Ich denke, das ist auch eine Entwicklung, die Schritt für Schritt vorangegangen ist. Das hat sich einfach so entwickelt und ist mit meiner persönlichen Entwicklung einher gegangen. Es ist einfach Klasse, dass jeder mit entscheiden kann, und dass es nicht wie früher heißt: So und so wird es gemacht.

LPH: *Aber die Regale müssen ja weiterhin gepflegt werden, damals wie heute.*

IP: *Richtig. Warum müssen die gepflegt werden, fragt man dann.*

LPH: *Sie oder die Mitarbeiter?*

IP: *Wir als Team. Ohne Regale kein Umsatz, ohne Umsatz keine Entschuldung, Verschuldung. Und ohne Entschuldung, Verschuldung geht das Unternehmen irgendwann den Bach runter. Ich versuche, es immer so als Ganzes zu sehen und den anderen auch zu zeigen.* Am besten kann man es machen im Kleinen, dass man versucht, den anderen die WBR mal beizubringen, dass man zeigt, was man da sieht. Man muss nicht ins Detail gehen. Man zeigt, was in der Wertbildungsrechnung drin steht, was es beeinflusst, was am Ende übrig bleibt. Was wir mit dem Geld machen, dass wir damit am Ende das Unternehmen weiter führen. *Das sehen die Mitarbeiter auch schon als Ganzes. Dann ist ihnen auch bewusst: Wenn wir keine Ware auffüllen, machen wir auch keinen Umsatz. Das steht schon mit an erster Stelle. Ohne Ware kann man auch keinen Kunden beraten, was ja auch ein wichtiger Punkt ist im Umgang mit dem Kunden. Das sehen meine Mitarbeiter schon so, dass das sehr wichtig ist. Da muss auch jeder mit ran. Und wenn ich da bin und habe Zeit dafür, gehe ich genauso an die Ware wie jeder andere auch. Ich setze mich an die Kasse* *wie jeder andere auch, um den anderen auch die Freiheiten zu geben. Bei der Größe meiner Filiale ist man noch so Mädchen für alles.*

LPH: *Wie viel Mitarbeiter sind in Ihrer Filiale?*

IP: *8 Mitarbeiter + 6 Aushilfen. Da muss man den anderen auch Freiheiten geben.* Zum Beispiel kümmert sich meine Auszubildende um das „Soapland", sie muss bestellen, muss neu dekorieren, muss sich da einbringen. Als ich früher Stellvertretung war, habe ich nie an der Kasse gesessen. So etwas geht nicht, man muss sehen, dass es als Ganzes funktioniert. Es kommt auch immer auf die Größe der Filiale an. Der Schritt von der großen Filiale in die kleine hat mir geholfen. Früher habe ich es vielleicht nie so gesehen. *Heutzutage sehe ich es so, dass man sich immer wieder neu entwickeln muss und immer hinterfragen muss: Stimmt das so noch, was ich da mache?* Dabei hat mir auch das Seminar geholfen, dass man immer wieder mal seinen Standpunkt überprüft. Wie schnell passiert es, dass man mit Scheuklappen durch die Filiale rennt, ohne wahr zu nehmen, was da läuft. *Man muss die Dinge immer wieder anders anpacken und anders sehen. Man muss hinterfragen: Ist das so richtig oder muss ich mich umstellen? Da hilft einem die dialogische Führung dabei, die Dinge wieder mal zu hinterfragen.* Auch diese rasante Entwicklung bei uns ist im Grunde dasselbe. Wer nicht weiter lernt, sich nicht weiter entwickelt, der wird irgendwann überholt, bleibt stehen und das war's dann. Herbert Grönemeyer besingt das doch so schön: Stillstand ist der Tod. Und es ist wirklich so: Wer aufhört zu lernen, sein Leben lang, der bleibt irgendwann stehen, dann gehört man zum alten Eisen, um es mal ganz krass auszudrücken.

LPH: Was ist für Sie Entwicklung?

IP: Entwicklung? Ja alles. Alles entwickelt sich weiter. Produkte, die es gestern noch gab, sind weg, es gibt völlig neue, auch Computer-Programme.

LPH: *Welchen Einfluss hat solch eine Führung im Hinblick auf die Kunden, wenn Sie Ihre 16 Jahre so durchgehen?*

IP: *Am Anfang war es ein störender Faktor. Es wurde nicht gern gesehen, dass man mit dem Kunden ans Regal geht, wenn er ein bestimmtes Produkt gesucht hat.* Heute ist es Pflicht, diesen Kundenkontakt zu halten und mit ihm ans Regal zu gehen und zu sagen: Hier haben Sie Ihre Zahnbürste, oder was auch immer. Früher hieß es: 30 Meter weiter, rechte Seite, da ist der gewünschte Artikel. Gehen Sie mal dahin. Und dann wird weiter gepackt. Da durfte man vom Bezirksleiter aus nicht mitgehen, sonst hat man eine Abmahnung bekommen oder etwas Ähnliches. Das ist jetzt ein bisschen überzogen dargestellt, aber das war schon so. *Aber man muss bedenken, unser Arbeitgeber ist der Kunde. Ich bekomme mein Geld vom Kunden, nicht [b.U.] bezahlt mich, ganz krass gesagt, es ist so. Wenn der Kunde nicht mehr zum Einkaufen kommt, dann verdiene ich nichts mehr. Da hat sich Blickwinkel schon weitgehend geändert.* Man muss sich nicht alles gefallen lassen, das ist schon richtig, aber es gibt nur ganz selten Kunden, die wirklich unangenehm sind. Und selbst beim unangenehmen Kunden weiß man ja nicht, was der Grund war. Vielleicht hat ihn seine Frau ausgeschimpft oder er hatte einen schlechten Tag im Büro, da passiert es schon mal, dass man angeraunzt wird vom Kunden, aber das sollte man vielleicht auch mit mehr Lässigkeit nehmen. Ich schüttle zwar manchmal auch den Kopf, was man sich alles gefallen lassen muss, aber das muss eigentlich zum einen Ohr rein und zum anderen raus gehen. Die meisten Kunden sind eigentlich sehr nett, wenn man sie zuvorkommend behandelt, geben sie das zurück. Im Grunde ist es einfach, mit den Kunden umzugehen. Ich war eigentlich immer sehr freundlich zu den Kunden. Ich habe es nie als störenden Faktor empfunden, wenn der Kunde etwas von mir wollte. Mir ist zwar früher verboten worden mitzugehen, aber das hat sich relativ schnell geändert. Das war nur für eine ganz kurze Zeit. Der Kunde war eigentlich schon immer unser Arbeitgeber und nicht [das b.U.]..

LPH: *Wie sehen das Ihre Mitarbeiter?*

IP: *Eigentlich genau so, obwohl die manchmal mehr leiden müssen als ich. Wenn eine Mitarbeiterin an der Kasse von einem Kunden angeraunzt wird, das ist schon mehr als unangenehm, das erlebt man leider ab und zu doch schon mal. Aber das ist halt der Lauf der Dinge, das ist normal.*

LPH: Was für eine Bedeutung hat dann die Zentrale für Sie in dem ganzen Geschehen, in der gesamten Führung der Firma, des Unternehmens, der Filialen?

IP: Ich weiß jetzt nicht so recht, auf was Sie hinaus wollen. Die Zentrale ist ein Dienstleister für mich. Da habe ich eigentlich noch nie so darüber nachgedacht.

LPH: *Aber Sie haben doch mit der Zentrale auch zu tun, oder?*

IP: *Ja natürlich. Die machen ja auch viele Sachen für mich. Wie sehe ich das? Um es mal vorsichtig auszudrücken, ist es manchmal relativ unterschiedlich. In manchen Punkten ist man zufrieden, sie machen das, was man bekommen muss, um seine Arbeit tun zu können. Aber manchmal gibt es Sachen, die man gerne besser haben würde, wenn man Sachen eingibt, die manchmal ignoriert werden. Da denke ich, es fehlt manchmal die Sichtweise des anderen. Der eine kann sich nicht auf meinen Blickpunkt einstellen, und ich nicht in den vom Gegenüber.* Ein Beispiel: Palette, Display ....(nicht verstanden) kommt wieder an für 66 Filialen, kann man in dem Moment überhaupt nicht gebrauchen. Aber ob der Einkäufer, der es gemacht hat, Geld dafür bekommen hat, woher soll ich das wissen, könnte aber theoretisch sein. (Anm. Transkriptorin: Für die Richtigkeit dieser 3-4 Sätze kann ich keine Garantie übernehmen, da der Zusammenhang für mich schwer verständlich war). Der Einkäufer weiß jetzt nicht: Ich habe hier eine kleine Filiale, Lager 30 qm, wo soll ich das jetzt noch unterbringen? *Das sieht der vielleicht auch nicht. Da fehlt es manchmal ein bisschen am gegenseitigen Verständnis. Aber ich denke, das wird auch immer so bleiben, weil das Unternehmen langsam auch zu groß wird, auch die Informationsflut, die auf uns zukommt. Ich merke das manchmal selber an mir, man geht nachher nur noch hin und löscht die Mails, die einem unwichtig erscheinen.* Da steht vielleicht die Information drin, und das ist völlig unbeabsichtigt gemacht worden. Zuteilung: Palette L'Oreal-Haarfarben, zu Superkondition bekommen, deshalb zugeteilt. Zu tun: Nichts. Jeden Tag kriegt man 30, 40 Mails. Die liest man nicht alle. Dann kommt die Palette und man denkt: Was soll ich damit? Auch eine Art von Missverständnis, das entstehen kann, deshalb sehe ich das auch nicht als so schlimm an. Es für die schwierig und auch für uns schwierig. *Aber letztendlich muss man die Zentrale so sehen, dass die Dienstleister für uns sind. Ich kenne es jetzt vom Verteilzentrum, von Herrn ... aus, der auch immer zu seinen Mitarbeitern sagt: Wir bedienen die, wir dienen den Filialen. Ohne die machen wir keinen Umsatz und können nicht leben. So wie wir für den Kunden da sind, so wie der Kunde unser Arbeitgeber ist. So sagt der: Unsere Filialen sind unsere Arbeitgeber und kein anderer. Für die müssen wir alles tun. Wenn das für die einfacher ist, dann sollten wir darauf hin arbeiten, dass wir es auch so hin kriegen, sich wieder in die Sichtweise des anderen rein versetzen, um das Bestmögliche zu erreichen.* Chaotisch ist es auch, weil in der Zentrale alles so schnelllebig geworden ist. Der Ansprechpartner, der vor einem halben Jahr noch da war, ist schon wieder versetzt worden. Manchmal geht es einem auch so, wenn man den Mitarbeiter aus der Zentrale persönlich kennt, wenn man ihn schon mal gesehen hat, geht man ganz anders miteinander um. Das ist mir selber schon so gegangen, und da fragt man sich: Warum ist das eigentlich so?

LPH: Wenn man ihm persönlich begegnet ist, nicht nur über Telefon.

IP: Wenn man ihn nur über Telefon kennt, dann raunzt man ihn auch mal an, der ist anonym, den kann man in eine Schublade stecken. Wenn man ihn persönlich kennt, mit ihm schon gesprochen und persönliche Erfahrungen gemacht hat, geht man anders damit um. Und derjenige macht dann auch eher etwas, was man gerne hätte, sagt dann: Okay, ich kümmere mich darum, damit es klappt. Im andern Fall hätte er vielleicht gesagt: Was will der schon wieder? Ein Problem ist mittlerweile wirklich die Flut der Informationen, die aus der Zentrale kommt. Es ist schwierig, das alles zu bearbeiten. Manchmal fragt man sich: Brauchen wir das alles? Anscheinend doch. Mit der Zentrale hat man eigentlich relativ wenig zu tun, die arbeiten einem zu, die standardmäßigen Sachen, aber das war's dann auch schon. Mehr hat man eigentlich mit dem Verteilzentrum zu tun wegen der Ware.

LPH: Da ist der Kontakt stärker.

IP: Ich denke schon. Der Kontakt zur Zentrale findet eigentlich stärker über den GV statt und den Regionsverantwortlichen XXX.

LPH: Haben Sie mit dem auch zu tun?

IP: Manchmal schon, ja. Wir haben immer Regionstage im Gebiet und unser Filialmeeting, da ist er immer dabei. Die ganze Region ist dabei, mit unseren 3 GVs, mit ihm, mit einem aus der Geschäftsführung, wo dann neue Sachen vorgestellt werden, neue Ideen. Bei den Regionstagen werden auch solche Sachen gemacht, wie Persönlichkeitsentwicklung und solche Dinge, die einem selber weiter bringen, andere Sichtweisen. Wir haben zum Beispiel schon mal ein Meeting gemacht in XXXXX XXXXX, wo wir mal das Leben der Mönche da sehen konnten. Das war schon sehr interessant. Da haben wir mal aus einem ganz anderen Blickwinkel die Welt gesehen. Da war ein Mönch, der konnte erzählen, das war herrlich, sagenhaft war das, der hat das Leben aus einem ganz anderen Blickwinkel, völlig losgelöst von unserem Dasein, dargestellt. Das finde ich so faszinierend an unserem Unternehmen, dass man immer wieder die Chance bekommt, das Leben aus einem ganz anderen Blickwinkel zu sehen. Das ist das Spannende bei[m b.U.], dass man die Möglichkeit hat, sich weiter zu entwickeln.

LPH: In der Arbeit und durch die Arbeit, oder?

IP: Zum großen Teil, ja.

LPH: *Wie sehen Sie die Arbeit und das übrige Leben?*

IP: *Meine Arbeit ist mir sehr wichtig. Ich müsste eigentlich lügen, wenn ich sagte, das steht vor meiner Familie. Das hat schon eine Gleichberechtigung. Das habe ich aber auch immer so meiner Familie gesagt. Letztendlich brauche ich meine Arbeit auch, um meine Familie zu ernähren. Und ich bin froh, dass ich diesen Beruf ergriffen habe und auch erlernt habe, denn viele meiner Freunde oder ehemaligen Schulkameraden sind sehr unglücklich in ihrer Arbeit.*

LPH: *Warum sind die in ihrer Arbeit unzufrieden im Vergleich zu Ihnen?*

IP: *Die sind nicht ausgefüllt, gehen zur Arbeit, wissen nicht, was sie tun müssen, dürfen oder sollen. Dann gehen sie unzufrieden nach Hause. Die sind so unausgefüllt, eine innere Unzufriedenheit bei vielen.*

LPH: *Jetzt könnte Ihnen einer sagen: Regale füllen bei[m b. U.] macht doch nicht glücklich. Das könnte doch jemand sagen, oder?*

IP: *Das könnte jemand sagen. Ich weiß auch nicht, ob das für jeden etwas ist. Es ist auf jeden Fall abwechslungsreich, es ist nicht wie ein Bürojob, wenn man zum Beispiel als Finanzbeamter jeden Tag dieselben Formulare bearbeiten muss. Das könnte ich nicht. Da muss auch jeder Mensch seine eigenen Prioritäten setzen und sich sagen: Okay, das* *ist was für mich, das mache ich unheimlich gerne. Wenn er den ganzen Tag am Schreibtisch sitzen möchte, ist das auch in Ordnung. Aber manche sind auch sehr unausgeglichen, sehr unausgefüllt dabei. Ich würde den Job nicht tauschen wollen, ich kann nicht den ganzen Tag nur hinten im Büro sitzen. Mir reicht es schon, wenn ich meine Planung mache, da bin ich froh, wenn ich wieder raus bin aus dem Büro. Mir würde der Kontakt zu den Kunden und zu meinen Mitarbeitern fehlen. Ich glaube, da spielt aber auch die Persönlichkeit eine Rolle. Da sollte man wirklich sich selbst mal fragen, ob das der Beruf ist, den man machen möchte. Wenn man da wirklich ehrlich zu sich ist, dann ist es doch in Ordnung.*

LPH: *Und wie ist das für Ihre Mitarbeiter, die Arbeit hier? Wie schätzen Sie das ein?*

IP: *Unterschiedlich. Da ist es so ähnlich wie in der Geschichte mit der Bauhütte. Ich habe auch ein, zwei Mitarbeiter, die wollen nur ihr Geld hier verdienen. Das ist so. Anderen kann ich spezielle Aufgaben übergeben, denen kann ich Verantwortung übertragen. Und bei meiner Assistentin, da sage ich gar nichts mehr. Die sieht ihre Arbeit. Der brauche ich nicht zu sagen: Hör mal, das und das muss noch gemacht werden. Da ist mehr die beratende Funktion, was wir beide machen. Manchmal setzen wir uns bei einem Kaffee zusammen und beraten, was ist noch zu tun, wann machen wir etwas Bestimmtes, was außerhalb des Rahmens fällt.* Es ist eigentlich ein sehr eingespieltes Team hier bei mir. Viel Potential hat meine Stellvertretung; meine Azubi, die jetzt fertig wird, hat auch sehr viel Potential, was ich auch weiter fördern werde. Dann gibt es einige Mitarbeiter, denen ich spezielle Aufgaben geben kann. Frau XXX übernimmt sehr viel Verantwortung. Sie bearbeitet ihren eigenen Bereich sehr selbstständig; sie macht Kosmetik, da hat sie die volle Verantwortung dafür, die ich ihr übergeben habe. *Letztendlich bin ich schon* *verantwortlich. Wenn mein Gebietsverantwortlicher zu mir kommt und sagt: Die Zahlen für Kosmetik sind schlecht, dann muss ich mich kümmern.*

LPH: *Aber eigentlich sehen Sie das doch selber, oder?*

IP: *Das sehe ich selber. Aber er hat schon die beratende Funktion. Wir gehen da schon in den Dialog und analysieren unseren Monatsbericht, unsere Zahlen. Ich schreibe da schon einen Kommentar an unseren GV, was wir ändern wollen, was wir ändern können, wo Fehler passiert sind, die wir abstellen wollen.*

LPH: *Sie teilen auch Fehler mit.*

IP: *Ja natürlich. Ohne Fehler gibt es niemanden. Das ist meiner Meinung nach völlig normal und völlig legitim. Das fördern wir ja auch beim Lernen in der Arbeit. Wieso soll das für uns nicht gelten? Es ist doch so, je mehr man vorher darüber nachdenkt, was man macht, desto weniger Fehler macht man auch. Wenn ich in die Beratung gehe und überlege, was ich mache, dann minimiert sich das auch. Aber ich denke, es ist ganz normal und legitim, auch Fehler zu machen. Frau XXX ist nicht diejenige, die uns dann den Kopf abreißt, absolut nicht. Das habe ich in den letzten Jahren auch so erlebt, dass damit sehr tolerant umgegangen wird, manchmal war man vielleicht zu tolerant mit Fehlern. Gut, das sind dann nicht Entscheidungen von mir, sondern von GV und RV, wo man denkt: Das Ding hätte ich mir mal leisten müssen, ich glaube, da hätte ich mich selbst rausgeschmissen. Ich gehe manchmal relativ hart mit mir ins Gericht. Wobei ich das in letzter Zeit auch immer lässiger und lockerer sehe. Dafür sind wir halt Menschen. Ohne Fehler würden wir ja auch nichts mehr lernen. Den gleichen Fehler macht man nicht noch mal. Und das ist ja auch dasselbe bei LIDA, bei den Azubis. Wenn da einer ein Regal umbaut, wofür man normalerweise einen halben Tag braucht, und er ist nach zwei Tagen noch nicht fertig, dann ist er nachher selbst frustriert. Das nächste Mal überlegt er* *sich das anders. Wobei man selbst dann verkrampft da sitzt und denkt: Was macht der nur? Aber der größte Fehler, den man dann machen kann, wäre der, dass man sagt: Hör mal, das musst du so und so machen. Das ist ja auch nicht Sinn von LIDA, sondern das, was sie machen. Da muss man manchmal die Augen schließen und nachher im Feedback-Gespräch sagen: Was hast du gefühlt, was hast du gemacht? Dann kommt der schon selber damit raus, dass er sagt: Das war so ein Mist. Ich wusste gar nicht mehr, wo ich anfangen sollte. Ich habe mich da so verrannt. Es ist wichtig, dass er das selbst einsieht und merkt, was für Fehler er gemacht hat. So einen Fehler macht man nicht noch mal. Das ist mir persönlich auch so gegangen. Wenn ich einen Riesen-Bockmist gebaut habe, habe ich mir gesagt: O Mann, was hast du da für eine Scheiße gemacht. Das passiert mir nicht noch mal.*

<u>LPH:</u> *Die Mitarbeiter sehen dann ihre Arbeit selber dadurch? Ganz ohne Anweisung wird es ja auch nicht gehen, oder? Klare Anweisungen, wie Kassenanweisung. Wie macht man Kasse, das ist ja nicht beliebig.*

<u>IP:</u> *Es gibt ein paar Sachen, die bleiben Anweisung, wie zum Beispiel die Kassenanweisung, Umgang mit Bargeld, was auch völlig legitim und richtig ist. Aber ich brauche nicht mehr zu sagen, heute machst du Kasse, morgen du usw., das machen die Mitarbeiter unter sich aus. Ich habe im PC einen Tagesplan, wo immer wiederkehrende Aufgaben drin stehen, da pickt sich jeder etwas raus.*

<u>LPH:</u> Die stehen im PC, und jeder weiß, was zu tun ist?

<u>IP:</u> Ja. Die Etiketten müssen jeden Tag gedruckt werden, die Preisschilder müssen gesteckt werden, der ...behälter muss sauber gemacht werden, die Kassen müssen sauber gemacht werden – all solche Sachen. Zu einem bestimmten Zeitpunkt muss der Tresor gezählt werden, es muss für den Gelddienstleister das Geld fertig gemacht werden usw. *Derjenige, der es macht, wird dann angeklickt. Es ist ein* *sehr eingespieltes Team bei mir, deswegen läuft das eigentlich sehr gut, das ist ein Selbstläufer. Da brauche ich nicht großartig mehr was zu sagen, nur wenn etwas Besonderes kommt. Oder meine Assistentin macht das für mich und ich habe den Freiraum, etwas anderes zu machen. Oder ich mache es selber und gebe den anderen den Freiraum, ihre besonderen Fähigkeiten einzubringen. Wir arbeiten schon sehr lange zusammen, das merkt man auch, deshalb ist das für mich relativ problemlos, diese Filiale zu führen, weil die Leute auch meine Ansichten kennen und ich auch immer sehr offen bin und frage: Wie siehst du das? Hast du einen besonderen Vorschlag, eine andere Idee? Dann kommen die schon selbst mit Sachen, die sie geändert haben wollen. Da bleibt auch nichts anderes übrig, so viele Änderungen, wie es bei uns in letzter Zeit gab. Da muss man viele Ideen haben und Kreativität entwickeln, um alles unterzukriegen.*

LPH: Weil die Fläche begrenzt ist in Ihrer Filiale?

IP: Richtig. Unsere Filiale ist relativ klein, deshalb muss man auch sehr flexibel sein. Da gab es ja auch gewaltige Steigerungen. Als ich angefangen habe, waren es drei- bis viertausend Artikel. Mittlerweile sind es 12.000 Artikel.

LPH: In Ihrer Filiale?

IP: In jeder Filiale. So viel ich weiß, sind es 12.000 verschiedene Artikel. Das ist schon eine Menge.

LPH: *Das erfordert ja auch eine ganz schöne EDV.* Wodurch wissen Sie denn, was Sie brauchen? Nach was richten Sie sich denn da?

IP: EDV-mäßig?

LPH: Nein, überhaupt. Nach was richten Sie sich denn da, was Sie in Ihrer Filiale anbieten?

IP: Darauf haben wir relativ wenig Einfluss. Die Neuentwicklungen kommen aus der Industrie, und derjenige, der entscheidet, was eingelistet wird oder nicht, das ist der sogenannte Einkäufer, also M & B (Marketing und Beschaffung) entscheidet, die bestimmen, was reinkommt. Was wir machen können: Es gibt rosa Zettelchen, darauf kann man einen Kundenwunsch schreiben oder einen Mitarbeiterwunsch. Die gehen dann zum jeweiligen Regionalverantwortlichen, und der leitet das dann weiter. So ist auch einmal Sulfrin aufgeschrieben worden, das ist ein Shampoo, und das ist daraufhin recht schnell eingelistet worden, weil viele Kunden- und Mitarbeiterwünsche in diese Richtung gingen. Das ist nur ein Beispiel, das mir noch in Erinnerung ist. Ein bisschen Einfluss haben wir also auch. Aber es gibt einfach Sachen, die werden nicht mehr hergestellt, da wird die Produktion eingestellt. In unserer schnelllebigen Zeit ist das einfach so. Das wurmt die Kunden sehr oft.

<u>LPH:</u> Gibt es da auch welche, die am liebsten Klassiker im Programm haben möchten?

<u>IP:</u> Schlimm ist es meist für die Damen, die sich an ein bestimmtes Make-up gewöhnt haben. Aber nach 3, 4 Jahren ist die Farbe aus, und dann wird etwas Neues hergestellt, in neuer Aufmachung. Gucken Sie mal die Autos an! Die ändern sich auch immer. Wer kauft denn heute noch ein altes Auto? Das muss schon ein Oldtimer sein, ein Porsche, o.k.

<u>LPH:</u> Und selbst der verändert sich immer wieder!

<u>IP:</u> Es ist so. Wenn Sie ein neues Auto kaufen, wollen Sie kein Modell haben, das vor 20 Jahren modern war, sondern ein neues. Das versucht man auch, den Kunden zu sagen, es entwickelt sich immer weiter. Das ist nun mal der Lauf der Dinge. *Und bei der EDV hat sich auch sehr viel getan in den letzten Jahren, wobei das bei uns nie ein Problem war.*

<u>LPH:</u> *Hatte das Einfluss auf Ihre Arbeit, auf das Führungsverhalten?*

<u>IP:</u> *Auf die Arbeit schon, aber Führungsverhalten? Ja, vielleicht schon, weil die Arbeit dadurch leichter wurde. Man* *hat mehr Freiraum.*

LPH: *Für was?*

IP: *Für solche Dinge. Man ist nicht bis obenhin mit Arbeit zu. Man konnte sich auch mal zurückziehen mit einer Mitarbeiterin, um mit ihr etwas zu besprechen. Man hat mehr Freiraum, etwas zu gestalten.* Allein schon die Disposition, die übernommen wird vom Rechner. Da ist man früher mit Telefon und Listen dran gegangen, das hat eine oder zwei Stunden gedauert. Mittlerweile schaut man sich das an, ein Knopfdruck und das Ding ist weg.

LPH: Dann bekommen Sie eine Bestellempfehlung für Ihre Filiale?

IP: Ja, die dann untergliedert ist in „Kontrolle ist notwendig“ und „Kontrolle ist nicht notwendig“. Es gibt ja immer wieder Ausreißer in den Abverkäufen und die werden dann abgedruckt in „Kontrolle ist notwendig“. Oder neue Artikel, von denen noch zu wenig abverkauft werden. Ich kann mir gar nicht mehr vorstellen, ohne das zu arbeiten.

LPH: Und das machen Sie? Oder machen das auch Mitarbeiter in Ihrer Filiale?

IP: Das machen auch Mitarbeiter.

LPH: Also für die ist das auch gänzlich anders?

IP: Natürlich. Bis auf die Kosmetikbestellung, die wird noch per Hand gemacht, aber ich denke, das wird sich im nächsten Jahr auch ändern, da wird das auch über EDV laufen. Man muss dann nur noch die Artikelmengen kontrollieren, muss die richtige Bestellmenge auslösen. Wenn man jahrelang nur bestellt und seine Bestellungen nie kontrolliert, geht es irgendwann schief. Man hat dann entweder zu viel vom einen Artikel oder gar nichts vom anderen. Die Arbeit hat sich durch die EDV geändert, wir haben jetzt einfach mehr Freiraum.

Curriculum Vitae

Name: Häußner

Vornamen: Ludwig Paul

Geboren: 1958 in Würzburg

Schulbildung und Studien:

- Grundschule in Unterwittighausen; Kreis Tauberbischofsheim
- Hauptschule in Zimmern, Kreis Tauberbischofsheim
- Städtische Wirtschaftsschule in Würzburg
- Wirtschaftsgymnasium in Tauberbischofsheim, 1977 Abitur

- 1978 - 1981 Studium der Betriebswirtschaft in Heidenheim, Abschluss als Diplom-Betriebswirt (BA)
- 1981 – 1982 Studium der Betriebswirtschaft in London an der Polytechnic of the South Bank in Kooperation mit der Fachhochschule Pforzheim (heute Hochschule Pforzheim) – Abschluss *Europäisches Betriebswirtschaftszertifikat*
- 1995 - 2001 Weiterbildendes Studium der Erziehungswissenschaft – Fachrichtung Betriebs- und Führungspädagogik an der Universität Koblenz-Landau in Kooperation mit der Akademie Führungspädagogik, Landau – Abschluss als Diplom-Pädagoge
- Seit 2001 im Promotionsstudiengang im Fachbereich Erziehungswissenschaften an der Universität Koblenz-Landau, Campus Landau
- Wintersemester 2008/2009 angestrebte Promotion zum Dr. phil.

Berufliche Tätigkeiten:

- 1982 - 1983 Vertriebssachbearbeiter bei den Wieland-Werken AG in Ulm/Donau
- 1983 - 1987 Assistent der Geschäftsleitung und Verkaufsleiter Innendienst in einem Geschäftsbereich der Berner-Gruppe Befestigungs- und Verbindungstechnik in Künzelsau (Hohenlohekreis)
- 1987 - 1994 Geschäftsführer an der Freien Waldorfschule in Schwäbisch Hall
- 1994 - 2002 Kaufmännischer Leiter im Schraubenwerk Gaisbach GmbH in Waldenburg (Württemberg), einem Unternehmen der Würth-Gruppe
- 2002 - 2003 Sabbatical und erste Arbeiten an der Promotion zum Themenbereich Dialogische Führung – Universität Koblenz-Landau
- Seit Oktober 2003 akademischer Mitarbeiter am Interfakultativen Institut für Entrepreneurship der Universität Karlsruhe (TH)

Veröffentlichungen:

„Unternimm mit anderen – Führung als Selbstführung im unternehmerischen Mitsein" (Co-Autor mit F. Rohrhirsch), Studienheft Nr. 4 des IEP, Karlsruhe 2007

„Grundeinkommen und Konsumsteuer" (Co-Autor mit A. Presse) in Grundeinkommen und Konsumsteuer – Impulse für Unternimm die Zukunft: Tagungsband zu Karlsruher Symposium Grundeinkommen: bedingungslos", Karlsruhe 2007

„Vision: Selbständige Schule – Frei-öffentliche Schulen als Gestaltungsräume für Educational Entrepreneurship" in „Zeitschrift für systemische Therapie und Beratung" Jg. 25 (2), Dortmund 2007

„Unternimm die Schule – Schule als pädagogisch-unternehmerische öffentliche Aufgabe in Braun, Gerald/ French, Martin (Hrsg.): Social Entrepreneurship – Unternehmerische Ideen für eine bessere Gesellschaft, Rostock 2008

„Wohlstand für alle durch Einkommen für alle?" (Co-Autor mit G. W. Werner und A. Presse) in Karlsruher Transfer Nr. 37, Karlsruhe 2008

„Ausbildung und Mitarbeiterentwicklung als unternehmerische Kernaufgaben" in Rothe, G. „Berufliche Bildung in Deutschland", Karlsruhe 2008

Aufgabenbereiche und Funktion
am Interfakultativen Institut für Entrepreneurship der Universität Karlsruhe (TH):

Stellvertretende Institutsleitung

Vorlesungen und Seminare

- Seminar „Entrepreneurship und Gesellschaftsordnung"
- Seminar „Unternimm dich selbst – unternimm mit anderen"
- Seminar „Unternehmerisches Handeln"
- Seminar „Entrepreneurship in Hochschule und Schule"

Forschungsgebiete:

- Dialog, Führung und Zusammenarbeit,
- Educational Entrepreneurship – Schule als pädagogisch-unternehmerische Aufgabe

Karlsruhe, im August 2008